结构振动测试与模态识别

王树青　田晓洁　编著

U0190255

中国海洋大学出版社

·青岛·

图书在版编目(CIP)数据

结构振动测试与模态识别 / 王树青,田晓洁编著. — 青岛 : 中国海洋大学出版社,2020.12(2023.9 重印)

ISBN 978-7-5670-2698-8

Ⅰ. ①结… Ⅱ. ①王… ②田… Ⅲ. ①结构振动 - 振动测量 ②结构振动 - 模态分析 Ⅳ. ①O327

中国版本图书馆 CIP 数据核字(2020)第 257976 号

出版发行	中国海洋大学出版社
社　　址	青岛市香港东路 23 号　　　邮政编码　266071
网　　址	http://pub.ouc.edu.cn
出 版 人	杨立敏
责任编辑	邹伟真
电　　话	0532 - 85902533
电子信箱	zwz_qingdao@sina.com
印　　制	日照报业印刷有限公司
版　　次	2021 年 4 月第 1 版
印　　次	2023 年 9 月第 2 次印刷
成品尺寸	185 mm×260 mm
印　　张	24.5
字　　数	513 千
印　　数	1001—1500
定　　价	70.00 元
订购电话	0532 - 82032573(传真)

发现印装质量问题,请致电 0633 - 8221365,由印刷厂负责调换。

目　录

第一章　绪　论 …………………………………………………………… 1

1.1　振动测试与模态分析 ………………………………………………… 1

1.2　振动系统 ……………………………………………………………… 2

　　1.2.1　振动系统的组成 ……………………………………………… 2

　　1.2.2　振动系统的自由度 …………………………………………… 3

　　1.2.3　振动系统的分类 ……………………………………………… 3

　　1.2.4　三种基本振动问题 …………………………………………… 5

　　1.2.5　理论模态分析与试验模态分析 ……………………………… 6

1.3　振动方程的建立方法 ………………………………………………… 6

　　1.3.1　达朗贝尔原理(牛顿第二定律) ……………………………… 6

　　1.3.2　拉格朗日方程 ………………………………………………… 6

　　1.3.3　虚位移原理 …………………………………………………… 7

　　1.3.4　能量方法 ……………………………………………………… 7

　　思考题 ………………………………………………………………… 10

第二章　结构振动分析理论 ……………………………………………… 11

2.1　单自由度系统振动微分方程 ………………………………………… 11

2.2　单自由度系统自由振动 ……………………………………………… 12

　　2.2.1　无阻尼系统自由振动 ………………………………………… 12

　　2.2.2　有阻尼系统自由振动 ………………………………………… 13

2.3　单自由度系统强迫振动 ……………………………………………… 17

　　2.3.1　简谐激励下的强迫振动 ……………………………………… 17

　　2.3.2　周期荷载下的强迫振动 ……………………………………… 21

　　2.3.3　冲击荷载下的振动响应 ……………………………………… 23

2.3.4　一般动力荷载下的振动响应 ……………………………………… 24

2.3.5　频响函数 …………………………………………………………… 24

2.4　多自由度系统振动微分方程 ……………………………………………… 26

2.5　多自由度无阻尼系统自由振动特性 ……………………………………… 28

2.5.1　振动频率 ……………………………………………………………… 28

2.5.2　振型分析 ……………………………………………………………… 28

2.5.3　振型的正交性 ………………………………………………………… 29

2.5.4　模态质量和模态刚度 ………………………………………………… 29

2.5.5　振型的规格化 ………………………………………………………… 30

2.6　无阻尼系统的振动响应 …………………………………………………… 33

2.6.1　自由振动响应 ………………………………………………………… 33

2.6.2　强迫振动响应 ………………………………………………………… 34

2.6.3　频率响应函数 ………………………………………………………… 35

2.7　有阻尼系统的振动响应 …………………………………………………… 35

2.7.1　有阻尼系统自由振动 ………………………………………………… 35

2.7.2　有阻尼系统强迫振动 ………………………………………………… 36

2.7.3　频率响应函数 ………………………………………………………… 37

2.8　阻　尼 ……………………………………………………………………… 37

2.8.1　黏性阻尼 ……………………………………………………………… 37

2.8.2　流体阻尼 ……………………………………………………………… 38

2.8.3　库仑阻尼 ……………………………………………………………… 39

2.8.4　结构阻尼 ……………………………………………………………… 40

2.8.5　动力分析中常用的阻尼模型 ………………………………………… 41

2.9　隔振与测振 ………………………………………………………………… 43

2.9.1　基础简谐激励作用下的振动响应 …………………………………… 43

2.9.2　隔振基本原理 ………………………………………………………… 45

2.9.3　测振仪基本原理 ……………………………………………………… 47

思考题 ……………………………………………………………………………… 47

第三章　模态分析理论 …………………………………………………………… 49

3.1　单自由度黏性阻尼系统模态分析 ………………………………………… 49

3.1.1　频响函数的基本表达式 ……………………………………………… 49

3.1.2　幅频曲线与相频曲线 ………………………………………………… 50

3.1.3　实频曲线与虚频曲线 ………………………………………………… 52

3.1.4　Nyquist 图 ……………………………………………………………… 54

3.2　单自由度黏性阻尼系统的速度和加速度模态表达式 ··············· 55
　　3.2.1　幅频曲线与相频曲线 ·············· 55
　　3.2.2　实频曲线与虚频曲线 ·············· 56
　　3.2.3　导纳圆 ·············· 57
3.3　单自由度结构阻尼系统模态分析 ·············· 57
　　3.3.1　频响函数的基本表达式 ·············· 57
　　3.3.2　幅频曲线与相频曲线 ·············· 58
　　3.3.3　实频曲线与虚频曲线 ·············· 59
　　3.3.4　导纳圆 ·············· 60
3.4　多自由度无阻尼系统实模态分析 ·············· 61
　　3.4.1　无阻尼系统的模态分析 ·············· 61
　　3.4.2　频响函数矩阵 ·············· 62
　　3.4.3　频响函数的模态参数表达式 ·············· 64
　　3.4.4　脉冲响应函数 ·············· 65
　　3.4.5　自由振动响应 ·············· 65
3.5　多自由度比例阻尼系统实模态分析 ·············· 66
　　3.5.1　比例阻尼系统的特性 ·············· 66
　　3.5.2　频响函数矩阵 ·············· 68
　　3.5.3　频响函数的模态表达式 ·············· 68
　　3.5.4　频响函数的图示 ·············· 70
　　3.5.5　脉冲响应函数 ·············· 70
　　3.5.6　自由振动响应 ·············· 70
　　3.5.7　比例结构阻尼系统分析 ·············· 76
3.6　多自由度系统复模态理论 ·············· 77
　　3.6.1　非比例阻尼模型 ·············· 77
　　3.6.2　复模态矢量的正交性 ·············· 78
　　3.6.3　频响函数及其模态模型 ·············· 79
　　3.6.4　复模态坐标系中的脉冲响应函数 ·············· 80
　　3.6.5　复模态坐标系中的自由响应 ·············· 80
3.7　实模态理论与复模态理论的统一性 ·············· 86
　　3.7.1　传递函数的统一性 ·············· 87
　　3.7.2　单位脉冲响应函数的统一 ·············· 87
3.8　振动系统的传递函数模型 ·············· 88
　　3.8.1　单自由度系统 ·············· 89
　　3.8.2　多自由度系统 ·············· 90
思考题 ·············· 92

第四章　结构振动测试技术 ································· 93

4.1　引　言 ··· 93

4.2　测试结构的固定方式 ································· 94

4.2.1　自由支撑 ······································· 94

4.2.2　固定支撑 ······································· 95

4.3.3　原装支撑 ······································· 96

4.3　激振系统 ··· 96

4.3.1　激振器 ··· 96

4.3.2　振动台 ·· 100

4.3.3　力锤 ··· 105

4.3.4　阶跃激励装置 ································· 107

4.3.5　环境荷载激励 ································· 107

4.4　振动的激励信号与激振方式 ··················· 108

4.4.1　稳态正弦激振 ································· 108

4.4.2　瞬态激振 ······································· 109

4.4.3　随机激振 ······································· 110

4.4.4　常用激振方式 ································· 111

4.5　测量系统 ··· 112

4.5.1　常用的振动测量传感器 ··················· 112

4.5.2　传感器的基本特性 ························· 119

4.5.3　测振传感器的选择和使用 ················ 122

4.5.4　传感器的安装 ································· 124

4.5.5　传感器的标定 ································· 125

4.5.6　数据采集系统 ································· 128

4.5.7　测量系统使用注意事项 ··················· 132

思考题 ·· 135

第五章　测试信号处理技术 ··························· 137

5.1　基础知识 ··· 137

5.2　傅立叶变换 ·· 138

5.2.1　周期性连续信号的傅立叶级数 ··········· 138

5.2.2　非周期连续信号的傅立叶变换 ··········· 141

5.2.3　傅立叶变换的主要性质 ··················· 142

5.2.4　典型函数的傅立叶变换 ··················· 143

  5.2.5 非周期离散信号的离散时间傅立叶变换 ······· 146
  5.2.6 周期离散信号的离散傅立叶变换 ········· 147
  5.2.7 四种傅立叶变换形式的总结 ·········· 148
5.3 信号的离散与采样 ·············· 149
  5.3.1 采样过程 ················ 149
  5.3.2 采样信号的傅立叶变换 ··········· 150
  5.3.3 频率混叠 ················ 152
5.4 信号的截断与能量泄露 ············ 155
  5.4.1 截断与泄露 ··············· 155
  5.4.2 窗函数 ················· 157
  5.4.3 窗函数的选择 ·············· 165
思考题 ···················· 167

第六章　振动信号分析技术 ············· 169

6.1 信号的分类与描述 ············· 169
  6.1.1 信号的分类 ··············· 169
  6.1.2 信号的描述与分析 ············ 171
6.2 信号分析预处理技术 ············ 173
  6.2.1 异常值的检测与剔除 ··········· 173
  6.2.2 趋势项的提取或剔除 ··········· 174
  6.2.3 信号滤波 ················ 175
6.3 信号的时域分析 ·············· 176
  6.3.1 信号的时域波形分析 ··········· 176
  6.3.2 信号的幅值域分析 ············ 177
6.4 信号的相关分析 ·············· 180
  6.4.1 相关与相关系数 ············· 180
  6.4.2 自相关分析 ··············· 181
  6.4.3 互相关分析 ··············· 184
  6.4.4 相关分析的典型应用 ··········· 186
6.5 信号的频域分析 ·············· 188
  6.5.1 巴塞伐尔(Paseval)定理 ········· 188
  6.5.2 信号的频谱分析 ············· 188
  6.5.3 功率谱分析 ··············· 190
  6.5.4 互功率谱 ················ 192
  6.5.5 倒频谱分析 ··············· 192

　　　　6.5.6　相干函数 ·· 195

　　　　6.5.7　功率谱的典型应用 ···································· 196

　　6.6　功率谱的估计 ·· 198

　　　　6.6.1　响应信号受噪声干扰情况 ···························· 198

　　　　6.6.2　激励信号受噪声干扰情况 ···························· 199

　　　　6.6.3　激励和响应信号同时受噪声干扰情况 ·················· 200

　　6.7　短时傅立叶变换 ·· 200

　　　　6.7.1　傅立叶变换的局限性 ································ 201

　　　　6.7.2　短时傅立叶变换 ···································· 203

　　　　6.7.3　时间和频率分辨率 ·································· 204

　　　　6.7.4　数值算例 ·· 205

　　6.8　小波分析 ·· 206

　　　　6.8.1　小波变换 ·· 207

　　　　6.8.2　小波函数 ·· 208

　　　　6.8.3　多分辨分析 ·· 213

　　　　6.8.4　小波分解与信号重构 ································ 214

　　　　6.8.5　小波分析数值算例 ·································· 215

　　6.9　希尔伯特-黄变换 ·· 221

　　　　6.9.1　基本概念 ·· 222

　　　　6.9.2　希尔伯特-黄变换 ·································· 223

　　　　6.9.3　数值分析 ·· 228

　　思考题 ·· 231

第七章　频域模态参数识别方法 ···································· 232

　　7.1　概　述 ·· 232

　　7.2　最小二乘基本原理 ·· 233

　　　　7.2.1　最小二乘法 ·· 233

　　　　7.2.2　加权最小二乘法 ···································· 234

　　7.3　单模态参数识别 ·· 234

　　　　7.3.1　峰值法 ·· 235

　　　　7.3.2　分量分析法 ·· 236

　　　　7.3.3　导纳圆识别法 ······································ 239

　　　　7.3.4　最小二乘导纳圆拟合法 ······························ 241

　　7.4　基于频响函数模态展开式的多模态参数识别法 ················ 242

　　　　7.4.1　非线性加权最小二乘法 ······························ 242

　　　　7.4.2　直接偏导数法 ·· 245
　　7.5　基于频响函数有理分式的多模态参数识别法 ············ 248
　　　　7.5.1　多项式拟合法（Levy 法） ························· 248
　　　　7.5.2　正交多项式拟合法 ································· 251
　　7.6　多模态参数识别之优化识别法 ··························· 255
　　　　7.6.1　误差函数展开法 ································· 255
　　　　7.6.2　高斯-牛顿法 ······································ 256
　　　　7.6.3　牛顿-拉普森法 ································· 257
　　7.7　频域直接参数识别（FDPI） ····························· 257
　　7.8　最小二乘频域法（LSFD） ······························· 258
　　7.9　多参考点最小二乘复频域法（PolyMax） ·················· 259
　　　　7.9.1　频响函数的右矩阵分式模型 ················ 259
　　　　7.9.2　基于最小二乘原理的系数拟合 ··············· 260
　　　　7.9.3　模态参数识别 ································· 262
　　7.10　基于功率谱的频域识别方法 ·························· 264
　　思考题 ·· 266

第八章　时域模态参数识别方法 ·································· 267
　　8.1　概　述 ·· 267
　　8.2　随机减量技术 ·· 268
　　　　8.2.1　单自由度系统的随机减量技术 ··············· 268
　　　　8.2.2　多自由度系统的随机减量技术 ··············· 270
　　8.3　自然激励技术 ·· 271
　　8.4　ITD 识别 ··· 274
　　　　8.4.1　模态识别基本原理 ····························· 274
　　　　8.4.2　模态识别中的几个问题 ························· 278
　　8.5　特征系统实现算法 ·· 281
　　　　8.5.1　连续状态空间模型 ····························· 281
　　　　8.5.2　离散状态空间模型 ····························· 282
　　　　8.5.3　脉冲响应函数 ································· 284
　　　　8.5.4　特征系统实现 ································· 284
　　　　8.5.5　模态参数识别 ································· 286
　　　　8.5.6　模型定阶与噪声模态的剔除 ················ 287
　　　　8.5.7　算例分析 ·································· 289

8.6 复指数法 ……………………………………………………… 292

   8.6.1 复指数法 ………………………………………………… 292

   8.6.2 最小二乘复指数法 ……………………………………… 295

   8.6.3 多参考点复指数法 ……………………………………… 296

8.7 随机子空间法 ………………………………………………… 301

   8.7.1 随机状态空间模型 ……………………………………… 301

   8.7.2 数据驱动随机子空间法 ………………………………… 302

   8.7.3 协方差驱动随机子空间法 ……………………………… 305

   8.7.4 算例分析 ………………………………………………… 307

8.8 时间序列模型法 ……………………………………………… 310

   8.8.1 自回归滑动平均模型（ARMA） ……………………… 310

   8.8.2 ARMA 模型与振动微分方程的关系 ………………… 312

   8.8.3 模态参数识别 …………………………………………… 314

思考题 ………………………………………………………………… 315

第九章 模态分析的应用 …………………………………………… 316

9.1 概 述 ………………………………………………………… 316

9.2 模态检验与模型匹配性 ……………………………………… 317

   9.2.1 模型相关技术 …………………………………………… 317

   9.2.2 模型匹配技术 …………………………………………… 318

   9.2.3 应用案例分析 …………………………………………… 321

9.3 结构损伤诊断 ………………………………………………… 323

   9.3.1 基于模态应变能的损伤定位方法 ……………………… 324

   9.3.2 基于交叉模态应变能的损伤评估方法 ………………… 326

   9.3.3 海洋平台模型试验应用案例 …………………………… 327

9.4 结构模型修正 ………………………………………………… 328

   9.4.1 直接矩阵修正法 ………………………………………… 329

   9.4.2 间接修正法 ……………………………………………… 329

   9.4.3 交叉模型交叉模态方法 ………………………………… 330

   9.4.4 应用案例分析 …………………………………………… 332

9.5 结构动态特性评价 …………………………………………… 336

   9.5.1 基于有限元分析的结构动态性能评价 ………………… 336

   9.5.2 基于实验模态分析的结构动态特性评价 ……………… 338

9.6 传感器优化布置 ……………………………………………… 342

   9.6.1 引言 ……………………………………………………… 342

9.6.2 有效独立法 ································· 342

9.6.3 模态应变能法 ······························ 343

9.6.4 启发式智能方法 ··························· 344

9.6.5 算例分析 ································· 346

9.7 特征灵敏度分析 ································ 348

9.7.1 引言 ···································· 348

9.7.2 特征值灵敏度分析 ························· 348

9.7.3 特征向量灵敏度分析 ······················ 349

9.7.4 动力特性对质量和刚度修正参数的灵敏度分析 ····· 351

9.7.5 算例分析 ································· 353

9.8 结构动力学优化设计 ···························· 356

9.8.1 优化基本原理 ····························· 356

9.8.2 尺寸优化 ································· 359

9.8.3 形状优化 ································· 361

9.8.4 拓扑优化 ································· 363

思考题 ··· 365

参考文献 ··· 367

前　言

　　结构振动测试与模态识别是研究结构振动与模态分析理论、振动测试与信号技术，以及结构模态参数的识别方法的一门科学，在土木工程、桥梁工程、航空航天工程、海洋工程等领域有着广泛的应用。

　　本书注重结构模态分析理论、振动测试分析与模态识别方法的系统性，以结构振动和模态分析理论为基础，以振动信号的处理分析和模态参数识别为目标，系统介绍了结构振动理论、模态分析理论、振动测试与信号处理、振动信号分析方法、模态参数识别的频域和时域方法，以及模态分析的工程应用等内容，使读者循序渐进地理解和掌握振动测试分析与模态识别的相关方法和技术。本书融入了近年来振动信号分析与模态参数识别领域的一些新的研究成果，如现代振动信号时频分析方法、环境荷载激励下的模态参数识别方法、基于模态应变能的损伤诊断与模型修正等，以适应该领域技术发展的需要，加深读者对结构振动测试分析与模态识别方法的理解和掌握。

　　本书共分九章。第一章简单介绍振动系统的基本概念及振动方程的建立方法。第二章简要介绍结构振动分析的基础理论知识。第三章系统介绍模态分析理论，包括单自由度系统模态分析、多自由度系统实模态分析以及复模态分析理论。第四章主要介绍振动测试技术，包括激振系统、激振方式与激振信号以及量测系统等。第五章介绍振动量测信号处理技术，包括傅立叶变换、信号的离散与采样、信号的截断与能量泄漏等。第六章系统介绍振动信号的各种分析方法，包括时域分析、频域分析、相关分析以及非稳态信号的时频分析方法等。第七章和第八章分别介绍模态参数识别的频域方法和时域方法。第九章主要结合一些案例介绍模态分析的应用。

　　本书第一章到第三章、第五章到第八章以及第九章第一节至第七节由王树青撰写，第四章及第九章第八节由田晓洁撰写。全书由王树青通稿、定稿。在成书过程中，作者参阅了诸多学者的论著和教材，已列入书后的参考文献，在此表示感谢。同时本书部分研究成果得到了国家自然科学基金、山东省泰山学者计划等项目的支持。本书紧密结

1

合目前结构振动测试技术与模态识别方法的发展需求,注重基础理论、方法技术和工程应用的有机结合,可作为高等院校相关专业本科生和研究生的教材,也可作为高等院校、科研院所从事相关专业的科研人员的参考书,亦可为从事结构振动测试与模态分析的工程技术人员提供借鉴。

限于作者的水平,书中难免有不足之处,恳请广大读者和专家批评指正。

编　者

2020 年 10 月

第一章
绪 论

1.1 ╱ 振动测试与模态分析

振动(Vibration),简而言之就是指物体在其静平衡位置附近所做的往复运动。在振动过程中,表示物体运动特征的物理量(如位移、速度、加速度、应力等)随着时间往复变化。振动是自然界最普遍的运动现象之一,大至宏观宇宙,小至微观粒子,振动无处不在。各种形式的物理现象,包括声、光、热等也都包含振动。振动广泛存在于工程技术和日常生活中。在工程技术领域,振动现象比比皆是。船舶与飞机在航行中的振动、海洋结构物在环境荷载作用下的振动、桥梁与高层建筑物在阵风或地震作用下的振动、各种动力机械的振动,以及地震、噪声等等,都属于振动的范畴。人们的日常生活也离不开振动:心脏的搏动、耳膜和声带的振动,都是人体不可缺少的功能;生活中不能没有声音和音乐,而声音的产生、传播和接收都离不开振动。

结构系统的振动,既存在有利的一面也存在不利的一面。在工程和日常生活中,人们利用振动原理设计出很多常用的机械结构,如摆钟、振动筛、振动物料传送带、振动打桩机等。而大多数情况下,振动也会产生不良甚至是灾难性的后果。比如说,振动会降低精密仪器设备的动态精度和使用性能;由于往复振动,结构在使用过程中会产生疲劳问题,导致使用寿命的降低;在某些情况下,振动甚至会酿成灾难性事故,如大桥因共振而倒塌、烟囱因风振而倾倒、飞机因颤振而坠落等等。我们研究振动问题,就是希望研究振动产生的原因,寻求结构的振动规律,探索振动控制和消除振动的方法,并最终有效利用结构的振动来为工业生产和人类的生活服务,同时尽可能减小或避免结构振动的不利影响和灾难性后果。

结构振动的研究可以归结为系统的激励、响应和结构振动特性三个方面。在已知其中两个方面的情况下可求第三方面。研究振动时通常采用理论分析和振动测试两种手段。通过振动测试,一方面可以验证理论分析的正确性,为结构的设计提供修正依据,另一方面也可以利用振动测试进行振动状态监测和故障诊断。

振动测试(Vibration Testing)就是在结构系统的某些选定的位置,通过布设振动传感器,从而可以获得某些振动物理量随时间的变化历程。通过这些振动测量信号的分析,可以了解结构系统的实际振动状况,从而达到振动监控和健康诊断的目的。通过测量结构系统的振动响应信号(如位移、速度和加速度等),并进而确定系统动力特征参数(如频率、振型和阻尼比等)的过程即为模态测试(Modal Testing)。

模态分析(Modal Analysis)是研究结构动力特性的一种方法,是系统识别方法在工程振动领域中的应用。模态是结构的固有振动特性,每一个模态都具有特定的固有频率、阻尼比和模态振型。这些模态参数可以由理论计算或振动测试得到,这样一个理论计算或试验分析过程就称为模态分析。如果这个分析过程是根据结构信息获得系统的质量、刚度以及阻尼矩阵,并通过特征值分析得到描述结构动力特性的模态参数,则称为理论(计算)模态分析;如果通过试验或实测将采集的系统输入与输出信号经过参数识别技术获得其模态参数,则称为试验模态分析(Experimental Modal Analysis,EMA)。振动模态是弹性结构固有的、整体的特性。如果通过模态分析搞清楚了结构系统在某一易受影响的频率范围内的主要模态的特性,就可预测结构系统在此频段内各种振源作用下的实际振动响应情况。因此,模态分析是结构动态设计及设备故障诊断的重要手段。

模态分析的最终目标是识别出结构系统的模态参数,为结构系统的振动特性分析、故障诊断、振动预报以及结构动力特性的优化设计等提供依据。为了进行模态测试,结构振动理论、模态分析理论、振动测试技术、数据分析处理及模态识别技术等方面的知识和技能必不可少。

1.2 / 振动系统

1.2.1 振动系统的组成

振动指物体在某一平衡位置附近所做的往复运动。一般来说,振动系统中含有质量单元、弹簧单元和耗能单元三部分。因为振动实际可以认为是动能和势能之间的传递过程,因此一个振动系统中必须包括储存(并且释放)动能和势能的方式。动能和势能的存储一般可以由质量单元和弹簧单元来完成。耗能单元起着使振动系统的能量耗散的作用,同样是组成振动系统的一个元件。一个质量块连接一个弹簧和一个阻尼器就是一个典型的振动系统,如图 1-2-1 所示。单摆系统也是一个振动系统,只不过该系统中没有类似弹簧单元的储能元件。事实上,单摆系统的质量块起着存储动能和势能的双重作用。

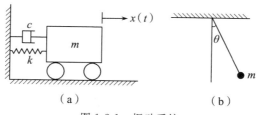

图 1-2-1 振动系统

1.2.2 振动系统的自由度

为了研究结构系统的振动特性,必须先确定系统的自由度数。振动系统的自由度数指为了完全确定该系统在给定时刻的状态所需要的最少独立变量的个数。对如图1-2-2所示的振动系统,任意固定其中的一个质量块后,另一个质量块仍然可以运动,即至少需要两个运动坐标来描述该运动系统,因此振动系统具有两个自由度。离散结构振动系统具有有限个振动自由度,而连续结构系统具有无限个振动自由度。

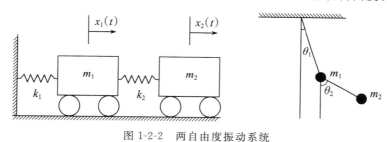

图 1-2-2 两自由度振动系统

1.2.3 振动系统的分类

1. 按照振动产生的原因,振动可以分为自由振动、强迫振动、自激振动和参数振动四类

（1）自由振动是指振动系统在初始位移和/或初始速度下产生的振动,或者是外荷载消失后的振动形态。此时振动只靠其弹性恢复力来维持,当结构系统存在阻尼时,振动便随着时间逐渐衰减。自由振动的频率只决定于系统本身的物理性质,称为系统的固有频率。

（2）强迫振动也叫受迫振动,即结构系统在外荷载持续激励下所产生的振动。受迫振动包含瞬态振动和稳态振动。在振动开始一段时间内所出现的随时间变化的振动称为瞬态振动。经过短暂时间后,瞬态振动即消失。系统从外界不断地获得能量来补偿阻尼所耗散的能量,因而能够做持续的等幅值振动,这种振动的频率与激励频率相同,称为稳态振动。

（3）自激振动是指在非线性振动中,系统只受其本身产生的激励所维持的振动。自激振动系统本身除具有振动元件外,还具有非振荡性的能源、调节环节和反馈环节。因此,不存在外界激励时它也能产生一种稳定的周期振动,维持自激振动的交变力是由运动本身产生的且由反馈和调节环节所控制。振动一旦停止,此交变力也随之消失。

3

自激振动与初始条件无关,其频率等于或接近系统的固有频率。如飞机飞行过程中机翼的颤振、钟表摆的摆动和琴弦的振动都属于自激振动。

(4) 参数振动由外界的激励产生,但激励不是以外力形式施加于系统,而是通过系统内参数的周期性改变间接地实现。由于参数的时变性,参数振动系统为非自治系统。描述参数振动的数学模型为周期变系数的常微分方程,对参数振动的研究归结于对时变系统常微分方程组零解稳定性的研究。

日常生活中的荡秋千就是参变激励的一个概念。要把秋千荡起来,人要适时地做出下蹲和直立的动作。每次通过平衡位置时,人要迅速直立,使重心升高;而摆到最高位置时,人又要迅速蹲下,使重心降低。这样,秋千来回荡一次,整个系统(即人、板及绳索合在一起)的重心就呈周期性地上升和下降两次。这样导致系统的动力学方程为非线性方程。因此,参数振动也属于非线性振动。

2. 按照振动是否满足叠加原理,可以将振动分为线性振动和非线性振动

(1) 线性振动:线性系统是指质量不变、弹性力和阻尼力与运动参数呈线性关系的系统。线性振动可以用线性微分方程来描述,线性系统满足叠加原理,即当有多个激励同时作用时,系统的响应等于各激励单独作用时所引起的响应的线性叠加。线性系统可用一组线性微分方程或差分方程来描述。严格地说,实际的物理系统都不可能是线性系统。但是,通过近似处理和合理简化,大量的物理系统都可在足够准确的意义下和一定的范围内视为线性系统进行分析。

(2) 非线性振动:非线性系统的运动微分方程是非线性的,不能用叠加原理求解。线性系统的固有频率不依赖于运动的初始条件,而只与系统的参量(质量与刚度)有关。非线性振动系统则不然。由于刚度随变形大小而变化,因而系统的固有频率也随运动幅度大小而变化。刚度随变形增大而增大的弹簧,称为渐硬弹簧;反之,称为渐软弹簧。渐硬非线性系统的固有频率随振幅变大而变大;渐软非线性系统则相反。

3. 按照是否考虑阻尼,可将振动分为无阻尼振动和有阻尼振动

(1) 无阻尼振动:结构振动过程中没有能量损失或耗散。

(2) 有阻尼振动:结构振动过程中具有能量损失或耗散。

4. 按照系统自由度的数目,可将振动系统分为单自由度系统和多自由度系统

(1) 单自由度系统:在任意时刻只要一个广义坐标即可完全确定其位置的系统。

(2) 多自由度系统:在任意时刻需要两个或更多的广义坐标才能完全确定其位置的系统。

5. 按照系统的特性是否随时间变化,可将振动系统分为时不变系统与时变系统

(1) 时不变系统也叫定常系统,即系统的特性不随时间发生变化的系统,数学描述为常系数微分方程。

(2) 时变系统也叫参变系统,即系统特性随时间发生变化的系统,数学描述为变系数微分方程。

6. 离散振动系统与连续振动系统

（1）离散振动系统由彼此分离的有限数量的质量、弹簧和阻尼元件构成的系统。离散振动系统的自由度是有限的，其振动方程为常微分方程。最简单、最基本的离散系统为单自由度系统。

（2）连续振动系统由杆、梁、板、壳等弹性体组成，有无限个自由度。弹性体的惯性、弹性和阻尼是连续分布的，因此也称为分布参数系统。连续振动系统在数学上用偏微分方程来描述。

7. 按照系统的响应类型，可以分成确定性振动与随机振动

（1）确定性振动：如果响应是时间的确定性函数，称之为确定性振动。按照持续振动的时间又可以分为瞬态振动和稳态振动；按照响应的周期性，又可以分为简谐振动（响应为正弦或余弦函数）、周期振动（响应为时间的周期函数）、准周期振动（由周期不可通约的若干简谐振动组合而成的振动）。

（2）随机振动：振动响应为时间的随机函数，只能用概率统计的方法来描述随机振动。

1.2.4　三种基本振动问题

振动分析的基本任务就是讨论系统的激励（输入）、响应（输出）和系统的动态特性（物理参数）三者之间的关系，如图 1-2-3 所示。外界对系统的作用称为输入，也叫激励或干扰。系统受到多个激励作用称为多输入（Multi-input），系统只受一个激励称为单输入（Single-input）。激励按照物理量可以区分为力、位移、速度、加速度等。振动系统受到激励后的反应称为输出（即响应），主要包括系统的位移、速度、加速度、内力、应力和应变等。

图 1-2-3　三类基本问题

1. 响应预报问题

如果已知结构振动系统的参数和外部输入（激励）信息，计算振动系统的响应，这种问题称为响应预报问题。振动响应预报是典型的结构动力学问题，属于激励作用下求系统响应的正向问题，主要用于验算、校核结构系统的运动响应是否满足设计要求。任何工程结构在外荷载作用下会产生振动，研究结构在动荷载作用下所表现出来的动态特性是结构动力学的基本任务。

2. 系统识别问题

在已知系统的激励（输入）与响应（输出）时，确定振动系统的性质和参数，即参数识别问题［第一类逆（反）问题］。如果需要确定系统的质量、刚度和阻尼参数，称为物理参数识别；如果待求量为系统的频率、振型和阻尼比等模态参数，即为模态参数识别问题。

3. 载荷识别问题

如果已知振动系统的参数和响应（输出），而待求量为系统的输入（激励）信息，称为载荷识别或环境预报问题［第二类逆（反）问题］。

1.2.5 理论模态分析与试验模态分析

根据研究模态分析的手段和方法不同,模态分析可以分为理论模态分析和试验模态分析。

理论模态分析指以线性振动理论为基础,已知结构系统的有关信息,建立结构振动方程,获得系统的质量、刚度以及阻尼矩阵,通过特征值分析,得到描述结构动力特性的模态参数,这个过程称为理论(计算)模态分析。

试验模态分析是通过对实际存在的结构物进行人工/自然激振,利用合适的仪器设备测量激振力和振动响应,然后利用模态参数识别方法识别出结构物的模态参数,从而建立起结构物的模态模型。根据模态叠加原理,在已知各种载荷时间历程的情况下,就可以预言结构物的实际振动的响应历程或响应谱。可以看出,实验模态分析与理论模态分析是不一样的,是综合运用线性振动理论、动态测试技术、数字信号处理和参数识别等手段来进行系统识别的过程。

1.3 振动方程的建立方法

结构系统振动方程的建立方法较多,每种方法都各有其优点。

1.3.1 达朗贝尔原理(牛顿第二定律)

任何结构运动方程都是牛顿第二运动定律的体现,即动量的改变率等于作用于该质量上的合外力。用微分方程描述为

$$f(t) = \frac{\mathrm{d}}{\mathrm{d}t}(m\dot{x}) \tag{1-3-1}$$

式中,$f(t)$ 为作用于质量 m 上的所有外力矢量,x 为质量块的位移矢量。一般认为结构质量 m 是不随时间变化的,则上式可以变为

$$f(t) - m\ddot{x} = 0 \tag{1-3-2}$$

式(1-3-2)表明作用于物体上的外力同结构的质量与加速度的乘积(即惯性力)相平衡,即达朗贝尔原理。值得说明的是,外力 $f(t)$ 包含多种外力作用,如抵抗位移变形的弹性力、抵抗速度的阻尼力以及其他形式的外荷载等。因此如果引入抵抗加速度的惯性力后,则运动方程的表达式仅仅是作用于质量块上所有力的平衡表达式。对一些简单的问题,应用该方法直接建立系统的运动方程非常方便。

1.3.2 拉格朗日方程

拉格朗日方程是建立系统振动微分方程更普遍的方法。对复杂的系统,用拉格朗日方程来建立系统的振动微分方程更具优越性,因为该方法中用到的广义坐标不要求具有明确的物理意义和方向。拉格朗日方程表达式为

$$\frac{\mathrm{d}}{\mathrm{d}t}\left(\frac{\partial T}{\partial \dot{q}_i}\right) - \frac{\partial T}{\partial q_i} + \frac{\partial U}{\partial q_i} - Q_i = 0 \tag{1-3-3}$$

式中,q_i 为系统的第 i 个广义坐标;T 为系统中质量单元提供的动能;U 为弹性元件提

供的势能;Q_i 为与广义坐标 q_i 对应的广义力,包括阻尼力和外部激振力,但不包含弹性恢复力。

应用拉格朗日方程建立系统的运动微分方程的主要步骤如下:

(1)判断系统的自由度数,并适当选取广义坐标,其数目和自由度数相同;

(2)计算系统的动能和势能;

(3)计算非有势力所对应的各广义坐标的广义力;

(4)将计算系统的动能、势能和广义力代入拉格朗日方程中进行运算,即可得到系统的运动微分方程。

1.3.3 虚位移原理

具有定常、双面、完整、理想约束的质点系,其平衡的充要条件是,对于系统的任何一个虚位移,作用于质点系上的所有主动力所做的虚功之和等于零。

虚位移原理写成数学表达式为

$$\delta W = \sum F_i \cdot \delta r_i = 0 \tag{1-3-4}$$

式中,δr_i 是主动力 F_i 的作用点的虚位移。由此建立的方程也可称为平衡方程。

对于一个受约束的质点系,各 δr_i 并不是独立的。所以在实际应用中必须补充一组虚位移的约束方程。所以,虚位移原理就将求平衡问题转化为求虚位移的关系问题。

在对多自由度系统实际应用虚位移原理时,可以选取几个特殊的虚位移,令主动力做的虚功之和为零,以建立平衡方程。如果所选取的虚位移是线性无关的,则得到的平衡方程就是独立的。对于多自由度系统,用虚位移原理建立的平衡方程的个数等于系统的自由度。

1.3.4 能量方法

一个系统的总能量 E 的改变只能等于传入/传出该系统的能量。总能量 E 为系统的机械能、热能及除热能以外的任何内能形式的总和。

若只考虑能量传递的唯一方式是对系统做功 W,此定律可表述为

$$W = \Delta E = \Delta E_{mec} + \Delta E_{th} + \Delta E_{int} \tag{1-3-5}$$

式中,ΔE_{mec} 为系统机械能的变化量;ΔE_{th} 为系统热能的变化量;ΔE_{int} 为系统任何其他形式的内能的变化量。ΔE_{mec} 中包含 ΔK(动能的变化量)与 ΔU(势能的变化量)。

【**例题 1.1**】建立如图 1-3-1 所示的三自由度系统的振动方程。

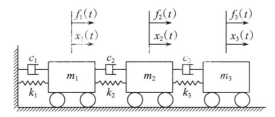

图 1-3-1 三自由度质量—弹簧—阻尼器系统

1. 达朗贝尔原理法

分别对质量块 1,2,3 进行受力分析,如图 1-3-2 所示。

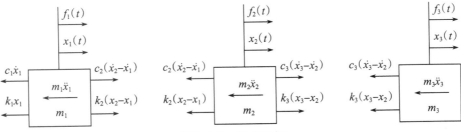

图 1-3-2 受力分析

分别对三个质量块列受力平衡方程,得到

$$-m_1\ddot{x}_1+k_2(x_2-x_1)+c_2(\dot{x}_2-\dot{x}_1)-k_1x_1-c_1\dot{x}_1+f_1=0$$

$$-m_2\ddot{x}_2+k_3(x_3-x_2)+c_3(\dot{x}_3-\dot{x}_2)-k_2(x_2-x_1)-c_2(\dot{x}_2-\dot{x}_1)+f_2=0$$

$$-m_3\ddot{x}_3-k_3(x_3-x_2)-c_3(\dot{x}_3-\dot{x}_2)+f_3=0$$

经过整理,

$$m_1\ddot{x}_1+(c_1+c_2)\dot{x}_1-c_2\dot{x}_2+(k_1+k_2)x_1-k_2x_2=f_1$$

$$m_2\ddot{x}_2-c_2\dot{x}_1+(c_2+c_3)\dot{x}_2-c_3\dot{x}_3-k_2x_1+(k_2+k_3)x_2-k_3x_3=f_2$$

$$m_3\ddot{x}_3-c_3\dot{x}_2+c_3\dot{x}_3-k_3x_2+k_3x_3=f_3$$

写成矩阵形式为

$$\mathbf{M}\ddot{x}(t)+\mathbf{C}\dot{x}(t)+\mathbf{K}x(t)=f(t)$$

其中各矩阵和列阵为

$$\mathbf{M}=\begin{bmatrix} m_1 & 0 & 0 \\ 0 & m_2 & 0 \\ 0 & 0 & m_3 \end{bmatrix}, \mathbf{C}=\begin{bmatrix} c_1+c_2 & -c_2 & 0 \\ -c_2 & c_2+c_3 & -c_3 \\ 0 & -c_3 & c_3 \end{bmatrix}$$

$$\mathbf{K}=\begin{bmatrix} k_1+k_2 & -k_2 & 0 \\ -k_2 & k_2+k_3 & -k_3 \\ 0 & -k_3 & k_3 \end{bmatrix}, x=\begin{Bmatrix} x_1 \\ x_2 \\ x_3 \end{Bmatrix}, f=\begin{Bmatrix} f_1 \\ f_2 \\ f_3 \end{Bmatrix}$$

式中,$\mathbf{M}$,$\mathbf{C}$ 和 $\mathbf{K}$ 分别为质量矩阵、阻尼矩阵和刚度矩阵,均为对称矩阵。$x,\dot{x},\ddot{x}$ 和 f 分别为位移向量、速度向量、加速度向量和外力向量。

2. 拉格朗日方程法

选择三个质量块的位移作为其广义坐标,即 $q_i=x_i$。则系统的动能为

$$T=\frac{1}{2}m_1\dot{x}_1^2+\frac{1}{2}m_2\dot{x}_2^2+\frac{1}{2}m_3\dot{x}_3^2$$

取平衡位置为势能零点,则系统的势能为

$$U=\frac{1}{2}k_1x_1^2+\frac{1}{2}k_2(x_2-x_1)^2+\frac{1}{2}k_3(x_3-x_2)^2$$

计算拉格朗日方程中各项导数如下：

$$\frac{\mathrm{d}}{\mathrm{d}t}\left(\frac{\partial T}{\partial \dot{x}_1}\right)=\frac{\mathrm{d}(m_1\dot{x}_1)}{\mathrm{d}t}=m_1\ddot{x}_1$$

$$\frac{\mathrm{d}}{\mathrm{d}t}\left(\frac{\partial T}{\partial \dot{x}_2}\right)=\frac{\mathrm{d}(m_2\dot{x}_2)}{\mathrm{d}t}=m_2\ddot{x}_2$$

$$\frac{\mathrm{d}}{\mathrm{d}t}\left(\frac{\partial T}{\partial \dot{x}_3}\right)=\frac{\mathrm{d}(m_3\dot{x}_3)}{\mathrm{d}t}=m_3\ddot{x}_3$$

$$\frac{\partial T}{\partial x_1}=0,\frac{\partial T}{\partial x_2}=0,\frac{\partial T}{\partial x_3}=0$$

$$\frac{\partial U}{\partial x_1}=k_1x_1-k_2(x_2-x_1)$$

$$\frac{\partial U}{\partial x_2}=k_2(x_2-x_1)-k_3(x_3-x_2)$$

$$\frac{\partial U}{\partial x_3}=k_3(x_3-x_2)$$

代入拉格朗日方程得系统运动微分方程为

$$m\ddot{x}_1+k_1x_1-k_2(x_2-x_1)=f_1+c_2(\dot{x}_2-\dot{x}_1)-c_1\dot{x}_1$$

$$m\ddot{x}_2+k_2(x_2-x_1)-k_3(x_3-x_2)=f_2+c_3(\dot{x}_3-\dot{x}_2)-c_2(\dot{x}_2-\dot{x}_1)$$

$$m\ddot{x}_3+k_3(x_3-x_2)=f_3-c_3(\dot{x}_3-\dot{x}_2)$$

移项整理并写出矩阵形式为

$$\mathbf{M}\ddot{\pmb{x}}(t)+\mathbf{C}\dot{\pmb{x}}(t)+\mathbf{K}\pmb{x}(t)=\pmb{f}(t)$$

3. 虚位移原理

假设在某一位置发生 $\triangle x_1$ 的极小位移，如图 1-3-3 所示。

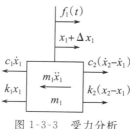

图 1-3-3　受力分析

虚位移原理为

$$\delta W=\sum F_i \cdot \delta r_i=0$$

因为 $\triangle x_1$ 为极小量，所以在极短的时间内外力 f_1、弹簧力 $k_2(x_2-x_1)$ 和 k_1x_1、阻尼力 $c_2(\dot{x}_2-\dot{x}_1)$ 和 $c_1\dot{x}_1$，惯性力 $m_1\ddot{x}_1$ 保持不变，于是得到

$$-m_1\ddot{x}_1\triangle x_1+f_1\triangle x_1+k_2(x_2-x_1)\triangle x_1+c_2(\dot{x}_2-\dot{x}_1)\triangle x_1-k_1x_1\triangle x_1-c_1\dot{x}_1\triangle x_1=0$$

两边消去 $\triangle x_1$ 得

$$-m_1\ddot{x}_1+f_1+k_2(x_2-x_1)+c_2(\dot{x}_2-\dot{x}_1)-k_1x_1-c_1\dot{x}_1=0$$

同理分析 m_2 和 m_3 可以得到如下方程：

$$-m_2\ddot{x}_2+f_2+k_3(x_3-x_2)+c_3(\dot{x}_3-\dot{x}_2)-k_2(x_2-x_1)-c_2(\dot{x}_2-\dot{x}_1)=0$$

$$-m_3\ddot{x}_3+f_3-k_3(x_3-x_2)-c_3(\dot{x}_3-\dot{x}_2)=0$$

移项整理并写出矩阵形式为

$$\mathbf{M}\ddot{x}(t)+\mathbf{C}\dot{x}(t)+\mathbf{K}x(t)=f(t)$$

4. 能量方法

假设系统从静止开始历经时间间隔 t，则利用能量守恒定理

$$W_f+W_d=\Delta U+\Delta K$$

式中，W_f，W_d 分别为外力和阻尼力做功。

$$\int_0^t f_1(t)\,\dot{x}_1(t)\mathrm{d}t+\int_0^t f_2(t)\,\dot{x}_2(t)\mathrm{d}t+\int_0^t f_3(t)\,\dot{x}_3(t)\mathrm{d}t-\int_0^t \frac{1}{2}c_1\dot{x}_1^2(t)\mathrm{d}t-\int_0^t \frac{1}{2}c_2[\dot{x}_2(t)$$

$$-\dot{x}_1(t)]^2\mathrm{d}t-\int_0^t \frac{1}{2}c_3[\dot{x}_3(t)-\dot{x}_2(t)]^2\mathrm{d}t$$

$$=\frac{1}{2}k_1x_1^2+\frac{1}{2}k_2(x_2-x_1)^2+\frac{1}{2}k_3(x_3-x_2)^2+\frac{1}{2}m_1\dot{x}_1^2+\frac{1}{2}m_2\dot{x}_2^2+\frac{1}{2}m_3\dot{x}_3^2$$

上式两端对时间 t 求导得

$$f_1\dot{x}_1+f_2\dot{x}_2+f_3\dot{x}_3-\frac{1}{2}c_1\dot{x}_1^2-\frac{1}{2}c_2(\dot{x}_2-\dot{x}_1)^2-\frac{1}{2}c_3(\dot{x}_3-\dot{x}_2)^2$$

$$=k_1x_1\dot{x}_1+k_2(x_2-x_1)(\dot{x}_2-\dot{x}_1)+k_3(x_3-x_2)(\dot{x}_3-\dot{x}_2)+m_1\dot{x}_1\ddot{x}_1+m_2\dot{x}_2\ddot{x}_2+$$

$$m_3\dot{x}_3\ddot{x}_3$$

上式两端分别对速度 $\dot{x}_1$，$\dot{x}_2$ 和 $\dot{x}_3$ 求导得

$$f_1-c_1\dot{x}_1+c_2(\dot{x}_2-\dot{x}_1)=k_1x_1-k_2(x_2-x_1)+m_1\ddot{x}_1$$

$$f_2-c_2\dot{x}_2+c_3(\dot{x}_3-\dot{x}_2)=k_2(x_2-x_1)-k_3(x_3-x_2)+m_2\ddot{x}_2$$

$$f_3-c_3(\dot{x}_3-\dot{x}_2)=k_3(x_3-x_2)+m_3\ddot{x}_3$$

移项整理并写出矩阵形式为

$$\mathbf{M}\ddot{x}(t)+\mathbf{C}\dot{x}(t)+\mathbf{K}x(t)=f(t)$$

思考题

1. 什么是模态分析？
2. 振动系统由哪几部分组成？各部分的作用是什么？
3. 振动系统的自由度数的含义是什么？
4. 振动系统的分类有哪些？
5. 振动的三类基本问题是什么？
6. 模态分析有哪两种分析过程？
7. 振动方程的建立方法有哪些？各有何特点？
8. 理论模态分析与试验模态分析各自的含义是什么？
9. 写出应用拉格朗日方程建立系统的运动微分方程的步骤。
10. 虚位移原理的数学表达式是什么？

第二章
结构振动分析理论

2.1 ／ 单自由度系统振动微分方程

对如图 2-1-1(a)所示结构系统,假设刚体 m 仅能作水平方向的平移,因此用一个位移坐标 $x(t)$ 就能完全确定其位置。抵抗位移的弹性恢复力由刚度为 k 的无重量弹簧来提供,而耗能元件用阻尼器 c 来表示,质量为 m 的刚体上受到随时间变化的荷载 $f(t)$ 的作用,该振动系统即为典型的单自由度弹簧－质量－阻尼系统模型。

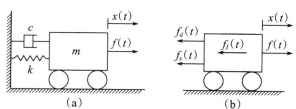

图 2-1-1　单自由度系统模型

下面建立该系统的运动方程。对质量块 m 进行受力分析,如图 2-1-1(b)所示。该质量块受到外界作用力 $f(t)$ 和抵抗力:惯性力 $f_I(t)$、阻尼力 $f_d(t)$ 和弹性力 $f_s(t)$,其平衡方程为

$$f_I(t) + f_d(t) + f_s(t) = f(t) \tag{2-1-1}$$

其中惯性力为质量与加速度的乘积,$f_I(t) = m\ddot{x}(t)$;弹性力为弹性系数与位移的乘积,$f_s(t) = kx(t)$;阻尼力比较复杂,假设阻尼为黏性阻尼,其大小等于阻尼系数 c 与速度的乘积,$f_d(t) = c\dot{x}(t)$。于是可以得到其运动方程为

$$m\ddot{x}(t) + c\dot{x}(t) + kx(t) = f(t) \tag{2-1-2}$$

2.2 ／单自由度系统自由振动

2.2.1　无阻尼系统自由振动

令方程(2-1-2)中的激振力和阻尼力为零,从而可得单自由度无阻尼系统自由振动方程:

$$m\ddot{x} + kx = 0 \qquad (2\text{-}2\text{-}1)$$

该方程为二阶常微分方程,其特征方程为

$$m\lambda^2 + k = 0 \qquad (2\text{-}2\text{-}2)$$

式中,λ 为特征根,$\lambda = \pm i\omega_0$;$\omega_0 = \sqrt{k/m}$ 为无阻尼系统的固有频率,仅与系统的质量 m 和刚度 k 有关,称为圆频率(Circular Frequency)或角频率(Angular Frequency),单位为 rad/s,表示结构系统振动的快慢。

在初始位移 x_0 和初始速度 $\dot{x}_0$ 的情况下,自由振动的解为

$$x(t) = x_0 \cos \omega_0 t + \frac{\dot{x}_0}{\omega_0} \sin \omega_0 t \qquad (2\text{-}2\text{-}3)$$

或

$$x(t) = A\cos(\omega_0 t + \theta) \qquad (2\text{-}2\text{-}4)$$

式中,振幅 A 和相位 θ 可由系统的初始位移 x_0 和初始速度 $\dot{x}_0$ 确定,即

$$A = \sqrt{x_0^2 + \left(\frac{\dot{x}_0}{\omega_0}\right)^2} \qquad (2\text{-}2\text{-}5)$$

$$\theta = \tan^{-1}\left(\frac{-\dot{x}_0}{\omega_0 x_0}\right) \qquad (2\text{-}2\text{-}6)$$

方程(2-2-4)表示幅值 A 恒定、周期为 $T = 2\pi/\omega_0$ 的简谐运动,如图 2-2-1 所示。

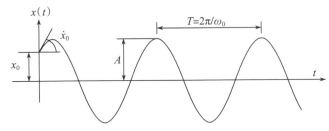

图 2-2-1　无阻尼系统自由振动

由公式(2-2-4)和图 2-2-1 可以得到无阻尼振动的特性。

(1)无阻尼自由振动为简谐振动。简谐振动的三要素包括振幅 A、固有圆频率 ω_0 和初相位 θ。振幅 A 为系统做简谐振动时,振动物理量(位移)偏离平衡位置的最大值。自变量 $\omega_0 t + \theta$ 称为系统的相位,表示物理量(位移)随时间变化时,任意时刻对应的角变量。$t = 0$ 时对应的相位就是初相位 θ,它是相对时间坐标原点而言的。

(2)固有圆频率 ω_0 只与系统的质量 m 和刚度 k 有关,与其他因素无关。与固有圆

频率有关的另一个量为频率 f，其定义为 $f=1/T=\omega_0/2\pi$，表示单位时间内简谐振动的次数，单位赫兹（Hz）。

【例 2.1】一端固定一端自由的悬臂梁，如图 2-2-2 所示，在其自由端有集中质量 m，梁的长度为 l，截面抗弯刚度为 EI，梁的质量与杆端的集中质量 m 相比可忽略不计，试求系统的固有频率。

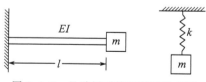

图 2-2-2　悬臂梁系统及其简化模型

【解】不计梁的质量，可以把梁看作没有质量的弹簧，因此系统可以简化为单自由度质量—弹簧系统。弹簧的刚度系数等于悬臂梁的刚度系数，由材料力学可知

$$k=\frac{3EI}{l^3}$$

于是该系统的固有频率为

$$\omega_0=\sqrt{\frac{k}{m}}=\sqrt{\frac{3EI}{ml^3}}$$

2.2.2　有阻尼系统自由振动

如果振动系统中存在黏性阻尼，则仅去掉方程（2-1-2）的外界干扰力项，得到单自由度有阻尼系统的自由振动方程为

$$m\ddot{x}+c\dot{x}+kx=0 \qquad (2\text{-}2\text{-}7)$$

其简谐振动解为

$$x(t)=A\mathrm{e}^{\lambda t} \qquad (2\text{-}2\text{-}8)$$

代入方程（2-2-7）中，得到振动系统的特征方程为

$$m\lambda^2+c\lambda+k=0 \qquad (2\text{-}2\text{-}9)$$

令 $\omega_0^2=k/m,2\omega_0\zeta=c/m$，其中 ζ 称为阻尼比（Damping Ratio）。则上述方程可以写为

$$\lambda^2+2\omega_0\zeta\lambda+\omega_0^2=0 \qquad (2\text{-}2\text{-}10)$$

该方程的解为

$$\lambda_1,\lambda_2=(-\zeta\pm\sqrt{\zeta^2-1})\omega_0 \qquad (2\text{-}2\text{-}11)$$

按照公式（2-2-11）中根号下的数值是正、负或零，可以将振动系统分为以下三类。

1. 欠阻尼系统（Undercritically-damped System）

如果系统的阻尼比较小，其阻尼比 $\zeta<1$，此时式（2-2-11）根号下的数值为负数，方程（2-2-10）的根为一对共轭复数，即

$$\lambda_1,\lambda_2=-\zeta\omega_0\pm\mathrm{i}\sqrt{1-\zeta^2}\omega_0 \qquad (2\text{-}2\text{-}12\mathrm{a})$$

$$\lambda_1, \lambda_2 = -\sigma \pm \mathrm{i}\omega_d \tag{2-2-12b}$$

式中，$\sigma = \zeta\omega_0$ 为阻尼衰减因子，ω_d 为阻尼振动频率（Damped Natural Frequency），它与无阻尼系统的固有频率 ω_0 及阻尼比 ζ 的关系如式（2-2-13）和图 2-2-3 所示。

$$\omega_d = \sqrt{1 - \zeta^2}\,\omega_0 \tag{2-2-13}$$

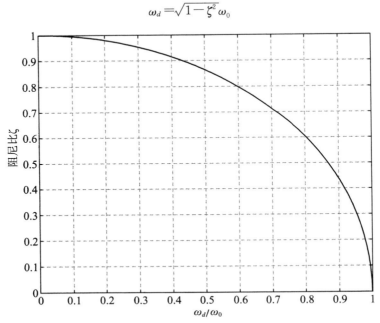

图 2-2-3　阻尼频率与固有频率及阻尼比的关系

此时系统（2-2-7）的解为

$$x(t) = \left[A_1 \cos \omega_d t + A_2 \sin \omega_d t\right]\mathrm{e}^{-\zeta\omega_0 t} \tag{2-2-14}$$

式中，系数 A_1、A_2 可以利用初始位移 x_0 和初始速度 $\dot{x}_0$ 来确定，即

$$A_1 = x_0 \tag{2-2-15}$$

$$A_2 = \frac{\dot{x}_0 + x_0 \zeta\omega_0}{\omega_d} \tag{2-2-16}$$

类似地，方程（2-2-14）也可以写成如下形式

$$x(t) = A\mathrm{e}^{-\zeta\omega_0 t}\cos(\omega_d t + \theta) \tag{2-2-17}$$

式中，

$$A = \sqrt{x_0^2 + \left[\frac{\dot{x}_0 + x_0 \zeta\omega_0}{\omega_d}\right]^2} \tag{2-2-18}$$

$$\theta = -\tan^{-1}\left[\frac{\dot{x}_0 + x_0 \zeta\omega_0}{\omega_d x_0}\right] \tag{2-2-19}$$

方程（2-2-17）表示初始幅值为 A 的自由衰减振动响应，振动的周期 $T_d = 2\pi/\omega_d$，如图 2-2-4 所示。

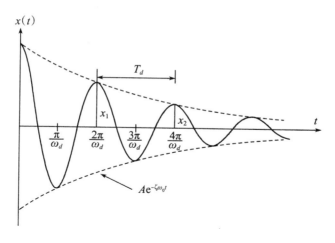

图 2-2-4　有阻尼系统的自由振动

可以看出,系统的阻尼对结构振动的影响如下:

(1) 阻尼对频率或周期的影响:阻尼的存在使得自由振动的频率下降,周期增加;阻尼越大,这种影响越显著。在 $\zeta < 0.1$ 时,其影响可以忽略。

(2) 阻尼对振幅的影响:阻尼对振幅的影响比较明显,任意相邻的振幅 x_n 和 x_{n+1} 的比值为

$$\frac{x_n}{x_{n+1}} = e^{2\pi\zeta\omega_0/\omega_d} \qquad (2-2-20)$$

式中,x_n 对应时刻 $n \times \frac{2\pi}{\omega_d}$ 的振幅,而 x_{n+1} 为时刻 $(n+1) \times \frac{2\pi}{\omega_d}$ 的振幅。由上式可以看出,振幅是按照指数规律衰减的。

定义阻尼对数衰减率:

$$\delta = \ln \frac{x_n}{x_{n+1}} = 2\pi\zeta/\sqrt{1-\zeta^2} \qquad (2-2-21)$$

该式建立了阻尼比 ζ 与对数衰减率 δ 之间的对应关系,可以用来计算系统的阻尼比 ζ。当 $\zeta \leq 0.1$ 时,下式近似成立。

$$\delta \approx 2\pi\zeta \qquad (2-2-22)$$

对阻尼比较小的系统,为了提高阻尼比估算的精度,可以考虑利用相隔 m 个周期的幅值进行计算,即

$$\ln \frac{x_n}{x_{n+m}} = 2m\pi\zeta/\sqrt{1-\zeta^2} \qquad (2-2-23)$$

【例 2.2】某独桩平台如图 2-2-5(a)所示,可以将其简化为一个无质量的柱子支撑着一个质量块的单自由度系统见图 2-2-5(b)。为了测定该结构系统的动力特性,对其进行自由振动测试。在其甲板处施加激励至某位移后释放,假设施加的激励为 9 027 kgf,甲板的位移为 0.508 cm。激励力释放后甲板运动响应的最大值为 0.406 cm,周期为

15

$T=1.40$ s。试求该结构的有效质量、振动频率、阻尼特性及六个循环后的幅值。

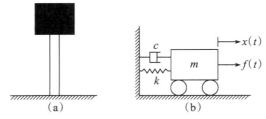

图 2-2-5 独桩平台及其简化模型

【解】由以上数据可以确定系统的动力特性。

(1) 结构的有效质量。

$$T=\frac{2\pi}{\omega_0}=2\pi\sqrt{\frac{m}{k}}=1.40 \text{ s}$$

则

$$m=\left(\frac{T}{2\pi}\right)^2 k=\left(\frac{1.40}{2\times 3.14}\right)^2\times\frac{9\ 027\times 9.8}{0.508\times 10^{-2}}=8.64\times 10^5 \text{ kg}$$

(2) 无阻尼振动频率。

$$f=\frac{1}{T}=\frac{1}{1.40}=0.714 \text{ Hz}$$

$$\omega_0=\frac{2\pi}{T}=\frac{2\pi}{1.40}=4.48 \text{ rad/s}$$

(3) 阻尼特性。

对数衰减率为

$$\delta=\ln\frac{0.508}{0.406}=0.223$$

阻尼比为

$$\zeta=\frac{\delta}{2\pi}=3.55\%$$

阻尼系数为

$$c=\zeta c_c=\zeta 2m\omega_0=282.9 \text{ kgf} \cdot \text{s/cm}$$

阻尼频率为

$$\omega_d=\sqrt{1-\zeta^2}\omega_0=\sqrt{0.999}\omega_0\approx\omega_0$$

(4) 六个循环后的幅值。

$$x_6=\left(\frac{x_1}{x_0}\right)^6 x_0=0.133 \text{ cm}$$

2. 临界阻尼系统(Critically-Damped System)

如果系统的阻尼比等于1,即 $\zeta=1$,此时公式(2-2-11)根号下的数值为零,则方程 (2-2-7)的根为一对实根,即

$$\lambda_1 = \lambda_2 = -\omega_0 \tag{2-2-24}$$

此时的阻尼系数 c 为临界阻尼系数，用 c_c 来表示

$$c_c = 2m\omega_0 \tag{2-2-25}$$

对临界阻尼系统，方程(2-2-7)的解为

$$x(t) = [A + Bt]e^{-\omega_0 t} \tag{2-2-26}$$

代入初始条件 x_0、$\dot{x}_0$，得到系统的自由振动响应为

$$x(t) = [x_0(1 + \omega_0 t) + \dot{x}_0 t]e^{-\omega_0 t} \tag{2-2-27}$$

临界阻尼系统不是关于平衡位置的简谐振动，而是以渐进的方式趋于零。临界阻尼代表系统不发生振动的最小阻尼。图 2-2-6 表示系统在初位移 x_0 以及几种不同初始速度 $\dot{x}_0$ 条件下的运动曲线。

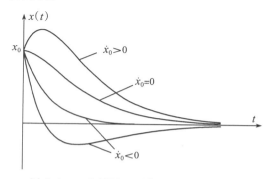

图 2-2-6　临界阻尼系统的自由振动响应

3. 过阻尼系统(Overcritically-Damped System)

当系统的阻尼比大于 1，即 $\zeta > 1$，方程(2-2-7)的根为一对互异负实数，即

$$\lambda_1, \lambda_2 = (-\zeta \pm \sqrt{\zeta^2 - 1})\omega_0 = -\zeta\omega_0 \pm \hat{\omega} \tag{2-2-28}$$

式中，$\hat{\omega} = \omega_0\sqrt{\zeta^2 - 1}$。此时系统的解为

$$x(t) = [A\cosh \hat{\omega} t + B\sinh \hat{\omega} t]e^{-\zeta\omega_0 t} \tag{2-2-29}$$

同临界阻尼系统相似，过阻尼系统也不具有振动性质。

2.3 ／ 单自由度系统强迫振动

振动系统受到外界激振力作用后所引起的振动称为强迫振动。外部激励荷载的类型非常多，如简谐激励、周期激励、脉冲激励、随机激励等。外界激励引起的结构振动响应，不仅与振动系统本身的特性有关，也与激励的变化规律有关。

2.3.1　简谐激励下的强迫振动

简谐激励下的强迫振动在工程中有着广泛的应用，也是分析复杂振动的基础。例如，可以把周期性激励通过傅立叶级数展开成不同频率的简谐激励，采用线性叠加原理

求解系统的总体响应。

假设系统受到幅值为 F_0、频率为 ω 的简谐激励作用,则系统的振动方程为

$$m\ddot{x}(t)+c\dot{x}(t)+kx(t)=F_0\sin\omega t \tag{2-3-1}$$

或者写成

$$\ddot{x}(t)+2\zeta\omega_0\dot{x}(t)+\omega_0^2 x(t)=f_0\sin\omega t \tag{2-3-2}$$

式中,$f_0=F_0/m$。由 2.2 节内容可知,该方程的齐次解为

$$x_c(t)=[A_1\cos\omega_d t+A_2\sin\omega_d t]e^{-\zeta\omega_0 t} \tag{2-3-3}$$

设特解为

$$x_p(t)=[G_1\cos\omega t+G_2\sin\omega t] \tag{2-3-4}$$

定义频率比 $\beta=\omega/\omega_0$。将式(2-3-4)代入式(2-3-2),可以得到

$$G_1=\frac{F_0}{k}\left[\frac{-2\zeta\beta}{(1-\beta^2)^2+(2\zeta\beta)^2}\right] \tag{2-3-5}$$

$$G_2=\frac{F_0}{k}\left[\frac{1-\beta^2}{(1-\beta^2)^2+(2\zeta\beta)^2}\right] \tag{2-3-6}$$

于是得到系统的特解为

$$x_p(t)=B\sin(\omega t-\theta) \tag{2-3-7}$$

式中,

$$B=\frac{F_0}{k}[(1-\beta^2)^2+(2\zeta\beta)^2]^{-1/2} \tag{2-3-8a}$$

$$\theta=\tan^{-1}\frac{2\zeta\beta}{1-\beta^2} \tag{2-3-8b}$$

则系统的总响应为

$$x(t)=[A_1\cos\omega_d t+A_2\sin\omega_d t]e^{-\zeta\omega_0 t}+B\sin(\omega t-\theta) \tag{2-3-9}$$

假设振动系统的初位移和初速度分别为 x_0 和 $\dot{x}_0$,可以得到

$$A_1=x_0+B\sin\theta \tag{2-3-10a}$$

$$A_2=\frac{\dot{x}_0+x_0\zeta\omega_0+B(\zeta\omega_0\sin\theta-\omega\cos\theta)}{\omega_d} \tag{2-3-10b}$$

从而得到简谐激励下振动系统的总响应为

$$x(t)=e^{-\zeta\omega_0 t}\left(x_0\cos\omega_d t+\frac{\dot{x}_0+x_0\zeta\omega_0}{\omega_d}\sin\omega_d t\right)+Be^{-\zeta\omega_0 t}\left(\sin\theta\cos\omega_d t+\frac{\zeta\omega_0\sin\theta-\omega\cos\theta}{\omega_d}\right.$$
$$\left.\sin\omega_d t\right)+B\sin(\omega t-\theta) \tag{2-3-11}$$

公式(2-3-11)右端第一项表示初始条件引起的自由衰减振动;第二项表示由简谐激励引起的伴随自由振动,它与初始条件无关,也是衰减振动;第三项表示由简谐激励引起的稳态振动,与激励力有相同的频率,但振幅和频率与初始条件无关。由于系统阻尼的存在,前两项随着时间以 $e^{-\zeta\omega_0 t}$ 迅速衰减,最终会消失掉,因此前两项振动都是瞬态响应。在振动的初始阶段,振动系统的总响应是这三项振动的合成,经过一段时间后,

系统就只剩下稳态响应了。

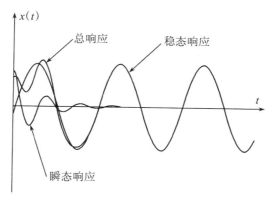

图 2-3-1　瞬态响应与稳态响应

1. 稳态响应

由于自由衰减振动随着时间很快地衰减为零,因此最后系统的响应一般为稳态响应:
$$x_p(t) = B\sin(\omega t - \theta)$$

引入动力放大系数(Dynamic Magnification Factor),定义为运动响应幅值 B 与激励幅值 F_0 所引起的静位移 F_0/k 的比值,即

$$D = \frac{B}{F_0/k} = \left[(1-\beta^2)^2 + (2\zeta\beta)^2\right]^{-1/2} \tag{2-3-12}$$

动力放大系数 D 为无量纲参数,它与相位都随着频率比 β 和阻尼比 ζ 的变化而变化,如图 2-3-2 所示。从中可以看出:

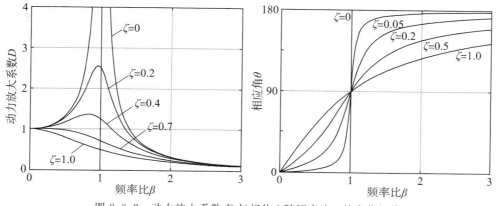

图 2-3-2　动力放大系数 D 与相位 θ 随频率比 β 的变化规律

(1) 当激振频率非常小时,D 近似等于 1。这表明,当激振频率远小于结构系统固有频率时,振动系统的位移振幅等于弹簧静变形;位移响应与激振力之间的相位差为零,即位移与激振力同相位。

(2) 随着激振频率的增加,D 在系统的固有频率附近达到峰值,然后随着激振频率的增加而下降。

（3）当激振频率非常大时，D 趋向于 0，此时位移响应与激振力反相。

在这些频率条件下，振动系统对应的位移响应分别为

$$x_p \approx \frac{F_0}{k}\sin \omega t \quad \omega \ll \omega_0(\beta \ll 1) \tag{2-3-13}$$

$$x_p = \frac{F_0}{2k\zeta}\sin(\omega_0 t+\frac{\pi}{2})=-\frac{F_0}{c\omega_0}\cos \omega_0 t \quad \omega=\omega_0(\beta=1) \tag{2-3-14}$$

$$x_p \approx \frac{\omega_0^2 F_0}{\omega^2 k}\sin(\omega t+\pi)=\frac{F_0}{m\omega^2}\sin(\omega t) \quad \omega \gg \omega_0(\beta \gg 1) \tag{2-3-15}$$

与此相对应，这三个区域分别称为刚度控制区、阻尼控制区和质量控制区。

2. 共振响应

由公式（2-3-12）和图 2-3-2 可以看出，对无阻尼系统（$\zeta=0$），当频率比趋于 1 时（即激振力频率与结构自振频率相等），系统的稳态响应趋于无穷大。同时也可以看出，对小阻尼系统，稳态响应的峰值出现在频率接近 1 的地方。频率比为 1，也就是说激振力的频率等于系统的固有频率时的振动状态，称之为共振（Resonance）。

当共振发生时，$\beta=1$，此时的动力放大系数与阻尼比成反比：

$$D_{\beta=1}=\frac{1}{2\zeta} \tag{2-3-16}$$

为了求动力放大系数的最大值，公式（2-3-12）对 β 求导，则

$$\beta_{peak}=\sqrt{1-2\zeta^2} \tag{2-3-17}$$

即发生位移响应共振时的共振频率为

$$\omega_r=\omega_0\sqrt{1-2\zeta^2} \tag{2-3-18}$$

此时对应的动力放大系数的最大值为

$$D_{max}=\frac{1}{2\zeta\sqrt{1-\zeta^2}} \tag{2-3-19}$$

可见当阻尼比很小时，由公式（2-3-16）和（2-3-19）确定的动力放大系数的差异可以忽略。

值得一提的是，公式（2-3-18）对应的是位移共振频率。不难得出，速度共振频率为 ω_0，而加速度共振频率为 $\omega_0/\sqrt{1-2\zeta^2}$。

为了更好地了解谐振荷载下系统的共振响应的性质，对包含瞬态项及稳态项的振动响应方程（2-3-9）做进一步地讨论。在共振频率（$\beta=1$）时，此方程为

$$x(t)=[A_1\cos \omega_d t+A_2\sin \omega_d t]e^{-\zeta\omega_0 t}-\frac{F_0}{k}\frac{\cos \omega t}{2\zeta} \tag{2-3-20}$$

假定系统从静止开始运动（$x_0=\dot{x}_0=0$），则待定常数为

$$A_1=\frac{F_0}{k}\frac{1}{2\zeta} \tag{2-3-21}$$

$$A_2=\frac{F_0}{k}\frac{\omega_0}{2\omega_d}=\frac{F_0}{k}\frac{1}{2\sqrt{1-\zeta^2}} \tag{2-3-22}$$

此时方程(2-3-20)变为

$$x(t) = \frac{F_0}{k} \frac{1}{2\zeta} \left[\cos \omega_d t + \frac{\zeta}{\sqrt{1-\zeta^2}} \sin \omega_d t \right] e^{-\zeta\omega_0 t} - \frac{F_0}{k} \frac{\cos \omega t}{2\zeta} \qquad (2-3-23)$$

一般来说,结构体系中常见的阻尼比一般都远小于 1,因此方程中的正弦项对振动响应的影响很小,而且阻尼频率几乎等于无阻尼频率($\omega_d = \omega_0$),此时的响应比近似为

$$R(t) = \frac{x(t)}{\frac{F_0}{k}} \approx \frac{1}{2\zeta} (e^{-\zeta\omega t} - 1) \cos \omega t + \frac{1}{2} e^{-\zeta\omega t} \sin \omega t \qquad (2-3-24)$$

对无阻尼系统,其阻尼为零,方程(2-3-24)为不定式,但应用 L'Hospital 法则后,无阻尼系统的共振响应比为

$$R(t) = \frac{1}{2} (\sin \omega t - \omega t \cos \omega t) \qquad (2-3-25)$$

图 2-3-3 为共振情况下无阻尼和有阻尼系统的共振响应比的变化情况。由图可以看出,对无阻尼系统,响应几乎是线性增加的。每一个周期增加一个 π 值,而且幅值是无限制地增加的,最终系统必然发生破坏。对有阻尼系统,阻尼的存在限制了共振振幅的无限制增加,最终最大振幅趋于其极限值(最大值)$\frac{1}{2\zeta}$。而达到最大值的时间(或周期数)则取决于系统阻尼比的大小。

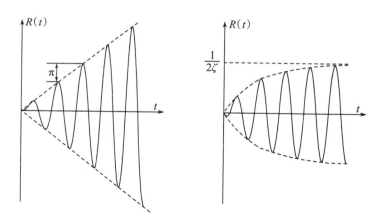

图 2-3-3 静止初始条件下的共振响应

2.3.2 周期荷载下的强迫振动

为了处理周期性荷载作用下的结构系统的振动响应,需要将周期性荷载展成傅立叶级数形式。对级数的每一项响应,就是谐振荷载作用下的响应问题了。最后利用叠加原理,总振动响应就是各项谐振荷载响应的总和。

对如图 2-3-4 所示的周期性荷载,其傅立叶级数展开表达式为

$$f(t) = a_0 + \sum_{n=1}^{\infty} a_n \cos \bar{\omega}_n t + \sum_{n=1}^{\infty} b_n \sin \bar{\omega}_n t \qquad (2-3-26)$$

21

式中，$\bar{\omega}_n = 2\pi n / T_p$ 为 n 次谐波的频率，T_p 为周期性荷载的周期，$\bar{\omega}_1 = 2\pi / T_p$ 为周期性荷载的基频。系数的表达式为

$$a_0 = \frac{1}{T_p} \int_0^{T_p} f(t) \, \mathrm{d}t \qquad (2\text{-}3\text{-}27)$$

$$a_n = \frac{2}{T_p} \int_0^{T_p} f(t) \cos \bar{\omega}_n t \, \mathrm{d}t \qquad (2\text{-}3\text{-}28)$$

$$b_n = \frac{2}{T_p} \int_0^{T_p} f(t) \sin \bar{\omega}_n t \, \mathrm{d}t \qquad (2\text{-}3\text{-}29)$$

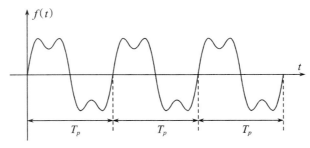

图 2-3-4　任意周期性荷载

由此可见，一个周期性的荷载可以分解为无穷多个频率为基频整数倍的谐波叠加的形式。如果系统是线性的，根据线性系统的叠加原理，系统在周期性荷载下的稳态响应就是激振力的各次谐波分量单独作用下的稳态响应的叠加。为了便于分析，可以将(2-3-26)改写为

$$f(t) = f_0 + \sum_{n=1}^{\infty} f_n \sin (\bar{\omega}_n t + \phi_n) \qquad (2\text{-}3\text{-}30)$$

式中，f_0 为常值力分量；f_n，ϕ_n 分别为 n 次谐波分力的幅值和初相位。

$$f_n = \sqrt{a_n^2 + b_n^2} \qquad (2\text{-}3\text{-}31)$$

$$\phi_n = \tan^{-1} \frac{a_n}{b_n} \qquad (2\text{-}3\text{-}32)$$

当任意周期性荷载展开成(2-3-26)所示的傅立叶级数形式时，系统的振动方程变为

$$m\ddot{x}(t) + c\dot{x}(t) + kx(t) = f_0 + \sum_{n=1}^{\infty} f_n \sin (\bar{\omega}_n t + \phi_n) \qquad (2\text{-}3\text{-}33)$$

该方程的稳态响应(特解)为

$$x(t) = f_0 / k + \sum_{n=1}^{\infty} x_n(t) \qquad (2\text{-}3\text{-}34)$$

式中，$x_n(t)$ 为 $f(t)$ 中 n 次谐波分力 $f_n \sin (\bar{\omega}_n t + \phi_n)$ 作用下的稳态响应，即

$$x_n(t) = A_n \sin (\bar{\omega}_n t + \phi_n + \varepsilon_n) \qquad (2\text{-}3\text{-}35)$$

式中，

$$A_n = \frac{f_n}{k} \left[(1 - \beta_n^2)^2 + (2\zeta\beta_n)^2 \right]^{-1/2} \qquad (2\text{-}3\text{-}36)$$

$$\varepsilon_n = \tan^{-1}\frac{-2\zeta\beta_n}{1-\beta_n^2} \qquad (2\text{-}3\text{-}37)$$

式中，$\beta_n = \bar{\omega}_n/\omega_0$ 为频率比。

2.3.3　冲击荷载下的振动响应

在许多工程问题中，经常会碰到持续时间很短的冲击荷载，在这种冲击荷载下，系统不产生稳态振动，而只是瞬态振动。激励结束后，系统将做自由振动。研究冲击荷载作用下结构的振动响应非常重要。在诸多的冲击激励中，单位脉冲激励尤为重要。

单位脉冲激励可以用单位脉冲函数（狄拉克 δ 函数）来表示，其定义为

$$\delta(t) = \begin{cases} \infty & t=0 \\ 0 & t\neq 0 \end{cases} \qquad (2\text{-}3\text{-}38\text{a})$$

$$\int_{-\infty}^{\infty}\delta(t)\mathrm{d}t = 1 \qquad (2\text{-}3\text{-}38\text{b})$$

δ 函数具有如下的性质：

$$\delta(t-\tau) = \begin{cases} \infty & t=\tau \\ 0 & t\neq\tau \end{cases} \qquad (2\text{-}3\text{-}39\text{a})$$

$$\int_{-\infty}^{\infty}\delta(t-\tau)\mathrm{d}t = 1 \qquad (2\text{-}3\text{-}39\text{b})$$

$$\int_{-\infty}^{\infty}\delta(t-\tau)f(t)\mathrm{d}t = f(\tau) \qquad (2\text{-}3\text{-}40)$$

系统在单位脉冲作用下的振动微分方程可表示为

$$m\ddot{x}(t)+c\dot{x}(t)+kx(t)=\delta(t) \qquad (2\text{-}3\text{-}41)$$

对上式两边同乘以 $\mathrm{d}t$，得到

$$m\mathrm{d}\dot{x}+c\mathrm{d}x+kx\mathrm{d}t=\delta(t)\mathrm{d}t \qquad (2\text{-}3\text{-}42)$$

假设系统初始状态静止（初位移和初速度均为零），在单位脉冲作用的瞬间，由于作用时间为零，位移来不及变化，但速度可以有突变，则 $x=0$，$\mathrm{d}x=0$，于是有

$$m\mathrm{d}\dot{x}=\delta(t)\mathrm{d}t \qquad (2\text{-}3\text{-}43)$$

将上式进行积分，得到速度的增量为 $1/m$。单位脉冲作用下系统的振动响应相当于系统在下述初始条件下的振动，即

$$x_0=0,\dot{x}_0=1/m \qquad (2\text{-}3\text{-}44)$$

于是方程（2-3-41）的解为

$$x(t)=\frac{1}{m\omega_d}\mathrm{e}^{-\zeta\omega_0 t}\sin\omega_d t \qquad (2\text{-}3\text{-}45)$$

定义单位脉冲响应函数，即单位脉冲激励作用下系统产生的脉冲响应，用 $h(t)$ 表示，则

$$h(t)=\frac{1}{m\omega_d}\mathrm{e}^{-\zeta\omega_0 t}\sin\omega_d t \qquad (2\text{-}3\text{-}46)$$

2.3.4 一般动力荷载下的振动响应

当作用于系统上的外荷载为任意的动力荷载时,可以把它看成是一系列脉冲激励的叠加,这样系统在任意激励作用下的响应就可以看成是不同时刻脉冲激励作用下脉冲响应的叠加,如图 2-3-5 所示。

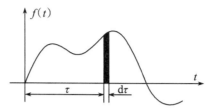

图 2-3-5 任意的动力荷载

对 $t=\tau$ 时刻的脉冲,其冲量为 $f(\tau)\mathrm{d}\tau$,其产生的脉冲响应为

$$\mathrm{d}x=f(\tau)h(t-\tau)\mathrm{d}\tau \tag{2-3-47}$$

于是系统在任意激振力作用下的响应等于在整个时间段内所有脉冲激励产生的响应的总和,即

$$x(t)=\int_0^t f(\tau)h(t-\tau)\mathrm{d}\tau \tag{2-3-48}$$

该公式称为杜哈梅(Duhamel)积分。在数学上为两个函数 $f(t)$ 和 $h(t)$ 的卷积,根据卷积的性质,公式(2-3-48)也可以写为

$$x(t)=\int_0^t f(t-\tau)h(\tau)\mathrm{d}\tau \tag{2-3-49}$$

2.3.5 频响函数

单自由度系统在一般激励力作用下的振动微分方程为

$$m\ddot{x}(t)+c\dot{x}(t)+kx(t)=f(t) \tag{2-3-50}$$

作用在系统上的简谐激振力可以表示为

$$f(t)=Fe^{i\omega t} \tag{2-3-51}$$

上式中,ω 为简谐激振力的频率,是一个实数;F 是一个复数,可以写成如下形式:

$$F=F_0 e^{i\theta} \tag{2-3-52}$$

式中,F_0 为激振力的幅值,即 $F_0=|F|$;θ 为幅角,是激振力的初相位。通常以激振力的相位为基准,可取 $\theta=0$。

单自由度系统在简谐激振力作用下,其稳态响应也是简谐振动,可以表示为

$$x(t)=Xe^{i\omega t} \tag{2-3-53}$$

式中,X 也是一个复数,可以写成如下形式:

$$X=x_0 e^{i\phi} \tag{2-3-54}$$

上式中,x_0 为复数 X 的模,是稳态位移响应的幅值;ϕ 为复数 X 的幅角,是稳态响应的相位;若以激振力的相位为基准,则当 $\theta=0$ 时,ϕ 表示激振力与位移响应的相位差。将式(2-3-53)和(2-3-51)代入方程(2-3-50)中,可以得到

$$(k-\omega^2 m+\mathrm{i}\omega c)X=F \tag{2-3-55}$$

从而可以得到

$$H(\omega)=\frac{X}{F}=\frac{1}{k-\omega^2 m+\mathrm{i}\omega c} \tag{2-3-56}$$

上式中，$H(\omega)$ 称为位移频率响应函数（简称频响函数—FRF），它是频率 ω 的函数。从频响函数的表达式可以看出，频响函数只与系统的物理参数 m,c,k 有关。它反映了系统的固有特性，是以外部激励频率 ω 为参变量的函数。

于是输入和输出之间的关系可表示为

$$X=H(\omega)F \tag{2-3-57}$$

需要注意的是，由式（2-3-56）定义的频率响应函数的振动响应为位移，即位移频响函数。结构的振动响应也可以为速度和加速度，类似地可以定义速度频响函数 H_v 和加速度频响函数 H_a。

$$H_v=\frac{\dot{X}}{F}=\frac{\mathrm{i}\omega}{k-\omega^2 m+\mathrm{i}\omega c} \tag{2-3-58}$$

$$H_a=\frac{\ddot{X}}{F}=\frac{-\omega^2}{k-\omega^2 m+\mathrm{i}\omega c} \tag{2-3-59}$$

位移频响函数、速度频响函数和加速度频响函数之间可以相互转换，其相互关系为

$$H_v=\mathrm{i}\omega H \tag{2-3-60}$$

$$H_a=\mathrm{i}\omega H_v=-\omega^2 H \tag{2-3-61}$$

三者的幅值和相位关系如下：

$$|H_a|=\omega|H_v|=\omega^2|H| \tag{2-3-62}$$

$$\theta_a=\theta_v+\frac{\pi}{2}=\theta_d+\pi \tag{2-3-63}$$

若系统受到任意激励作用，频响函数可定义为系统的稳态响应与激励的傅立叶变换之比，即

$$H(\omega)=X(\omega)/F(\omega) \tag{2-3-64}$$

上式给出了频域内激振力和响应的关系。可以证明，单位脉冲响应函数和频响函数构成了傅立叶变换对。即

$$H(\omega)=\int_{-\infty}^{\infty}h(t)\mathrm{e}^{-\mathrm{i}\omega t}\mathrm{d}t \tag{2-3-65}$$

$$h(t)=\frac{1}{2\pi}\int_{-\infty}^{\infty}H(\omega)\mathrm{e}^{\mathrm{i}\omega t}\mathrm{d}\omega \tag{2-3-66}$$

由此可见，单位脉冲响应函数与频响函数一样是反映振动系统动态特性的函数，只不过频响函数在频域内描述系统的固有特性，而单位脉冲响应函数在时域内描述系统的固有特性。因此，频响函数和单位脉冲响应函数都构成了系统的非参数模型，是进行系统识别的基础。

在机械振动分析中,有时会用到阻抗和导纳的概念。如果分别用 Z 和 H 来表示阻抗和导纳,用下标 d,v,a 来分别表示位移、速度和加速度,则各种阻抗与导纳的定义如表 2-3-1 所示。其中位移阻抗又称为动刚度,位移导纳又称为动柔度,加速度阻抗又称为有效质量。

表 2-3-1　阻抗与导纳

名称	定义及表达式	名称	定义及表达式
位移阻抗	$Z_d = \dfrac{F}{X} = k - \omega^2 m + \mathrm{i}\omega c$	位移导纳	$H_d = \dfrac{X}{F} = \dfrac{1}{k - \omega^2 m + \mathrm{i}\omega c}$
速度阻抗	$Z_v = \dfrac{F}{\dot{X}} = \dfrac{1}{\mathrm{i}\omega}(k - \omega^2 m + \mathrm{i}\omega c)$	速度导纳	$H_v = \dfrac{\dot{X}}{F} = \dfrac{\mathrm{i}\omega}{k - \omega^2 m + \mathrm{i}\omega c}$
加速度阻抗	$Z_a = \dfrac{F}{\ddot{X}} = \dfrac{1}{-\omega^2}(k - \omega^2 m + \mathrm{i}\omega c)$	加速度导纳	$H_a = \dfrac{\ddot{X}}{F} = \dfrac{-\omega^2}{k - \omega^2 m + \mathrm{i}\omega c}$

2.4 / 多自由度系统振动微分方程

前面讲述了单自由度振动系统的动态特性。单自由度系统是实际振动系统中最简单的模型,其动力响应可以用一个运动微分方程来计算,即运动可以用一个单独的坐标来描述。实际工程中经常会遇到复杂的、连续的系统,这时需要将其简化并离散为多自由度系统。多自由度系统的振动理论是解决工程振动问题的基础。

多自由度振动系统可以由多个集中质量、阻尼器和弹簧构成。图 2-4-1 为一个三自由度质量—弹簧—阻尼系统。

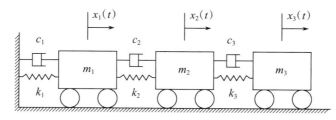

图 2-4-1　三自由度质量—弹簧—阻尼器系统

建立多自由度体系运动方程时,需要对系统中的每个自由度列力平衡方程。对一个 n 自由度系统,作用在第 i 个自由度上的力包括外荷载 $f_i(t)$,惯性力 $f_{Ii}(t)$,阻尼力 $f_{Di}(t)$,弹性恢复力 $f_{Si}(t)$。

这样,对多自由度系统的每一个自由度,都可以写出相应的力平衡条件,即

$$\begin{cases} f_{I1}(t) + f_{D1}(t) + f_{S1}(t) = f_1(t) \\ f_{I2}(t) + f_{D2}(t) + f_{S2}(t) = f_2(t) \\ \cdots \\ f_{In}(t) + f_{Dn}(t) + f_{Sn}(t) = f_n(t) \end{cases} \tag{2-4-1}$$

将式(2-4-1)写成矢量形式,即

$$\boldsymbol{f}_I(t) + \boldsymbol{f}_D(t) + \boldsymbol{f}_S(t) = \boldsymbol{f}(t) \tag{2-4-2}$$

假定弹性恢复力依赖于每个自由度的位移,并假定其呈线性关系,则弹性恢复力可以表示为

$$\boldsymbol{f}_S(t) = \mathbf{K}\boldsymbol{x}(t) \tag{2-4-3}$$

式中, $\boldsymbol{x}(t)$ 为各个自由度位移组成的位移列向量:

$$\boldsymbol{x}(t) = \begin{Bmatrix} x_1(t) \\ x_2(t) \\ \vdots \\ x_n(t) \end{Bmatrix} \tag{2-4-4}$$

$\mathbf{K}$ 为结构的刚度矩阵,其形式如下:

$$\mathbf{K} = \begin{bmatrix} k_{11} & k_{12} & \cdots & k_{1n} \\ k_{21} & k_{22} & \cdots & k_{2n} \\ \vdots & \vdots & \ddots & \vdots \\ k_{n1} & k_{n2} & \cdots & k_{nn} \end{bmatrix} \tag{2-4-5}$$

式中, k_{ij} 表示第 j 自由度产生单位位移时,在第 i 自由度上产生的力。

同理,假定阻尼力与速度呈线性关系,则阻尼力可以表示为

$$\boldsymbol{f}_D(t) = \mathbf{C}\dot{\boldsymbol{x}}(t) \tag{2-4-6}$$

式中, $\mathbf{C}$ 为振动系统的阻尼矩阵,其形式如下:

$$\mathbf{C} = \begin{bmatrix} c_{11} & c_{12} & \cdots & c_{1n} \\ c_{21} & c_{22} & \cdots & c_{2n} \\ \vdots & \vdots & \ddots & \vdots \\ c_{n1} & c_{n2} & \cdots & c_{nn} \end{bmatrix} \tag{2-4-7}$$

惯性力可以表示为系统的质量与加速度的乘积,其形式如下:

$$\boldsymbol{f}_I(t) = \mathbf{M}\ddot{\boldsymbol{x}}(t) \tag{2-4-8}$$

式中, $\mathbf{M}$ 为结构的质量矩阵,其形式如下:

$$\mathbf{M} = \begin{bmatrix} m_{11} & m_{12} & \cdots & m_{1n} \\ m_{21} & m_{22} & \cdots & m_{2n} \\ \vdots & \vdots & \ddots & \vdots \\ m_{n1} & m_{n2} & \cdots & m_{nn} \end{bmatrix} \tag{2-4-9}$$

将相关公式代入式(2-4-2)中,最后得到多自由度振动系统的平衡方程为

$$\mathbf{M}\ddot{\mathbf{x}}(t)+\mathbf{C}\dot{\mathbf{x}}(t)+\mathbf{K}\mathbf{x}(t)=\mathbf{f}(t) \tag{2-4-10}$$

2.5 / 多自由度无阻尼系统自由振动特性

2.5.1 振动频率

去掉多自由度系统方程(2-4-10)中的阻尼项和外荷载项,可以得到多自由度无阻尼系统自由振动方程为

$$\mathbf{M}\ddot{\mathbf{x}}(t)+\mathbf{K}\mathbf{x}(t)=0 \tag{2-5-1}$$

与单自由度系统类似,假定多自由度系统的自由振动是简谐振动,其振动响应可以写为

$$\mathbf{x}(t)=\mathbf{X}\sin(\omega t+\theta) \tag{2-5-2}$$

代入方程(2-5-1),可以得到

$$(\mathbf{K}-\omega^2\mathbf{M})\mathbf{X}=0 \tag{2-5-3}$$

要想得到非零解,则系数行列式必须为零,即

$$|\mathbf{K}-\omega^2\mathbf{M}|=0 \tag{2-5-4}$$

此方程为系统的特征方程(频率方程)。

对一个具有 n 个自由度的系统,展开(2-5-4)后,可以得到一个关于频率 ω^2 的 n 次代数方程,方程的 n 个根($\omega_1^2,\omega_2^2,\cdots,\omega_n^2$)表示系统可能存在的 n 个振动频率,一般将之从小到大排列($\omega_1<\omega_2<\cdots<\omega_n$)。$\omega_1$ 为系统的第一阶固有频率(基频),ω_2 为系统的第二阶固有频率,依此类推。一般来说,系统的刚度矩阵是半正定对称矩阵,而质量矩阵是正定对称矩阵,此时系统的固有频率都大于或等于零。

全部频率按照次序排列组成的向量叫作频率向量,定义为

$$\boldsymbol{\omega}=\begin{Bmatrix} \omega_1 \\ \omega_2 \\ \vdots \\ \omega_n \end{Bmatrix} \tag{2-5-5}$$

可以证明,稳定的结构系统具有对称、正定的实质量矩阵和刚度矩阵,其各阶频率都是正实根。

2.5.2 振型分析

将系统的各阶频率代入特征方程,可以求得对应各阶频率的振动幅值,即

$$(\mathbf{K}-\omega_i^2\mathbf{M})\mathbf{X}_i=0 \tag{2-5-6}$$

方程(2-5-6)是齐次方程,当其系数行列式为零时,可确定 ω_i 对应的特征向量 $\mathbf{X}_i$。$\mathbf{X}_i$ 表达了系统各个自由度以频率 ω_i 做谐振运动时,系统各自由度振动幅值的相对大小,称为系统的第 i 阶固有模态或固有振型,简称为第 i 阶模态或振型,一般用 $\boldsymbol{\phi}_i$ 来表

示。对 n 个自由度的系统,总能找到 n 阶振动频率和 n 阶振型。

同频率向量类似,n 阶振型向量可以组成振型矩阵,其定义如下

$$\boldsymbol{\Phi} = \{\boldsymbol{\phi}_1 \quad \boldsymbol{\phi}_2 \quad \cdots \quad \boldsymbol{\phi}_n\} = \begin{bmatrix} \phi_{11} & \phi_{12} & \cdots & \phi_{1n} \\ \phi_{21} & \phi_{22} & \cdots & \phi_{2n} \\ \vdots & \vdots & \ddots & \vdots \\ \phi_{n1} & \phi_{n2} & \cdots & \phi_{nn} \end{bmatrix} \qquad (2\text{-}5\text{-}7)$$

2.5.3 振型的正交性

在多自由度系统的振动分析中,振型有一个非常重要的性质,就是其正交性(Orthogonality)。

对第 i 阶频率和振型 $(\omega_i, \boldsymbol{\phi}_i)$,满足方程(2-5-6),则

$$\mathbf{K}\boldsymbol{\phi}_i = \omega_i^2 \mathbf{M}\boldsymbol{\phi}_i \qquad (2\text{-}5\text{-}8)$$

同理,第 j 阶频率和振型 $(\omega_j, \boldsymbol{\phi}_j)$ 同样也满足方程(2-5-6),即

$$\mathbf{K}\boldsymbol{\phi}_j = \omega_j^2 \mathbf{M}\boldsymbol{\phi}_j \qquad (2\text{-}5\text{-}9)$$

方程(2-5-8)和(2-5-9)分别左乘 $\boldsymbol{\phi}_j^T$、$\boldsymbol{\phi}_i^T$(上标 T 表示向量的转置),则

$$\boldsymbol{\phi}_j^T \mathbf{K}\boldsymbol{\phi}_i = \omega_i^2 \boldsymbol{\phi}_j^T \mathbf{M}\boldsymbol{\phi}_i \qquad (2\text{-}5\text{-}10)$$

$$\boldsymbol{\phi}_i^T \mathbf{K}\boldsymbol{\phi}_j = \omega_j^2 \boldsymbol{\phi}_i^T \mathbf{M}\boldsymbol{\phi}_j \qquad (2\text{-}5\text{-}11)$$

由于系统的质量矩阵和刚度矩阵都是对称矩阵,则

$$\boldsymbol{\phi}_j^T \mathbf{K}\boldsymbol{\phi}_i = \boldsymbol{\phi}_i^T \mathbf{K}\boldsymbol{\phi}_j \qquad (2\text{-}5\text{-}12)$$

$$\boldsymbol{\phi}_j^T \mathbf{M}\boldsymbol{\phi}_i = \boldsymbol{\phi}_i^T \mathbf{M}\boldsymbol{\phi}_j \qquad (2\text{-}5\text{-}13)$$

于是得到

$$(\omega_i^2 - \omega_j^2)\boldsymbol{\phi}_j^T \mathbf{M}\boldsymbol{\phi}_i = 0 \qquad (2\text{-}5\text{-}14)$$

对于不同的特征值,$\omega_i \neq \omega_j$,则有

$$\boldsymbol{\phi}_j^T \mathbf{M}\boldsymbol{\phi}_i = 0 \qquad (2\text{-}5\text{-}15)$$

同理得到

$$\boldsymbol{\phi}_j^T \mathbf{K}\boldsymbol{\phi}_i = 0 \qquad (2\text{-}5\text{-}16)$$

以上两式表明,任意两阶振型对质量矩阵和刚度矩阵具有正交性。任何两个主振动都是在多维空间沿着相互垂直的方向振动。从能量的观点来看,就是各阶主振动之间是相互独立的,不会发生能量的传递。

2.5.4 模态质量和模态刚度

由上节内容可知,任意不同的两阶振型对质量矩阵和刚度矩阵具有正交性。对同一阶振型,则可以得到

$$\boldsymbol{\phi}_i^T \mathbf{M}\boldsymbol{\phi}_i = m_i \qquad (2\text{-}5\text{-}17)$$

$$\boldsymbol{\phi}_i^T \mathbf{K}\boldsymbol{\phi}_i = k_i \qquad (2\text{-}5\text{-}18)$$

称 m_i、k_i 为第 i 阶模态质量和模态刚度,有时也称为广义质量和广义刚度。不难得出,频率与模态质量和模态刚度之间的关系如下:

$$\omega_i^2 = \frac{\boldsymbol{\phi}_i^T \mathbf{K} \boldsymbol{\phi}_i}{\boldsymbol{\phi}_i^T \mathbf{M} \boldsymbol{\phi}_i} = \frac{k_i}{m_i} \tag{2-5-19}$$

公式(2-5-19)与单自由度系统固有频率公式有相同的形式。考虑到振型的正交性,则

$$\boldsymbol{\Phi}^T \mathbf{M} \boldsymbol{\Phi} = \begin{Bmatrix} \boldsymbol{\phi}_1^T \\ \boldsymbol{\phi}_2^T \\ \vdots \\ \boldsymbol{\phi}_n^T \end{Bmatrix} \mathbf{M} \{ \boldsymbol{\phi}_1 \quad \boldsymbol{\phi}_2 \quad \cdots \quad \boldsymbol{\phi}_n \} = \begin{bmatrix} \boldsymbol{\phi}_1^T \mathbf{M} \boldsymbol{\phi}_1 & \boldsymbol{\phi}_1^T \mathbf{M} \boldsymbol{\phi}_2 & \cdots & \boldsymbol{\phi}_1^T \mathbf{M} \boldsymbol{\phi}_n \\ \boldsymbol{\phi}_2^T \mathbf{M} \boldsymbol{\phi}_1 & \boldsymbol{\phi}_2^T \mathbf{M} \boldsymbol{\phi}_2 & \cdots & \boldsymbol{\phi}_2^T \mathbf{M} \boldsymbol{\phi}_n \\ \vdots & \vdots & \ddots & \vdots \\ \boldsymbol{\phi}_n^T \mathbf{M} \boldsymbol{\phi}_1 & \boldsymbol{\phi}_n^T \mathbf{M} \boldsymbol{\phi}_2 & \cdots & \boldsymbol{\phi}_n^T \mathbf{M} \boldsymbol{\phi}_n \end{bmatrix} \tag{2-5-20}$$

$$= \begin{bmatrix} m_1 & 0 & \cdots & 0 \\ 0 & m_2 & \cdots & 0 \\ \vdots & \vdots & \ddots & \vdots \\ 0 & 0 & \cdots & m_n \end{bmatrix}$$

公式(2-5-20)中最后一个矩阵定义为模态质量矩阵,即 $\boldsymbol{M}_g = \mathrm{diag}(m_i)$。同样,模态刚度矩阵定义为 $\boldsymbol{K}_g = \mathrm{diag}(k_i)$

$$\boldsymbol{\Phi}^T \mathbf{K} \boldsymbol{\Phi} = \begin{bmatrix} k_1 & 0 & \cdots & 0 \\ 0 & k_2 & \cdots & 0 \\ \vdots & \vdots & \ddots & \vdots \\ 0 & 0 & \cdots & k_n \end{bmatrix} = \mathrm{diag}(k_i) \tag{2-5-21}$$

2.5.5 振型的规格化

在求解方程(2-5-6)时,可以看出每一阶模态乘以任意常数后该方程仍然成立,即模态振型的绝对数值不是唯一的,但其相对比值是唯一的(即振型的形状是唯一的)。振型有不同的表示方式,也涉及不同的振型规格化方法。

振型的规格化,也称为标准化、归一化或正则化。下面介绍一些常用的振型规格化方法。

(1) 最大值归一化。

令振型向量中绝对值最大的元素等于1,得到的振型即为最大值归一化振型。对第 i 阶振型 $\boldsymbol{\phi}_i$,其最大值归一化振型 $\boldsymbol{\varphi}_i$ 可以表示为

$$\boldsymbol{\varphi}_i = \boldsymbol{\phi}_i / \max \{ |\boldsymbol{\phi}_i| \} \tag{2-5-22}$$

(2) 质量归一化。

为了理论分析方便,可以对模态振型进行质量归一化。质量归一化振型满足

$$\boldsymbol{\Phi}^T \mathbf{M} \boldsymbol{\Phi} = \mathbf{I} \tag{2-5-23}$$

$$\boldsymbol{\Phi}^T \mathbf{K} \boldsymbol{\Phi} = \boldsymbol{\Omega}^2 \tag{2-5-24}$$

式中,$\mathbf{I}$ 为单位矩阵,$\boldsymbol{\Omega} = \mathrm{diag}(\omega_i)$。

上式等价于:

$$\boldsymbol{\varphi}_i^T \mathbf{M} \boldsymbol{\varphi}_i = 1, \boldsymbol{\varphi}_i^T \mathbf{M} \boldsymbol{\varphi}_j = 0 \tag{2-5-25}$$

$$\boldsymbol{\varphi}_i^T \mathbf{K} \boldsymbol{\varphi}_i = \omega_i^2, \boldsymbol{\varphi}_i^T \mathbf{K} \boldsymbol{\varphi}_j = 0 \tag{2-5-26}$$

如果已知第 i 阶任意振型 $\boldsymbol{\phi}_i$，则其质量归一化振型 $\boldsymbol{\varphi}_i$ 可以表示为

$$\boldsymbol{\varphi}_i = \boldsymbol{\phi}_i / \sqrt{\boldsymbol{\phi}_i^T \mathbf{M} \boldsymbol{\phi}_i} \tag{2-5-27}$$

（3）驱动点归一化。

以激励点作为参考，取该点的振型元素为 1。若激励点在第 j 自由度，则对第 r 阶振型 $\boldsymbol{\phi}_r$ 来说，其 $\phi_{jr} = 1$，其余各自由度振型值便可与 ϕ_{jr} 相比而确定。

（4）以振型向量的长度等于 1 作为规格化原则。

要求振型向量为单位向量，满足下式：

$$\boldsymbol{\varphi}_i^T \boldsymbol{\varphi}_i = 1 \tag{2-5-28}$$

【例 2.3】如图 2-5-1 所示的三自由度系统，已知质量块的质量均为 1 kg，弹簧的刚度系数均为 20 N/m，试分析其频率和振型，验证振型的正交性，确定质量归一化的振型。

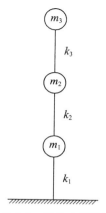

图 2-5-1　三自由度系统

（1）按照第一章振动方程建立的方法，该三自由度系统的质量矩阵和刚度矩阵分别为

$$\mathbf{M} = \begin{bmatrix} m_1 & 0 & 0 \\ 0 & m_2 & 0 \\ 0 & 0 & m_3 \end{bmatrix}, \mathbf{K} = \begin{bmatrix} k_1 + k_2 & -k_2 & 0 \\ -k_2 & k_2 + k_3 & -k_3 \\ 0 & -k_3 & k_3 \end{bmatrix}$$

代入相应的数值，于是得到

$$\mathbf{M} = \begin{bmatrix} 1 & 0 & 0 \\ 0 & 1 & 0 \\ 0 & 0 & 1 \end{bmatrix}, \mathbf{K} = \begin{bmatrix} 40 & -20 & 0 \\ -20 & 40 & -20 \\ 0 & -20 & 20 \end{bmatrix}$$

（2）计算固有频率和振型。

该系统的特征值问题为 $(\mathbf{K} - \omega_i^2 \mathbf{M}) \boldsymbol{\phi}_i = \mathbf{0}$，将质量矩阵和刚度矩阵表达式代入上述频率方程，得到三阶频率和振型分别为

$$\omega_1 = 1.990\ 3\ \text{rad/s}, \omega_2 = 5.576\ 7\ \text{rad/s}, \omega_3 = 8.058\ 5\ \text{rad/s}$$

$$\boldsymbol{\phi}_1 = \begin{Bmatrix} 0.656\ 0 \\ 1.182\ 0 \\ 1.474\ 0 \end{Bmatrix}, \boldsymbol{\phi}_2 = \begin{Bmatrix} 1.105\ 5 \\ 0.492\ 0 \\ -0.886\ 5 \end{Bmatrix}, \boldsymbol{\phi}_3 = \begin{Bmatrix} -0.295\ 5 \\ 0.368\ 5 \\ -0.164\ 0 \end{Bmatrix}$$

振动形态如图 2-5-2 所示。

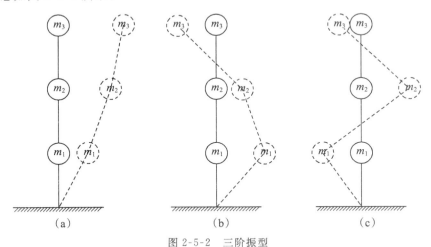

图 2-5-2　三阶振型

（3）验证振型的正交性。

如果用 $\boldsymbol{\phi}_1$、$\boldsymbol{\phi}_2$、$\boldsymbol{\phi}_3$ 组成的振型矩阵验证对质量矩阵和刚度矩阵的正交性，可以得到

$$\{\boldsymbol{\phi}_1 \quad \boldsymbol{\phi}_2 \quad \boldsymbol{\phi}_3\}^T \mathbf{M} \{\boldsymbol{\phi}_1 \quad \boldsymbol{\phi}_2 \quad \boldsymbol{\phi}_3\} = \begin{bmatrix} 4.00 & 0 & 0 \\ 0 & 2.25 & 0 \\ 0 & 0 & 0.25 \end{bmatrix}$$

即三阶模态质量分别为 $m_1 = 4.00$, $m_2 = 2.25$, $m_3 = 0.25$

$$\{\boldsymbol{\phi}_1 \quad \boldsymbol{\phi}_2 \quad \boldsymbol{\phi}_3\}^T \mathbf{K} \{\boldsymbol{\phi}_1 \quad \boldsymbol{\phi}_2 \quad \boldsymbol{\phi}_3\} = \begin{bmatrix} 15.845\ 0 & 0 & 0 \\ 0 & 69.973\ 1 & 0 \\ 0 & 0 & 16.234\ 9 \end{bmatrix}$$

即三阶模态刚度分别为 $k_1 = 15.845\ 0$, $k_2 = 69.973\ 1$, $k_3 = 16.234\ 9$。由模态质量和模态刚度同样也可以求得系统的三阶固有频率，即

$$\omega_1 = \sqrt{\frac{k_1}{m_1}} = \sqrt{\frac{15.845\ 0}{4.00}} = 1.990\ 3 \text{ rad/s}$$

$$\omega_2 = \sqrt{\frac{k_2}{m_2}} = \sqrt{\frac{69.973\ 1}{2.25}} = 5.576\ 7 \text{ rad/s}$$

$$\omega_3 = \sqrt{\frac{k_3}{m_3}} = \sqrt{\frac{16.234\ 9}{0.25}} = 8.058\ 5 \text{ rad/s}$$

（4）质量归一化振型。

$$\boldsymbol{\varphi}_1 = \frac{\boldsymbol{\phi}_1}{\sqrt{\boldsymbol{\phi}_1^T \mathbf{M} \boldsymbol{\phi}_1}} = \begin{Bmatrix} 0.328\ 0 \\ 0.591\ 0 \\ 0.737\ 0 \end{Bmatrix}, \boldsymbol{\varphi}_2 = \frac{\boldsymbol{\phi}_2}{\sqrt{\boldsymbol{\phi}_2^T \mathbf{M} \boldsymbol{\phi}_2}} = \begin{Bmatrix} 0.737\ 0 \\ 0.328\ 0 \\ -0.591\ 0 \end{Bmatrix}, \boldsymbol{\varphi}_3 = \frac{\boldsymbol{\phi}_3}{\sqrt{\boldsymbol{\phi}_3^T \mathbf{M} \boldsymbol{\phi}_3}} = \begin{Bmatrix} -0.591\ 0 \\ 0.737\ 0 \\ -0.328\ 0 \end{Bmatrix}$$

2.6 ／ 无阻尼系统的振动响应

2.6.1 自由振动响应

利用无阻尼系统振型向量的正交性,可以使得原来耦合的方程解耦,从而把需要联立求解的 n 自由度振动方程变为 n 个单自由度运动方程,然后进行叠加得到原系统的振动响应,这种方法即为振型叠加法(模态叠加法)。

具有 n 个自由度的无阻尼系统的自由振动方程为

$$\mathbf{M}\ddot{\boldsymbol{x}}(t)+\mathbf{K}\boldsymbol{x}(t)=0 \tag{2-6-1}$$

2.5 节已经证明了模态之间是线性无关的,即 n 自由度系统的 n 个模态构成了 n 维向量空间的一组正交基,则该 n 维空间内的任意一个向量 $\boldsymbol{x}$ 都可以用这一组正交基来表示。以该正交基为基底的坐标系称之为模态坐标系。物理坐标系和模态坐标系之间具有如下关系:

$$\boldsymbol{x}(t)=\sum_{i=1}^{n}q_i(t)\boldsymbol{\phi}_i=\boldsymbol{\Phi}\boldsymbol{q}(t) \tag{2-6-2}$$

式中,列向量 $\boldsymbol{q}(t)$ 为模态坐标列向量(模态位移列向量)。上式表明系统的位移向量可以用模态振型的线性叠加来表示,因此矩阵 $\boldsymbol{\Phi}$ 也称之为坐标变换矩阵。

将式(2-6-2)代入(2-6-1)并左乘 $\boldsymbol{\Phi}^T$,得到

$$\boldsymbol{\Phi}^T\mathbf{M}\boldsymbol{\Phi}\ddot{\boldsymbol{q}}(t)+\boldsymbol{\Phi}^T\mathbf{K}\boldsymbol{\Phi}\boldsymbol{q}(t)=\mathbf{0} \tag{2-6-3}$$

根据振型的正交性,式(2-6-3)可以分解为下述 n 个独立的方程

$$m_i\ddot{q}_i(t)+k_iq_i(t)=0(i=1,2,\cdots n) \tag{2-6-4}$$

或者

$$\ddot{q}_i(t)+\omega_i^2q_i(t)=0(i=1,2,\cdots n) \tag{2-6-5}$$

式中,$\omega_i=\sqrt{k_i/m_i}$ 为多自由度无阻尼系统的第 i 阶固有频率。可以看出,利用模态矩阵经过坐标变换,原来以物理坐标系表示的振动方程变为模态坐标系下 n 个独立的单自由度系统自由振动方程。同时也可以看出,振型叠加法的关键在于可否通过坐标变换将系统解耦。

根据 2.2 节的推导,可知方程(2-6-5)的解为

$$q_i(t)=a_i\cos\omega_it+b_i\sin\omega_it \tag{2-6-6}$$

于是

$$\boldsymbol{x}(t)=\sum_{i=1}^{n}\boldsymbol{\phi}_i(a_i\cos\omega_it+b_i\sin\omega_it) \tag{2-6-7}$$

令

$$\boldsymbol{x}_i(t)=\boldsymbol{\phi}_i(a_i\cos\omega_it+b_i\sin\omega_it) \tag{2-6-8}$$

此即为第 i 阶主振动,因此方程(2-6-7)可以理解为系统的位移为各阶主振动位移的叠加。

下面利用初始条件 $\boldsymbol{x}_0, \dot{\boldsymbol{x}}_0$ 来确定系数 a_i, b_i。

$$\boldsymbol{x}_0 = \sum_{i=1}^{n} \boldsymbol{\phi}_i a_i \qquad (2\text{-}6\text{-}9)$$

$$\dot{\boldsymbol{x}}_0 = \sum_{i=1}^{n} \boldsymbol{\phi}_i b_i \omega_i \qquad (2\text{-}6\text{-}10)$$

对上述两式左乘 $\boldsymbol{\phi}_j^T \mathbf{M}$，并利用振型的正交性，可以得到

$$a_i = \boldsymbol{\phi}_i^T \mathbf{M} \boldsymbol{x}_0 / m_i \qquad (2\text{-}6\text{-}11)$$

$$b_i = \boldsymbol{\phi}_i^T \mathbf{M} \dot{\boldsymbol{x}}_0 / m_i \omega_i \qquad (2\text{-}6\text{-}12)$$

将之代入方程(2-6-7)中，从而得到无阻尼系统的自由振动响应为

$$\boldsymbol{x}(t) = \sum_{i=1}^{n} \frac{\boldsymbol{\phi}_i}{m_i} \left(\boldsymbol{\phi}_i^T \mathbf{M} \boldsymbol{x}_0 \cos \omega_i t + \frac{\boldsymbol{\phi}_i^T \mathbf{M} \dot{\boldsymbol{x}}_0}{\omega_i} \sin \omega_i t \right) \qquad (2\text{-}6\text{-}13)$$

同时也可看出，若系统的初始位移 $\boldsymbol{x}_0$ 与某阶模态成比例($\boldsymbol{x}_0 = c\boldsymbol{\phi}_i$)，而初始速度为零，则根据式(2-6-13)可以得到系统的振动为

$$\boldsymbol{x}(t) = c\boldsymbol{\phi}_i \cos \omega_i t \qquad (2\text{-}6\text{-}14)$$

即系统按照固有频率 ω_i、振型 $\boldsymbol{\phi}_i$ 做简谐振动。

2.6.2 强迫振动响应

多自由度系统受到外界荷载作用时会产生强迫振动。多自由度无阻尼系统的强迫振动方程为

$$\mathbf{M} \ddot{\boldsymbol{x}}(t) + \mathbf{K} \boldsymbol{x}(t) = \boldsymbol{f}(t) \qquad (2\text{-}6\text{-}15)$$

式中，$\boldsymbol{f}(t) = \{f_1 \quad f_2 \quad \cdots \quad f_n\}^T$ 为激振力列向量，f_i 为作用在第 i 自由度上的激振力分量。引入模态坐标系 $\boldsymbol{x}(t) = \boldsymbol{\Phi} \boldsymbol{q}(t)$，并对方程(2-6-15)左乘 $\boldsymbol{\Phi}^T$，得到

$$\boldsymbol{\Phi}^T \mathbf{M} \boldsymbol{\Phi} \ddot{\boldsymbol{q}}(t) + \boldsymbol{\Phi}^T \mathbf{K} \boldsymbol{\Phi} \boldsymbol{q}(t) = \boldsymbol{\Phi}^T \boldsymbol{f}(t) \qquad (2\text{-}6\text{-}16)$$

上式中，方程的右端 $\boldsymbol{\Phi}^T \boldsymbol{f}(t)$ 为模态力列向量(广义力列向量)，即

$$\boldsymbol{\Phi}^T \boldsymbol{f}(t) = \begin{Bmatrix} \boldsymbol{\phi}_1^T \boldsymbol{f} \\ \boldsymbol{\phi}_2^T \boldsymbol{f} \\ \vdots \\ \boldsymbol{\phi}_n^T \boldsymbol{f} \end{Bmatrix} \qquad (2\text{-}6\text{-}17)$$

化简式(2-6-16)，可以得到 n 个独立的单自由度系统振动方程：

$$m_i \ddot{q}_i(t) + k_i q_i(t) = \boldsymbol{\phi}_i^T \boldsymbol{f} \quad (i = 1, 2, \cdots n) \qquad (2\text{-}6\text{-}18)$$

根据激振力的类型，方程(2-6-18)的求解可以根据前述的单自由度系统的求解方法来完成。

当外界荷载为简谐荷载时，

$$\boldsymbol{f}(t) = \boldsymbol{F} \mathrm{e}^{i\omega t} = \begin{Bmatrix} \boldsymbol{F}_1 \\ \boldsymbol{F}_2 \\ \vdots \\ \boldsymbol{F}_n \end{Bmatrix} \mathrm{e}^{i\omega t} \qquad (2\text{-}6\text{-}19)$$

此时模态力 $\boldsymbol{\phi}_i^T \boldsymbol{f} = \boldsymbol{\phi}_i^T \boldsymbol{F} e^{i\omega t}$ 也为简谐荷载,所以系统的稳态响应是简谐振动,振动响应与激振力具有相同的频率。

求解方程(2-6-18),得到

$$q_i(t) = \frac{\boldsymbol{\phi}_i^T \boldsymbol{F}}{k_i(1-\beta_i^2)} e^{i\omega t} \tag{2-6-20}$$

式中,$\beta_i = \omega/\omega_i$ 为频率比。于是物理坐标系下系统的振动响应为

$$\boldsymbol{x}(t) = \sum_{i=1}^{n} \frac{\boldsymbol{\phi}_i \boldsymbol{\phi}_i^T \boldsymbol{F}}{k_i(1-\beta_i^2)} e^{i\omega t} \tag{2-6-21}$$

可以看出,系统的稳态响应由 n 个不同模态的响应叠加而成,系统具有 n 个共振频率。当外力的频率接近某一阶固有频率时,该阶模态振动响应迅速增大,出现共振。

当系统受到非简谐周期力,可以采用傅立叶级数展开式,将周期力分解为简谐力再利用上述方法求解。如果外界荷载为一般动力荷载,可以采用 Duhamel 积分来解。

2.6.3 频率响应函数

当外界荷载为简谐荷载时,$\boldsymbol{f}(t) = \boldsymbol{F} e^{i\omega t}$;此时系统的稳态响应为同频率的简谐振动,$\boldsymbol{x}(t) = \boldsymbol{X} e^{i\omega t}$;将之代入结构运动方程(2-6-15),得到

$$(\mathbf{K} - \omega^2 \mathbf{M}) \boldsymbol{X} = \boldsymbol{F} \tag{2-6-22}$$

令

$$\mathbf{H} = (\mathbf{K} - \omega^2 \mathbf{M})^{-1} \tag{2-6-23}$$

则

$$\boldsymbol{X} = \mathbf{H} \boldsymbol{F} \tag{2-6-24}$$

式中,$\mathbf{H}$ 称为系统的频率响应函数矩阵,其元素 H_{ij} 表示在第 j 自由度作用单位简谐激励时,在第 i 自由度上产生的位移响应。

如果激振力为一般的动力荷载,可以对方程(2-6-15)两边进行傅立叶变换,得到

$$(\mathbf{K} - \omega^2 \mathbf{M}) \boldsymbol{X}(\omega) = \boldsymbol{F}(\omega) \tag{2-6-25}$$

则传递函数矩阵(频响函数矩阵)定义为

$$\mathbf{H} = \frac{\boldsymbol{X}(\omega)}{\boldsymbol{F}(\omega)} = (\mathbf{K} - \omega^2 \mathbf{M})^{-1} \tag{2-6-26}$$

2.7 / 有阻尼系统的振动响应

2.7.1 有阻尼系统自由振动

由 2.6 节可知,利用无阻尼系统振型向量的正交性,可以使得原来耦合的无阻尼振动方程解耦,现在来看是否可以使得有阻尼系统振动方程进行解耦。

对 n 自由度有阻尼系统,其自由振动方程为

$$\mathbf{M} \ddot{\boldsymbol{x}}(t) + \mathbf{C} \dot{\boldsymbol{x}}(t) + \mathbf{K} \boldsymbol{x}(t) = \mathbf{0} \tag{2-7-1}$$

引入模态坐标系 $x(t) = \boldsymbol{\Phi} q(t)$ 并对式（2-7-1）左乘 $\boldsymbol{\Phi}^T$，得到

$$\boldsymbol{\Phi}^T \mathbf{M} \boldsymbol{\Phi} \ddot{q}(t) + \boldsymbol{\Phi}^T \mathbf{C} \boldsymbol{\Phi} \dot{q}(t) + \boldsymbol{\Phi}^T \mathbf{K} \boldsymbol{\Phi} q(t) = \mathbf{0} \tag{2-7-2}$$

根据振型的正交性可知：

$$\boldsymbol{\phi}_j^T \mathbf{M} \boldsymbol{\phi}_i = 0, \boldsymbol{\phi}_j^T \mathbf{K} \boldsymbol{\phi}_i = 0, i \neq j$$

因此无阻尼系统振型矩阵 $\boldsymbol{\Phi}$ 可以使方程（2-7-2）中的质量矩阵 $\mathbf{M}$ 和刚度矩阵 $\mathbf{K}$ 对角化（即解耦）。如果假设无阻尼系统的振型矩阵 $\boldsymbol{\Phi}$ 同样可以使得阻尼矩阵 $\mathbf{C}$ 对角化，即下式成立：

$$\boldsymbol{\phi}_j^T \mathbf{C} \boldsymbol{\phi}_i = 0, \ i \neq j \tag{2-7-3}$$

则式（2-7-2）可变为下述 n 个独立的方程：

$$m_i \ddot{q}_i(t) + c_i \dot{q}_i(t) + k_i q_i(t) = 0 (i = 1, 2, \cdots n) \tag{2-7-4}$$

式中，第 i 阶模态阻尼定义为

$$c_i = \boldsymbol{\phi}_i^T \mathbf{C} \boldsymbol{\phi}_i \tag{2-7-5}$$

方程（2-7-4）两端除以模态质量，可得

$$\ddot{q}_i(t) + 2\zeta_i \omega_i \dot{q}_i(t) + \omega_i^2 q_i(t) = 0 (i = 1, 2, \cdots, n) \tag{2-7-6}$$

式中，ζ_i 为第 i 阶模态阻尼比，其定义为

$$\zeta_i = c_i / 2 m_i \omega_i \tag{2-7-7}$$

需要注意的是，式（2-7-1）可以写成式（2-7-6）的条件是，无阻尼系统的振型矩阵 $\boldsymbol{\Phi}$ 对阻尼矩阵 $\mathbf{C}$ 具有正交性。

利用单自由度自由振动响应求解方法，不难得到方程（2-7-6）的解为

$$q_i(t) = e^{-\zeta_i \omega_i t} \left[q_{i0} \cos \omega_{di} t + \frac{\dot{q}_{i0} + \zeta \omega_i q_{i0}}{\omega_{di}} \sin \omega_{di} t \right] \tag{2-7-8}$$

式中，

$$\omega_{di} = \omega_i \sqrt{1 - \zeta_i^2} \tag{2-7-9}$$

$$q_{i0} = \boldsymbol{\phi}_i^T \mathbf{M} x_0 / m_i \tag{2-7-10}$$

$$\dot{q}_{i0} = \boldsymbol{\phi}_i^T \mathbf{M} \dot{x}_0 / m_i \omega_i \tag{2-7-11}$$

于是物理坐标系下的位移响应为

$$x(t) = \sum_{i=1}^{n} q_i(t) \boldsymbol{\phi}_i = \boldsymbol{\Phi} q(t) \tag{2-7-12}$$

2.7.2 有阻尼系统强迫振动

n 自由度有阻尼系统的强迫振动方程为

$$\mathbf{M} \ddot{x}(t) + \mathbf{C} \dot{x}(t) + \mathbf{K} x(t) = f(t) \tag{2-7-13}$$

利用振型叠加法，上式可以写为

$$\ddot{q}_i(t) + 2\zeta_i \omega_i \dot{q}_i(t) + \omega_i^2 q_i(t) = p_i(t) / m_i (i = 1, 2, \cdots, n) \tag{2-7-14}$$

上式中，$p_i(t) = \boldsymbol{\phi}_i^T f(t)$。根据不同的激励类型，可以按照 2.3 节的内容采用不同的方法来得到方程（2-7-14）的解。对一般动力荷载作用，采用 Duhamel 积分，则

$$q_i(t) = \int_0^t p_i(\tau) h_i(t - \tau) \mathrm{d}\tau \tag{2-7-15}$$

式中，

$$h_i(t - \tau) = \frac{1}{m_i \omega_{di}} \mathrm{e}^{-\zeta_i \omega_i (t - \tau)} \sin \omega_{di}(t - \tau) \tag{2-7-16}$$

为单位脉冲响应函数。

2.7.3　频率响应函数

当外界荷载为简谐荷载时，$f(t) = \boldsymbol{F}\mathrm{e}^{\mathrm{i}\omega t}$；此时系统的稳态响应为同频率的简谐振动，$\boldsymbol{x}(t) = \boldsymbol{X}\mathrm{e}^{\mathrm{i}\omega t}$；将之代入结构运动方程(2-7-13)，得到

$$(\boldsymbol{K} - \omega^2 \boldsymbol{M} + \mathrm{i}\omega \boldsymbol{C})\boldsymbol{X} = \boldsymbol{F} \tag{2-7-17}$$

令

$$\boldsymbol{H} = (\boldsymbol{K} - \omega^2 \boldsymbol{M} + \mathrm{i}\omega \boldsymbol{C})^{-1} \tag{2-7-18}$$

则

$$\boldsymbol{X} = \boldsymbol{H}\boldsymbol{F} \tag{2-7-19}$$

式中，$\boldsymbol{H}$ 称为系统的频率响应函数矩阵，为 $n \times n$ 维对称矩阵，其元素 H_{ij} 表示在第 j 自由度作用单位简谐激励时，在第 i 自由度上产生的位移响应。

2.8／阻　尼

在系统振动过程中，阻尼起着耗散能量的作用，损耗的能量变为热能或其他能量。自由振动中，阻尼使振动的幅值不断衰减。在强迫振动中，阻尼消耗激励对系统的能量输入，限制了系统的振幅。在结构系统发生共振时，阻尼的微小变化对振幅产生非常大的影响。阻尼技术是控制振动、噪声的重要手段。

自然界和工程技术中的阻尼是多种多样的。不同种类的阻尼，其产生机理和性质各不相同，服从的规律也不一样。下面介绍几种工程中常用的阻尼模型。

2.8.1　黏性阻尼

黏性阻尼（Viscous Damping）指振动系统中的阻尼力，其大小与运动速度成正比，作用力的方向与速度方向相反。黏性阻尼器模型如图 2-8-1 所示，黏性阻尼力的表达式如下：

$$F_d = c\dot{x} \tag{2-8-1}$$

式中，c 为黏性阻尼系数，$\dot{x}$ 为运动速度。由于黏性阻尼力与速度的一次方成正比，因此它是一种线性阻尼。

当系统作简谐振动时，其位移响应为

$$x(t) = x_0 \sin \omega t \tag{2-8-2}$$

于是，可以得到黏性阻尼力在一个运动周期内消耗的能量为

$$W_d = \int_0^T F_d \, \mathrm{d}x = \int_0^T c\dot{x}\dot{x} \, \mathrm{d}t = \pi c\omega x_0^2 \qquad (2\text{-}8\text{-}3)$$

即阻尼力在一个周期消耗的能量 W_d，与其振幅 x_0 的平方、振动频率 ω 和黏性阻尼系数 c 成正比。

如果结构系统作简谐振动，此时黏性阻尼力瞬时值表达式为

$$
\begin{aligned}
F_d &= c\dot{x} = c\omega x_0 \cos \omega t \\
&= c\omega \sqrt{x_0^2 - x_0^2 \sin^2 \omega t} \\
&= c\omega \sqrt{x_0^2 - x^2(t)}
\end{aligned}
\qquad (2\text{-}8\text{-}4)
$$

对上式进行整理，得到

$$\left(\frac{F_d}{c\omega x_0}\right)^2 + \left(\frac{x}{x_0}\right)^2 = 1 \qquad (2\text{-}8\text{-}5)$$

由此可见，阻尼力和位移（即变形）的关系为一个椭圆，如图 2-8-2 所示。椭圆包围的面积等于阻尼力在一个周期消耗的能量。

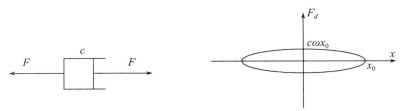

图 2-8-1　黏性阻尼器模型　　　　图 2-8-2　黏性阻尼滞回曲线

2.8.2　流体阻尼

当物体以较大的速度在黏性较小的流体中运动时，其所受的阻尼力一般与运动速度的平方成正比，这种阻尼称为流体阻尼，又叫速度平方阻尼。

流体阻尼力的表达式如下：

$$F_d = r\dot{x}|\dot{x}| \qquad (2\text{-}8\text{-}6)$$

上式中，r 为阻尼系数，$\dot{x}$ 为运动速度，$|\dot{x}|$ 表示运动速度的绝对值。由于流体阻尼与速度的平方成正比，因此它是一种非线性阻尼。

同理，当系统作简谐振动时，阻尼力在一个周期消耗的能量为

$$W_e = \int_0^T F_d \, \mathrm{d}x = \int_0^T r\dot{x}\dot{x}|\dot{x}| \, \mathrm{d}t = \frac{8}{3}r\omega^2 x_0^3 \qquad (2\text{-}8\text{-}7)$$

即阻尼力在一个周期消耗的能量，与其振幅的三次方、圆频率的平方和阻尼系数成正比。

当振动系统中存在非线性阻尼时，为了研究和应用方便，通常用一个等效黏性阻尼来近似计算，即将非线性阻尼通过某种方法等效为线性阻尼来表示。等效黏性阻尼的阻尼系数 c_e 按照系统做简谐振动时每个周期内黏性阻尼的耗散能量 W_d 与实际阻尼的耗散能量 W_e 相等来计算，即

$$c_e = \frac{W_e}{\pi \omega x_0^2} \qquad (2\text{-}8\text{-}8)$$

将式(2-8-7)代入式(2-8-8),从而得到速度平方阻尼的等效黏性阻尼系数为

$$c_e = \frac{8}{3\pi} r \omega x_0 \qquad (2\text{-}8\text{-}9)$$

2.8.3　库仑阻尼

库仑阻尼(Coulomb Damping)也叫干摩擦阻尼,是一个幅值不变的常力,但其方向始终与运动方向相反。库仑阻尼来源于两个相互摩擦的平面,大小等于相互摩擦的两个平面上的正压力乘以其摩擦系数。一旦两个平面有了相对运动,库仑阻尼与摩擦平面的相对速度无关,即阻尼力和运动的速度无关。

根据库仑定理,干摩擦力的表达式为

$$F_d = \mu N \frac{\dot{x}}{|\dot{x}|} = \mu N \mathrm{sgn}(\dot{x}) \qquad (2\text{-}8\text{-}10)$$

式中,μ 为摩擦系数,N 为接触面之间的正压力大小,$\mathrm{sgn}(\cdot)$ 表示符号函数,其定义为

$$\mathrm{sgn}(\dot{x}) = \begin{cases} 1 & \dot{x} > 0 \\ 0 & \dot{x} = 0 \\ -1 & \dot{x} < 0 \end{cases} \qquad (2\text{-}8\text{-}11)$$

对实际结构系统,当产生运动时,库仑阻尼与弹性力同时发生,对如图 2-8-3 所示的含库仑阻尼振动系统,质量块上的受力可表示为

$$F = \mu N \mathrm{sgn}(\dot{x}) + kx \qquad (2\text{-}8\text{-}12)$$

系统的受力—位移曲线如图 2-8-4 所示。

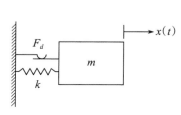

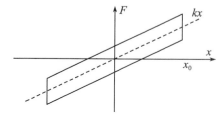

图 2-8-3　库仑阻尼器模型　　　　　　图 2-8-4　库仑阻尼系统滞回曲线

具有库仑阻尼的单自由度系统振动方程为

$$m\ddot{x} + \mu N \mathrm{sgn}(\dot{x}) + kx = 0 \qquad (2\text{-}8\text{-}13)$$

在库仑阻尼的作用下,振动系统的简谐运动与黏性阻尼情况下的简谐运动类似。和黏性阻尼不同,库仑阻尼使简谐运动的振幅以线性的形式衰减,每个周期内的衰减量为 $4\mu N/k$,而黏性阻尼简谐运动的振幅以指数的形式衰减。

同理,当系统做简谐振动时,库仑阻尼在一个周期内消耗的能量为

$$W_e = 4\mu N x_0 \qquad (2\text{-}8\text{-}14)$$

则库仑阻尼的等效黏性阻尼系数为

$$c_e = \frac{4\mu N}{\pi\omega x_0} \tag{2-8-15}$$

2.8.4 结构阻尼

在黏性阻尼中,每个周期内的耗散能量与激振频率有关。但大量实验表明,结构的能量耗散与激振频率无关。此时可以用结构阻尼来表示这种能量耗散机制,即在变形过程中由于材料的内摩擦引起的阻尼称为结构阻尼。其物理特征是材料的应力—应变关系存在滞后环,加载和卸载路径不重合。

结构阻尼又称滞变阻尼(hysteresis damping),它在一个周期内的能量耗散与频率无关,而与振幅的平方成正比,即

$$W_e = \alpha x_0^2 \tag{2-8-16}$$

式中,α 为与结构有关的常量。

结构阻尼为非黏性阻尼,常引入两个无量纲参数来表示阻尼的大小。

阻尼比容:

$$r = W_e/U \tag{2-8-17}$$

损耗因子:

$$\eta = W_e/2\pi U \tag{2-8-18}$$

式中,U 为振动系统在一周期内的最大势能:

$$U = \frac{1}{2}kx_0^2 \tag{2-8-19}$$

式中,k 为弹性系数。

为了确定结构阻尼力,从能量等效原则来计算等效黏性阻尼系数 c_e,则

$$c_e = \frac{W_e}{\pi\omega x_0^2} = \frac{\alpha}{\pi\omega} \tag{2-8-20}$$

利用阻尼比容和损耗因子的定义,并考虑到式(2-8-19),等效黏性阻尼系数 c_e 也可以表示为

$$c_e = \frac{\eta k}{\omega} \tag{2-8-21}$$

或

$$c_e = \frac{g}{\omega} \tag{2-8-22}$$

式中,$g = \eta k$ 称为结构阻尼系数,与刚度具有相同的量纲;η 常称为结构阻尼比。

于是结构阻尼力可以表示为

$$F_d(t) = c_e\dot{x} = \frac{\eta k}{\omega}\dot{x} \tag{2-8-23}$$

对简谐振动 $x(t) = x_0 e^{i\omega t}$,其振动速度 $\dot{x} = i\omega x(t)$,则

$$F_d(t) = i\eta k x(t) = igx(t) \tag{2-8-24}$$

由此可见,结构阻尼力的大小与位移成正比。虚单位 i 表示阻尼力与速度同相位。

在实际使用中,经常将弹性力和阻尼力合并为一项,定义为复刚度,其表达式如下:

$$\hat{k} = k(1 + i\eta) \tag{2-8-25}$$

此时单自由度系统振动方程为

$$m\ddot{x} + \hat{k}x = f(t) \tag{2-8-26}$$

可以推导,当阻尼比较小时,在系统的共振区附近,结构阻尼比近似等于黏性阻尼比的两倍,即

$$\eta \approx 2\zeta \tag{2-8-27}$$

对于实际材料的变形,弹性和内摩擦是同时发生的。当系统做简谐振动时,其作用力包括弹性力和阻尼力:

$$F = kx_0 \sin \omega t + c\omega x_0 \cos \omega t \tag{2-8-28}$$

此时作用力和位移(变形)之间的关系如图 2-8-5 所示。

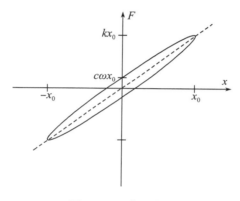

图 2-8-5　滞回曲线

2.8.5　动力分析中常用的阻尼模型

在实际工程结构动力分析中,由于结构的复杂性,其阻尼性质也非常复杂。为了分析方便,在实际动力分析中常常采用一些比较实用的阻尼模型,主要包括比例阻尼(模态阻尼和瑞利阻尼)和非比例阻尼模型两大类。

1. 模态阻尼

模态阻尼是广泛采用的近似结构耗能的模型。为了使振动方程解耦,模态阻尼必须满足下述条件:

$$2m_i\omega_i\zeta_i = c_i \tag{2-8-29}$$

式中,c_i 为系统的第 i 阶模态阻尼,m_i、ω_i、ζ_i 分别为第 i 阶模态质量、模态频率和阻尼比。则振动系统的阻尼矩阵 $\mathbf{C}$ 可以表示为

$$\mathbf{\Phi}^T\mathbf{C}\mathbf{\Phi} = \mathrm{diag}[c_i] = \mathrm{diag}[2m_i\omega_i\zeta_i] \tag{2-8-30}$$

$$\mathbf{C} = \mathbf{\Phi}^{-T}\mathrm{diag}[c_i]\mathbf{\Phi}^{-1} = \mathbf{\Phi}^{-T}\mathrm{diag}[2m_i\omega_i\zeta_i]\mathbf{\Phi}^{-1} \tag{2-8-31}$$

2. 瑞利阻尼

瑞利阻尼模型是一种模拟阻尼的简单方法,阻尼矩阵是由质量矩阵和刚度矩阵按比例组合构造而成的,其表达式为

$$\mathbf{C} = \alpha\mathbf{M} + \beta\mathbf{K} \tag{2-8-32}$$

式中,α 和 β 分别为质量矩阵系数和刚度矩阵系数,可以由特定的两阶振动模态阻尼比来确定,单位分别为 s^{-1} 和 s。

采用无阻尼振动向量 $\boldsymbol{\phi}_i$ 对式(2-8-32)表示的阻尼矩阵 $\mathbf{C}$ 进行对角化处理,可以得到

$$c_i = \alpha m_i + \beta k_i \tag{2-8-33}$$

或

$$2\omega_i\zeta_i = \alpha + \beta\omega_i^2 \tag{2-8-34}$$

对上式进行整理,从而得到阻尼比与系数 α 和 β 的关系式:

$$\zeta_i = \frac{\alpha}{2\omega_i} + \frac{\beta\omega_i}{2} \tag{2-8-35}$$

由特定的两阶阻尼比和相应的两阶频率即可确定 α 和 β。值得注意的是,用于计算阻尼系数的两阶模态,应当是对结构振动有明显贡献的振动模态。

3. Caughey 阻尼

瑞利阻尼只需要两阶模态来确定其比例系数。如果需要考虑多阶模态来确定阻尼比,可以采用 Caughey 阻尼模型:

$$c_i = m_i \sum_{i=0}^{p-1} \gamma_i (m_i^{-1} k_i)^i \tag{2-8-34}$$

式中,γ_i 为常数,p 为用于确定阻尼的模型阶数。

4. 非比例阻尼

模态阻尼和瑞利阻尼都是比例阻尼,其相应的阻尼矩阵可以用无阻尼振型矩阵对角化。这种处理方式为计算带来了极大的方便,但仅适用于具有均布阻尼机制的小阻尼结构系统,此时阻尼矩阵中远离对角线的项可以忽略。

对许多实际结构系统,造成非比例阻尼的因素有以下几方面。

(1)海洋平台,结构的阻尼大多集中于结构构件的节点连接处,这会造成非比例阻尼情况。

(2)在结构振动控制中,会利用额外的人工阻尼来减轻结构的振动响应。这些局部位置的阻尼同样也会造成阻尼的分布与结构的质量或刚度不成比例。

(3)结构系统的不同部分采用不同的材料建造而成,不同材料的耗能机制不同,显然也会形成非比例阻尼。

(4)结构局部的损伤或缺陷造成非比例阻尼。

2.9 ／ 隔振与测振

2.9.1　基础简谐激励作用下的振动响应

强迫振动有时候由系统基础的简谐振动引起,如地震引起的结构物的振动或平台振动引起的甲板设备的振动等。

对如图 2-9-1 所示的单自由度系统,假设基础的振动规律为

$$y(t)=Y_0 \sin \omega t \tag{2-9-1}$$

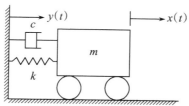

图 2-9-1　基础简谐振动

为了建立系统振动的微分方程,选择系统在 $y=0$ 时的静平衡位置为坐标原点,$x(t)$ 和 $y(t)$ 分别为质量块和基础的绝对位移,则系统的振动方程为

$$m\ddot{x}+c(\dot{x}-\dot{y})+k(x-y)=0 \tag{2-9-2}$$

或写为

$$m\ddot{x}+c\dot{x}+kx=c\dot{y}+ky \tag{2-9-3}$$

将基础的振动规律 $y(t)$(式 2-9-1)代入上式,可得

$$m\ddot{x}+c\dot{x}+kx=Y_0(c\omega\cos \omega t+k\sin \omega t) \tag{2-9-4}$$

引入 $\omega_0^2=k/m$,$\zeta=c/2\omega_0 m$,则上式可进一步简化为

$$\ddot{x}+2\omega_0 \zeta \dot{x}+\omega_0^2 x=Y_0\omega_0^2\sqrt{1+(2\zeta\beta^2)}\sin(\omega t+\alpha) \tag{2-9-5}$$

式中,$\alpha=\tan^{-1}(2\zeta\beta)$,频率比 $\beta=\omega/\omega_0$ 表示基础激励频率与系统固有频率的比值。该方程的稳态响应为

$$x(t)=B\sin(\omega t-\theta) \tag{2-9-6}$$

式中,

$$B=Y_0\sqrt{\frac{1+(2\zeta\beta)^2}{(1-\beta^2)^2+(2\zeta\beta)^2}} \tag{2-9-7}$$

$$\theta=\tan^{-1}\frac{2\zeta\beta}{1-\beta^2}-\alpha \tag{2-9-8}$$

如前述动力放大系数,定义受迫振动幅值 B 与基础振动幅值 Y_0 之比为绝对运动传递率 T_B,则

$$T_B=\frac{B}{Y_0}=\sqrt{\frac{1+(2\zeta\beta)^2}{(1-\beta^2)^2+(2\zeta\beta)^2}} \tag{2-9-9}$$

绝对运动传递率 T_B 和相位 θ 随频率比 β 的变化如图 2-9-2 所示。从图中可以看出：

（1）当基础激振频率远小于系统固有频率时，T_B 近似等于 1，θ 约等于零。这表明系统绝对振动接近于基础振动而且保持同步，它们之间没有相对运动。

（2）随着激振频率的增加，T_B 在系统的固有频率附近达到峰值，然后随着激振频率的增加而下降。

（3）当频率比 $\beta=\sqrt{2}$ 时，$T_B=1$，与阻尼无关。

（4）当频率比 $\beta>\sqrt{2}$ 时，$T_B<1$，说明系统的绝对振动幅值小于基础振动幅值，可用于减振系统设计。

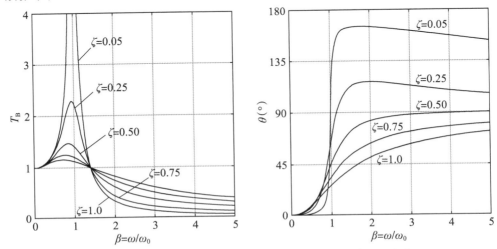

图 2-9-2　基础激励系统绝对运动幅值和相位随频率比的变化

类似地，可以推导系统的相对运动方程及相对运动传递情况。定义系统的相对运动位移为 $z=x-y$，则系统的振动方程可表示为

$$m\ddot{z}+c\dot{z}+kz=-m\ddot{y}=mY_0\omega_0^2\sin \omega t \tag{2-9-10}$$

或

$$\ddot{z}+2\omega_0\zeta\dot{z}+\omega_0^2 z=Y_0\omega_0^2\sin \omega t \tag{2-9-11}$$

该方程的稳态响应为

$$z(t)=A\sin(\omega t-\theta) \tag{2-9-12}$$

式中，

$$A=\frac{Y_0\beta^2}{\sqrt{(1-\beta^2)^2+(2\zeta\beta)^2}}=DY_0\beta^2 \tag{2-9-13}$$

$$\theta=\tan^{-1}\frac{2\zeta\beta}{1-\beta^2} \tag{2-9-14}$$

类似地，定义相对运动传递率 T_R 等于受迫振动幅值 A 与基础振动幅值 Y_0 之比，则

$$T_R = \frac{A}{Y_0} = \frac{\beta^2}{\sqrt{(1-\beta^2)^2 + (2\zeta\beta)^2}}$$ （2-9-15）

绝对运动传递率 T_R 和相位 θ 随频率比 β 的变化如图 2-9-3 所示。

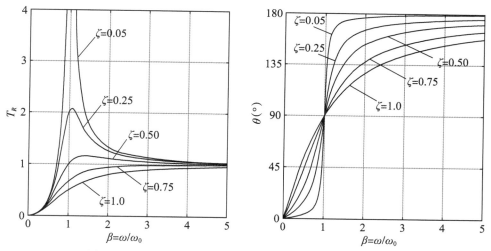

图 2-9-3　基础激励系统相对运动幅值和相位随频率比的变化

2.9.2　隔振基本原理

振动的隔离也叫隔振,其目的是通过在仪器设备和基础之间设置减振器来减少其能量(力或位移)的传递。通过设置减振器减小振源传递到基础上的力,通常称为第一类隔振,简称隔力或主动隔振(Active Isolation)。将各种动力机械(即振源)与地基、基础隔离,以减少振源的激振力向地基、基础传递即属于第一类隔振。

通过设置减振器减小基础传到设备上的振动幅值,通常称第二类隔振,简称隔幅或被动隔振(Passive Isolation)。安装在运动装置(如飞机、船舶、平台)上的仪器仪表的振动隔离即属于第二类隔振。

两类振动隔离的基本原理如图 2-9-4 所示。

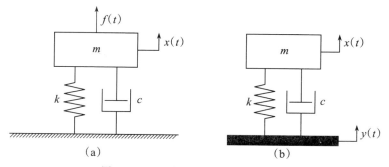

图 2-9-4　两类振动隔离的基本原理

1. 第一类隔振基本原理

对如图 2-9-4(a)所示的第一类隔振系统,假设质量为 m 的振源按照正弦规律变化

产生激振力 $f(t)=F_0\sin\omega t$。若振源和基础之间为刚性连接，则振源产生的激振力将全部传递给基础。为了进行隔振，在振源和基础之间设置由弹簧和阻尼器组成的减振器，则传递给基础的力等于弹簧力和阻尼力的合力。

根据 2.3.1 节内容，建立该系统的振动方程为

$$m\ddot{x}(t)+c\dot{x}(t)+kx(t)=F_0\sin\omega t \tag{2-9-16}$$

该系统的稳态响应为

$$x(t)=B\sin(\omega t-\theta) \tag{2-9-17}$$

当质量块 m 按照 $x(t)$ 进行运动时，传递给基础的力为

$$F(t)=kx(t)+c\dot{x}(t)=kB\sin(\omega t-\theta)+c\omega B\cos(\omega t-\theta) \tag{2-9-18}$$

或

$$F(t)=F_T\sin(\omega t-\theta+\alpha)=F_T\sin(\omega t-\gamma) \tag{2-9-19}$$

式中，

$$\theta=\tan^{-1}\frac{2\zeta\beta}{1-\beta^2}\ ,\alpha=\tan^{-1}(2\zeta\beta)$$

$$\gamma=\tan^{-1}\frac{2\zeta\beta}{1-\beta^2}-\tan^{-1}(2\zeta\beta)=\tan^{-1}\frac{2\zeta\beta^3}{1-\beta^2+(2\zeta\beta)^2} \tag{2-9-20}$$

而合力的幅值 F_T 为

$$F_T=[(kB)^2+(c\omega B)^2]^{1/2} \tag{2-9-21}$$

由式(2-9-15)和式(2-9-16)可知，激振力的幅值 F_0 为

$$F_0=[(kB-\omega^2 mB)^2+(c\omega B)^2]^{1/2} \tag{2-9-22}$$

定义力传递率 T_F 等于传递给基础的合力幅值 F_T 与振源激振力幅值 F_0 之比，则

$$T_F=\frac{F_T}{F_0}=\sqrt{\frac{1+(2\zeta\beta)^2}{(1-\beta^2)^2+(2\zeta\beta)^2}} \tag{2-9-23}$$

该公式与基于激励情况下绝对运动传递率公式(2-9-9)完全相同。当频率比 $\beta>\sqrt{2}$ 时，$T_F<1$，此时减振器将起到隔振作用。

2. 第二类隔振基本原理

对如图 2-9-4(b)所示的第二类隔振系统，假设振源(如基础)产生按正弦规律变化的振动 $y(t)=Y_0\sin\omega t$。若振源和仪器设备之间为刚性连接，则振源和仪器设备将一起振动。为了进行隔振，在振源和仪器设备之间设置由弹簧和阻尼器组成的减振器。其运动响应分析与基础简谐激励下的响应分析完全相同，可以得到绝对运动传递率为

$$T_B=\sqrt{\frac{1+(2\zeta\beta)^2}{(1-\beta^2)^2+(2\zeta\beta)^2}} \tag{2-9-24}$$

可以看出，第一类隔振和第二类隔振有相同的规律，两种传递率或隔振系数是完全一样的。由于当频率比 $\beta>\sqrt{2}$ 时，减振器才起到隔振作用，因此要求减振器的刚度系数 k 要满足

$$k<\frac{1}{2}m\omega^2 \tag{2-9-25}$$

另外，如图 2-9-2 所示，当 $\beta > \sqrt{2}$ 时，阻尼越小，减振效果越好。在实际减振中，为了减小系统跨过共振区时的振幅，需要配置适当的阻尼。

2.9.3　测振仪基本原理

测振仪由质量为 m 的振子、刚度为 k 的弹簧、阻尼为 c 的阻尼器、记录器以及仪器的外壳组成，其原理如图 2-9-4 所示。将振动测量仪器固定在待测的结构上，测振仪内的振子将由待测结构激励而进行强迫振动。

假设测振仪的振子记录的为二者的相对位移 $z = x - y$，待测物体的运动为 $y(t) = Y_0 \sin \omega t$，则不难得到系统的振动方程为

$$m\ddot{z} + c\dot{z} + kz = -m\ddot{y} = mY_0\omega_0^2 \sin \omega t$$

该方程的稳态解为

$$x(t) = A\sin(\omega t - \theta)$$

式中，A、θ 由公式（2-9-13）和（2-9-14）确定。

位移计是一种低固有频率的测振仪。由公式（2-9-15）和图 2-9-3 所示，当 $\beta > 2.5$ 时，无论阻尼为何值，$T_R \to 1$，即测振仪的振子 m 所记录的相对运动幅值几乎就是待测物体的振动幅值。故该类测振仪又称振幅计或地震仪。

加速度计是一种高固有频率的测振仪。由公式（2-9-13）和图 2-9-2 可知，当 $\beta \ll 1.0$ 时，测振仪的振子 m 的相对运动幅值近似为

$$A \approx \omega^2 Y_0 / \omega_0^2 \tag{2-9-26}$$

由于 $\omega^2 Y_0$ 表示待测物体振动的加速度幅值，因此测振仪的输出信号正比于待测物体的加速度，比例系数为 $1/\omega_0^2$。据此原理设计的测振仪称为加速度计。

加速度计设计的一个重要要求就是在它的使用频率范围内，幅值 A 与 $Y_0\beta^2$ 成正比。根据公式（2-9-13），D 应该与频率比 β 的变化无关，即 β 基本为常数。对比不同的 ζ，可以看出，在阻尼比 $\zeta = 0.7$ 时，D 基本不变，此时频率适用范围较大，而且还有利于相位不失真。

思考题

1. 单自由度无阻尼自由振动的特点有哪些？

2. 针对不同响应，频响函数有哪三种类型？三者关系如何？写出表达式并作量纲分析。

3. 常用的阻尼模型有哪些？

4. 小阻尼时，结构阻尼比 η 与黏性阻尼比 ζ 的关系如何？

5. 隔振的基本原理有哪两类，画图并简要说明。

6. 单自由度振动系统的频响函数如何定义？频响函数和单位脉冲响应函数有何关系？二者都反映了振动系统的什么特性？

7. 如图所示系统，设轮子无侧向摆动，且轮子与绳子间无滑动，不计绳子和弹簧的质量，轮子是均质的，半径为 R，质量为 M，重物质量 m，试列出系统微幅振动微分方程，

求出其固有频率。

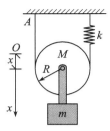

第 7 题图

8．用能量法求如图所示三个摆的微振动的固有频率。摆锤的重量为 p，图（b）与（c）中每个弹簧的弹性系数为 $k/2$。

（1）杆重不计；

（2）若杆质量均匀，计入杆重。

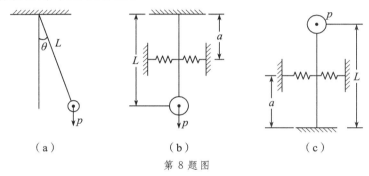

（a）　　　　　　（b）　　　　　　（c）

第 8 题图

9．试应用拉格朗日方程导出图示系统的运动微分方程。

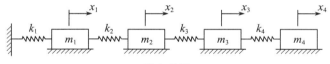

第 9 题图

10．如图所示，设 $m_1 = m_2 = m, l_1 = l_2 = l, k_1 = k_2 = k$，求系统的固有频率和主振型。

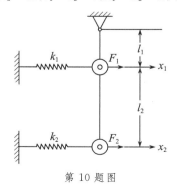

第 10 题图

第三章
模态分析理论

结构体系的振动理论主要讲述系统的振动响应分析，而模态分析更加关注系统的固有特性。模态分析的一个有力手段就是频率响应函数。本章首先介绍单自由度系统频响函数的各种表达式及其固有特性，然后针对多自由度系统的实模态和复模态情况进行研究。

3.1 ╱ 单自由度黏性阻尼系统模态分析

3.1.1 频响函数的基本表达式

对如图 3-1-1 所示的单自由度弹簧－质量－阻尼系统模型，如果系统为黏性阻尼系统，其频率响应函数为

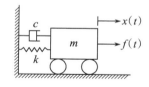

图 3-1-1 单自由度系统模型

$$H(\omega) = \frac{1}{k - \omega^2 m + \mathrm{i}\omega c} \tag{3-1-1}$$

由公式（3-1-1）可以看出，当系统存在阻尼时，频率响应函数为复数。当系统不存在阻尼时，系统的频率响应函数为实数。理论上来说，频率响应函数仅与系统本身的参数有关，但在实际振动测试中频率响应函数的精度却取决于很多因素，具体影响情况将在第五章阐述。

频率响应函数可以具有不同的表现形式。对频响函数（3-1-1），可以写为如下几种形式：

$$H(\omega) = \frac{1/k}{1 - (\omega/\omega_0)^2 + \mathrm{i}2\zeta\omega/\omega_0} \tag{3-1-2}$$

$$H(\omega) = \frac{1/m}{\omega_0^2 - \omega^2 + \mathrm{i}2\zeta\omega\omega_0} \tag{3-1-3}$$

$$H(\omega) = \frac{R}{\mathrm{i}\omega - \lambda} + \frac{R^*}{\mathrm{i}\omega - \lambda^*} \tag{3-1-4}$$

式中，

$$\lambda = (-\zeta + \mathrm{i}\sqrt{1 - \zeta^2})\omega_0 \tag{3-1-5}$$

$$R = \frac{1}{2m\omega_0\mathrm{i}} \tag{3-1-6}$$

上式中,i 为虚单位;R,R^* 为留数;λ,λ^* 为系统的共轭复极点。

3.1.2 幅频曲线与相频曲线

有阻尼系统的频率响应函数为复数形式,可以用极坐标(复指数)形式表示:

$$H(\omega)=A(\omega)e^{i\theta(\omega)} \tag{3-1-7}$$

式中,$A(\omega)$、$\theta(\omega)$ 分别为频率响应函数的幅值和相位,均为频率 ω 的函数,其表达式如下:

$$A(\omega)=\frac{1/k}{\sqrt{[1-(\omega/\omega_0)^2]^2+(2\zeta\omega/\omega_0)^2}} \tag{3-1-8}$$

$$\theta(\omega)=\tan^{-1}\frac{-2\zeta\omega/\omega_0}{1-(\omega/\omega_0)^2} \tag{3-1-9}$$

如果以频率 ω 作为横轴,以幅值 $A(\omega)$ 作为纵轴,从而得到幅值 $A(\omega)$ 随频率 ω 变化的曲线,称为幅频特性曲线。类似地,可以画出 $\theta(\omega)-\omega$ 曲线称为相频特性曲线。实际作图时,常画出 $20\lg A(\omega)-\lg\omega$ 和 $\theta(\omega)-\lg\omega$ 曲线,两者分别称为对数幅频曲线和对数相频曲线,总称为伯德图(Bode 图)。

图 3-1-2 为典型的单自由度系统幅频特性曲线与相频特性曲线。曲线上的一些特征点及其对应的模态参数分别如下所述。

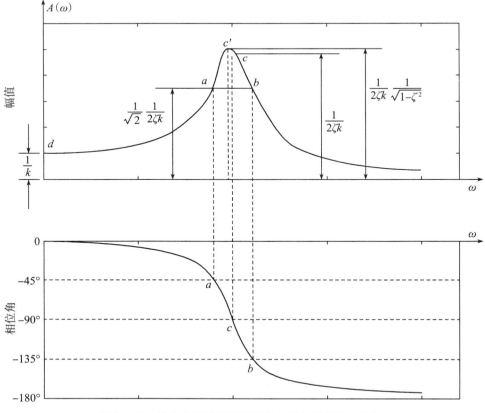

图 3-1-2 单自由度系统幅频特性曲线与相频特性曲线

1. c 点

如图 3-1-2 所示,在相频特性曲线中,90°相位水平线与相频特性曲线的交点为 c 点。由公式(3-1-9)可知,该点对应的频率为无阻尼系统的固有频率,即 $\omega_c = \omega_0$。

在幅频特性曲线中,将 $\omega_c = \omega_0$ 代入公式(3-1-8)中,从而得到 c 点对应的幅值为

$$A(\omega_c) = \frac{1}{2\zeta k} \tag{3-1-10}$$

2. c' 点——幅频特性曲线的峰值点

公式(3-1-8)两边对频率 ω 求导并令导数为零,从而可以求得幅频特性曲线峰值对应的频率,为

$$\omega_{c'} = \omega_0 \sqrt{1 - 2\zeta^2} \tag{3-1-11}$$

将上式代入式(3-1-8)中,可以得到幅频特性曲线的峰值为

$$A(\omega_{c'}) = \frac{1}{2\zeta k} \frac{1}{\sqrt{1 - \zeta^2}} \tag{3-1-12}$$

由上述公式可以看出,对小阻尼系统,c 和 c' 点可以认为是重合的。

3. a, b 点——半功率点

半功率点定义如下:

$$A(\omega_a) = A(\omega_b) = \frac{1}{\sqrt{2}} A(\omega_c) = \frac{1}{\sqrt{2}} \frac{1}{2\zeta k} \tag{3-1-13}$$

可以证明,半功率点 a, b 所对应的频率分别为

$$\omega_a \approx \omega_0 \sqrt{1 - 2\zeta} \tag{3-1-14}$$

$$\omega_b \approx \omega_0 \sqrt{1 + 2\zeta} \tag{3-1-15}$$

根据上述两式,即可确定阻尼比为

$$\zeta = \frac{\omega_b^2 - \omega_a^2}{4\omega_0^2} \tag{3-1-16}$$

当阻尼比较小时,$\omega_b + \omega_a \approx 2\omega_0$,此时阻尼比可近似用下式估算:

$$\zeta = \frac{\omega_b - \omega_a}{2\omega_0} \tag{3-1-17}$$

4. d 点

当频率 $\omega \to 0$ 时,根据幅频特性曲线公式(3-1-8)可得出

$$A(\omega_d) = \frac{1}{k} \tag{3-1-18}$$

该点反映了系统的静变形。

在相频特性曲线上,a, b, c 点对应的相位分别为

$$\theta_a = -45°, \theta_b = -135°, \theta_c = -90° \tag{3-1-19}$$

在振动理论中,经常根据系统的物理参数(质量、刚度、阻尼)所构成的理论模型来推导系统的固有频率、振型。而模态测试过程正好相反,通过对振动量测信号的分析,获得建立模型所需要的参数。

由上面的幅频特性曲线和相频特性曲线可知,系统的固有频率可以根据幅频特性

曲线的峰值对应的频率来确定,或者根据相频特性曲线上相位出现相变(过 90°)处的频率来确定。而阻尼比可以利用半功率点频率 ω_a,ω_b 和固有频率 ω_0 计算。系统的刚度 k 可以利用峰值或半功率点幅值求出,进而确定系统的质量 m。

3.1.3 实频曲线与虚频曲线

将频率响应函数写成复数的形式,即

$$H(\omega)=\text{Re}(\omega)+i\text{Im}(\omega) \tag{3-1-20}$$

其实部和虚部的表达式分别为

$$\text{Re}(\omega)=\frac{1-\left(\dfrac{\omega}{\omega_0}\right)^2}{k\left\{\left[1-\left(\dfrac{\omega}{\omega_0}\right)^2\right]^2+\left(2\zeta\dfrac{\omega}{\omega_0}\right)^2\right\}} \tag{3-1-21}$$

$$\text{Im}(\omega)=\frac{-2\zeta\dfrac{\omega}{\omega_0}}{k\left\{\left[1-\left(\dfrac{\omega}{\omega_0}\right)^2\right]^2+\left(2\zeta\dfrac{\omega}{\omega_0}\right)^2\right\}} \tag{3-1-22}$$

类似地,如果以频率 ω 作为横轴,以实部 $\text{Re}(\omega)$ 作为纵轴,从而得到幅值 $\text{Re}(\omega)$ 随频率 ω 变化的曲线称为实频特性曲线。$\text{Im}(\omega)\sim\omega$ 曲线称为虚频特性曲线。图 3-1-3 为典型单自由度系统实频特性曲线与虚频特性曲线。曲线上的一些特征点及其对应的模态参数分别如下所述。

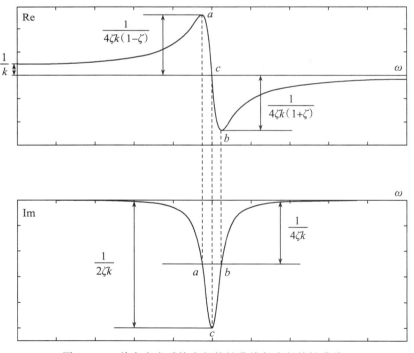

图 3-1-3 单自由度系统实频特性曲线与虚频特性曲线

　　首先研究实频曲线上的正、负峰点 a、b 所对应的频率及其幅值。令 $\beta = \omega/\omega_0$，则实部表达式为

$$\text{Re}(\omega) = \frac{1-\beta^2}{k\left[(1-\beta^2)^2 + 4\zeta^2\beta^2\right]} \tag{3-1-23}$$

上式对 β^2 求一次导数，并整理后得

$$\frac{\text{d Re}}{\text{d }\beta^2} = \frac{(1-\beta^2)^2 - 4\zeta^2}{k\left[(1-\beta^2)^2 + 4\zeta^2\beta^2\right]^2} \tag{3-1-24}$$

　　为求取极值所对应的 β，应使上式的右端等于 0，即要求

$$(1-\beta^2)^2 - 4\zeta^2 = 0 \tag{3-1-25}$$

由此可得

$$1-\beta^2 = \pm 2\zeta \tag{3-1-26}$$

可分别求得对应两个极值点的频率如下：

$$\left(\frac{\omega_a}{\omega_0}\right)^2 = 1-2\zeta \rightarrow \omega_a = \omega_0\sqrt{1-2\zeta} \tag{3-1-27}$$

$$\left(\frac{\omega_b}{\omega_0}\right)^2 = 1+2\zeta \rightarrow \omega_b = \omega_0\sqrt{1+2\zeta} \tag{3-1-28}$$

代入式(3-1-21)，得实频曲线上的 a、b 点所对应的两个峰值分别为

$$\text{Re}_a = \frac{1}{4\zeta k(1-\zeta)} \tag{3-1-29}$$

$$\text{Re}_b = -\frac{1}{4\zeta k(1+\zeta)} \tag{3-1-30}$$

可见，实频曲线的正峰高度 $|\text{Re}_a|$ 大于负峰高度 $|\text{Re}_b|$，正负峰之间的距离为

$$\text{Re}_a - \text{Re}_b = \frac{1}{2\zeta k(1-\zeta^2)} \approx \frac{1}{2\zeta k} \tag{3-1-31}$$

同时可以证明，实频曲线与横轴交点 c 处的频率为

$$\omega_c = \omega_0$$

　　在虚频曲线上，小阻尼情况下，它的峰值频率对应于 ω_0，代入虚部表达式(3-1-22)中，可以得到

$$\text{Im}_c = -\frac{1}{2\zeta k} \tag{3-1-32}$$

即虚频特性曲线的峰值高度为 $1/2\zeta k$。将实频特性曲线峰值对应的频率表达式(3-1-27)和(3-1-28)代入虚部表达式，分别有

$$\text{Im}_a = -\frac{\sqrt{1-2\zeta}}{4\zeta k(1-\zeta)} \approx -\frac{1}{4\zeta k} \tag{3-1-33}$$

$$\text{Im}_b = -\frac{\sqrt{1+2\zeta}}{4\zeta k(1+\zeta)} \approx -\frac{1}{4\zeta k} \tag{3-1-34}$$

即虚频曲线的半峰值处所对应的频率为 ω_a 及 ω_b。

　　同幅频特性曲线的峰值特性类似，在阻尼不是很小的情况下，可以分辨出虚频曲线

的峰值并不对应于 ω_0，利用 $\dfrac{\mathrm{dIm}}{\mathrm{d}\omega}=0$ 可以得到虚频曲线峰值对应的频率为

$$\omega_{c'}=\omega_0\sqrt{1-\zeta^2} \qquad (3\text{-}1\text{-}35)$$

代入虚频特性曲线表达式中可求所对应的峰值（c' 处）：

$$\mathrm{Im}_{c'}=-\frac{2\sqrt{1-\zeta^2}}{k\zeta(4-3\zeta^2)} \qquad (3\text{-}1\text{-}36)$$

3.1.4 Nyquist 图

如公式（3-1-20）所示，频响函数可以表示成复数的形式。对应任意一个频率 ω，可以得到对应的一对 $\mathrm{Re}(\omega)$ 和 $\mathrm{Im}(\omega)$，即对应复平面上的一个矢量。随着频率 ω 的变化，该矢量的末端形成了一条运动迹线，该运动轨迹称为矢端轨迹，满足的方程为

$$\mathrm{Re}^2+\left[\mathrm{Im}+\frac{1}{4k\zeta\dfrac{\omega}{\omega_0}}\right]^2=\left(\frac{1}{4k\zeta\dfrac{\omega}{\omega_0}}\right)^2 \qquad (3\text{-}1\text{-}37)$$

从方程形式上来看，这是一个标准的圆方程（导纳圆）。圆心坐标为（0，$-\dfrac{1}{4k\zeta/\omega_0}$），半径为 $\dfrac{1}{4k\zeta/\omega_0}$，可以看出圆心坐标和半径都随着外界激励频率 ω 的变化而变化。在任一特定的 ω 附近可以近似为圆弧，该圆的直径随 ω 变化而变化，其圆心落在虚轴上，并在虚轴上随 ω 的变化而移动。在阻尼比较小的情况下，整体看来，大体上像一个圆。

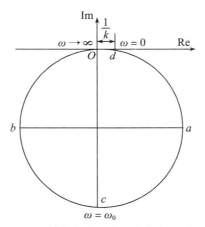

图 3-1-4　单自由度系统矢端曲线（导纳圆）

特殊点 a,b,c,d,O 说明如下。

1. d 点

对应曲线的起点，当 $\omega=0$ 时，$R=1/k$，即起点距离原点的距离为 $1/k$。

2. a,b 点

根据公式（3-1-25）和（3-1-26），当激振频率为 $\omega_a=\omega_0\sqrt{1-2\zeta}$，$\omega_b=\omega_0\sqrt{1+2\zeta}$ 时，为半功率点频率。这两个半功率点频率在矢端曲线的位置恰好位于过"圆心"作平行于

实轴的水平线与矢端曲线的交点处。根据这两点的频率，可计算 ζ。

3. c 点

当激励频率等于系统的固有频率时，实频部分等于 0，即矢端曲线与虚轴相交。此处 $\omega = \omega_0$，$\mathrm{Im}_c = 1/2\zeta k$。

4. O 点

$\omega = \infty$，$\mathrm{Re} = \mathrm{Im} = 0$。

3.2 ╱ 单自由度黏性阻尼系统的速度和加速度模态表达式

3.1 节重点讲述了位移频响函数的各种形式表达式及其图像。本节简要介绍同一系统的速度和加速度频响函数的表达式及其图像，并与位移频响函数表达式及其图像进行比较。

3.2.1　幅频曲线与相频曲线

对如图 3-1-1 所示的单自由度弹簧－质量－阻尼系统模型，如果系统为黏性阻尼系统，则其速度频率响应函数可以表示为

$$H_V(\omega) = |H_V(\omega)| e^{i\alpha(\omega)} \tag{3-2-1}$$

式中，$|H_V(\omega)|$、$\alpha(\omega)$ 分别为速度频率响应函数的幅值和相位，均为频率 ω 的函数，其表达式如下：

$$|H_V(\omega)| = \frac{1}{\omega m \sqrt{[1-(\omega_0/\omega)^2]^2 + (2\zeta\omega_0/\omega)^2}} \tag{3-2-2}$$

$$\alpha(\omega) = \tan^{-1} \frac{1-(\omega_0/\omega)^2}{2\zeta\omega_0/\omega} \tag{3-2-3}$$

加速度频率响应函数可以表示为

$$H_A(\omega) = |H_A(\omega)| e^{i\beta(\omega)} \tag{3-2-4}$$

式中，$|H_A(\omega)|$、$\beta(\omega)$ 分别为加速度频率响应函数的幅值和相位，其表达式如下：

$$|H_A(\omega)| = \frac{1}{m \sqrt{[1-(\omega_0/\omega)^2]^2 + (2\zeta\omega_0/\omega)^2}} \tag{3-2-5}$$

$$\beta(\omega) = \tan^{-1} \frac{2\zeta\omega_0/\omega}{1-(\omega_0/\omega)^2} \tag{3-2-6}$$

图 3-2-1 为速度和加速度频响函数的幅频图和相频图，为了便于对比，图中同样画出了位移频响函数的幅频图和相频图。可以看出，速度相频图的相位比位移超前了 90°，而加速度又超前速度 90°。因此在位移相频图中，半功率点对应 −45° 和 −135°；但在速度相频图中，半功率点对应 45° 和 −45°；而在加速度相频图中，半功率点对应 135° 和 45°。

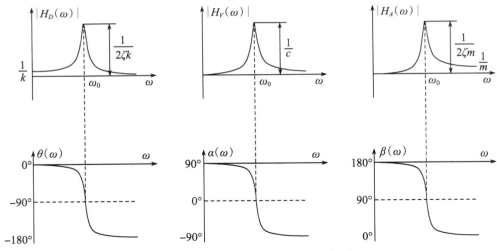

图 3-2-1　三种导纳的幅频图和相频图

3.2.2　实频曲线与虚频曲线

速度频率响应函数可以表示为

$$H_V(\omega) = V_R(\omega) + iV_I(\omega) \qquad (3-2-7)$$

式中，$V_R(\omega)$ 和 $V_I(\omega)$ 分别为速度频率响应函数的实部和虚部，均为频率 ω 的函数，其表达式如下：

$$V_R = \frac{2\zeta\omega_0/\omega}{\omega m\{[1-(\omega_0/\omega)^2]^2 + (2\zeta\omega_0/\omega)^2\}} \qquad (3-2-8)$$

$$V_I = \frac{-[1-(\omega_0/\omega)^2]}{\omega m\{[1-(\omega_0/\omega)^2]^2 + (2\zeta\omega_0/\omega)^2\}} \qquad (3-2-9)$$

加速度频率响应函数可以表示为

$$H_A(\omega) = A_R(\omega) + iA_I(\omega) \qquad (3-2-10)$$

式中，$A_R(\omega)$ 和 $A_I(\omega)$ 分别为加速度频率响应函数的实部和虚部，其表达式如下：

$$A_R = \frac{1-(\omega_0/\omega)^2}{m\{[1-(\omega_0/\omega)^2]^2 + (2\zeta\omega_0/\omega)^2\}} \qquad (3-2-11)$$

$$A_I = \frac{2\zeta\omega_0/\omega}{m\{[1-(\omega_0/\omega)^2]^2 + (2\zeta\omega_0/\omega)^2\}} \qquad (3-2-12)$$

位移、速度和加速度频响函数的实频图和虚频图及其特征见图 3-2-2。

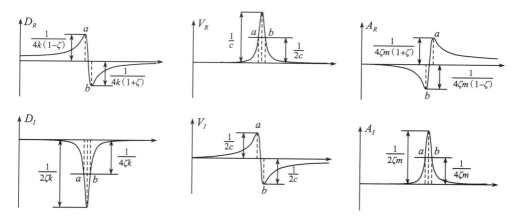

图 3-2-2　三种导纳的实频图和虚频图

3.2.3　导纳圆

类似地,可以得到速度频响函数和加速度频响函数表示的导纳圆,其方程分别为

$$\left(V_R-\frac{1}{2c}\right)^2+V_I^2=\left(\frac{1}{2c}\right)^2 \tag{3-2-13}$$

$$A_R^2+\left[A_I-\frac{\omega^2}{4k\zeta\dfrac{\omega}{\omega_0}}\right]^2=\left[\frac{\omega^2}{4k\zeta\dfrac{\omega}{\omega_0}}\right]^2 \tag{3-2-14}$$

可以看出,速度导纳圆是一个真正的圆方程,因为其圆心和半径都是固定的。速度导纳圆和加速度导纳圆如图 3-2-3 所示。

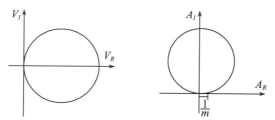

图 3-2-3　速度导纳圆和加速度导纳圆

3.3 ╱ 单自由度结构阻尼系统模态分析

3.3.1　频响函数的基本表达式

对如图 3-1-1 所示的单自由度弹簧—质量—阻尼系统模型,如果系统为结构阻尼系统,其振动微分方程为

$$m\ddot{x}+\hat{k}x=f(t) \tag{3-3-1a}$$

或

$$m\ddot{x}+k(1+\mathrm{i}\eta)x=f(t) \tag{3-3-1b}$$

式中，复刚度 $\hat{k}=k(1+\mathrm{i}\eta)$。则频率响应函数为

$$H(\omega)=\frac{1}{k-\omega^2 m+\mathrm{i}\eta k} \tag{3-3-2a}$$

$$H(\omega)=\frac{1/k}{1-(\omega/\omega_0)^2+\mathrm{i}\eta} \tag{3-3-2b}$$

$$H(\omega)=\frac{1/m}{\omega_0^2-\omega^2+\mathrm{i}\eta\omega_0^2} \tag{3-3-2c}$$

3.3.2 幅频曲线与相频曲线

结构阻尼系统的频率响应函数以及其幅频和相频曲线表达式分别为

$$H(\omega)=A(\omega)\mathrm{e}^{\mathrm{i}\theta(\omega)} \tag{3-3-3}$$

$$A(\omega)=\frac{1/k}{\sqrt{\left[1-(\omega/\omega_0)^2\right]^2+\eta^2}} \tag{3-3-4}$$

$$\theta(\omega)=\tan^{-1}\frac{-\eta}{1-(\omega/\omega_0)^2} \tag{3-3-5}$$

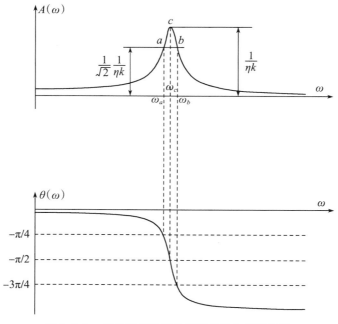

图 3-3-1　结构阻尼系统的幅频曲线与相频曲线

图 3-3-1 为典型的结构阻尼系统的幅频曲线与相频曲线。曲线上的一些特征点及其对应的模态参数分别如下所述。

1. c 点

如图 3-3-1 所示，c 点为幅频特性曲线中的极值点，该点的频率即为系统的固有频率，即 $\omega_c=\omega_0$。对应的最大位移响应幅值为

$$A(\omega_c)=\frac{1}{\eta k} \tag{3-3-6}$$

在相频特性曲线中，该点为拐点，对应的相位角为

$$\theta_c = -90°$$

2. a、b 点——半功率点

在幅频特性曲线上，半功率点定义为从最大值下降到其 $1/\sqrt{2}$ 倍处的两个点，半功率点处的能量是其最大能量的一半，定义如下：

$$A(\omega_a) = A(\omega_b) = \frac{1}{\sqrt{2}}A(\omega_c) = \frac{1}{\sqrt{2}}\frac{1}{\eta k} \tag{3-3-7}$$

在相频特性曲线上，半功率点对应的相位角分别为 $\theta_a = -45°$ 和 $\theta_b = -135°$。

同黏性阻尼系统类似，可以利用半功率点 a，b 所对应的频率估算结构阻尼比：

$$\eta = \frac{\omega_b - \omega_a}{\omega_0} \tag{3-3-8}$$

3.3.3 实频曲线与虚频曲线

结构阻尼系统的频率响应函数写成复数的形式，即

$$H(\omega) = H_R(\omega) + iH_I(\omega) \tag{3-3-9}$$

其实部和虚部的表达式分别为

$$H_R(\omega) = \frac{1 - \left(\dfrac{\omega}{\omega_0}\right)^2}{k\left\{\left[1 - \left(\dfrac{\omega}{\omega_0}\right)^2\right]^2 + \eta^2\right\}} \tag{3-3-10}$$

$$H_I(\omega) = \frac{-\eta}{k\left\{\left[1 - \left(\dfrac{\omega}{\omega_0}\right)^2\right]^2 + \eta^2\right\}} \tag{3-3-11}$$

图 3-3-2 为典型的单自由度结构阻尼系统的实频曲线与虚频曲线。曲线上的一些特征点及其对应的模态参数分别如下所述：

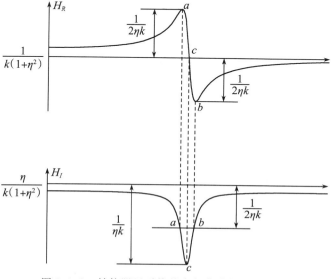

图 3-3-2　结构阻尼系统的实频曲线与虚频曲线

首先研究实频曲线上的正、负峰点 a,b 所对应的频率及其幅值。令 $\beta=\omega/\omega_0$，则实部表达式为

$$H_R(\omega)=\frac{1-\beta^2}{k[(1-\beta^2)^2+\eta^2]} \tag{3-3-12}$$

上式对 β^2 求一次导数，并整理后得

$$\frac{\mathrm{d}H_R(\omega)}{\mathrm{d}\beta^2}=\frac{(1-\beta^2)^2-\eta^2}{k[(1-\beta^2)^2+\eta^2]^2} \tag{3-3-13}$$

为求取极值所对应的 β，应使上式的右端等于 0，即要求

$$(1-\beta^2)^2-\eta^2=0 \tag{3-3-14}$$

由此可得

$$1-\beta^2=\pm\eta \tag{3-3-15}$$

可分别求得对应两个极值点的频率如下：

$$\left(\frac{\omega_a}{\omega_0}\right)^2=1-\eta \rightarrow \omega_a=\omega_0\sqrt{1-\eta} \tag{3-3-16}$$

$$\left(\frac{\omega_b}{\omega_0}\right)^2=1+\eta \rightarrow \omega_b=\omega_0\sqrt{1+\eta} \tag{3-3-17}$$

在小结构阻尼情况下，同样可以得到方程(3-3-8)所示的结构阻尼比估算式。将式(3-3-16)和(3-3-17)代入式(3-3-10)，得实频曲线上的 a,b 点所对应的两个峰值分别为

$$H_R(\omega_a)=\frac{1}{2\eta k} \tag{3-3-18}$$

$$H_R(\omega_b)=-\frac{1}{2\eta k} \tag{3-3-19}$$

可以看出，在刚度确定时，正负极值点同时可以证明，实频曲线与横轴交点 c 处的频率为 $\omega_c=\omega_0$。

在虚频曲线上，小阻尼情况下，其峰值频率对应于 ω_0，代入虚部表达式(3-3-11)中，可以得到

$$H_I(\omega_c)=-\frac{1}{\eta k} \tag{3-3-20}$$

即虚频特性曲线的峰值高度为 $1/\eta k$。将实频特性曲线峰值对应的频率表达式(3-3-16)和(3-3-17)代入虚部表达式(3-3-11)，得到半功率点：

$$H_I(\omega_a)=H_I(\omega_b)=-\frac{1}{2\eta k} \tag{3-3-21}$$

3.3.4 导纳圆

结构阻尼系统的导纳圆方程为

$$H_R^2+\left[H_I+\frac{1}{2\eta k}\right]^2=\left(\frac{1}{2\eta k}\right)^2 \tag{3-3-22}$$

注意到圆心坐标和半径都是常数，这是一个真实的圆方程，如图 3-3-3 所示。当

$\omega=0$ 时,起点 d 坐标为 $\left(\dfrac{1}{k(1+\eta^2)},-\dfrac{\eta}{k(1+\eta^2)}\right)$。其他各特殊点位置和含义如图 3-3-3 所示。

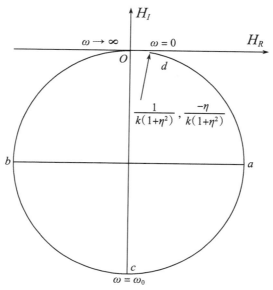

图 3-3-3　单自由度结构阻尼系统导纳圆

3.4 ／ 多自由度无阻尼系统实模态分析

实模态理论是建立在无阻尼的假设基础之上的。在实模态理论中,模态频率就是系统的无阻尼固有频率,而固有振型矩阵中的各元素都是实数,它们之间的相位差或是 0°或是 180°。也就是说系统各点的位移同时达到最大值或最小值,或同时通过平衡位置,系统的振动具有确定的形状。

3.4.1　无阻尼系统的模态分析

多自由度无阻尼系统自由振动方程为

$$\mathbf{M}\ddot{\mathbf{x}}(t)+\mathbf{K}\mathbf{x}(t)=\mathbf{0} \tag{3-4-1}$$

如第二章所述,其解具有简谐形式:$\mathbf{x}(t)=\boldsymbol{\phi}_r\mathrm{e}^{\mathrm{i}\omega_r t}$,将其代入式(3-4-1)中,则其特征值问题为

$$(\mathbf{K}-\omega_r^2\mathbf{M})\boldsymbol{\phi}_r=\mathbf{0} \tag{3-4-2}$$

式中,$\mathbf{K}$,$\mathbf{M}$ 为系统的刚度矩阵和质量矩阵,均为对称矩阵;此外,质量矩阵和刚度矩阵一般是正定矩阵,如果具有刚体模态,则刚度矩阵是半正定矩阵。

对 n 自由度系统,方程(3-4-2)的解包括 n 个特征值 ω_r 和特征向量 $\boldsymbol{\phi}_r$($r=1,2,\cdots,n$)。特征根为系统的 n 阶固有频率,特征向量 $\boldsymbol{\phi}_r$ 即为系统的固有振型(一般称为主振型)。

在模态分析中,为了分析方便,常将特征值和特征向量写为矩阵的形式。如果将特征值按照由小到大排列,特征向量也按列相应排列,则可以形成特征值矩阵 $\mathbf{\Omega}$ 和振型矩阵 $\mathbf{\Phi}$(即模态矩阵):

$$\mathbf{\Omega} = \mathrm{diag}(\omega_r) \tag{3-4-3}$$

$$\mathbf{\Phi} = \{\boldsymbol{\phi}_1 \quad \boldsymbol{\phi}_2 \quad \cdots \quad \boldsymbol{\phi}_n\} \tag{3-4-4}$$

其中 $\mathbf{\Omega} \in \mathbb{R}^{n \times n}$,$\mathbf{\Phi} \in \mathbb{R}^{n \times n}$。在此情况下,特征值问题的表达式也可以写成

$$(\mathbf{K} - \mathbf{\Omega}^2 \mathbf{M})\mathbf{\Phi} = \mathbf{0} \tag{3-4-5}$$

如第二章所述,振型矩阵 $\mathbf{\Phi}$ 对质量矩阵 $\mathbf{M}$ 和刚度矩阵 $\mathbf{K}$ 具有如下的正交性:

$$\mathbf{\Phi}^T \mathbf{M} \mathbf{\Phi} = \mathbf{m} \tag{3-4-6}$$

$$\mathbf{\Phi}^T \mathbf{K} \mathbf{\Phi} = \mathbf{k} \tag{3-4-7}$$

上式中,$\mathbf{m}$,$\mathbf{k}$ 为分别模态质量矩阵和模态刚度矩阵。

$$\mathbf{m} = \mathrm{diag}(m_r) \tag{3-4-8}$$

$$\mathbf{k} = \mathrm{diag}(k_r) \tag{3-4-9}$$

式中,m_r 为第 r 阶模态质量,k_r 为第 r 阶模态刚度。不难得出:

$$\omega_r^2 = k_r / m_r \tag{3-4-10}$$

模态振型表示结构各空间点之间的相对位移关系,是一组相对值。为了处理方便,在许多情况下,需要将它质量归一化,此时式(3-4-6)和(3-4-7)分别变为

$$\mathbf{\Phi}_n^T \mathbf{M} \mathbf{\Phi}_n = \mathbf{I} \tag{3-4-11a}$$

$$\mathbf{\Phi}_n^T \mathbf{K} \mathbf{\Phi}_n = \mathbf{\Omega}^2 \tag{3-4-11b}$$

式中,$\mathbf{I}$ 为 $n \times n$ 维的单位阵。质量归一化的无阻尼振型 $\mathbf{\Phi}_n$ 和系统的振型 $\mathbf{\Phi}$ 的关系为:

$$\boldsymbol{\varphi}_r = \frac{\boldsymbol{\phi}_r}{\sqrt{\boldsymbol{\phi}_r^T \mathbf{M} \boldsymbol{\phi}_r}} = \frac{\boldsymbol{\phi}_r}{\sqrt{m_r}} \tag{3-4-12}$$

$$\mathbf{\Phi}_n = [\boldsymbol{\varphi}_1 \quad \boldsymbol{\varphi}_2 \quad \cdots \quad \boldsymbol{\varphi}_n] \tag{3-4-13}$$

对无阻尼情形,特征向量为实值,有时也称之为标准模态向量。

3.4.2 频响函数矩阵

如前所述,当外界荷载为简谐荷载时,$f(t) = \mathbf{F} \mathrm{e}^{\mathrm{i}\omega t}$。此时系统的稳态响应为相同频率的简谐振动,$x(t) = \mathbf{X} \mathrm{e}^{\mathrm{i}\omega t}$。将之代入结构运动方程(2-6-15),得到

$$(\mathbf{K} - \omega^2 \mathbf{M})\mathbf{X} = \mathbf{F} \tag{3-4-14}$$

定义

$$\mathbf{Z}(\omega) = \mathbf{K} - \omega^2 \mathbf{M} \tag{3-4-15}$$

为系统的动刚度（Dynamic Stiffness）。则系统的频率响应函数矩阵为

$$\mathbf{H} = \left[\mathbf{Z}(\omega)\right]^{-1} = (\mathbf{K} - \omega^2\mathbf{M})^{-1} = \begin{bmatrix} H_{11}(\omega) & H_{12}(\omega) & \cdots & H_{1n}(\omega) \\ H_{21}(\omega) & H_{22}(\omega) & \cdots & H_{2n}(\omega) \\ \vdots & \vdots & \ddots & \vdots \\ H_{n1}(\omega) & H_{n2}(\omega) & \cdots & H_{nn}(\omega) \end{bmatrix} \tag{3-4-16}$$

此时系统的稳态响应为

$$\mathbf{X} = \mathbf{H}(\omega)\boldsymbol{F} \tag{3-4-17}$$

从公式（3-4-16）和（3-4-17）可以看出，第 p 自由度的响应幅值为

$$X_p = H_{p1}(\omega)F_1 + H_{p2}(\omega)F_2 + \cdots + H_{pn}(\omega)F_n \tag{3-4-18}$$

如果仅在第 q 自由度上有作用力 F_q，则

$$H_{pq}(\omega) = X_p/F_q \tag{3-4-19}$$

式中，元素 $H_{pq}(\omega)$ 表示在第 q 自由度作用单位简谐激励时，在第 p 自由度上产生的稳态位移响应。

系统的频率响应函数矩阵为对称矩阵，这是多自由度振动响应互易性（Reciprocity）的体现，因为在第 q 自由度施加单位力在第 p 自由度产生的响应等于在第 p 自由度施加单位力在第 q 自由度产生的响应。如果激振和响应位于同一自由度（即 $p = q$），称 H_{pp} 为驱动点频响函数（Driving Point FRF，也叫原点频响函数或参考点频响函数），否则为跨点频响函数（Cross Transfer FRF）。

某三自由度系统的驱动点频响函数 $H_{11}(\omega)$ 的幅频曲线与相频曲线如图 3-4-1 所示。可以看出，对驱动点频响函数，幅频曲线在系统的共振点出现了三个峰值；与此相对应，相频曲线中在共振点处相位出现 180°变化。同时，在幅频曲线中出现了反共振点，在反共振点，相频曲线同样会出现 180°相位变化。

图 3-4-2 为该三自由度系统跨点频响函数 $H_{21}(\omega)$ 的幅频曲线与相频曲线。与 $H_{11}(\omega)$ 的幅频曲线与相频曲线类似，在幅频曲线中出现了三个共振峰值和一个反共振峰；相频曲线在共振点出现 180°相位变化。

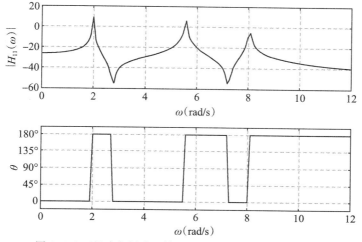

图 3-4-1　驱动点频响函数 $H_{11}(\omega)$ 幅频曲线与相频曲线

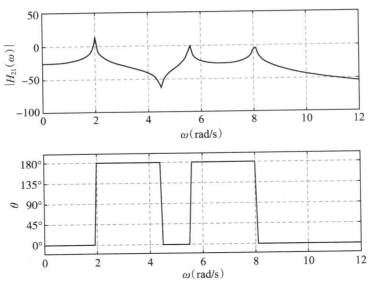

图 3-4-2 跨点频响函数 $H_{21}(\omega)$ 幅频曲线与相频曲线

3.4.3 频响函数的模态参数表达式

频响函数与系统的模态参数都表征了系统的动态特性,下面推导频响函数的模态参数表达式。由频响函数的定义可知

$$\mathbf{H}^{-1} = \mathbf{K} - \omega^2 \mathbf{M} \tag{3-4-20}$$

上式两端同时左乘 $\mathbf{\Phi}^T$、右乘 $\mathbf{\Phi}$,得到

$$\mathbf{\Phi}^T \mathbf{H}^{-1} \mathbf{\Phi} = \mathbf{\Phi}^T (\mathbf{K} - \omega^2 \mathbf{M}) \mathbf{\Phi} \tag{3-4-21}$$

利用振型的正交性,可以得到

$$\mathbf{\Phi}^T \mathbf{H}^{-1} \mathbf{\Phi} = \mathbf{k} - \omega^2 \mathbf{m} = \mathrm{diag}(k_r - \omega^2 m_r) \tag{3-4-22}$$

上式中,$\mathbf{m}$ 和 $\mathbf{k}$ 分别为模态质量矩阵和模态刚度矩阵,均是对角阵。从而可以得到

$$\mathbf{H}(\omega) = \mathbf{\Phi} \left[\mathrm{diag}(k_r - \omega^2 m_r) \right]^{-1} \mathbf{\Phi}^T = \sum_{r=1}^{n} \frac{1}{m_r \omega_r^2 - \omega^2} \boldsymbol{\phi}_r \boldsymbol{\phi}_r^T \tag{3-4-23}$$

写成展开式即为

$$
\begin{bmatrix}
H_{11}(\omega) & H_{12}(\omega) & \cdots & H_{1n}(\omega) \\
H_{21}(\omega) & H_{22}(\omega) & \cdots & H_{2n}(\omega) \\
\vdots & \vdots & \ddots & \vdots \\
H_{n1}(\omega) & H_{n2}(\omega) & \cdots & H_{nn}(\omega)
\end{bmatrix}
= \sum_{r=1}^{n} \frac{\boldsymbol{\phi}_r \boldsymbol{\phi}_r^T}{k_r - \omega^2 m_r} \tag{3-4-24}
$$

$$
= \sum_{r=1}^{n} \frac{1}{k_r - \omega^2 m_r}
\begin{bmatrix}
\phi_{1r}\phi_{1r} & \phi_{1r}\phi_{2r} & \cdots & \phi_{1r}\phi_{nr} \\
\phi_{2r}\phi_{1r} & \phi_{2r}\phi_{2r} & \cdots & \phi_{2r}\phi_{nr} \\
\vdots & \vdots & \ddots & \vdots \\
\phi_{nr}\phi_{1r} & \phi_{nr}\phi_{2r} & \cdots & \phi_{nr}\phi_{nr}
\end{bmatrix}
$$

式中,

$$H_{pq}(\omega) = \sum_{r=1}^{n} \frac{\phi_{pr}\phi_{qr}}{k_r - \omega^2 m_r} = \sum_{r=1}^{n} \frac{1}{m_r} \frac{\phi_{pr}\phi_{qr}}{\omega_r^2 - \omega^2} \tag{3-4-25}$$

式(3-4-24)和式(3-4-25)即为频响函数与模态参数的关系式。可以看出,频响函数包含所有模态的贡献。同时也可以看出,频响函数矩阵的任一列或任一行,都包含了$\boldsymbol{\phi}_r$,所差的只是一个常量因子。因此为了求出模态矢量$\boldsymbol{\phi}_r$,只要测出传递函数的一列或一行元素就可以了。某三自由度系统中$H_{11}(\omega)$与其三阶模态的关系如图3-4-3所示。

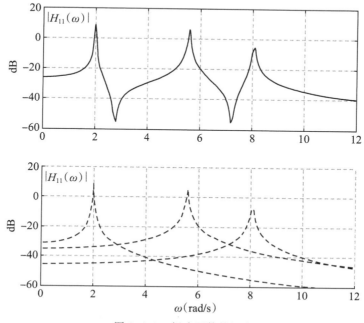

图3-4-3 频响函数的组成

3.4.4 脉冲响应函数

多自由度无阻尼系统的脉冲响应函数可以利用频响函数的模态展开式求得。对式(3-4-24)求傅氏逆变换,得到

$$h(t) = \sum_{r=1}^{n} \frac{\boldsymbol{\phi}_r \boldsymbol{\phi}_r^T}{m_r \omega_r} \sin \omega_r t \tag{3-4-26}$$

3.4.5 自由振动响应

2.5节已经证明了向量$\boldsymbol{\phi}_i$之间是线性无关的,即n自由度系统的n个模态$\boldsymbol{\phi}_i$构成了n维向量空间的一组正交基,则该n维空间内的任意一个向量$\boldsymbol{x}$都可以用这一组正交基来表示。以该正交基为基底的坐标系称之为模态坐标系。物理坐标系和模态坐标系之间具有如下关系:

$$\boldsymbol{x}(t) = \sum_{i=1}^{n} q_i(t) \boldsymbol{\phi}_i = \boldsymbol{\Phi} \boldsymbol{q}(t) \tag{3-4-27}$$

式中,列向量$\boldsymbol{q}(t)$为模态坐标列向量(模态位移列向量)。式(3-4-27)表明系统的位移向量可以用模态的线性叠加来表示,因此矩阵$\boldsymbol{\Phi}$也称为坐标变换矩阵。

将式(3-4-27)代入方程(3-4-1)中,左乘$\boldsymbol{\Phi}^T$并利用振型的正交性,可以得到

$$\ddot{q}_i(t) + \omega_i^2 q_i(t) = 0 \quad (i=1,2,\cdots,n) \tag{3-4-28}$$

利用单自由度无阻尼系统自由振动响应求解方法,不难得到方程(3-4-28)的解为

$$q_i(t) = q_{i0}\cos \omega_i t + \frac{\dot{q}_{i0}}{\omega_i}\sin \omega_i t \tag{3-4-29}$$

或者

$$q_i(t) = Q_i \sin(\omega_i t + \theta_i) \tag{3-4-30}$$

式中，

$$Q_i = \sqrt{q_{i0}{}^2 + \left(\frac{\dot{q}_{i0}}{\omega_{di}}\right)^2} \tag{3-4-31}$$

$$\theta_i = \tan^{-1}\frac{\omega_i q_{i0}}{\dot{q}_{i0}} \tag{3-4-32}$$

于是，物理坐标系下的位移响应为

$$\boldsymbol{x}(t) = \sum_{i=1}^{n} q_i(t)\boldsymbol{\phi}_i = \sum_{i=1}^{n} \boldsymbol{\phi}_i Q_i \sin(\omega_i t + \theta_i) = \sum_{i=1}^{n} \boldsymbol{X}_i \sin(\omega_i t + \theta_i) \tag{3-4-33}$$

式中，$\boldsymbol{X}_i = \boldsymbol{\phi}_i Q_i$。

如果系统以某阶无阻尼固有频率 ω_i 振动，则振动响应规律为

$$\boldsymbol{x}_i = \boldsymbol{X}_i \sin(\omega_i t + \theta_i) \tag{3-4-34}$$

此即无阻尼系统的主振动，其振动形态 $\boldsymbol{X}_i \propto \boldsymbol{\phi}_i$，所以主振型 $\boldsymbol{\phi}_i$ 反映了系统的主振动的形态。由此可见，如果系统以某阶无阻尼固有频率 ω_i 振动时，其振动形态 $\boldsymbol{X}_i$ 与主振型 $\boldsymbol{\phi}_i$ 是相同的，这就是主振动的物理意义。

下面观察第 i 阶主振动的振动形态。第 i 阶主振动的各个物理坐标的自由振动响应为

$$x_{ki} = X_{ki}\sin(\omega_i t + \theta_i), k = 1, 2, \cdots, n \tag{3-4-35}$$

其初相位 θ_i 与其物理坐标 x_{ki} 无关，对应每个物理坐标 x_{ki} 的初相位都是相同的。也就是说系统在做第 i 阶主振动时，各物理坐标的初相位不是同相（相位相差 0°），就是反相（相位相差 180°），即同时达到最大值或平衡位置。这就说明无阻尼系统的主振型具有模态（振型）保持性。

3.5 / 多自由度比例阻尼系统实模态分析

实模态理论建立在结构无阻尼的假设基础之上，对某些有阻尼的振动系统，有时也会出现与实模态一样的振型。

3.5.1 比例阻尼系统的特性

多自由度系统模态分析中常用的阻尼模型主要有两大类：黏性阻尼和结构阻尼。当系统存在阻尼时，一般来说，系统的运动方程无法用无阻尼系统的固有振型来解耦，即阻尼矩阵无法对角化。但当系统的阻尼为比例阻尼时，阻尼矩阵可以对角化，此时系统运动方程可以解耦。

比例阻尼在有限元分析中起着非常重要的作用。在模态分析中，具有比例阻尼的系统，其振型与无阻尼系统的振型相同。

对具有 n 个自由度的有阻尼系统,其自由振动方程为

$$\mathbf{M}\ddot{x}(t)+\mathbf{C}\dot{x}(t)+\mathbf{K}x(t)=0 \qquad (3\text{-}5\text{-}1)$$

式中,阻尼矩阵 $\mathbf{C}$ 是正定或半正定矩阵。一般来说,不存在一组主坐标,可以对方程(3-5-1)进行解耦。也就是说,我们可以用无阻尼系统的振型矩阵 $\mathbf{\Phi}$ 对质量矩阵和刚度矩阵对角化,但阻尼矩阵却无法对角化,所以一般来说方程(3-5-1)是无法解耦的。

存在一个特例情况,即阻尼矩阵是黏性比例阻尼(Proportional damping)。黏性比例阻尼系统模型假设阻尼矩阵满足下述条件

$$\mathbf{C}\mathbf{M}^{-1}\mathbf{K}=\mathbf{K}\mathbf{M}^{-1}\mathbf{C} \qquad (3\text{-}5\text{-}2)$$

此时,阻尼矩阵即可以用无阻尼系统振型矩阵来对角化。在比例阻尼模型中,有一种特殊的比例黏性阻尼模型,即瑞利阻尼(Rayleigh damping),其定义为

$$\mathbf{C}=\alpha\mathbf{M}+\beta\mathbf{K} \qquad (3\text{-}5\text{-}3)$$

式中,α,β 是常数。这种阻尼为质量矩阵和刚度矩阵的线性组合,意味着阻尼如同质量和刚度一样分布在整个结构上。正如 2.8 节所讲的那样,要定量化真实的系统阻尼是非常困难的,因此在有限单元分析中引入比例阻尼是一种简单可行的模拟阻尼的方法。

考虑到比例阻尼模型,并用无阻尼系统的振型矩阵进行坐标变换 $x(t)=\mathbf{\Phi}q(t)$,则有阻尼系统自由振动方程(3-5-1)可以变为

$$\mathbf{\Phi}^T\mathbf{M}\mathbf{\Phi}\ddot{q}(t)+\mathbf{\Phi}^T\mathbf{C}\mathbf{\Phi}\dot{q}(t)+\mathbf{\Phi}^T\mathbf{K}\mathbf{\Phi}q(t)=\mathbf{0} \qquad (3\text{-}5\text{-}4)$$

上式中,$q(t)\in\mathbb{R}^{n\times1}$ 为模态位移向量。因为假设阻尼矩阵满足条件(3-5-2),即无阻尼振型矩阵同时可以正交化阻尼矩阵 $\mathbf{C}$,令

$$\mathbf{\Phi}^T\mathbf{C}\mathbf{\Phi}=\mathbf{c} \qquad (3\text{-}5\text{-}5)$$

式中,$\mathbf{c}$ 为模态阻尼阵(广义阻尼矩阵),为一对角阵,即

$$\mathbf{c}=\begin{bmatrix} \ddots & & \\ & c_r & \\ & & \ddots \end{bmatrix}=\mathrm{diag}(c_r) \qquad (3\text{-}5\text{-}6)$$

此时方程(3-5-4)可以解耦为 n 个单自由度自由振动方程:

$$m_r\ddot{q}_r(t)+c_r\dot{q}_r(t)+k_rq_r(t)=0 \quad (r=1,2,\cdots,n) \qquad (3\text{-}5\text{-}7)$$

引入无阻尼系统模态频率 $\omega_r^2=k_r/m_r$,并定义模态阻尼比为

$$\zeta_r=\frac{c_r}{2m_r\omega_r} \qquad (3\text{-}5\text{-}8)$$

方程(3-5-7)两边同除以 m_r,得到

$$\ddot{q}_r(t)+2\zeta_r\omega_r\dot{q}_r(t)+\omega_r^2q_r(t)=0 \quad (r=1,2,\cdots,n) \qquad (3\text{-}5\text{-}9)$$

利用单自由度系统相关理论知识,其特征方程为

$$\lambda_r^2+2\zeta_r\omega_r\lambda_r+\omega_r^2=0 \qquad (3\text{-}5\text{-}10)$$

当 $\zeta_r<1$ 时,方程的根为一对共轭复根:

$$\lambda_r,\lambda_r^*=-\zeta_r\omega_r\pm\mathrm{i}\sqrt{1-\zeta_r^2}\,\omega_r \qquad (3\text{-}5\text{-}11)$$

上式中,λ^* 表示复共轭。同时不难得出有阻尼系统的频率和阻尼比(瑞利阻尼情况)分别为

$$\omega_{dr}=\sqrt{1-\zeta_r^2}\,\omega_r \tag{3-5-12a}$$

$$\zeta_r=\frac{\alpha}{2\omega_r}+\frac{\beta\omega_r}{2} \tag{3-5-12b}$$

3.5.2 频响函数矩阵

对具有 n 自由度的有阻尼系统,其运动微分方程为

$$\mathbf{M}\ddot{\mathbf{x}}(t)+\mathbf{C}\dot{\mathbf{x}}(t)+\mathbf{K}\mathbf{x}(t)=\mathbf{f}(t) \tag{3-5-13}$$

当外界荷载为简谐荷载时,$\mathbf{f}(t)=\mathbf{F}e^{i\omega t}$;此时系统的稳态响应为同频率的简谐振动,$\mathbf{x}(t)=\mathbf{X}e^{i\omega t}$;将之代入结构运动方程(3-5-13),得到

$$(\mathbf{K}-\omega^2\mathbf{M}+i\omega\mathbf{C})\mathbf{X}=\mathbf{F} \tag{3-5-14}$$

定义

$$\mathbf{Z}(\omega)=\mathbf{K}-\omega^2\mathbf{M}+i\omega\mathbf{C} \tag{3-5-15}$$

为系统的动刚度(dynamic stiffness)。则系统的频率响应函数矩阵为

$$\mathbf{H}=[\mathbf{Z}(\omega)]^{-1}=(\mathbf{K}-\omega^2\mathbf{M}+i\omega\mathbf{C})^{-1} \tag{3-5-16}$$

此时系统的稳态响应为

$$\mathbf{X}=\mathbf{H}(\omega)\mathbf{F} \tag{3-5-17}$$

即

$$\begin{Bmatrix}X_1\\X_2\\\vdots\\X_n\end{Bmatrix}=\begin{bmatrix}H_{11}(\omega)&H_{12}(\omega)&\cdots&H_{1n}(\omega)\\H_{21}(\omega)&H_{22}(\omega)&\cdots&H_{2n}(\omega)\\\vdots&\vdots&\ddots&\vdots\\H_{n1}(\omega)&H_{n2}(\omega)&\cdots&H_{nn}(\omega)\end{bmatrix}\begin{Bmatrix}F_1\\F_2\\\vdots\\F_n\end{Bmatrix} \tag{3-5-18}$$

系统第 p 自由度的稳态响应幅值为

$$X_p=H_{p1}(\omega)F_1+H_{p2}(\omega)F_2+\cdots+H_{pn}(\omega)F_n \tag{3-5-19}$$

3.5.3 频响函数的模态表达式

下面推导频响函数的模态表达式:

$$\mathbf{H}^{-1}=\mathbf{K}-\omega^2\mathbf{M}+i\omega\mathbf{C} \tag{3-5-20}$$

上式左乘 $\mathbf{\Phi}^T$、右乘 $\mathbf{\Phi}$,得到

$$\mathbf{\Phi}^T\mathbf{H}^{-1}\mathbf{\Phi}=\mathbf{\Phi}^T(\mathbf{K}-\omega^2\mathbf{M}+i\omega\mathbf{C})\mathbf{\Phi} \tag{3-5-21}$$

利用振型的正交性,可以得到

$$\mathbf{\Phi}^T\mathbf{H}^{-1}\mathbf{\Phi}=\mathbf{k}-\omega^2\mathbf{m}+i\omega\mathbf{c}=\mathrm{diag}(k_r-\omega^2m_r+i\omega c_r) \tag{3-5-22}$$

上式中,$\mathbf{m},\mathbf{k},\mathbf{c}$ 分别为模态质量矩阵、模态刚度矩阵和模态阻尼矩阵,都是对角阵。从而可以得到

$$\mathbf{H}(\omega)=\mathbf{\Phi}(\mathbf{k}-\omega^2\mathbf{m}+i\omega\mathbf{c})\mathbf{\Phi}^T \tag{3-5-23}$$

或者

$$\mathbf{H}(\omega)=\mathbf{\Phi}[\mathrm{diag}(k_r-\omega^2m_r+i\omega c_r)]^{-1}\mathbf{\Phi}^T \tag{3-5-24}$$

上述公式也可以写为

$$\mathbf{H}(\omega)=\sum_{r=1}^n\frac{\boldsymbol{\phi}_r\boldsymbol{\phi}_r^T}{k_r-\omega^2m_r+i\omega c_r} \tag{3-5-25}$$

或者

$$\mathbf{H}(\omega) = \sum_{r=1}^{n} \frac{1}{m_r} \frac{\boldsymbol{\phi}_r \boldsymbol{\phi}_r^T}{\omega_r^2 - \omega^2 + i2\omega\omega_r\zeta_r} \qquad (3\text{-}5\text{-}26)$$

或者

$$\mathbf{H}(\omega) = \sum_{r=1}^{n} \frac{1}{k_r - \omega^2 m_r + i\omega c_r} \begin{bmatrix} \phi_{1r}\phi_{1r} & \phi_{1r}\phi_{2r} & \cdots & \phi_{1r}\phi_{nr} \\ \phi_{2r}\phi_{1r} & \phi_{2r}\phi_{2r} & \cdots & \phi_{2r}\phi_{nr} \\ \vdots & \vdots & \ddots & \vdots \\ \phi_{nr}\phi_{1r} & \phi_{nr}\phi_{2r} & \cdots & \phi_{nr}\phi_{nr} \end{bmatrix} \qquad (3\text{-}5\text{-}27)$$

其中频响函数矩阵的第 p 行、第 q 列为

$$H_{pq}(\omega) = \sum_{r=1}^{n} \frac{\phi_{pr}\phi_{qr}}{k_r - \omega^2 m_r + i\omega c_r} = \sum_{r=1}^{n} \frac{1}{m_r} \frac{\phi_{pr}\phi_{qr}}{\omega_r^2 - \omega^2 + i2\omega\omega_r\zeta_r} \qquad (3\text{-}5\text{-}28)$$

式(3-5-23)～(3-2-28)为频响函数和模态参数的关系式。可以看出,频响函数 $H_{pq}(\omega)$ 包含所有模态的贡献。

由(3-5-17)可知,系统的稳态响应幅值可以表示为

$$\boldsymbol{X} = \begin{Bmatrix} X_1 \\ X_2 \\ \vdots \\ X_n \end{Bmatrix} = \sum_{r=1}^{n} \frac{\boldsymbol{\phi}_r \boldsymbol{\phi}_r^T}{k_r - \omega^2 m_r + i\omega c_r} \begin{Bmatrix} F_1 \\ F_2 \\ \vdots \\ F_n \end{Bmatrix} \qquad (3\text{-}5\text{-}29)$$

系统在 q 自由度激励,在 p 自由度的稳态响应幅值为

$$X_p = \sum_{r=1}^{n} \frac{\phi_{pr}\phi_{qr}}{k_r - \omega^2 m_r + i\omega c_r} F_q \qquad (3\text{-}5\text{-}30)$$

下面讨论频响函数矩阵中的某行或某列。

(1)频响函数矩阵中的任一行(如第 p 行)可以表示为

$$\begin{bmatrix} H_{p1}(\omega) & H_{p2}(\omega) & \cdots & H_{pn}(\omega) \end{bmatrix} = \sum_{r=1}^{n} \frac{\phi_{pr}}{k_r - \omega^2 m_r + i\omega c_r} \begin{bmatrix} \phi_{1r} & \phi_{2r} & \cdots & \phi_{nr} \end{bmatrix}$$

$$(3\text{-}5\text{-}31)$$

可见,$\mathbf{H}$ 中的任一行包含了所有模态参数,而该行的第 r 阶模态的频响函数值的比值即为第 r 阶模态振型。在实际振动测试中,如果我们在某个固定点 p(某固定自由度 p)量测振动响应,而依次激励所有自由度,即可以得到频响函数矩阵中的一行,这一行频响函数即包含了模态分析所需要的全部信息。

(2)频响函数矩阵中的任一列(如第 q 列)可以表示为

$$\begin{bmatrix} H_{1q}(\omega) \\ H_{2p}(\omega) \\ \vdots \\ H_{nq}(\omega) \end{bmatrix} = \sum_{r=1}^{n} \frac{\phi_{qr}}{k_r - \omega^2 m_r + i\omega c_r} \begin{bmatrix} \phi_{1r} \\ \phi_{2r} \\ \vdots \\ \phi_{nr} \end{bmatrix} \qquad (3\text{-}5\text{-}32)$$

可见,$\mathbf{H}$ 中的任一列包含了所有模态参数,而该列的第 r 阶模态的频响函数值的比

值即为第 r 阶模态振型。在实际振动测试中,如果我们在某个固定点 q(某固定自由度 q)激励,而在其他点量测振动响应,即可以得到频响函数矩阵中的一列,这一列频响函数也包含了进行模态分析所需要的全部信息。

3.5.4　频响函数的图示

同 3.1 节单自由度系统频响函数的各种图示类似,多自由度系统频响函数也有幅频曲线和相频曲线、实频曲线和虚频曲线及矢端轨迹图等。本节重点介绍多自由度系统频响函数的幅频曲线和相频曲线。

图 3-5-1 为三自由度阻尼系统的频响函数幅频曲线与相频曲线。一般来说,原点频响函数的幅频曲线必然是共振峰和反共振点交替出现。在阻尼不是很小或模态比较密集的情况下,反共振点不一定达到零值。而跨点频响函数的共振峰之间可能出现反共振点,也可能没有反共振点。对相频曲线,在共振峰和反共振点处,相频曲线同样会出现 $180°$ 相位变化。

3.5.5　脉冲响应函数

多自由度黏性阻尼系统的脉冲响应函数可以利用频响函数的模态展开式求得。将频响函数的表示式(3-5-25)改写为

$$\mathbf{H}(\omega) = \sum_{r=1}^{n} \frac{1}{m_r} \frac{\boldsymbol{\phi}_r \boldsymbol{\phi}_r^T}{(\mathrm{i}\omega + \omega_r \zeta_r)^2 + \omega_{dr}^2} \tag{3-5-33}$$

式中,$\omega_{dr} = \sqrt{1 - \zeta_r^2}\,\omega_r$。

对式(3-5-33)进行傅氏逆变换,可得到脉冲响应函数矩阵为

$$\mathbf{h}(t) = \sum_{r=1}^{n} \frac{\boldsymbol{\phi}_r \boldsymbol{\phi}_r^T}{m_r \omega_{dr}} \mathrm{e}^{-\zeta_r \omega_r t} \sin \omega_{dr} t \tag{3-5-34}$$

3.5.6　自由振动响应

利用单自由度自由振动响应求解方法,不难得到方程(3-5-9)的解为

$$q_i(t) = \mathrm{e}^{-\zeta_i \omega_i t} \left[q_{i0} \cos \omega_{di} t + \frac{\dot{q}_{i0} + \zeta \omega_i q_{i0}}{\omega_{di}} \sin \omega_{di} t \right] \tag{3-5-35}$$

或者

$$q_i(t) = Q_i \mathrm{e}^{-\zeta_i \omega_i t} \sin(\omega_{di} t + \theta_i) \tag{3-5-36}$$

式中,

$$Q_i = \sqrt{q_{i0}^2 + \left(\frac{\dot{q}_{i0} + \zeta \omega_i q_{i0}}{\omega_{di}} \right)^2} \tag{3-5-37}$$

$$\theta_i = \tan^{-1} \frac{\omega_{di} q_{i0}}{\dot{q}_{i0} + \zeta_i \omega_i q_{i0}} \tag{3-5-38}$$

于是物理坐标系下的位移响应为

$$\begin{aligned}
\boldsymbol{x}(t) &= \sum_{i=1}^{n} q_i(t) \boldsymbol{\phi}_i = \sum_{i=1}^{n} \boldsymbol{\phi}_i Q_i \mathrm{e}^{-\zeta_i \omega_i t} \sin(\omega_{di} t + \theta_i) \\
&= \sum_{i=1}^{n} \boldsymbol{X}_i \mathrm{e}^{-\zeta_i \omega_i t} \sin(\omega_{di} t + \theta_i)
\end{aligned} \tag{3-5-39}$$

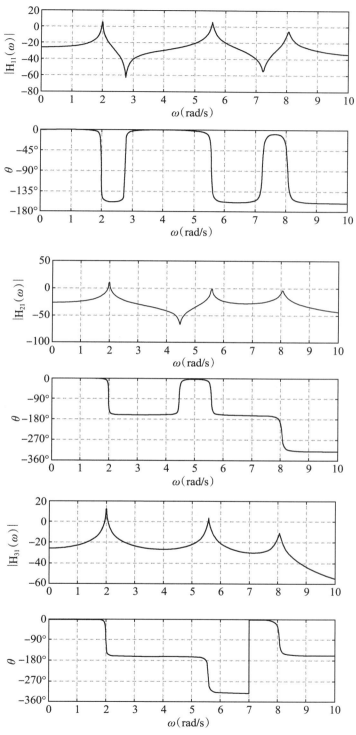

图 3-5-1 三自由度系统频响函数的幅频图和相频图

如果系统以某阶阻尼固有频率 ω_{di} 振动,则振动规律为

$$\boldsymbol{x}_i = \boldsymbol{X}_i \mathrm{e}^{-\zeta_i \omega_i t} \sin(\omega_{di} t + \theta_i) \tag{3-5-40}$$

此即为黏性比例阻尼系统的主振动,其振动形态 $\boldsymbol{X}_i \propto \boldsymbol{\phi}_i$,所以主振型 $\boldsymbol{\phi}_i$ 反映了系统的主振动的形态。此时,$\boldsymbol{x}_i$ 的每个元素在第 i 阶主振动下的各个物理坐标的自由振动响应为

$$x_{ki} = X_{ki} \mathrm{e}^{-\zeta_i \omega_i t} \sin(\omega_{di} t + \theta_i), k = 1, 2, \cdots, n \tag{3-5-41}$$

可见,系统在做第 i 阶主振动时,各物理坐标做自由衰减振动的初相位都相同,均为 θ_i,与无阻尼系统相同,黏性比例阻尼系统亦具有模态保持性。

【例题 3.1】 如图 3-5-2 所示的三自由度弹簧—质量—阻尼系统,已知质量块的质量为 1 kg,弹簧的刚度系数为 20 N/m,阻尼系数为 0.04 N·(s/m)。

(1) 建立系统的运动方程。

(2) 计算系统的固有频率和质量归一化振型。

(3) 验证振型的正交性,阻尼矩阵是否可对角化?

(4) 画出频响函数的一列,并验证用其一列可以得到完整的振型。

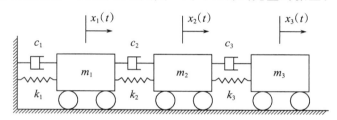

图 3-5-2 三自由度弹簧—质量—阻尼系统

【解答】

(1) 按照第一章振动方程建立的方法,不难得到该三自由度系统的振动方程为

$$\mathbf{M}\ddot{\boldsymbol{x}}(t) + \mathbf{C}\dot{\boldsymbol{x}}(t) + \mathbf{K}\boldsymbol{x}(t) = \boldsymbol{f}(t)$$

式中,

$$\mathbf{M} = \begin{bmatrix} m_1 & 0 & 0 \\ 0 & m_2 & 0 \\ 0 & 0 & m_3 \end{bmatrix}, \mathbf{C} = \begin{bmatrix} c_1+c_2 & -c_2 & 0 \\ -c_2 & c_2+c_3 & -c_3 \\ 0 & -c_3 & c_3 \end{bmatrix}, \mathbf{K} = \begin{bmatrix} k_1+k_2 & -k_2 & 0 \\ -k_2 & k_2+k_3 & -k_3 \\ 0 & -k_3 & k_3 \end{bmatrix}$$

于是得到

$$\begin{bmatrix} m_1 & 0 & 0 \\ 0 & m_2 & 0 \\ 0 & 0 & m_3 \end{bmatrix} \begin{Bmatrix} \ddot{x}_1 \\ \ddot{x}_2 \\ \ddot{x}_3 \end{Bmatrix} + \begin{bmatrix} c_1+c_2 & -c_2 & 0 \\ -c_2 & c_2+c_3 & -c_3 \\ 0 & -c_3 & c_3 \end{bmatrix} \begin{Bmatrix} \dot{x}_1 \\ \dot{x}_2 \\ \dot{x}_3 \end{Bmatrix} + \begin{bmatrix} k_1+k_2 & -k_2 & 0 \\ -k_2 & k_2+k_3 & -k_3 \\ 0 & -k_3 & k_3 \end{bmatrix} \begin{Bmatrix} x_1 \\ x_2 \\ x_3 \end{Bmatrix} = \begin{Bmatrix} f_1 \\ f_2 \\ f_3 \end{Bmatrix}$$

代入数值,即可得到具体的振动微分方程。

(2) 计算系统的固有频率和振型。

忽略阻尼和外力,得到多自由度系统无阻尼自由振动方程为

$$\mathbf{M}\ddot{\boldsymbol{x}}(t) + \mathbf{K}\boldsymbol{x}(t) = 0$$

该方程的特征值问题为

$$(\mathbf{K} - \omega_i^2 \mathbf{M})\boldsymbol{\phi}_i = 0$$

其频率方程为

$$|\mathbf{K} - \omega_i^2 \mathbf{M}| = 0$$

将质量矩阵和刚度矩阵表达式代入上述频率方程,得到

$$\omega_1 = 1.9903 \text{ rad/s}, \omega_2 = 5.5767 \text{ rad/s}, \omega_3 = 8.0585 \text{ rad/s}$$

将各阶频率代入特征方程,得到三阶振型分别为

$$\boldsymbol{\phi}_1 = \begin{Bmatrix} 0.656\ 0 \\ 1.182\ 0 \\ 1.474\ 0 \end{Bmatrix}, \boldsymbol{\phi}_2 = \begin{Bmatrix} 1.105\ 5 \\ 0.492\ 0 \\ -0.886\ 5 \end{Bmatrix}, \boldsymbol{\phi}_3 = \begin{Bmatrix} -0.295\ 5 \\ 0.368\ 5 \\ -0.164\ 0 \end{Bmatrix}$$

计算各阶模态质量:

$$\boldsymbol{\phi}_1^T \mathbf{M} \boldsymbol{\phi}_1 = 4.00, \boldsymbol{\phi}_2^T \mathbf{M} \boldsymbol{\phi}_2 = 2.25, \boldsymbol{\phi}_3^T \mathbf{M} \boldsymbol{\phi}_3 = 0.25$$

于是,质量归一化振型为

$$\boldsymbol{\phi}_{n1} = \frac{\boldsymbol{\phi}_1}{\sqrt{\boldsymbol{\phi}_1^T \mathbf{M} \boldsymbol{\phi}_1}} = \begin{Bmatrix} 0.3280 \\ 0.5910 \\ 0.7370 \end{Bmatrix}$$

$$\boldsymbol{\phi}_{n2} = \frac{\boldsymbol{\phi}_2}{\sqrt{\boldsymbol{\phi}_2^T \mathbf{M} \boldsymbol{\phi}_2}} = \begin{Bmatrix} 0.7370 \\ 0.3280 \\ -0.5910 \end{Bmatrix}$$

$$\boldsymbol{\phi}_{n3} = \frac{\boldsymbol{\phi}_3}{\sqrt{\boldsymbol{\phi}_3^T \mathbf{M} \boldsymbol{\phi}_3}} = \begin{Bmatrix} -0.5910 \\ 0.7370 \\ -0.3280 \end{Bmatrix}$$

(3) 验证振型的正交性,阻尼矩阵是否可对角化?

如果用 $\boldsymbol{\phi}_1, \boldsymbol{\phi}_2, \boldsymbol{\phi}_3$ 组成的振型矩阵验证对质量矩阵和刚度矩阵的正交性,可以得到

$$\{\boldsymbol{\phi}_1 \quad \boldsymbol{\phi}_2 \quad \boldsymbol{\phi}_3\}^T \mathbf{M} \{\boldsymbol{\phi}_1 \quad \boldsymbol{\phi}_2 \quad \boldsymbol{\phi}_3\} = \begin{bmatrix} 4.00 & 0 & 0 \\ 0 & 2.25 & 0 \\ 0 & 0 & 0.25 \end{bmatrix}$$

即三阶模态质量分别为 $m_1 = 4.00, m_2 = 2.25, m_3 = 0.25$

$$\{\boldsymbol{\phi}_1 \quad \boldsymbol{\phi}_2 \quad \boldsymbol{\phi}_3\}^T \mathbf{K} \{\boldsymbol{\phi}_1 \quad \boldsymbol{\phi}_2 \quad \boldsymbol{\phi}_3\} = \begin{bmatrix} 15.8450 & 0 & 0 \\ 0 & 69.9731 & 0 \\ 0 & 0 & 16.2349 \end{bmatrix}$$

即三阶模态刚度分别为 $k_1 = 15.8450, k_2 = 69.9731, k_3 = 16.2349$。由模态质量和模态刚度同样也可以求得系统的三阶固有频率,即

$$\omega_1 = \sqrt{\frac{k_1}{m_1}} = \sqrt{\frac{15.8450}{4.00}} = 1.9903 \text{ rad/s}$$

$$\omega_2 = \sqrt{\frac{k_2}{m_2}} = \sqrt{\frac{69.9731}{2.25}} = 5.5767 \text{ rad/s}$$

$$\omega_3 = \sqrt{\frac{k_3}{m_3}} = \sqrt{\frac{16.2349}{0.25}} = 8.0585 \text{ rad/s}$$

下面验证振型矩阵对阻尼矩阵的正交性

$$\{\boldsymbol{\phi}_1 \quad \boldsymbol{\phi}_2 \quad \boldsymbol{\phi}_3\}^T \mathbf{C} \{\boldsymbol{\phi}_1 \quad \boldsymbol{\phi}_2 \quad \boldsymbol{\phi}_3\} = \begin{bmatrix} 0.0317 & 0 & 0 \\ 0 & 0.1399 & 0 \\ 0 & 0 & 0.0325 \end{bmatrix}$$

即三阶模态阻尼分别为 $c_1 = 0.0317, c_2 = 0.1399, c_3 = 0.0325$。并进而可以求得模态阻尼比分别为

$$\zeta_1 = \frac{c_1}{2m_1\omega_1} = \frac{0.0317}{2 \times 4.00 \times 1.9903} = 0.0020$$

$$\zeta_2 = \frac{c_2}{2m_2\omega_2} = \frac{0.1399}{2 \times 2.25 \times 5.5767} = 0.0056$$

$$\zeta_3 = \frac{c_3}{2m_3\omega_3} = \frac{0.0325}{2 \times 0.25 \times 8.0585} = 0.0081$$

（4）假设在第 1 个质量块上作用激振力，则频率响应函数的第 1 列可表示为

$$\begin{bmatrix} H_{11}(\omega) \\ H_{21}(\omega) \\ H_{31}(\omega) \end{bmatrix} = \sum_{r=1}^{3} \frac{\phi_{1r}}{k_r - \omega^2 m_r + i\omega c_r} \begin{bmatrix} \phi_{1r} \\ \phi_{2r} \\ \phi_{3r} \end{bmatrix}$$

其频响函数如图 3-5-3 所示。在阻尼较小、模态不是很密集的情况下，当激振频率和各阶固有频率接近时，达到各阶共振峰值，其他各阶模态的影响可以忽略。对第 1 阶模态共振，满足

$$\begin{bmatrix} H_{11}(\omega_1) \\ H_{21}(\omega_1) \\ H_{31}(\omega_1) \end{bmatrix} = \frac{\phi_{11}}{k_1 - \omega^2 m_1 + i\omega c_1} \begin{bmatrix} \phi_{1r} \\ \phi_{2r} \\ \phi_{3r} \end{bmatrix} = Y_1 \begin{bmatrix} \phi_{1r} \\ \phi_{2r} \\ \phi_{3r} \end{bmatrix}$$

$$\begin{bmatrix} \phi_{1r} \\ \phi_{2r} \\ \phi_{3r} \end{bmatrix} = \frac{1}{Y_1} \begin{bmatrix} H_{11}(\omega_1) \\ H_{21}(\omega_1) \\ H_{31}(\omega_1) \end{bmatrix}$$

从而可以得到第 1 阶振型。类似地，可以计算其他各阶振型。应当注意的是，从频响函数的幅值仅可得到振型的绝对数值，其符号的正负需要结合相频曲线来综合考虑，或者可以从虚频特性曲线读取，如图 3-5-4 所示。

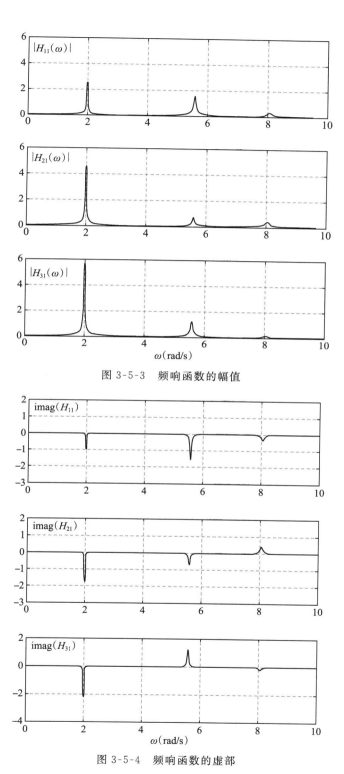

图 3-5-3　频响函数的幅值

图 3-5-4　频响函数的虚部

3.5.7 比例结构阻尼系统分析

本小节简要介绍当结构阻尼是比例阻尼时的频响函数特性。

具有结构阻尼的 n 自由度振动微分方程可以表示为

$$\mathbf{M}\ddot{x}(t)+(\mathbf{K}+\mathrm{i}\mathbf{G})x(t)=f(t) \tag{3-5-42}$$

式中,$\mathbf{G}$ 是结构阻尼矩阵,是正定或半正定实对称矩阵。对结构比例阻尼,满足

$$\mathbf{G}=\alpha\mathbf{M}+\beta\mathbf{K} \tag{3-5-43}$$

此时,我们可以如同处理黏性比例阻尼系统那样用无阻尼系统的振型矩阵对方程进行解耦处理。

令 $x(t)=\mathbf{\Phi}q(t)$,其中 $\mathbf{\Phi}$ 为无阻尼系统的振型矩阵,$q(t)\in\mathbb{R}^{n\times1}$ 为模态位移向量。将 $x(t)=\mathbf{\Phi}q(t)$ 和式(3-5-43)代入式(3-5-42),同时上式两端左乘 $\mathbf{\Phi}^{T}$,可以得到

$$\mathbf{\Phi}^{T}\mathbf{M}\mathbf{\Phi}\ddot{q}(t)+\mathbf{\Phi}^{T}\mathbf{K}\mathbf{\Phi}q(t)+\mathrm{i}\mathbf{\Phi}^{T}(\alpha\mathbf{M}+\beta\mathbf{K})\mathbf{\Phi}q(t)=\mathbf{\Phi}^{T}f(t) \tag{3-5-44}$$

考虑的振型的正交性后,可以得到

$$m_r\ddot{q}_r(t)+[k_r+\mathrm{i}(\alpha m_r+\beta k_r)]q_r(t)=\boldsymbol{\phi}_r^{T}f(t)\ (r=1,2,\cdots,n) \tag{3-5-45}$$

令

$$g_r=\alpha m_r+\beta k_r \tag{3-5-46}$$

则

$$m_r\ddot{q}_r(t)+(k_r+\mathrm{i}g_r)q_r(t)=\boldsymbol{\phi}_r^{T}f(t) \tag{3-5-47}$$

对简谐激励,$f(t)=\mathbf{F}\mathrm{e}^{\mathrm{i}\omega t}$,其运动也是简谐的,即 $q(t)=\mathbf{Q}\mathrm{e}^{\mathrm{i}\omega t}$,代入式(3-5-47)中,可以得到

$$\mathrm{diag}(-\omega^2 m_r+k_r+\mathrm{i}g_r)\mathbf{Q}=\mathbf{\Phi}^{T}\mathbf{F} \tag{3-5-48}$$

或者

$$\mathbf{Q}=\mathrm{diag}\left(\frac{1}{-\omega^2 m_r+k_r+\mathrm{i}g_r}\right)\mathbf{\Phi}^{T}\mathbf{F} \tag{3-5-49}$$

于是得到物理坐标系的结构振动响应幅值为

$$\mathbf{X}=\mathbf{\Phi}\mathbf{Q}=\mathbf{\Phi}\,\mathrm{diag}\left(\frac{1}{-\omega^2 m_r+k_r+\mathrm{i}g_r}\right)\mathbf{\Phi}^{T}\mathbf{F}=\sum_{r=1}^{n}\frac{\boldsymbol{\phi}_r\boldsymbol{\phi}_r^{T}}{k_r-\omega^2 m_r+\mathrm{i}g_r}\mathbf{F} \tag{3-5-50}$$

则频响函数表达式为

$$\mathbf{H}=\sum_{r=1}^{n}\frac{\boldsymbol{\phi}_r\boldsymbol{\phi}_r^{T}}{k_r-\omega^2 m_r+\mathrm{i}g_r} \tag{3-5-51}$$

同单自由度系统的结构阻尼类似,定义 $\eta_r=g_r/k_r$,则上式也可以写为

$$\mathbf{H}=\sum_{r=1}^{n}\frac{\boldsymbol{\phi}_r\boldsymbol{\phi}_r^{T}}{k_r-\omega^2 m_r+\mathrm{i}\eta_r k_r}=\sum_{r=1}^{n}\frac{\boldsymbol{\phi}_r\boldsymbol{\phi}_r^{T}}{k_r\left[\left(1-\dfrac{\omega^2}{\omega_r^2}\right)+\mathrm{i}\eta_r\right]} \tag{3-5-52}$$

式中,$\omega_r^2=k_r/m_r$。对非比例结构阻尼系统的模态表达式,读者可以参考文献(李德葆和陆秋海,2001;曹树谦等,2014)。

3.6 / 多自由度系统复模态理论

在实模态理论中,对某一阶主振动,系统中各个自由度的运动是同相位或反相位的,即各个自由度运动同时通过平衡位置,或同时达到最大值。当结构系统的阻尼为一般黏性阻尼(即非比例黏性阻尼)时,振动系统的阻尼矩阵无法用无阻尼系统固有振型来对角化,此时系统的模态参数为复数,称为复模态理论。

3.6.1 非比例阻尼模型

对具有 n 自由度的有阻尼系统,其振动微分方程为

$$\mathbf{M}\ddot{\mathbf{x}}(t)+\mathbf{C}\dot{\mathbf{x}}(t)+\mathbf{K}\mathbf{x}(t)=\mathbf{f}(t) \qquad (3\text{-}6\text{-}1)$$

为了求解具有一般黏性阻尼结构的特征值,需要把二阶微分方程(3-6-1)转换到状态空间。为了便于研究,定义一个新变量:

$$\mathbf{z}(t)=\begin{Bmatrix}\mathbf{x}(t)\\\dot{\mathbf{x}}(t)\end{Bmatrix} \qquad (3\text{-}6\text{-}2)$$

式中,$\mathbf{z}(t)\in\mathbb{R}^{2n\times1}$ 为状态向量。引入辅助方程 $\mathbf{M}\dot{\mathbf{x}}(t)=\mathbf{M}\dot{\mathbf{x}}(t)$,则方程(3-6-1)可以重新写成如下形式

$$\begin{bmatrix}\mathbf{C}&\mathbf{M}\\\mathbf{M}&\mathbf{0}\end{bmatrix}\begin{Bmatrix}\dot{\mathbf{x}}(t)\\\ddot{\mathbf{x}}(t)\end{Bmatrix}+\begin{bmatrix}\mathbf{K}&\mathbf{0}\\\mathbf{0}&-\mathbf{M}\end{bmatrix}\begin{Bmatrix}\mathbf{x}(t)\\\dot{\mathbf{x}}(t)\end{Bmatrix}=\begin{Bmatrix}\mathbf{f}(t)\\\mathbf{0}\end{Bmatrix} \qquad (3\text{-}6\text{-}3)$$

或简写为

$$\mathbf{A}\dot{\mathbf{z}}(t)+\mathbf{B}\mathbf{z}(t)=\begin{Bmatrix}\mathbf{f}(t)\\\mathbf{0}\end{Bmatrix} \qquad (3\text{-}6\text{-}4)$$

式中,

$$\mathbf{A}=\begin{bmatrix}\mathbf{C}&\mathbf{M}\\\mathbf{M}&\mathbf{0}\end{bmatrix} \qquad (3\text{-}6\text{-}5)$$

$$\mathbf{B}=\begin{bmatrix}\mathbf{K}&\mathbf{0}\\\mathbf{0}&-\mathbf{M}\end{bmatrix} \qquad (3\text{-}6\text{-}6)$$

考虑自由振动情况,方程(3-6-4)变为

$$\mathbf{A}\dot{\mathbf{z}}(t)+\mathbf{B}\mathbf{z}(t)=\mathbf{0} \qquad (3\text{-}6\text{-}7)$$

按照一阶常微方程的求解思路,设上述方程解的形式为

$$\mathbf{z}(t)=\tilde{\boldsymbol{\psi}}\mathrm{e}^{\lambda t}=\begin{Bmatrix}\boldsymbol{\psi}\\\lambda\boldsymbol{\psi}\end{Bmatrix}\mathrm{e}^{\lambda t} \qquad (3\text{-}6\text{-}8)$$

代入方程(3-6-7)中,则其特征值问题可以表示为

$$(\lambda\mathbf{A}+\mathbf{B})\tilde{\boldsymbol{\psi}}=0 \qquad (3\text{-}6\text{-}9)$$

求解上式,可以得到 n 对共轭复特征值及其对应的共轭复特征向量。它们分别表示为

$$\lambda_i, \lambda_i^* \qquad i = 1, 2, \cdots, n \tag{3-6-10}$$

$$\widetilde{\psi}_i = \begin{Bmatrix} \boldsymbol{\psi}_i \\ \lambda_i \boldsymbol{\psi}_i \end{Bmatrix}, \widetilde{\psi}_i^* = \begin{Bmatrix} \boldsymbol{\psi}_i^* \\ \lambda_i^* \boldsymbol{\psi}_i^* \end{Bmatrix} \qquad i = 1, 2, \cdots, n \tag{3-6-11}$$

特征值和特征向量均成共轭对出现。

将 n 对共轭特征值和特征向量组成矩阵形式,可以分别表示为

$$\boldsymbol{\Lambda}_c = \begin{bmatrix} \boldsymbol{\Lambda} & \\ & \boldsymbol{\Lambda}^* \end{bmatrix}, \boldsymbol{\Lambda} = \begin{bmatrix} \lambda_1 & & \\ & \ddots & \\ & & \lambda_n \end{bmatrix} \tag{3-6-12}$$

$$\widetilde{\boldsymbol{\Psi}} = \begin{bmatrix} \boldsymbol{\Psi} & \boldsymbol{\Psi}^* \\ \boldsymbol{\Psi}\boldsymbol{\Lambda} & \boldsymbol{\Psi}^*\boldsymbol{\Lambda}^* \end{bmatrix}, \boldsymbol{\Psi} = \begin{bmatrix} \boldsymbol{\psi}_1 & \cdots & \boldsymbol{\psi}_n \end{bmatrix} \tag{3-6-13}$$

上式中,$\boldsymbol{\Lambda}_c$ 为特征值对角矩阵;$\widetilde{\boldsymbol{\Psi}} = [\widetilde{\psi}_1, \cdots, \widetilde{\psi}_n, \widetilde{\psi}_1^*, \cdots, \widetilde{\psi}_n^*]$ 为复特征向量矩阵。$\widetilde{\boldsymbol{\Psi}}, \boldsymbol{\Lambda}_c$ 满足

$$\mathbf{A}\widetilde{\boldsymbol{\Psi}}\boldsymbol{\Lambda}_c + \mathbf{B}\widetilde{\boldsymbol{\Psi}} = 0 \tag{3-6-14}$$

将式(3-6-12)和(3-6-13)代入式(3-6-14),可以得到

$$\mathbf{M}\boldsymbol{\Psi}\boldsymbol{\Lambda}^2 + \mathbf{C}\boldsymbol{\Psi}\boldsymbol{\Lambda} + \mathbf{K}\boldsymbol{\Psi} = 0 \tag{3-6-15}$$

由此可见,$\boldsymbol{\Lambda}$ 和 $\boldsymbol{\Psi}$ 为多自由度振动微分方程(3-6-1)的特征值和特征向量;$\boldsymbol{\psi}_i, \boldsymbol{\psi}_i^*$ 即为系统的模态矢量。值得注意的是 $\widetilde{\psi}_i, \widetilde{\psi}_i^*$ 为对应状态方程(3-6-4)特征值问题的特征向量,一般不能称为模态向量。因此,此处的 $\boldsymbol{\Psi}$ 不同于比例阻尼情况下的 $\boldsymbol{\Phi}$,不像实模态振型矩阵 $\boldsymbol{\Phi}$,本处的特征向量矩阵 $\boldsymbol{\Psi}$ 一般不能使矩阵 $\mathbf{M}, \mathbf{C}, \mathbf{K}$ 对角化。

3.6.2 复模态矢量的正交性

可以证明复模态振型矩阵具有如下形式的正交性条件:

$$\widetilde{\boldsymbol{\Psi}}^T \mathbf{A} \widetilde{\boldsymbol{\Psi}} = \begin{bmatrix} \ddots & & \\ & a_i & \\ & & \ddots \end{bmatrix} = \mathrm{diag}(a_1 \cdots a_n \quad a_1^* \cdots a_n^*) \tag{3-6-16}$$

$$\widetilde{\boldsymbol{\Psi}}^T \mathbf{B} \widetilde{\boldsymbol{\Psi}} = \begin{bmatrix} \ddots & & \\ & b_i & \\ & & \ddots \end{bmatrix} = \mathrm{diag}(b_1 \cdots b_n \quad b_1^* \cdots b_n^*) \tag{3-6-17}$$

式中,$\mathrm{diag}(a_1 \cdots a_n \quad a_1^* \cdots a_n^*)$,$\mathrm{diag}(b_1 \cdots b_n \quad b_1^* \cdots b_n^*)$ 分别称为模态 a 矩阵和模态 b 矩阵。上式表明,特征向量矩阵 $\widetilde{\boldsymbol{\Psi}}$ 中的各列向量是线性无关的,可以作为模态向量空间的基向量矩阵,建立对应的模态坐标系统,使得方程(3-6-4)解耦。将式(3-6-16)和(3-6-17)代入式(3-6-14)可得到

$$\lambda_i = -b_i / a_i, \lambda_i^* = -b_i^* / a_i^* \tag{3-6-18}$$

将 $\widetilde{\boldsymbol{\Psi}}, \mathbf{A}, \mathbf{B}$ 的表达式代入式(3-6-16)和(3-6-17)中,得到其展开式如下:

$$\boldsymbol{\psi}_r^T(2\lambda_r\mathbf{M}+\mathbf{C})\boldsymbol{\psi}_r=a_r \tag{3-6-19a}$$

$$\boldsymbol{\psi}_r^T(\lambda_r^2\mathbf{M}-\mathbf{K})\boldsymbol{\psi}_r=-b_r \tag{3-6-19b}$$

$$\boldsymbol{\psi}_r^T[(\lambda_r+\lambda_s)\mathbf{M}+\mathbf{C}]\boldsymbol{\psi}_s=0 \quad r\neq s \tag{3-6-19c}$$

$$\boldsymbol{\psi}_r^T(\lambda_r\lambda_s\mathbf{M}-\mathbf{K})\boldsymbol{\psi}_s=0 \quad r\neq s \tag{3-6-19d}$$

对共轭模态振型,还存在类似于式(3-6-19c)和(3-6-19d)的关系式

$$\boldsymbol{\psi}_r^T[(\lambda_r+\lambda_r^*)\mathbf{M}+\mathbf{C}]\boldsymbol{\psi}^*=0 \tag{3-6-19e}$$

$$\boldsymbol{\psi}_r^T(\lambda_r\lambda_r^*\mathbf{M}-\mathbf{K})\boldsymbol{\psi}^*=0 \tag{3-6-19f}$$

设

$$\lambda_r,\lambda_r^*=-\alpha_r\pm\mathrm{j}\beta_r \tag{3-6-20}$$

则

$$\lambda_r+\lambda_r^*=-2\alpha_r,\lambda_r\lambda_r^*=\alpha_r^2+\beta_r^2$$

代入式(3-6-19e)(3-6-19f)中,可得

$$2\alpha_r=\frac{\boldsymbol{\psi}_r^T\mathbf{C}\boldsymbol{\psi}_r^*}{\boldsymbol{\psi}_r^T\mathbf{M}\boldsymbol{\psi}_r^*},\alpha_r^2+\beta_r^2=\frac{\boldsymbol{\psi}_r^T\mathbf{K}\boldsymbol{\psi}_r^*}{\boldsymbol{\psi}_r^T\mathbf{M}\boldsymbol{\psi}_r^*} \tag{3-6-21}$$

由于 $\mathbf{M},\mathbf{C},\mathbf{K}$ 均为实对称阵,故上式的分子、分母均为实数,同实模态理论相类似,定义

$$\widetilde{m}_r=\boldsymbol{\psi}_r^T\mathbf{M}\boldsymbol{\psi}_r^*,\widetilde{c}_r=\boldsymbol{\psi}_r^T\mathbf{C}\boldsymbol{\psi}_r^*,\widetilde{k}_r=\boldsymbol{\psi}_r^T\mathbf{K}\boldsymbol{\psi}_r^* \tag{3-6-22}$$

$\widetilde{m}_r,\widetilde{c}_r,\widetilde{k}_r$ 分别称为复模态意义下的广义质量、广义阻尼和广义刚度。

引入变量 $\widetilde{\omega}_r=\sqrt{\widetilde{k}_r/\widetilde{m}_r}$, $\zeta_r=\alpha_r/\widetilde{\omega}_r$。其中 $\widetilde{\omega}_r$ 表示具有一般阻尼形式的结构系统在复模态空间内解耦的第 r 阶复模态固有频率, ζ_r 表示第 r 阶广义阻尼比。根据式(3-6-21)得到

$$\beta_r=\sqrt{\widetilde{\omega}_r^2-\alpha_r^2}=\widetilde{\omega}_r\sqrt{1-\widetilde{\zeta}_r^2} \tag{3-6-23}$$

β_r 表示第 r 阶阻尼模态频率。于是特征值可以表示为

$$\lambda_r,\lambda_r^*=-\widetilde{\zeta}_r\widetilde{\omega}_r\pm\mathrm{j}\,\widetilde{\omega}_r\sqrt{1-\widetilde{\zeta}_r^2} \tag{3-6-24a}$$

或者

$$\lambda_r,\lambda_r^*=-\sigma_r\pm\mathrm{j}\omega_{dr} \tag{3-6-24b}$$

式中, $\sigma_r=\widetilde{\zeta}_r\widetilde{\omega}_r$, $\omega_{dr}=\widetilde{\omega}_r\sqrt{1-\widetilde{\zeta}_r^2}$。即复模态理论中的特征根可以写成与实模态理论中特征根相同的形式。值得注意的是,上式虽然同黏性比例阻尼的情况类似,但各参数的意义却不同。当为黏性比例阻尼系统时,复模态参数将退化为实模态参数。

3.6.3 频响函数及其模态模型

引入复模态坐标 $\widetilde{q}(t)$,进行变换:

$$z(t)=\widetilde{\boldsymbol{\Psi}}\widetilde{q}(t) \tag{3-6-25}$$

代入式(3-6-4)中并左乘 $\widetilde{\boldsymbol{\Psi}}^T$,得到

$$\widetilde{\boldsymbol{\Psi}}^T\mathbf{A}\widetilde{\boldsymbol{\Psi}}\dot{\widetilde{q}}(t)+\widetilde{\boldsymbol{\Psi}}^T\mathbf{B}\widetilde{\boldsymbol{\Psi}}\widetilde{q}(t)=\widetilde{\boldsymbol{\Psi}}^T\begin{Bmatrix}f(t)\\\mathbf{0}\end{Bmatrix}=\widetilde{\boldsymbol{\Psi}}^T\widetilde{f}(t) \tag{3-6-26}$$

即

$$\dot{\tilde{q}}(t)+\mathbf{\Lambda}_c\tilde{q}(t)=[\mathrm{diag}(a,a^*)]^{-1}\widetilde{\mathbf{\Psi}}^T\tilde{f}(t) \tag{3-6-27}$$

对简谐激振力：

$$\tilde{f}(t)=\begin{Bmatrix}\mathbf{F}\\0\end{Bmatrix}\mathrm{e}^{\mathrm{i}\omega t}=\widetilde{\mathbf{F}}\mathrm{e}^{\mathrm{i}\omega t} \tag{3-6-28}$$

则有

$$\tilde{q}(t)=\mathbf{Q}\mathrm{e}^{\mathrm{i}\omega t} \tag{3-6-29}$$

$$z(t)=\widetilde{\mathbf{\Psi}}\tilde{q}(t)=\widetilde{\mathbf{\Psi}}\mathbf{Q}\mathrm{e}^{\mathrm{i}\omega t}=\begin{Bmatrix}\mathbf{X}\\\mathrm{i}\omega\mathbf{X}\end{Bmatrix}\mathrm{e}^{\mathrm{i}\omega t} \tag{3-6-30}$$

由于

$$\mathbf{Q}=[\mathrm{i}\omega\mathbf{I}-\mathbf{\Lambda}_c]^{-1}[\mathrm{diag}(a,a^*)]^{-1}\widetilde{\mathbf{\Psi}}^T\widetilde{\mathbf{F}} \tag{3-6-31}$$

于是

$$\begin{Bmatrix}\mathbf{X}\\\mathrm{i}\omega\mathbf{X}\end{Bmatrix}=\widetilde{\mathbf{\Psi}}[\mathrm{i}\omega\mathbf{I}-\mathbf{\Lambda}_c]^{-1}[\mathrm{diag}(a,a^*)]^{-1}\widetilde{\mathbf{\Psi}}^T\widetilde{\mathbf{F}} \tag{3-6-32}$$

$$\mathbf{X}=\{\mathbf{\Psi}[\mathrm{i}\omega\mathbf{I}-\mathbf{\Lambda}]^{-1}[\mathrm{diag}(a)]^{-1}\mathbf{\Psi}^T+\mathbf{\Psi}^*[\mathrm{i}\omega\mathbf{I}-\mathbf{\Lambda}^*]^{-1}[\mathrm{diag}(a^*)]^{-1}\mathbf{\Psi}^{*T}\}\mathbf{F} \tag{3-6-33}$$

即

$$\mathbf{H}(\omega)=\mathbf{\Psi}[\mathrm{i}\omega\mathbf{I}-\mathbf{\Lambda}]^{-1}[\mathrm{diag}(a)]^{-1}\mathbf{\Psi}^T+\mathbf{\Psi}^*[\mathrm{i}\omega\mathbf{I}-\mathbf{\Lambda}^*]^{-1}[\mathrm{diag}(a^*)]^{-1}\mathbf{\Psi}^{*T} \tag{3-6-34}$$

$$\mathbf{H}(\omega)=\sum_{r=1}^{n}\left[\frac{\boldsymbol{\psi}_r\boldsymbol{\psi}_r^T}{a_r(\mathrm{i}\omega-\lambda_r)}+\frac{\boldsymbol{\psi}_r^*\boldsymbol{\psi}_r^{*T}}{a_r^*(\mathrm{i}\omega-\lambda_r^*)}\right] \tag{3-6-35}$$

3.6.4 复模态坐标系中的脉冲响应函数

对式(3-6-35)进行傅氏逆变换,得到

$$\mathbf{h}(t)=\sum_{r=1}^{n}\frac{\boldsymbol{\psi}_r\boldsymbol{\psi}_r^T}{a_r}\mathrm{e}^{\lambda_r t}+\frac{\boldsymbol{\psi}_r^*\boldsymbol{\psi}_r^{*T}}{a_r^*}\mathrm{e}^{\lambda_r^* t} \tag{3-6-36}$$

$$h_{pq}(t)=\sum_{r=1}^{n}\frac{\Psi_{pr}\Psi_{qr}}{a_r}\mathrm{e}^{\lambda_r t}+\frac{\Psi_{pr}^*\Psi_{qr}^*}{a_r^*}\mathrm{e}^{\lambda_r^* t} \tag{3-6-37}$$

3.6.5 复模态坐标系中的自由响应

结构系统的自由振动方程如式(3-6-7)所示：

$$\mathbf{A}\dot{z}(t)+\mathbf{B}z(t)=0$$

引入复模态坐标 $\tilde{q}(t)$,进行变换 $z(t)=\widetilde{\mathbf{\Psi}}\tilde{q}(t)$。代入上述方程中并左乘 $\widetilde{\mathbf{\Psi}}^T$,得到

$$\widetilde{\mathbf{\Psi}}^T\mathbf{A}\widetilde{\mathbf{\Psi}}\dot{\tilde{q}}(t)+\widetilde{\mathbf{\Psi}}^T\mathbf{B}\widetilde{\mathbf{\Psi}}\tilde{q}(t)=0 \tag{3-6-38}$$

即

$$\dot{\tilde{q}}(t)+\mathbf{\Lambda}_c\tilde{q}(t)=0 \tag{3-6-39}$$

上式的解为

$$\tilde{\boldsymbol{q}}(t) = \mathrm{diag}(\mathrm{e}^{\lambda_r t}, \mathrm{e}^{\lambda_r^* t}) \tilde{\boldsymbol{q}}(0) \tag{3-6-40}$$

其中初始条件为

$$\tilde{\boldsymbol{q}}(0) = \widetilde{\boldsymbol{\Psi}}^{-1} \boldsymbol{z}(0) = \begin{Bmatrix} \boldsymbol{q}(0) \\ \boldsymbol{q}^*(0) \end{Bmatrix} \tag{3-6-41}$$

则系统的自由振动响应可以表示为

$$\boldsymbol{z}(t) = \widetilde{\boldsymbol{\Psi}} \mathrm{diag}(\mathrm{e}^{\lambda_r t}, \mathrm{e}^{\lambda_r^* t}) \tilde{\boldsymbol{q}}(0) \tag{3-6-42}$$

$\boldsymbol{z}(t)$ 的前 n 行即为系统的位移响应

$$\begin{aligned} \boldsymbol{x}(t) &= \boldsymbol{\Psi} \mathrm{diag}(\mathrm{e}^{\lambda_r t}) \boldsymbol{q}(0) + \boldsymbol{\Psi}^* \mathrm{diag}(\mathrm{e}^{\lambda_r^* t}) \boldsymbol{q}^*(0) \\ &= \sum_{r=1}^{n} \left[\boldsymbol{\psi}_r \mathrm{e}^{\lambda_r t} q_r(0) + \boldsymbol{\psi}_r^* \mathrm{e}^{\lambda_r^* t} q_r^*(0) \right] \end{aligned} \tag{3-6-43}$$

设

$$q_r(0) = U_r \mathrm{e}^{\mathrm{i}\theta_r}, \quad q_r^*(0) = U_r \mathrm{e}^{-\mathrm{i}\theta_r} \tag{3-6-44}$$

则

$$\boldsymbol{x}(t) = \sum_{r=1}^{n} U_r \mathrm{e}^{-\sigma_r t} \left[\boldsymbol{\psi}_r \mathrm{e}^{\mathrm{i}(\omega_{dr} t + \theta_r)} + \boldsymbol{\psi}_r^* \mathrm{e}^{-\mathrm{i}(\omega_{dr} t + \theta_r)} \right] \tag{3-6-45}$$

当系统以第 r 阶复频率 ω_{dr} 做主振动时,其振动规律为

$$\boldsymbol{x}_r = U_r \mathrm{e}^{-\sigma_r t} \left[\boldsymbol{\psi}_r \mathrm{e}^{\mathrm{i}(\omega_{dr} t + \theta_r)} + \boldsymbol{\psi}_r^* \mathrm{e}^{-\mathrm{i}(\omega_{dr} t + \theta_r)} \right] \tag{3-6-46}$$

每个物理坐标点的振动规律为

$$x_{kr} = U_r \mathrm{e}^{-\sigma_r t} \left[\Psi_{kr} \mathrm{e}^{\mathrm{i}(\omega_{dr} t + \theta_r)} + \Psi_{kr}^* \mathrm{e}^{-\mathrm{i}(\omega_{dr} t + \theta_r)} \right] \tag{3-6-47}$$

设

$$\Psi_{kr} = A_{kr} \mathrm{e}^{\mathrm{i}\beta_{kr}}, \quad \Psi_{kr}^* = A_{kr} \mathrm{e}^{-\mathrm{i}\beta_{kr}} \tag{3-6-48}$$

则

$$x_{kr} = 2 U_r A_{kr} \mathrm{e}^{-\sigma_r t} \cos(\omega_{dr} t + \theta_r + \beta_{kr}) \tag{3-6-49}$$

可见,当一般黏性阻尼系统以某阶主振动做自由振动时,每个物理坐标的初相位不仅与该阶主振动有关,还与物理坐标 k 有关,即各物理坐标初相位不同。因此,每个物理坐标振动时并不同时达到平衡位置和最大位置,即主振动节点(线)是变化的。同时也可以看出,复模态的振动形态不具有模态保持性。主振型不再是驻波形式,而是行波形式。

3.4-3.6 节分别讲述了无阻尼系统、比例阻尼系统实模态及一般黏性阻尼系统复模态理论,为了直观地说明差异,下面通过一个算例来阐述。在该例中,质量矩阵和刚度矩阵固定不变,而阻尼矩阵分别考虑了无阻尼、比例阻尼和非比例阻尼三种情况。

【例 3.2】对如图 3-6-1 所示三自由度系统,已知系统的质量矩阵、刚度矩阵和阻尼矩阵,试比较分析这三种振动系统的模态参数。其中 $\boldsymbol{C}_0$，$\boldsymbol{C}_P$，$\boldsymbol{C}_N$ 分别表示无阻尼、比例阻尼和一般黏性阻尼矩阵。

$$\mathbf{M}=\begin{bmatrix}1 & 0 & 0\\0 & 1 & 0\\0 & 0 & 1\end{bmatrix}, \mathbf{K}=\begin{bmatrix}40 & -20 & \\-20 & 40 & -20\\ & -20 & 20\end{bmatrix}$$

$$\mathbf{C}_0=\begin{bmatrix}0 & 0 & 0\\0 & 0 & 0\\0 & 0 & 0\end{bmatrix}, \mathbf{C}_p=\begin{bmatrix}0.08 & -0.04 & \\-0.04 & 0.08 & -0.04\\ & -0.04 & 0.04\end{bmatrix}, \mathbf{C}_N=\begin{bmatrix}0.06 & -0.04 & \\-0.04 & 0.06 & -0.04\\ & -0.04 & 0.08\end{bmatrix}$$

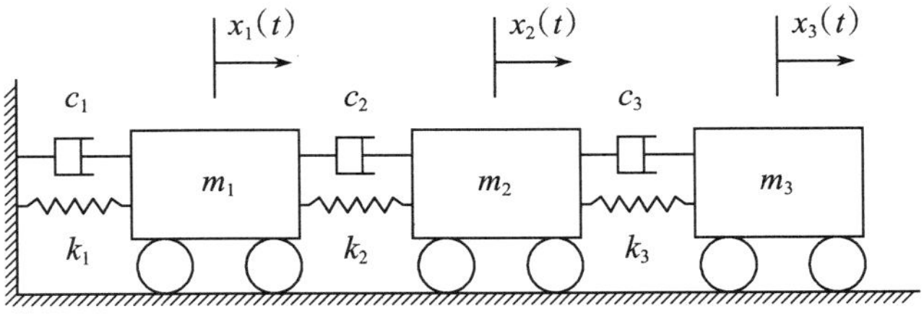

图 3-6-1　三自由度弹簧—质量—阻尼系统

【求解】

（1）首先考虑无阻尼系统，由例 3.1 可知，该系统的三阶频率和振型分别为

$$\omega_1=1.990\ 3\ \text{rad/s}, \omega_2=5.576\ 7\ \text{rad/s}, \omega_3=8.058\ 5\ \text{rad/s}$$

$$\boldsymbol{\phi}_1=\begin{Bmatrix}1.000\ 0\\1.801\ 9\\2.247\ 0\end{Bmatrix}, \boldsymbol{\phi}_2=\begin{Bmatrix}1.000\ 0\\0.445\ 0\\-0.801\ 9\end{Bmatrix}, \boldsymbol{\phi}_3=\begin{Bmatrix}-1.000\ 0\\1.247\ 0\\-0.555\ 0\end{Bmatrix}$$

假设按照复模态理论来求解，根据式（3-6-5）和（3-6-6）构建矩阵 **A**、**B**，然后代入式（3-6-9）中求其特征值和特征向量，分别为

$$\lambda_1=0+1.990\ 3i, \lambda_2=0+5.576\ 7i, \lambda_3=0+8.058\ 5i$$

$$\boldsymbol{\phi}_{0,1}=\begin{Bmatrix}0-0.223\ 6i\\0-0.402\ 9i\\0-0.502\ 4i\end{Bmatrix}, \boldsymbol{\phi}_{0,2}=\begin{Bmatrix}0+0.179\ 3i\\0+0.079\ 8i\\0-0.143\ 8i\end{Bmatrix}, \boldsymbol{\phi}_{0,3}=\begin{Bmatrix}0-0.099\ 5i\\0+0.124\ 1i\\0-0.055\ 2i\end{Bmatrix}$$

由此可见，无阻尼系统的特征值和特征向量都是纯虚数。特征值的虚部就是其固有频率，而对特征向量进行首一化处理，可以得到

$$\boldsymbol{\phi}_{0,1}=\begin{Bmatrix}1.000\ 0\\1.801\ 9\\2.247\ 0\end{Bmatrix}, \boldsymbol{\phi}_{0,2}=\begin{Bmatrix}1.000\ 0\\0.445\ 0\\-0.801\ 9\end{Bmatrix}, \boldsymbol{\phi}_{0,3}=\begin{Bmatrix}-1.000\ 0\\1.247\ 0\\-0.555\ 0\end{Bmatrix}$$

注意到无阻尼系统的模态振型为带符号（+或−）的实数值。第 1 阶模态的三个自由度的符号相同，这表明这三个自由度彼此同相位，只是幅值大小不同。第 2 阶模态的第 1,2 自由度与第 3 自由度符号相反，这表明这 1,2 自由度与第 3 自由度彼此反相位，且幅值大小也不同。第 3 阶振型的第 1,3 自由度符号相同，但与第 2 自由度符号相反，这表明这 1,3 自由度同相位，但与第 2 自由度彼此反相位。

（2）其次考虑比例阻尼系统。考虑质量矩阵 **M**，刚度矩阵 **K** 和阻尼矩阵 **C**_P 组成的系统。按照复模态理论来求解，根据式(3-6-5)和式(3-6-6)构建矩阵**A**、**B**，然后代入式(3-6-9)中求其特征值和特征向量，分别为

$$\lambda_{p,1}=-0.004\ 0+1.990\ 3\mathrm{i},\lambda_{p,2}=-0.031\ 1+5.576\ 6\mathrm{i},\lambda_{p,3}=-0.064\ 9+8.058\ 2\mathrm{i}$$

$$\boldsymbol{\phi}_{p,1}=\left\{\begin{array}{c}-0.074\ 7+0.148\ 7\mathrm{i}\\-0.134\ 7+0.268\ 0\mathrm{i}\\-0.167\ 9+0.334\ 2\mathrm{i}\end{array}\right\},\boldsymbol{\phi}_{p,2}=\left\{\begin{array}{c}0.027\ 2-0.151\ 5\mathrm{i}\\0.012\ 1-0.067\ 4\mathrm{i}\\-0.021\ 8+0.121\ 5\mathrm{i}\end{array}\right\},\boldsymbol{\phi}_{p,3}=\left\{\begin{array}{c}-0.010\ 9+0.088\ 0\mathrm{i}\\0.013\ 6-0.109\ 7\mathrm{i}\\-0.006\ 1+0.048\ 8\mathrm{i}\end{array}\right\}$$

由此可见，比例阻尼系统的特征值和特征向量不再是纯虚数，而是一个复数。由特征根的定义(3-5-11)可知，特征根的模等于无阻尼系统固有频率，即

$$\omega_1=|\lambda_{p,1}|=1.990\ 3\ \mathrm{rad/s}$$

$$\omega_2=|\lambda_{p,2}|=5.576\ 7\ \mathrm{rad/s}$$

$$\omega_3=|\lambda_{p,3}|=8.058\ 5\ \mathrm{rad/s}$$

为了便于分析特征向量，把其写成模和幅角的形式，如下所示：

$$\boldsymbol{\phi}_{p,1}=\left\{\begin{array}{c}0.166\ 4\angle116.677\ 0\\0.299\ 9\angle116.677\ 0\\0.374\ 0\angle116.677\ 0\end{array}\right\},\boldsymbol{\phi}_{p,2}=\left\{\begin{array}{c}0.153\ 9\angle-79.828\ 9\\0.068\ 5\angle-79.828\ 9\\0.123\ 4\angle100.171\ 1\end{array}\right\},\boldsymbol{\phi}_{p,3}=\left\{\begin{array}{c}0.088\ 6\angle97.088\ 8\\0.110\ 5\angle-82.911\ 2\\0.049\ 2\angle97.088\ 8\end{array}\right\}$$

可以看出，每阶振型的相位差不是 0°就是 180°。这表示其振动形状在运动过程中可以保持固定的形态。如果采用首一化处理，则其振型向量如下，同无阻尼固有振型完全一致：

$$\boldsymbol{\phi}_{p,1}=\left\{\begin{array}{c}1.000\ 0\\1.801\ 9\\2.247\ 0\end{array}\right\},\boldsymbol{\phi}_{p,2}=\left\{\begin{array}{c}1.000\ 0\\0.445\ 0\\-0.801\ 9\end{array}\right\},\boldsymbol{\phi}_{p,3}=\left\{\begin{array}{c}-1.000\ 0\\1.247\ 0\\-0.555\ 0\end{array}\right\}$$

（3）最后考虑一般黏性阻尼系统。按照复模态理论来求解，将 **M**、**K**、**C**_N 代入式(3-6-5)和(3-6-6)构建矩阵**A**、**B**，然后代入式(3-6-9)中求其特征值和特征向量，分别为

$$\lambda_{n,1}=-0.010\ 3+1.990\ 3\mathrm{i},\lambda_{n,2}=-0.031\ 6+5.576\ 5\mathrm{i},\lambda_{n,3}=-0.058\ 2+8.058\ 3\mathrm{i}$$

$$\boldsymbol{\phi}_{n,1}=\left\{\begin{array}{c}-0.073\ 8+0.149\ 8\mathrm{i}\\-0.132\ 5+0.270\ 2\mathrm{i}\\-0.164\ 1+0.337\ 5\mathrm{i}\end{array}\right\},\boldsymbol{\phi}_{n,2}=\left\{\begin{array}{c}0.026\ 8-0.151\ 8\mathrm{i}\\0.011\ 1-0.067\ 7\mathrm{i}\\-0.022\ 3+0.121\ 6\mathrm{i}\end{array}\right\},\boldsymbol{\phi}_{n,3}=\left\{\begin{array}{c}-0.010\ 7+0.088\ 1\mathrm{i}\\0.013\ 6-0.109\ 8\mathrm{i}\\-0.006\ 5+0.048\ 8\mathrm{i}\end{array}\right\}$$

由特征根的定义(3-5-11)可知，其模等于无阻尼系统固有频率，即

$$\omega_1=|\lambda_{n,1}|=1.990\ 3\ \mathrm{rad/s}$$

$$\omega_2=|\lambda_{n,2}|=5.576\ 7\ \mathrm{rad/s}$$

$$\omega_3=|\lambda_{n,3}|=8.058\ 5\ \mathrm{rad/s}$$

同前类似，为了便于分析特征向量，把其写成模和幅角的形式，如下所示：

$$\boldsymbol{\phi}_{n,1}=\left\{\begin{array}{c}0.167\ 0\angle116.228\ 9\\0.300\ 9\angle116.125\ 8\\0.375\ 2\angle115.930\ 9\end{array}\right\},\boldsymbol{\phi}_{n,2}=\left\{\begin{array}{c}0.154\ 1\angle-79.977\ 7\\0.068\ 6\angle-80.730\ 0\\0.123\ 6\angle100.394\ 0\end{array}\right\},\boldsymbol{\phi}_{n,3}=\left\{\begin{array}{c}0.088\ 7\angle96.931\ 2\\0.110\ 7\angle-82.949\ 3\\0.049\ 2\angle97.600\ 9\end{array}\right\}$$

可以看出,每阶振型的相位差不再是 0 或 180°,即每阶模态的各个自由度之间的相对相位关系已不再是完全同相位或反相位了。这种情况下产生的模态称为"复模态"。对"复模态"振型,在运动过程中其振动形状是随时间变化的,不再保持固定的形态。如果采用首一化处理,其振型向量如下,无法变成纯实数,当然同无阻尼固有振型也不再一致。

$$\boldsymbol{\phi}_{n,1} = \begin{Bmatrix} 1.000\ 0 \\ 1.801\ 9 - 0.003\ 2i \\ 2.247\ 0 - 0.011\ 7i \end{Bmatrix}, \boldsymbol{\phi}_{n,2} = \begin{Bmatrix} 1.000\ 0 \\ 0.445\ 0 - 0.005\ 8i \\ -0.802\ 0 - 0.005\ 2i \end{Bmatrix}, \boldsymbol{\phi}_{n,3} = \begin{Bmatrix} 1.000\ 0 \\ -1.247\ 0 - 0.002\ 6i \\ 0.554\ 9 + 0.006\ 5i \end{Bmatrix}$$

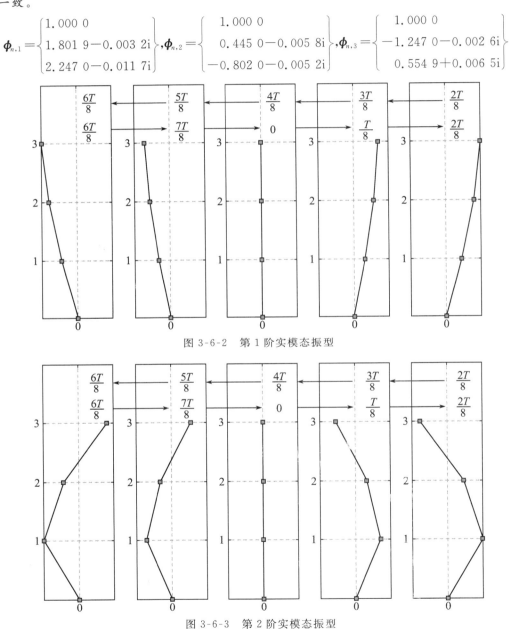

图 3-6-2 第 1 阶实模态振型

图 3-6-3 第 2 阶实模态振型

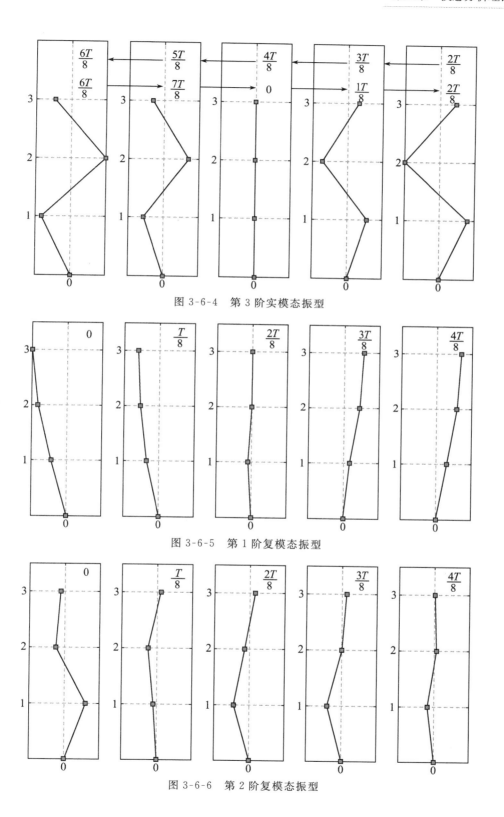

图 3-6-4　第 3 阶实模态振型

图 3-6-5　第 1 阶复模态振型

图 3-6-6　第 2 阶复模态振型

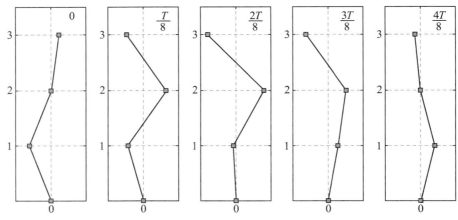

图 3-6-7　第 3 阶复模态振型

通过上述算例分析和说明,可以看出实模态具有如下特征。

(1) 实模态振型具有固定的形状,可以通过驻波描述实模态,驻波的节点位置是固定的。

(2) 所有点同一时刻通过它们的最大和最小位置处,所有点也在同一时刻通过零点位置(静平衡位置)。

(3) 模态振型为带符号的实数值。

(4) 所有点同结构上任何其他点,要么完全同相位,要么完全反相位。

(5) 无阻尼系统的模态振型与比例阻尼的模态振型相同,这些振型可以解耦质量、阻尼和刚度矩阵。

复模态存在如下特征。

(1) 复模态振型不具有固定的形状,可以通过行波描述复模态,节点位置似乎在结构上移动。

(2) 所有点不在同一时刻通过它们的最大值位置处,一些点似乎落后其他点;同时所有点也不在同一时刻通过零点位置。

(3) 模态振型不能用实数描述,为复数形式。

(4) 不同自由度之间不存在特定的相位关系,没有完全同相位或者完全 $180°$ 反相关系。

(5) 由无阻尼情况得到的模态振型无法解耦系统的阻尼矩阵。

3.7 ／ 实模态理论与复模态理论的统一性

复模态理论可以使一般黏性阻尼结构的动力学方程解耦,它考虑的振动特性更具有一般性,因此实模态理论应当为复模态理论的特殊情况。

考虑多自由系统自由振动方程:

$$\mathbf{M}\ddot{x}(t)+\mathbf{C}\dot{x}(t)+\mathbf{K}x(t)=f(t) \tag{3-7-1}$$

假设该系统实模态(无阻尼模态)振型为 ϕ_r,无阻尼固有频率为 ω_r,而复模态位移振型为 ψ_r。假设式(3-7-1)可以用实模态来解耦,那么某阶模态向量 ψ_r 的各个元素之间的相位差必为一个常值,不是 0 就是 $180°$。由于模态振型向量取决于所选取的振型比例因子,所以应当可以把 ψ_r 换算成纯实数值向量 ϕ_r。假设复模态振型 ψ_r 和实模态振型向量 ϕ_r 之间存在下述关系:

$$\psi_r=(e_r+\mathrm{j}f_r)\phi_r \tag{3-7-2a}$$

$$\psi_r^*=(e_r-\mathrm{j}f_r)\phi_r \tag{3-7-2b}$$

式中,e_r,f_r 是与第 r 阶复模态有关的常数。下面推导式(3-7-2)成立的条件,将式(3-7-2a)代入式(3-4-19c)(3-4-19d)中,考虑到虚、实部相等,得到

$$\phi_r^T\mathbf{M}\phi_s=0 \quad r\neq s \tag{3-7-3a}$$

$$\phi_r^T\mathbf{C}\phi_s=0 \quad r\neq s \tag{3-7-3b}$$

$$\phi_r^T\mathbf{K}\phi_s=0 \quad r\neq s \tag{3-7-3c}$$

式(3-7-3b)表示阻尼阵可以用无阻尼振型对角化,它即为方程(3-7-2)成立的条件。

3.7.1　传递函数的统一性

在复模态空间内,振动系统的传递函数表示式为

$$\mathbf{H}(s)=\sum_{r=1}^{n}\left[\frac{\psi_r\psi_r^T}{a_r(s-\lambda_r)}+\frac{\psi_r^*\psi_r^{*T}}{a_r^*(s-\lambda_r^*)}\right] \tag{3-7-4}$$

将式(3-7-2)代入式(3-6-19e),并注意到式(3-6-20)和实模态正交化条件,得到

$$c_r-2\alpha_rm_r=0 \tag{3-7-5}$$

上式中,m_r,c_r 分别为实模态空间内的第 r 阶模态质量和模态阻尼,α_r 为第 r 阶特征值的实部。将式(3-7-2a)代入式(3-6-19a),并考虑到式(3-7-5),经过简单推导,得出

$$a_r=2\beta_rm_r[-2e_rf_r+\mathrm{j}(e_r^2-f_r^2)] \tag{3-7-6a}$$

同理可得到

$$a_r^*=2\beta_rm_r[-2e_rf_r-\mathrm{j}(e_r^2-f_r^2)] \tag{3-7-6b}$$

将式(3-7-2)和(3-7-6)代入复模态传递函数定义式(3-7-4)中,经过简化整理,得到

$$\begin{aligned}\mathbf{H}(s)&=\sum_{r=1}^{n}\frac{\phi_r\phi_r^T}{m_r(s-\lambda_r)(s-\lambda_r^*)}\\&=\sum_{r=1}^{n}\frac{\phi_r\phi_r^T}{m_r[s^2-(\lambda_r+\lambda_r^*)s+\lambda_r\lambda_r^*]}\\&=\sum_{r=1}^{n}\frac{\phi_r\phi_r^T}{m_r[s^2-2\zeta_r\omega_rs+\omega_r^2]}\end{aligned} \tag{3-7-7}$$

上式恰好是实模态空间内系统传递函数表达式。

3.7.2　单位脉冲响应函数的统一

在复模态空间内,系统单位脉冲响应函数如式(3-6-36)所示:

$$h(t) = \sum_{r=1}^{n} \frac{\boldsymbol{\psi}_r \boldsymbol{\psi}_r^T}{a_r} \mathrm{e}^{\lambda_r t} + \frac{\boldsymbol{\psi}_r^* \boldsymbol{\psi}_r^{*T}}{a_r^*} \mathrm{e}^{\lambda_r^* t} \qquad (3\text{-}7\text{-}8)$$

将复模态振型和实模态振型向量之间的关系式(3-7-2)代入上式,得到

$$h(t) = \sum_{r=1}^{n} \frac{(e_r + \mathrm{j} f_r)^2 \boldsymbol{\phi}_r \boldsymbol{\phi}_r^T}{a_r} \mathrm{e}^{\beta_r t} + \frac{(e_r - \mathrm{j} f_r)^2 \boldsymbol{\phi}_r \boldsymbol{\phi}_r^T}{a_r^*} \mathrm{e}^{\lambda_r^* t} \qquad (3\text{-}7\text{-}9)$$

考虑到公式(3-4-20),则上式可变为

$$h(t) = \sum_{r=1}^{n} \boldsymbol{\phi}_r \boldsymbol{\phi}_r^T \mathrm{e}^{\alpha_r t} \left[\frac{(e_r + \mathrm{j} f_r)^2}{a_r} \mathrm{e}^{\mathrm{j}\beta_r t} + \frac{(e_r - \mathrm{j} f_r)^2}{a_r^*} \mathrm{e}^{\mathrm{j}\beta_r t} \right] \qquad (3\text{-}7\text{-}10)$$

进一步,将 a_r, a_r^* 的定义式(3-7-6)代入式(3-7-10)中,经过推导,不难得到

$$h(t) = \sum_{r=1}^{n} \boldsymbol{\phi}_r \boldsymbol{\phi}_r^T \mathrm{e}^{\alpha_r t} \frac{1}{m_r \beta_r} \left[\frac{\mathrm{e}^{\mathrm{j}\beta_r t} - \mathrm{e}^{-\mathrm{j}\beta_r t}}{2\mathrm{j}} \right] \qquad (3\text{-}7\text{-}11)$$

利用欧拉公式 $\sin x = \dfrac{\mathrm{e}^{\mathrm{j}x} - \mathrm{e}^{-\mathrm{j}x}}{2\mathrm{j}}$,并注意到式(3-6-24),则式(3-7-11)可以写成如下形式:

$$h(t) = \sum_{r=1}^{n} \frac{\boldsymbol{\phi}_r \boldsymbol{\phi}_r^T}{m_r \omega_{dr}} \mathrm{e}^{-\zeta_r \omega_r t} \sin(\omega_{dr} t) \qquad (3\text{-}7\text{-}12)$$

式(3-7-12)恰好为实模态空间内系统单位脉冲响应函数的表达式(3-5-34)。所以说,振动模态分析的实模态理论和复模态理论是统一的。

3.8 / 振动系统的传递函数模型

前面几节主要介绍了单自由度系统和多自由度系统的频响函数的模态展开式及其图像。在推求频响函数时,都是假设系统受到简谐激励。积分变换,包括傅立叶变换和拉普拉斯变换,是求解系统传递函数的重要方法。只要系统的激励和响应满足积分变换的条件,就可以用积分变换来求解传递函数或频响函数。拉普拉斯变换成立的条件要比傅立叶变换低得多。用拉普拉斯变换得到复数域($s = \beta + i\omega$)内的传递函数,令 $s = i\omega$ 便可以得到频率域的频响函数。

本节以黏性阻尼为例,分别介绍单自由度系统和多自由度系统的传递函数模型的各种表示方式。这些模型在频域模态参数识别中起着非常重要的作用,具体可以参阅第七章内容。

拉普拉斯变化的定义如下:

$$X(s) = \int_0^{+\infty} x(t) \mathrm{e}^{-st} \, \mathrm{d}t \qquad (3\text{-}8\text{-}1a)$$

$$x(t) = \frac{1}{2\pi \mathrm{i}} \int_{\beta - \mathrm{i}\infty}^{\beta + \mathrm{i}\infty} X(s) \mathrm{e}^{st} \, \mathrm{d}s \qquad (3\text{-}8\text{-}1b)$$

式中,式(3-8-1a)是拉普拉斯正变换,而式(3-8-1b)是拉普拉斯逆变换。可以看出,拉普拉斯变换相当于对 $x(t)\mathrm{e}^{-\beta t}$ 作单边傅立叶变换。引入 $\mathrm{e}^{-\beta t}$ 相当于引入阻尼,以保证

满足傅立叶变换的条件

$$X(s) = \int_0^{+\infty} |\, x(t)\mathrm{e}^{-\beta t}\,|\, \mathrm{d}t < \infty \tag{3-8-2}$$

通过拉普拉斯变换,可以得到 s 域内的结构系统特性表达式,即传递函数,其等价于模态分析中的频响函数。

3.8.1　单自由度系统

具有黏性阻尼的单自由度系统,其振动微分方程为

$$m\ddot{x}(t) + c\dot{x}(t) + kx(t) = f(t)$$

对方程两边进行拉普拉斯变换,记 $\boldsymbol{L}[x(t)] = X(s)$,$\boldsymbol{L}[f(t)] = F(s)$,则采用分部积分法可以得到

$$L[\dot{x}(t)] = -x(0) + sX(s)$$

$$L[\ddot{x}(t)] = -x(0) - sX(0) + s^2 X(s)$$

当初始条件为零时,可以得到

$$(ms^2 + cs + k)X(s) = F(s) \tag{3-8-3}$$

定义系统的阻抗函数 $Z(s) = ms^2 + cs + k$,则系统的传递函数为

$$H(s) = \frac{X(s)}{F(s)} = \frac{1}{ms^2 + cs + k} \tag{3-8-4}$$

可以看出,当 $s = \mathrm{i}\omega$ 时,上式即变为系统的频响函数。

$$H(\omega) = H(s)\,|_{s=\mathrm{i}\omega} = \frac{1}{k - \omega^2 m + \mathrm{i}\omega c} \tag{3-8-5}$$

令传递函数的分母等于零,可以得到系统的特征方程为

$$Z(s) = ms^2 + cs + k = 0 \tag{3-8-6}$$

上述方程的解即为系统的特征根:

$$s_1, s_1^* = -\zeta\omega_0 \pm \mathrm{i}\sqrt{1 - \zeta^2}\,\omega_0 \tag{3-8-7a}$$

$$s_1, s_1^* = -\sigma \pm \mathrm{i}\omega_{d0} \tag{3-8-7b}$$

则系统的传递函数可以写为

$$H(s) = \frac{1}{m(s - s_1)(s - s_1^*)} = \frac{r_1}{s - s_1} + \frac{r_1^*}{s - s_1^*} \tag{3-8-8}$$

式中,s_1, s_1^* 称为系统的极点,r_1 和 r_1^* 称为其对应的留数。因此式(3-8-8)又称为系统的极点-留数模型。

对单自由度系统,不难得到

$$r_1 = (s - s_1)H(s)\,|_{s=s_1} = \frac{1}{\mathrm{i}2m\omega_{d0}} \tag{3-8-9a}$$

$$r_1^* = (s - s_1^*)H(s)\,|_{s=s_1^*} = \frac{-1}{\mathrm{i}2m\omega_{d0}} \tag{3-8-9b}$$

于是系统的极点—留数模型可以表示为

$$H(s) = \frac{1/m\omega_{d0}}{\mathrm{i}2(s-s_1)} + \frac{-1/m\omega_{d0}}{\mathrm{i}2(s-s_1^*)} \tag{3-8-10}$$

类似地,当 $s = \mathrm{i}\omega$ 时,将 s_1, s_1^* 代入上式,经过整理变化同样会变为系统的频响函数。

3.8.2　多自由度系统

1. 传递函数矩阵

对具有 n 自由度的黏性阻尼系统,其振动微分方程为

$$\mathbf{M}\ddot{\mathbf{x}}(t) + \mathbf{C}\dot{\mathbf{x}}(t) + \mathbf{K}\mathbf{x}(t) = \mathbf{f}(t)$$

对方程两边进行拉普拉斯变换,在初始条件为零的情况下可以得到

$$(s^2\mathbf{M} + s\mathbf{C} + \mathbf{K})\mathbf{X}(s) = \mathbf{F}(s) \tag{3-8-11}$$

或者

$$\mathbf{Z}(s)\mathbf{X}(s) = \mathbf{F}(s) \tag{3-8-12}$$

式中,阻抗矩阵 $\mathbf{Z}(s) = s^2\mathbf{M} + s\mathbf{C} + \mathbf{K}$。对一个约束系统而言,阻抗矩阵是非奇异的对称矩阵。于是系统的传递函数矩阵为

$$\mathbf{H}(s) = \mathbf{Z}(s)^{-1} = \frac{1}{s^2\mathbf{M} + s\mathbf{C} + \mathbf{K}} \tag{3-8-13}$$

当 $s = \mathrm{i}\omega$ 时,上式即变为多自由度系统的频响函数矩阵,即

$$\mathbf{H}(\omega) = \mathbf{H}(s)\big|_{s=\mathrm{i}\omega} = \frac{1}{\mathbf{K} - \omega^2\mathbf{M} + \mathrm{i}\omega\mathbf{C}} \tag{3-8-14}$$

2. 传递函数的有理分式表达式

下面推导传递函数的有理分式表达式。由式(3-8-13)可知,

$$\mathbf{H}(s) = \mathbf{Z}(s)^{-1} = \frac{\mathrm{adj}[\mathbf{Z}(s)]}{|\mathbf{Z}(s)|} = \frac{\mathbf{N}(s)}{D(s)} \tag{3-8-15}$$

其中 $D(s)$ 为 $\mathbf{Z}(s)$ 的行列式,是一个最高阶数为 $2n$ 的多项式,可以表示为

$$D(s) = \sum_{l=0}^{2n} b_l s^l = b_0 + b_1 s + \cdots + b_{2n}s^{2n} \tag{3-8-16}$$

一般可取 $b_0 = 1$。$\mathbf{N}(s) = \mathrm{adj}[\mathbf{Z}(s)]$ 是阻抗矩阵的伴随矩阵,是一个 $n \times n$ 的对称矩阵,该矩阵的某个元素是最高阶数为 $2n-2$ 的多项式,可以表示为

$$N_{pq}(s) = \sum_{l=0}^{2n-2} a_l s^l = a_0 + a_1 s + \cdots + a_{2n-2}s^{2n-2} \tag{3-8-17}$$

于是传递函数矩阵 $\mathbf{H}(s)$ 的某个元素可以表示为

$$H_{pq}(s) = \frac{N_{pq}(s)}{D(s)} = \frac{a_0 + a_1 s + \cdots + a_{2n-2}s^{2n-2}}{1 + b_1 s + \cdots + b_{2n}s^{2n}} \tag{3-8-18}$$

此即为传递函数的有理分式表达式。

3. 传递函数的极点—留数模型

令传递函数的分母等于零,可以得到系统的特征方程为

$$D(s) = 1 + b_1 s + \cdots + b_{2n} s^{2n} = 0 \tag{3-8-19}$$

它是关于 s 的 $2n$ 次方程,求解可以得到 $2n$ 个共轭复根:

$$\begin{cases} s_r = -\sigma_r + \mathrm{i}\omega_{dr} \\ s_r^* = -\sigma_r - \mathrm{i}\omega_{dr} \end{cases} \tag{3-8-20}$$

则系统的传递函数可以写为极点－留数模型如下:

$$H_{pq}(s) = \sum_{r=1}^{n} \frac{R_{pqr}}{s - s_r} + \frac{R_{pqr}^*}{s - s_r^*} \tag{3-8-21}$$

式中,s_r,s_r^* 称为 $H_{pq}(s)$ 的极点,R_{pqr} 和 R_{pqr}^* 称为 $H_{pq}(s)$ 在极点 s_r,s_r^* 处的留数,可由下式确定

$$R_{pqr} = \lim_{s \to s_r} (s - s_r) H_{pq}(s) = \lim_{s \to s_r} \frac{N_{pq}(s)(s - s_r)}{D(s)} \tag{3-8-22}$$

或者

$$R_{pqr} = \frac{N_{pq}(s)}{D'(s)} \bigg|_{s = s_r}, R_{pqr}^* = \frac{N_{pq}(s)}{D'(s)} \bigg|_{s = s_r^*} \tag{3-8-23}$$

式中,$D'(s)$ 表示 $D(s)$ 的一次导数。

矩阵形式的极点－留数模型

$$\mathbf{H}(s) = \sum_{r=1}^{n} \frac{\mathbf{R}_r}{s - s_r} + \frac{\mathbf{R}_r^*}{s - s_r^*} \tag{3-8-24}$$

式中,$\mathbf{R}_r$ 和 $\mathbf{R}_r^*$ 为对应第 r 阶模态的留数矩阵,是 $n \times n$ 复数矩阵。

当 $s = \mathrm{i}\omega$ 时,多自由度系统频响函数的极点－留数模型为

$$H_{pq}(\omega) = \sum_{r=1}^{n} \frac{R_{pqr}}{\mathrm{i}\omega - s_r} + \frac{R_{pqr}^*}{\mathrm{i}\omega - s_r^*} \tag{3-8-25}$$

$$\mathbf{H}(\omega) = \sum_{r=1}^{n} \frac{\mathbf{R}_r}{\mathrm{i}\omega - s_r} + \frac{\mathbf{R}_r^*}{\mathrm{i}\omega - s_r^*} \tag{3-8-26}$$

可以证明,留数矩阵和复模态矢量具有如下关系:

$$\mathbf{R}_r = \frac{\boldsymbol{\psi}_r \boldsymbol{\psi}_r^T}{a_r}, \mathbf{R}_r^* = \frac{\boldsymbol{\psi}_r^* \boldsymbol{\psi}_r^{*T}}{a_r^*} \tag{3-8-27}$$

可见留数矩阵同样反映了系统模态矢量。通过模态参数识别方法求得留数矩阵后,也可以得到系统的模态矢量。

对式(3-8-24)进行拉普拉斯逆变换,可以得到脉冲响应函数矩阵

$$\boldsymbol{h}(t) = \sum_{r=1}^{n} \mathbf{R}_r \mathrm{e}^{s_r t} + \mathbf{R}_r^* \mathrm{e}^{s_r^* t} \tag{3-8-28}$$

或

$$h_{pq}(t) = \sum_{r=1}^{n} R_{pqr} \mathrm{e}^{s_r t} + R_{pqr}^* \mathrm{e}^{s_r^* t} \tag{3-8-29}$$

式(3-8-29)同 3-6-4 节中的脉冲响应函数表达式是一致的,可以看出,系统的留数是构成脉冲响应函数各阶模态振动的复振幅。

思考题

1. 单自由度振动系统的频响函数如何定义？频响函数和单位脉冲函数有何关系？二者都反映了振动系统的什么特性？

2. 针对不同响应，频响函数有哪三种类型？三者关系如何？写出表达式并作量纲分析。

3. 试写出单自由度黏性阻尼系统中无阻尼固有频率，阻尼固有频率和位移谐振频率三者的无量纲表达式，并以此说明三者大小关系。

4. 什么叫实模态分析？对应哪几种阻尼模型？什么叫纯模态？

5. 模态参数有哪些？常关心哪几个模态参数？

6. 实模态系统的频响函数矩阵与模态向量有何关系？

7. 什么叫复模态分析？复模态分析对应哪两种阻尼情形？

8. 复模态振动系统与实模态振动系统有何本质区别？

9. 复模态系统不具有振动保持性，即其振动节点（或节线）是变化的，如何理解？

10. 实模态系统与复模态系统有何关系？试从模态参数、频响函数等方面加以理解。

第四章
结构振动测试技术

4.1 / 引 言

各种结构系统,在外荷载的作用下都会产生振动。研究结构系统的振动,目的在于获取其振动规律,掌握结构系统的动态特性,用于指导结构的优化设计,对结构进行振动预报或振动控制,以保证结构系统具有良好的动态特性和环境适应性。

结构振动测试就是获取结构系统的各种数据信息,包括激励、结构、响应的有关数据信息,以便直观了解激励状况、响应状况和结构特性。典型的振动测试系统如图4-1-1所示,主要包括三大部分:激振系统、测量系统和分析系统。

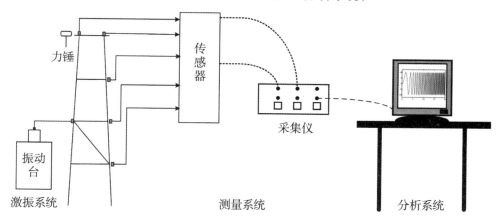

图 4-1-1 振动测试系统

(1)激振系统。用以产生激励力,并能将这种激励力施加到被测结构上的装置。激振系统主要实现对被测结构系统的激励(输入),使结构系统产生振动。它主要由激励信号源、功率放大器和激振器组成。

（2）测量系统（拾振系统）。将被测量位移、速度、加速度、应变等振动信号采集下来，经前置放大器和微积分变换，变成可供分析仪器使用的信号。它主要由力传感器、振动传感器、放大器、数据采集仪等组成。

（3）分析系统。将拾振部分传来的信号记录下来，对信号进行分析处理，以获得振动系统的激励和响应状况，识别振动系统的动态特性等。它主要由各种记录设备和分析软、硬件等组成。

为了保证振动测量的精度与可靠性，结构振动测试系统需要满足一些性能指标。测试系统通常包含静态特性指标和动态特性指标。静态特性主要是在静态测量情况下描述实际测试装置与理想定常线性系统的接近程度，主要有线性度、灵敏度、分辨力、回程误差、漂移、信噪比等；动态特性是指输入量随时间变化时，其输出随输入变化的关系。具体指标详见第 4.5.2 节。

4.2 ／ 测试结构的固定方式

振动测试可分为现场振动测试和模型试验测试。现场振动测试是针对已经建好的各种大型结构，如海洋平台、海上风电、高层建筑、输电塔架等进行振动测试，这些结构的边界就是其真实的边界条件。而对图纸阶段的结构或特殊结构，如超大、超重或超小、超轻结构，只能采用室内模型试验。进行模型试验测试时，需要根据相似理论制作缩尺物理模型，此时要考虑结构系统的相似性，主要包括几何相似、运动相似、动力相似和边界条件相似等。

不管是原型试验还是模型试验，试验结构边界条件都是要考虑的重要因素，不同边界条件的结构特性可能完全不同。例如一个两端没有任何约束的自由梁、一端固定的悬臂梁以及简支梁的振动特性完全不同。因此，模型试验测试时必须要正确模拟被测结构的边界条件。在结构试验中，边界条件可分为几何边界条件、力边界条件、运动边界条件等等。对于结构动力问题，有时也要考虑初始条件，即结构系统在初始状态时的几何位置（初位移）、初速度和初加速度。一般来说，结构模型试验的初始条件比较容易满足，因为大多数试验都是采用初位移和初速度为零的初始条件。

在模态实验中，对系统固有特性影响最大的是几何边界条件，即试验结构的支撑条件。常用的支撑条件有自由支撑、固定支撑和原装支撑三种（曹树谦等，2001）。

4.2.1 自由支撑

有些振动结构的工作状态为自由状态，如空中飞行的飞机、火箭、导弹、卫星等，这类结构在做整体模型试验时，要求具有自由边界条件。自由支撑即无约束状态，这种条件对仿真计算容易实现，但实验室很难达到完全自由的约束状态。因此，采用的支撑方式应尽量柔软，即具有较低的支撑刚度和阻尼。经常采用的自由支撑方式有橡皮绳悬挂、弹簧悬挂、气垫支撑、空气弹簧支撑、螺旋弹簧支撑、气悬浮、磁悬浮、太空无重力环境、自由下落(失重)等。图 4-2-1 为弹簧悬挂式自由支撑方式。

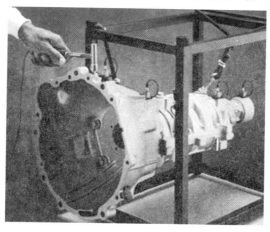

图 4-2-1　自由支撑示意图

采用自由支撑后,相当于给结构增加了柔软约束,刚体模态频率不再是零,弹性模态也会受到影响,但由于自由支撑的刚度、阻尼较小,结构的弹性模态不会受到很大影响。例如当刚体模态最高频率占到结构最低弹性模态固有频率的 1/3 时,自由支撑对结构最低弹性模态固有频率的影响只有 1%,自由支撑一般能达到较好的效果。如果将自由支撑点选在结构上关心模态的节点附近,并使支撑体系与该阶模态主振动方向正交,则自由支撑对该阶模态的影响将达到最理想的效果。

当实际支撑的最高刚体频率小于结构最低弹性频率时,即可减少基础模态(悬挂系统)对结构模态的影响,实现近似自由支撑。因此对于低频模态(小于 1 Hz)要实现自由支撑就很困难,但对于高频模态实现自由支撑就很容易。有些边界条件非完全自由而受弱约束的结构也可以采用自由支撑。如汽车、摩托车、自行车、轮船等,所受的约束相对结构自身刚度小很多。

4.2.2　固定支撑

固定支撑主要用于结构承受刚性约束的情况,又称刚性支撑、地面支撑。例如,高层建筑、大坝的模型试验需采用固定支撑,许多具有刚性基础的机械结构也应采用刚性支撑。

固定支撑理论上容易实现,仿真计算时只需要将有关自由度约束即可,但模型实验中实现起来还是有一定困难的。由于实现固定支撑的结构不可能是完全刚性的,会有一定的弹性。因此,要实现高频模态的固定支撑比较困难。一般情况下,中小结构能实现固定支撑的频率大约是 400 Hz,特殊条件下小结构固定支撑有可能超过 1 000 Hz,但对大结构要实现固定支撑会非常困难。

固定支撑要求支撑具有较大的刚度和质量,才能减少对结构高阶模态的影响。一般以支撑系统的最低固有频率大于被测结构所关心的最高固有频率的 3 倍为参考标准。

4.3.3　原装支撑

原装支撑也称为实际工作状态支撑,是广泛应用的一种支撑方式。事实上,自由支撑和固定支撑都是原装支撑的特殊情况。对完整结构来说,原装支撑是最优边界模拟。

现场模态试验中,实际安装中的结构原型具有最优原装支撑,无须做任何变动。在模型实验中,则要尽量模拟现场的安装条件。对某些放置于地面上的结构(如各种车辆),在实验室进行模态试验时,完全可以自由地置于地面上进行测试,这类结构自身的支撑系统已做到较好地模拟实际边界条件。

以上三种支撑方式并无优劣之分,而是根据测试目的选择合理的支撑方式。对完整结构而言,应尽量做到原装支撑。

4.3 ╱ 激振系统

振动测试时,激励通常包括人工激励和自然激励两种。人工激励是根据测试目的通过一定的激励装置施加于被测结构上。大部分人工激励是可控和可测的,是模态实验的主要激励形式。常用的人工激励装置有激振器、振动台、冲击锤、阶跃激励装置等。自然激励是施加于被测结构上的自然载荷,如风载荷、波浪载荷、机器运转时的动力源等。自然激励一般不可控制、不可测量,通常只能测得自然激励作用下的振动响应信号,然后用时域法或工作模态分析法进行参数识别。

4.3.1　激振器

激振器一般是通过连接杆件,附加在被测结构上用以产生激振力的设备。激振器能使被激构件获得一定形式和大小的振动量,从而对结构进行振动和强度试验,或对振动测试仪器和传感器进行校准。振动测试中的激振器种类很多。按工作原理来分,有机械式、电动式、电动液压式、电磁式、涡流式和压电式等;按接触形式不同可分为接触式和非接触式两种。不同激振器的用途不同,在模态试验中,常用电动式激振器和电液式激振器,这两种激振器均需信号发生器和功率放大器提供激励信号。

1. 机械惯性式激振器

惯性式激振器的工作原理是利用偏心质量块旋转时产生的离心惯性力作为激振力。图 4-3-1 为双轴惯性激振器的结构简图。激振器由两组以相反方向转动的偏心块组成,两个偏心转轴通过一对相同的齿轮啮合在一起,所以两轴以相等的转速、相反的转向转动。若轴上的偏心质量为 m、偏心矩为 e,转动角速度为 ω 且两轴上的偏心质量对称安置,则两偏心质量的离心惯性力在水平方向上的分力相互抵消,即水平方向上的合力为零,而在铅垂方向上的合力如式(4-3-1)所示,该力即为惯性式激振器的简谐激振力。

$$F_y = 2mr\omega^2 \sin \omega t \qquad\qquad (4\text{-}3\text{-}1)$$

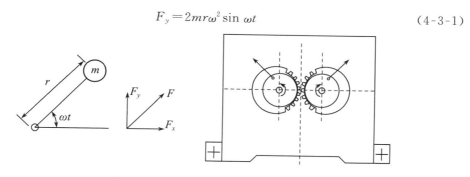

图 4-3-1　机械惯性式激振器示意图

使用时,将激振器通过连接杆件固定在被测结构上,激振力带动结构物体一起做简谐振动。此类激振器一般都用直流电机带动,改变直流电机的转速即可调节激振力的频率。而调节偏心质量块的位置,可以调节激振力的幅值大小。

机械惯性式激振器一般结构形式比较简单,具有较大的激振能力,可产生数吨大的激振力,激振力大小可调,适用于大型结构的激振。缺点是工作频率范围很窄,一般为 0～100 Hz。另外,机械惯性式激振器本身质量较大,对被激振系统的固有频率有一定影响,且安装使用很不方便。

2. 电磁式激振器

电磁式激振器是将电能转换成机械能,并将其传递给试验结构的一种仪器。其结构原理如图 4-3-2 所示。电磁式激振器由磁路系统(包括励磁线圈、中心磁级、磁极板)与动圈、弹簧、顶杆、外壳等组成。动圈固定在顶杆上,处在中心磁极与磁极板之间的空气气隙中;顶杆由弹簧支撑,工作时顶杆处于限幅器的中间,弹簧与壳体相连接。

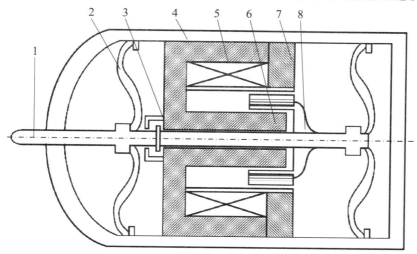

图 4-3-2　电磁式激振器示意图

1-顶杆;2-弹簧;3-限振器;4-外壳;5-励磁线圈;6-中心磁极;7-磁极板;8-动圈

电磁激振器的工作原理：给动圈输入一个频率可调的交流电流 $i=I\sin\omega t$，由于动圈处于中心磁极和磁极板之间的一个磁场中，因而动圈产生一个电磁力使顶杆上下运动产生激振力，其大小为

$$F=BLi=BLI\sin\omega t \tag{4-3-2}$$

式中，F 代表激振力，单位为牛顿（N）；B 代表磁感应强度，单位为特斯拉（T）；L 代表动圈绕流的有效长度，单位为米（m）；I 代表动圈中电流的幅值，单位为安培（A）；ω 代表动圈中电流的频率，单位为弧度/秒（rad/s）。

对已经设计好的激振器，B、L 都是常数，激振力 F 与 i 电流成正比。当动圈中电流 i 以简谐规律变化时，通过顶杆而输出的激振力以与电流 i 相同的频率做简谐变化。

与电磁式激振器配套使用的仪器有信号发生器、功率放大器和直流稳压电源。当磁场采用永久磁铁产生时，激振器不需要直流电源。调节信号发生器的频率、电压及功率放大器的输出电流可以改变激振力的频率和幅值的大小。电磁式激振器产生激振力的频率范围较宽，频带范围从 0～10 000 Hz，使用方便、应用比较广泛，但这种激振器的缺点是不能产生太大的激振力。

3. 非接触式激振器

最常见的非接触式激振器为电磁式的，如图 4-3-3 所示。非接触式电磁激振器直接利用电磁力作激振力，常用于非接触激振场合，特别是对回转件的激振。主要包括底座，铁芯，励磁电圈，衔铁，力检测线圈，位移传感器。励磁线圈 3 包括一组直流线圈和一组交流线圈，当电流通过励磁线圈便产生相应的磁通，从而在铁芯和衔铁之间产生电磁力，实现两者之间无接触的相对激振。用力检测线圈检测激振力，位移传感器测量激振器与衔铁之间的相对位移。

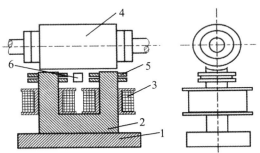

图 4-3-3　非接触式电磁激振器示意图
1-底座；2-铁芯；3-励磁线圈；4-衔铁；5-力检测线圈；6-位移传感器

非接触式电磁激振器的特点是与被测对象不接触，因此没有附加质量和刚度的影响，其频率上限范围是 500～800 Hz。非接触式激振器是研究旋转机械结构动态特性的重要仪器。

4. 电液式激振器

电液式激振器是一种由电控制、液压驱动的激振器，结构比电磁式激振器复杂。主

要由电动部分、液压驱动部分和激振部分组成,其结构如图 4-3-4 所示。其工作原理是,信号发生器的信号经放大后操纵由电动激振器、操纵阀和功率阀所组成的电液伺服阀,以控制油路使活塞做往复运动,经顶杆去激振被测对象。活塞端部输入一定油压的油,形成静压力对试件加载。

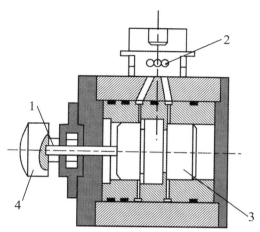

图 4-3-4 电液式激振器

1-顶杆;2-电液伺服阀;3-活塞;4-力传感器

电液式激振器是一种大型激振设备,可承受几千牛顿的预压力和高达几百牛顿的激振力。该类激振器的优点是激振力大,行程大。但由于油压的可压缩性和高速流动压力油的摩擦,使该类激振器的高频特性较差。一般只适用于比较低的频率范围(0～100 Hz,最高 1 000 Hz),且价格昂贵。

上面简单介绍了几种常见的激振器,下面简单介绍激振器的安装与连接。测试过程中,为了保证激振器的激振力能够有效施加到被测结构上,需要考虑测试结构的动态特性、激振器的动态特性、激振器的安装条件等因素。通常有如图 4-3-5 所示的三种安装方式(曹树谦等,2014)。

(1)刚性安装在基础上。将激振器外壳刚性固定在基础或固定支架上,如图 4-3-5(a)所示。理想情况下,基础或支架是刚性的。事实上,这种理想情况很难达到,基础或支架总是具有一定弹性的。激振器与基础部分组成的振动系统的第一阶固有频率称为安装频率。刚体支撑要求安装频率远远大于工作频率,所以,工作频率不宜过高。

(2)弹性安装在基础上。如果所测试结构的固有频率很高,工作频率不能满足远低于安装频率的条件,刚性支撑效果很差。这时,可以采用相反的一种安装方式,即弹性安装在基础上的支撑方式,如图 4-3-5(b)所示。这时,安装频率远小于工作频率。弹性支撑一般用软弹簧或橡胶绳实现。此种支撑方式下,激振器可动部分和不动部分质心基本保持不动。此种安装方式的缺点是激振力偏小。

（3）弹性安装在实验结构上。有些情况下，实验现场难以找到安装部位，特别是一些大型结构，如桥梁、飞机、桩基、海洋平台等。往往无法在周围的基础上安装激振器，这时往往将激振器安装在结构本身的适当位置，如图 4-3-5(c)所示。对于大型结构，激振器的质量是微不足道的。

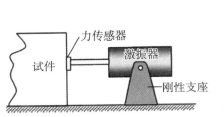
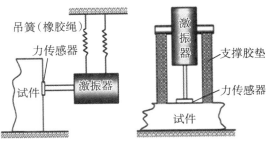

（a）刚性安装在基础上　（b）弹性安装在基础上　（c）弹性安装在实验结构上

图 4-3-5　激振器的固定安装方式

激振器的安装方式可以按照下述原则选取。

（1）被测试件固有频率较低时，激振器应刚性安装，并要求安装系统的固有频率大于 3 倍的工作频率。

（2）被测试件固有频率很高时，激振器应弹性悬挂安装，且应使安装系统的固有频率小于激振器激振频率的 1/3。可以通过改变弹性悬挂体长度或给激振器加配重的方式来改变安装系统的固有频率。

（3）激振器也可用弹簧支撑在试件上，但试件质量应远大于激振器质量，且安装系统的固有频率应远小于激振频率。

激振器的顶杆与被测试件之间一般安装力传感器。此外，为了保证单点激励，即保证在单一方向上施加激振力，需要在激振器顶杆和力传感器之间加一细长推力杆。推力杆的尺寸一般由试验确定。推力杆与顶杆之间固定连接，与力传感器或测试结构之间的连接方式有固定连接或直接接触两种形式。如果是固定连接，力传感器与结构之间应该是直接固定。如果是直接接触，力传感器与结构之间可采用磁力吸附等方式。

4.3.2　振动台

在航空航天、车辆工程、海洋工程等领域，结构或设备通常需要在振动台上开展模型实验。振动台与激振器的工作原理相同，但外形与连接方式通常不同，振动台一般体积较大，有一个刚性台面。被测结构通过一定的连接方式安装在台面上，而振动台底座与地面通过隔振层相连。激振器对结构施加的是局部（点）激励，而振动台对结构施加的是局部（面）运动激励。

用于振动试验的振动台系统从其激振方式上可分为三类：机械式振动台、液压式振动台和电动式振动台。按照振动台的功能可分为单一的正弦振动试验台和可完成正弦、随机、正弦加随机等振动试验和冲击试验的振动台系统。按照振动的轴向力可分为单向振动台和多向振动台。

1. 机械式振动台

在振动试验中使用的机械式振动台种类很多,主要有连杆偏心式和惯性离心式两种。它们的工作原理如图 4-3-6 所示。惯性离心式振动台是基于旋转体偏心质量的惯性力而引起振动平台的振动来工作的,其工作原理与离心式激振器的工作原理相同。

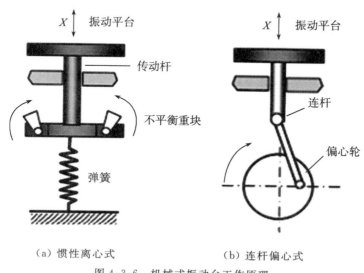

（a）惯性离心式 　　　　（b）连杆偏心式

图 4-3-6　机械式振动台工作原理

连杆偏心式振动台是基于偏心轮转动时,通过连杆机构使工作台做交变正弦运动来工作的。振幅大小可通过改变偏心距的大小来调节,频率可通过改变电动机转速来调节。由于机械摩擦和轴承损耗的影响,这种振动台频率一般不能超过 50 Hz。连杆偏心式振动台的主要优点是能够得到很低的频率,且振幅与频率的变化无关;主要缺点是不能进行高频激振,小振幅时失真度较大。一般来说,连杆偏心式振动台的有效频率范围为 0.5～20 Hz;惯性离心式振动台的有效频率范围为 10～70 Hz,且振幅在大于0.1 mm 时效果较好。

总体来说,机械式振动台具有结构简单、工作台面大等优点,容易产生较大的激振力,同一台面上能方便实现垂直或水平振动,能做定频或扫频正弦振动试验。缺点是频率范围小,振幅调节比较困难,机械摩擦易影响波形,使波形失真度较大。无法做随机振动试验,工作噪声较大。表 4-3-1 为某机械式振动台主要型号规格和技术参数。

表 4-3-1　机械式振动台主要型号规格和技术参数

参数	型号		
	FJ-25	FJ-250	FJ-250A
额定频率范围/(Hz)	10～80	5～60	5～60
扫频范围/(Hz)	10～60	5～60	5～60
最大负载/(kg)	25	250	250
额定位移(空载 p-p)/(mm)	10	10	10
额定位移(满载 p-p)/(mm)	6	6	6
额定加速度(空载)/(m·s⁻²)	100	100	100
额定加速度(满载)/(m·s⁻²)	100	100	100
台面尺寸/(mm²)	400×400	1 200×1 000	1 500×1 200
台体尺寸/(cm³)	95×85×55	178×124×56	202×154×66
台体重量/(kg)	500	1 200	1 300
振动方向	垂直、水平	垂直、水平	垂直、水平
电源/(V)	220(2 相)	380(3 相)	380(3 相)

2. 电动式振动台

电动式振动台的工作原理与电动式激振器相同,只是振动台上有一个安装被激振物体的工作平台,其可动部分的质量较大。电动式振动台的特点是频率范围宽,运动精度高,以输出的激振力为主参数。但台面尺寸小,改变振动方向不方便。可以配垂直辅助台面以扩大台面和加大承载能力;可以配水平滑台,来实现水平振动;也可以配随机振动控制仪,以实现随机振动。电动式振动台适合在频率 5～4 500 Hz 的范围内,可实现最大位移振幅±25 mm,最大加速度 120 g 的正弦或随机振动。表 4-3-2 为某厂家生产的电动式振动试验台主要型号规格及技术参数。

图 4-3-7　电动式振动台

表 4-3-2　电动式振动试验台主要型号规格及技术参数

参数	型号			
	FD-300-2	FD-600-5	FD-2 000-18	FD-3 000-26
额定正弦激振力/(N)	2 940	5 880	19 600	29 400
额定频率范围/(Hz)	5～4 000	5～3 000	5～3 000	5～2 500
最大负载/(kg)	120	200	300	500
额定加速度/(m·s⁻²)	980	980	980	980
额定速度/(m·s⁻¹)	1.10	1.00	1.40	1.50
额定位移(p-p)/(mm)	25	51	51	51
电源/(V)	380(3 相)	380(3 相)	380(3 相)	380(3 相)
台面尺寸/(mm²)	φ150	φ200	φ280	φ320
台面重量/(kg)	2.7	5.5	18	25
台体尺寸/(cm³)	72×63×55	79×63×58	90×99×79	100×109×88
台体重量/(kg)	450	620	1600	2 000

3. 电磁式振动台

电磁式振动台的工作原理与电磁式激振器类似,其结构原理如图 4-3-8 所示。振动台上有一个安装被激振物体的工作平台,其可动部分的质量较大。控制部分由信号发生器和功率放大器等组成。电磁式振动台的驱动线圈绕在线圈骨架上,通过连杆与台面刚性连接,并由上下支撑弹簧悬挂在振动台的外壳上。振动台的固定部分是由高导磁材料制成的,上面绕有励磁线圈,当励磁线圈通以直流电时,磁缸的气隙间就形成强大的恒定磁场,而驱动线圈就悬挂在恒定磁场中。

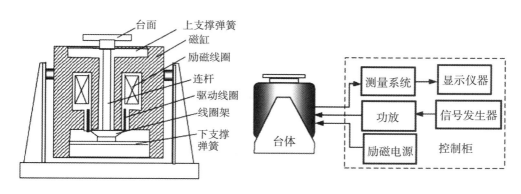

（a）结构原理图　　　　　　　　　（b）控制系统

图 4-3-8　电磁式振动试验台

电磁式振动台的频率范围很宽,可从从零赫兹到几千赫兹,最高可达几十千赫兹。

电磁式振动台的优点是,噪音比机械式振动台小,频率范围宽,振动稳定,波形失真度小,振幅和频率的调节都比较方便。

4. 液压式振动台

液压式振动台是将高压油液的流动转换成振动台台面的往复运动的一种机械装置,其原理如图 4-3-9 所示。其中台体由电动力式驱动装置、控制阀、功率阀、液压缸、高压油路(供油管路)和低压油路(回油管路)等主要部件组成。而电动力式驱动装置和电磁式振动台的控制系统结构一样,由信号发生器、功率放大器供给驱动线圈驱动电信号,从而驱动控制阀工作。由于液压缸中的活塞同台面相连接,控制台与功率阀有多个进出油孔,分别通过管路与液压缸、液压泵和油箱相连,这样在控制阀的控制下,通过不断改变油路就可使台面按控制系统的要求进行工作。液压振动台利用控制阀和功率阀控制高压油流入液压缸的流量和方向来实现台面的振动,台面振动的频率和电驱动装置的驱动线圈的振动频率相同。

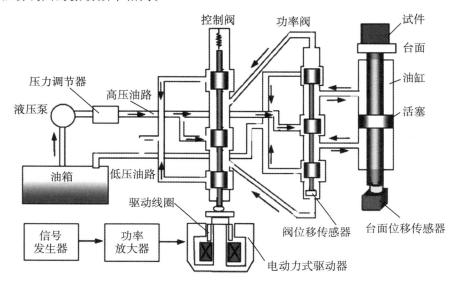

图 4-3-9 液压振动台结构原理

由于液压振动台可比较方便地提供大的激振力,台面能承受较大的负载,因此一般都做成大型设备,以适应大型结构的模型试验。它的工作频率段是零至几百赫兹。由于台面由高压油推动,因而避免了漏磁对台面的影响。但是,台面的振动波形直接受油压及油的性能的影响。因此,压力的脉动、油液受温度的影响等都将直接影响台面的振动波形。所以,与电磁式振动台相比,它的波形失真度相对来说要大一些。表 4-3-3 列出了某厂家生产的液压振动台的主要技术指标。

表 4-3-3　液压振动试验台主要型号规格及技术参数

系统型号	ES-1	ES-5	ES-10	ES-20	ES-50
最大推力/(kN)	10	50	100	200	500
频率范围/(Hz)	0.5～180	0.5～160	0.5～100	0.5～60	0.5～40
最大负载/(kg)	300	1 000	2 000	4 000	10 000
垂直最大加速度/(m·s^{-2})	40	40	40	40	40
水平最大加速度/(m·s^{-2})	40	40	40	40	40
最大速度/(m·s^{-1})	0.5	0.5	0.5	0.5	0.5
最大位移/(mm)	100	100	100	100	100
台面尺寸/(mm)	600×600	800×800	1 000×1 000	1 200×1 200	1 500×1 500
垂直台体重量/(kg)	349	2 500	3 000	4 000	5 600
垂直台体尺寸 $W×H×D$/(mm)	600×570×600	800×700×800	1 000×800×1 000	1 200×1 100×1 200	1 500×1 350×1 500
水平台体重量/kg	3 000	5 600	8 500	10 000	12 000
水平台体尺寸 $W×H×D$/(mm)	1 833×850×850	2 050×850×1 000	2 300×850×1 200	2 800×850×1 400	2 800×850×1 700
电耗功率/(380 V/kW)	22	55	110	220	450

5. 振动台的激励性质

由于振动台的激励性质不同,采用振动台开展模态试验的原理也不同。与激振器、冲击锤的振动测试相比,振动台测试试验具有以下特点。

(1) 常规振动试验属于力激励,有比较成熟的理论和方法;而振动台模态测试属于运动激励。

(2) 振动台测试试验一般无法测出振动台台面施加在结构上的力,只能测出结构响应,通常需要配合时域识别方法进行模态参数识别。

(3) 被测对象与振动台的连接是振动台模态测试的关键。如果要求刚性连接,可直接安装在振动台台面上;如果被测对象边界条件是非刚性的,则需要使用相应的柔性夹具,以保证安装在振动台上的被测结构具有与原结构相近的固有特性;如果要求是自由边界,则需要将振动台测试的结果进行模态转换,借助有限元分析以获得自由边界下结构的模态参数。

(4) 振动台本身以及夹具的动态特性对被测对象的影响都需要考虑。

4.3.3　力锤

力锤又称手锤,是目前试验模态分析中经常采用的一种激励设备,如图 4-3-10 所示。它由锤帽、锤体和力传感器等几个主要部件组合而成。当用力锤敲击试件时,冲击力的大小与波形由力传感器测得并通过放大记录设备记录下来。因此,力锤实际上是一种手握式冲击激励装置。使用不同的锤帽材料可以得到不同脉宽的力脉冲,相应的力谱也不同。常用的锤帽材料有橡胶、尼龙、铝、钢等。一般橡胶锤帽的带宽窄,钢质锤帽的带宽宽。因此,使用力锤激励结构时,要根据不同的结构和分析频带选用不同的锤帽材料。

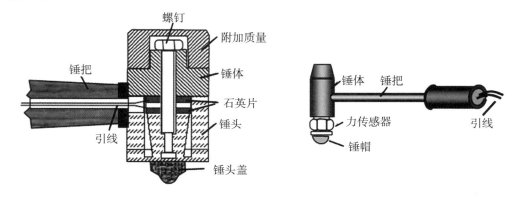

（a）力锤结构示意图　　　　　　（b）带力传感器的力锤

图 4-3-10　力锤示意图

常用力锤的质量为几十克到几十千克,冲击力可达数万牛顿。力锤的突出优点是激振设备简单,不需要支撑装置,对被测结构不产生附加质量,对激振点的选择更加灵活,特别适合现场测试。缺点是能量有限且不易控制,对大型结构往往会因为能量不足造成结构整体振动响应偏小,信噪比较低。

力锤激励属于宽频带激振,采用突加瞬态力的方式实现。理想的瞬态力应为一单位脉冲力,其频谱在 $0\sim\infty$ 频率范围内是等强度的。实际中脉冲激振是用脉冲锤敲击试件而实现的,此时脉冲力并非理想的 $\delta(t)$ 函数,而是近似半正弦波,其有效频率范围降低。具体取决于脉冲持续时间 τ 和锤帽硬度;锤帽愈硬,τ 愈小,则频率范围愈大。使用适当的锤头材料可以得到要求的频带宽度;改变锤头配重和敲击的加速度,可改变激励力的大小。

图 4-3-11 为力锤激励力及其频谱图,分别采用钢、塑料和硬橡胶的锤头进行锤击时所得到的时域波形如图 4-3-11(a)所示。图 4-3-11(b)为不同锤头材料冲击力度频谱图,通常使用的频率范围为 $\frac{2}{3}f_1$。不同锤头材料下的频率值见表 4-3-4。

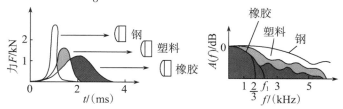

（a）不同锤头材料激振力　　　（b）不同锤头材料冲击力度频谱

图 4-3-11　力锤激励力及其频谱图

表 4-3-4 不同材料冲击时可击出的频率

锤头	试件	Hz(上限)
尼龙	铝	750
铝	铝	1 510
铝	钢	1 800
钢	钢	4 000

4.3.4 阶跃激励装置

阶跃激励是模态试验中特有的一种激励方式,它通过突加或突卸力载荷(或位移)实现对系统的瞬态激励。如使用刚度大、重量轻的缆索拉紧被测结构某一部分,突然释放缆索中的拉力,形成系统的一个阶跃激励,如图 4-3-12所示。

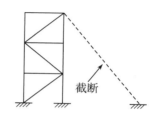

截断

图 4-3-12 阶跃激励示意图

阶跃激励能给结构输入很大的能量,适用于大型、重型结构的模态分析,但激励中高频成分少,一般只能激励出系统的较低几阶主振动。阶跃激励一般是在其他激励方式很难实现时采用,并非一种常用且优选的激励方式。阶跃激励的激励信号一般难以测量,需配合时域法做参数识别。此外,对超大型结构,还可采用激波管、火箭筒等特殊方法进行激励,以便对系统输入非常大的激励能量。

4.3.5 环境荷载激励

传统的模态测试是建立在系统的输入和输出信息已知的基础上。但对处于工作环境状态下的一些大型结构,如海洋平台、大型桥梁、高层建筑、输电塔架等,其受到风、浪、冰及交通工具等环境荷载激励作用时,这些激励信息往往是无法获取的。但相比于人工激励,环境荷载激励有其本身的优点。一方面,对海洋平台等大型结构,人工激励难度极大,需要专用设备和技术人员,成本高,并且可能影响平台的正常工作;另一方面,环境荷载激励,如风、浪、流等,是一种自然激励方式,利用环境荷载激励下的振动响应进行模态识别,不影响结构的正常使用,简单方便,成本较低。

常用的环境激励荷载:① 风荷载激励,如悬索桥、电视塔、输电塔架、海上风机结构等大型结构的风激振动;② 波浪荷载激励,如海洋平台、海上风机支撑结构等在随机波浪作用下的浪激振动;③ 海冰荷载激励,如海洋平台、海上风机支撑结构等在流冰作用下的冰激振动;④ 地震荷载激励,各种大型结构在地震脉动作用下的振动;⑤ 交通荷载激励:桥梁结构在汽车、行人作用下的结构振动。

4.4 / 振动的激励信号与激振方式

激励信号是进行振动实验的重要环节。在进行振动实验时,必须根据被测结构的特点、测试环境、现有仪器条件、测试精度等因素选用合适的激励信号。常用的激励信号有很多,主要有稳态正弦信号、纯随机信号、周期信号、瞬态信号等。振动实验时按照信号的不同可分为稳态正弦激振、瞬态激振、随机激振等。此外,在振动实验中,根据参数识别方法对频响函数测试的要求,又可分为单点激振、多点激振和单点分区激振。

4.4.1 稳态正弦激振

稳态正弦激振即简谐激振,激励信号是一个具有稳定幅值和频率的正弦信号,它是借助激振器对被测对象施加一个频率与幅值均可控制的正弦激振力。测出激励力大小和响应大小,便可求出系统在该频率点处的频率响应的大小。

简谐激振可用于测定稳态条件下的幅频特性、相频特性,是频响函数测量的一种经典方法。在预先选定的频率范围内,从低频到高频选定足够数目离散的频率值,每次用一个频率给出激励信号,测出该激励的稳态响应,再进入到下一个频率进行测量。假设第 i 个频率点的激励力为 $f(t) = F_i \sin(2\pi f_i t)$,其稳态响应为 $x(t) = X_i \sin(2\pi f_i t + \theta_i)$,则该频率点的频响函数值为

$$H(f_i) = \frac{X_i}{F_i} e^{j\theta_i} \qquad (4-4-1)$$

为了测定整个频率范围内的响应,应无级地或有级地改变正弦激励力的频率,此过程称为频率扫描,在扫描过程中,应采用足够缓慢的扫描速度,以保证测试分析仪器有足够的响应时间,并使测试结构能够处于稳态状态,对于小阻尼系统,此点尤为重要。

频率改变方式有两种:一种是通过模拟式正弦信号发生器连续、缓慢改变信号频率,即所谓慢扫描正弦信号;另一种是通过数字式正弦信号发生器非连续、缓慢改变信号频率,即所谓分段扫描正弦信号。数字式正弦信号发生器能更精确地控制信号频率的变化,正逐步替代模拟式正弦信号发生器。

需要注意的是,在扫频过程中,频率的变化要足够慢,以使得结构响应达到稳态。另外,在共振区附近,信号频率的改变量要小;在非共振区,信号频率可以改变大一些。一般在测试时,先初步扫频,根据响应确定系统的共振区范围,然后再精细扫频,获得详细的激励和响应数据。

稳态正弦激振属于单频激振,能量集中在单一频率上,测量信号具有较高的信噪比,因此测试精度高;正弦信号具有正交性,易于分解和滤波;无须进行 FFT 变换,分析设备简单;信号幅值、频率易于控制。

稳态正弦激振也有明显的缺点:共振时易造成试件的损坏;需要在每个频率点上进行稳态测试,测试周期长,特别是对小阻尼的测试对象,每次激振频率的改变均需要较长的稳定时间,不易精确测出相位。

4.4.2　瞬态激振

激励信号是一种瞬态信号,属于宽频带激励,即一次同时给系统提供频带内各个频率成分的能量,使系统产生相应频带内的频率响应。常用的瞬态激励方法有快速正弦扫描、脉冲激振、阶跃(张弛)激振等。

1. 快速正弦扫描激振

正弦激励信号在所需的频率范围内作快速扫描,即在一个选定的时间周期内,激振信号的幅值保持恒定,而频率在扫描周期 T 内成线性或对数增加,实现激励信号的宽频带变化。这一变化频带即所关心的系统固有频率的范围。

线性扫频正弦激励信号 $x(t)$ 满足下式:

$$x(t) = A\sin[2\pi(at+b)t] \quad (0<t<T) \tag{4-4-2}$$

假设 $\theta = 2\pi(at+b)t$,则其瞬时频率为

$$f = \frac{1}{2\pi}\frac{\mathrm{d}\theta}{\mathrm{d}t} = 2at+b \tag{4-4-3}$$

式中,$a = (f_{max}-f_{min})/2T$,$b = f_{min}$;f_{min},f_{max} 分别是关心频带的起始频率、终止频率,由试验要求选定。某线性扫频信号 $x(t)$ 及其频谱 $X(f)$ 如图 4-4-1 所示。

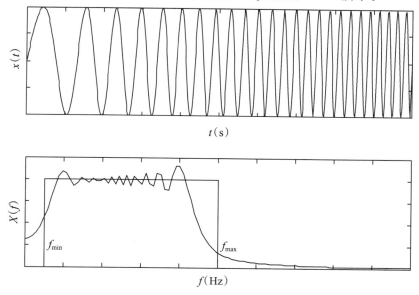

图 4-4-1　快速扫频正弦信号

对数扫频的频率和相位分别为

$$f = \frac{1}{b-at}, \theta = \int 2\pi f \mathrm{d}t = -\frac{2\pi}{a}\ln(b-at) \tag{4-4-4}$$

快速扫频正弦信号是结构动态试验理想的激励方式,因为它能把能量集中且平均分配给期望的试验频带。在某些试验中,扫描时间仅数秒,因此可快速测定结构频率特性。

快速扫频正弦信号的优点：可以设定关心的频率范围，信噪比较高，测量速度快。如果分析仪的采样周期等于扫描周期的整数倍，在测量后处理中不会产生泄露误差。缺点：由于采样数据是周期、重复性的，故不能用总体平均减少试验结构的非线性影响；此外，扫描周期很短，测量系统的增益和量程不易控制。

2. 脉冲激振

脉冲激振属于宽频带激振，采用突加瞬态力的方式实现。在实际振动测试中，可以敲击一次形成冲击激励，也可以用力锤随机敲击形成随机冲击激励。各次冲击的时间间隔和冲击力幅都是随机变化的，尽量避免各次冲击形成固定节拍。与单次冲击相比，随机冲击能够提供较大的能量输入，信噪比优于单次冲击信号。

采用瞬态信号激励时，由于激励力信号与响应信号都为确定性信号，可以进行傅立叶变换求得幅值谱，然后计算频响函数

$$H(f) = X(f)/F(f) \tag{4-4-5}$$

采用脉冲激励来测量传递函数时，测得的响应类似于自由衰减信号，为

$$x(t) = \sum_{k=1}^{n} X_k e^{-\sigma_k t} \sin(\omega_k t + \theta_k) \tag{4-4-6}$$

随着信号振幅的衰减，其信噪比随之减小，因此若采用矩形窗必然会引入较大的误差。在这种情况下，建议采用指数窗 $w(t)$ 进行信号分析，即

$$x_s(t) = x(t) w(t) = \sum_{k=1}^{n} X_k e^{-\sigma_k t} \sin(\omega_k t + \theta_k) e^{-\alpha t}$$
$$= \sum_{k=1}^{n} X_k e^{-(\sigma_k + \alpha)t} \sin(\omega_k t + \theta_k) \tag{4-4-7}$$

可以看出增加指数窗后，相当于在系统的各阶模态上增加了阻尼，因此在进行模态参数识别时，最终识别得到的阻尼参数要去掉该阻尼后才是系统的真正阻尼。

冲击激振的特点：① 快速、带宽，不需昂贵激振设备，便于现场和在线测试；② 激励测试时间短，方法灵活，可多点激振、单点测试，反之亦然；③ 单点激振属脉冲力，输入到结构上的能量有限；④ 敲击过重会引起非线性现象，或局部塑性变形；⑤ 适用于中小阻尼结构，衰减过快，测试有困难。

3. 阶跃激振

阶跃激振属于突加载、突卸载激振方式，为宽频激振。通常在拟定的激振点处，用一刚度大、重量轻的张力弦索经力传感器对待测结构施加张力，使之产生初变形，然后突然切断弦索，即可产生阶跃激振力。

阶跃激振的特点是能给结构施加很大的能量，适用于大型结构，但激振频率范围较低（通常在 $0 \sim 30$ Hz），一般只能激励出系统的较低几阶主振动。

4.4.3　随机激振

随机激振属宽带激振，激振信号源有纯随机信号、伪随机信号。

1. 纯随机信号

理想的纯随机信号是具有高斯分布的白噪声信号,它在整个时间历程上是随机的,不具有周期性,在频率域上是一条几乎平坦的直线,即该信号包含 $0 \sim \infty$ 频率成分,而且各频率成分包含的能量相等。

纯随机信号激励特点:① 可以经过多次平均消除噪声干扰和非线性因素影响;② 测量速度快,可以在线识别;③ 容易产生泄露误差,虽可经加窗控制,但会导致分辨率降低,特别是小阻尼系统尤为突出;④ 激励力谱难以控制;⑤ 尽管信号谱是平谱,但由于被测系统和激振器之间的阻抗不匹配而将导致不同的激励谱。所以纯随机信号在试验中用得较少。

2. 伪随机信号

伪随机信号是一种有周期性的随机信号,它在一个周期内的信号是纯随机的,但各个周期内的信号是完全相同的。这种方法的优点在于试验的可重复性。将白噪声在 T 内截断,然后按周期 T 重复,即形成伪随机信号。伪随机信号在一定频率范围内其幅频特性曲线是一直线。

伪随机信号的特点:激励信号的大小和频率成分易于控制,测量速度快;如果分析仪的采样周期等于伪随机信号周期的整数倍,可以消除泄露误差。缺点:抗干扰能力差;由于信号的严格重复性,不能采用多次平均来减少噪声干扰和测试结构非线性因素的影响。

此外还有周期随机激励、瞬态随机激励等激励信号。

4.4.4　常用激振方式

一般来讲激振方式有单点激励、多点激励和单点分区激励三种形式。

1. 单点激励

单点激励是最简单、最常用的激励方式,对测试结构一次只激励一个测点的一个测试方向,而在其他坐标上均没有激励作用。

按照频响函数的模态表达式,要获得系统的各阶模态频率、模态阻尼等,需要频响函数矩阵中的任意一个元素即可;而要获得一组完整的振型,则必须要频响函数矩阵完整的一行或一列元素。根据频响函数的定义和物理意义,可以采用激励一点、测量各点响应的方式获得频响函数矩阵的一列元素,也可以采用激励各点、测量一点响应的方式获得频响函数矩阵的一行元素。

对于中小型结构模态分析,采用单点激励可以获得比较满意的效果。对大型复杂结构,由于激励能量较小,测试信号信噪比较低,容易丢失模态,或无法激起结构的整体振动,导致模态测试失败。

2. 多点激励

多点激励是指在多个位置同时施加激励力的激振方式,此时系统的激励能量会显著增加。多点激励是伴随着 MIMO 参数识别技术而发展的。比较有效的多点激励方式主要有多点随机激励和多点全相干激励。

多点随机激励中,激励信号为随机信号。使用多点随机激励可直接得到频响函数矩阵 $\mathbf{H}(\omega)$。如果激励点数为 p,响应点数为 m,则频响函数矩阵 $\mathbf{H}(\omega)$ 为 $m \times p$ 维矩阵。多点随机激励在求解频响函数矩阵时,要求各点的激励是互不相干的,这使得激振比较复杂。由于实际激励中,各个激励点的信号经常是弱相关的,因此在利用公式 $\mathbf{G}_{xf}(\omega) = \mathbf{H}(\omega)\mathbf{G}_{ff}(\omega)$ 求 $\mathbf{H}(\omega)$ 的过程中,$\mathbf{G}_{ff}(\omega)$ 求逆会产生病态问题。

与多点随机激励相反,多点全相干激励要求各点激励完全相干,具有固定的比例关系,因此要求激励信号为确定性信号,并且不适用功率谱密度函数,而是直接使用傅立叶变换进行频响函数估计。与多点随机激励相比,多点全相干激励试验方法简单、结构精确。

多点激励具有不容易遗漏模态,输入能量均匀、频响函数信噪比高等特点。

3. 单点分区激励

对大型结构,采用多点激励方式能获得满意的频响函数。然而,为了避免操作复杂,可以采用单点分区激励方式。

单点分区激励的基本思想:将被测结构分成几个区域,在每个区域内实施单点激励测试该区域内各点的频响函数;然后再测试各区域激励点之间的频响函数,将各区域频响函数联系起来,组成整个结构频响函数,以此识别整体模态振型。

4.5 / 测量系统

测量系统主要任务是将被测物理量采集并转换成某种电信号,再经放大器、变换电路等,变成可供分析仪器使用的电信号。测量系统主要由测振传感器、放大器、数据采集仪及配套测量电路组成。

测振传感器是将机械振动量的变化转换成可以测量的电量或参数的器件。由于传感器的分类原则不同,测振传感器的分类方法有很多种。根据测振参数可分为位移、速度和加速度传感器;根据参考坐标可分为绝对式传感器、相对式传感器;根据工作原理可分为磁电式、压电式、电阻应变式、电感式、电容式、光学式等传感器;根据传感器与被测对象的关系可分为接触式和非接触式传感器。不同的传感器和与其配套的测量放大电路组成不同类型的测试系统,以适应不同的测试目的。

4.5.1 常用的振动测量传感器

在测试中常用的测振传感器有磁电式、电涡流式及压电式三种。

1. 压电式力传感器

压电式力传感器有压力型、拉力型、冲击型和组合型等几种。图 4-5-1 给出 B&K 8200压电式力传感器的基本构造图。它由基座 4、压电元件 2 和顶盖 1 等组成,用中心螺栓 6 将其连在一起,并给予一定预压力。在外力作用下,压电元件产生正比于外部作用力的电荷量,经导线 3 引至输出基座 4,再接至电荷放大器归一、放大,变为可供分析的模拟电压信号。该传感器在制造时给压电元件施加预压力,既可测压力又可测拉力和冲击力,是一种组合型力传感器。

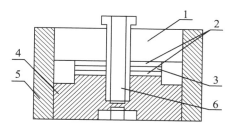

图 4-5-1 压电力式传感器构造图

1-顶盖;2-压电元件;3-导线;4-基座;5-外壁;6-螺栓

压电式力传感器主要的技术参数是电荷灵敏度。电荷灵敏度表示压电式力传感器在单位力作用下产生的电荷量,用 Sq 表示,单位为 pC/N。

选择力传感器时应根据所选激励方式确定其类型。如用激振器,宜选用组合型力传感器;如用冲击锤,宜选用冲击型力传感器。注意力传感器的电荷灵敏度与电荷放大器的量程,使在测试过程中能产生一个既不过载、又不太弱的可供分析的电压信号。在力传感器的产品说明书、产品证书中均给出力传感器的谐振频率和频响特性。在选用力传感器时,应使模态实验要求的工作频率落在力传感器频响函数的线性段范围内。调整功率放大器的增益,使实验中可能产生的最大冲击力不超过力传感器冲击额定值的 1/3。

2. 电涡流式位移传感器

电涡流式位移传感器是一种非接触式测振传感器,其基本原理是利用金属导体在交变磁场中的涡电流效应。当金属板置于变化的磁场中时,或者在磁场中运动时,在金属板上可产生感应电流,这种电流在金属体内是闭合的,所以称为涡流。涡流的大小与金属板的电阻率、磁导率、厚度以及金属板与线圈距离、激励电流、角频率等参数有关。传感器线圈的厚度越小,其灵敏度越高。

涡流传感器是由固定在聚四氟乙烯或陶瓷框架中的扁平线圈组成,如图 4-5-2 所示。该类传感器结构简单,具有线性范围大、灵敏度高、频率范围宽、抗干扰能力强、不受油污等介质影响以及非接触测量等特点。涡流传感器属于相对式拾振器,能方便地测量运动部件与静止部件间的间隙变化。表面粗糙度对测量几乎没有影响,但表面的微裂缝和被测材料的电导率和磁导率对灵敏度有影响。因此,在测试之前最好使用和被测对象材料相同的样件在校准装置上直接校准以取得特性曲线。此外,对于圆柱体的被测对象,其直径与线圈直径之比对灵敏度也有影响。

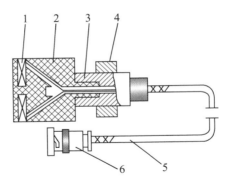

图 4-5-2　涡流传感器示意图

1-线圈；2-框架；3-衬套；4-支架；5-电缆；6-插头

3．磁电式速度传感器

磁电式速度传感器为惯性式速度传感器，是利用电磁感应原理工作的传感器。传感器中的线圈作为质量块，当传感器运动时，线圈在磁场中做切割磁力线的运动，其产生的电动势大小与输入的速度成正比。

工作时，将壳体固定在被测对象上，通过压缩弹簧片，使顶杆以力 F 顶住另一试件，则线圈在磁场中的运动速度就是两试件的相对速度，速度计的输出电压与两试件的相对速度成比例。磁电式速度传感器简图如图 4-5-3 所示，主要由固定部分、可动部分以及三组拱形弹簧片组成。

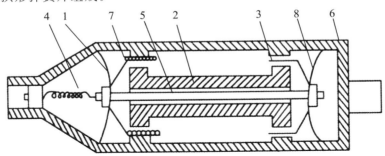

图 4-5-3　磁电式速度传感器

1-弹簧片；2-永久磁铁；3-阻尼器；4-引线；5-芯杆；6-外壳；7-线圈；8-弹簧片

磁电式速度传感器结构简单、使用方便、输出阻抗低、不需要外加电源，输出信号可不经调理放大即可远距离传送，适于测量低频信号。由于磁电式振动传感器中存在机械运动部件，它与被测系统同频率振动，不仅限制了传感器的测量上限，而且其疲劳极限造成传感器的寿命比较短，不能测量高频信号。

由于上述磁电式速度传感器存在响应频率范围小、机械运动部件易损坏、附加质量大等缺点，近年来发展了压电式速度传感器，即在压电式加速度传感器的基础上，增加了积分电路，实现了速度输出。

4．压电式加速度传感器

压电式加速度传感器又称为压电式加速度计,简称加速度计,属于惯性式传感器。它是利用某些物质的压电效应,在传感器受到振动时,质量块加在压电元件上的力也随之变化。当被测振动频率远低于传感器的固有频率时,力的变化与被测加速度成正比。

常用的压电式加速度传感器的结构形式如图 4-5-4 所示,主要由压电元件 P、质量块 M、压紧弹簧 S 和基座 B 等组成。压电式加速度传感器形式较多,图(a)为外缘固定型,其弹簧外缘固定在壳体上,此结构易受到外界温度与噪声的影响,以及安装紧固时底座变形引起的影响,直接影响其加速度的输出;图(b)为中间固定型,压电元件、质量块和压紧弹簧固定在一个中心杆上,压电元件的预紧力由中心杆上部的蝶形弹簧调整,壳体仅起屏蔽作用,消除了壳体变形带来的影响;图(c)为倒置中间固定型,这种结构的中心杆不直接与基座相连接,可以避免基座变形带来的影响,但其壳体壁部分也容易产生弹性变形,故其共振频率较低;图(d)为剪切型,它将一个圆筒状压电元件黏结在中心架上,并在压电元件的外圆黏结一个圆筒状质量块,当传感器受到沿轴向的振动时,压电元件受到剪切应力而产生电荷,这种结构有利于降低基座变形及外界温度变化与噪声的影响,有很高的共振频率和灵敏度,且横向灵敏度小。

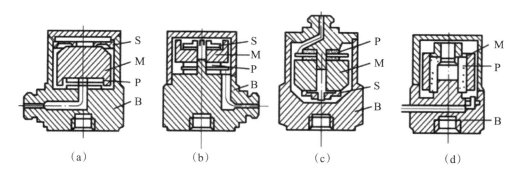

(a)　　　　　(b)　　　　　(c)　　　　　(d)

图 4-5-4　压电式传感器的结构形式

压电式加速度传感器的灵敏度有两种表示方法,一个是电压灵敏度,另一个是电荷灵敏度。电荷灵敏度定义为加速度计接收轴向单位加速度时所输出的电荷量;电压灵敏度定义为加速度计接收轴向单位加速度时所输出的电压值。电压灵敏度与连接加速度计和电荷放大器的导线长度有关,而电荷灵敏度与导线长度无关。因此,使用电荷灵敏度比较方便。一般的加速度传感器只提供电荷灵敏度,单位为 PC/(m/s^2) 或 PC/g(g 为重力加速度)。对于给定的压电材料,加速度计的灵敏度随质量块或压电偏大增多而增大。一般来说,加速度计的尺寸越大,其固有频率越低。因此选用加速度计时应当权衡灵敏度和结构尺寸、附加质量和频率响应特性之间的利弊。

由于制造误差及压电晶体极化轴不规则使得传感器不仅接收轴向加速度,还部分接收横向振动加速度。其中,横向灵敏度是加速度计的另一个重要指标,定义为传感器接收横向单位加速度所产生的电荷量。横向灵敏度不仅影响信号幅值的测量精度,还会影响信号相位的测量。显然。横向灵敏度越小越好,一个优良的加速度计的横向灵敏度应小于主灵敏度的 3%。一般在加速度计的壳体上用小红点标出最小横向灵敏度的方向。

实际的压电式加速度传感器,由于电荷泄露,其幅频特性如图 4-5-5 所示。从图中可以看出,压电式加速度传感器的工作频率范围很宽,只有在加速度传感器的固有频率附近灵敏度才发生急剧变化。加速度传感器的使用上限频率取决于幅频曲线中的共振频率。

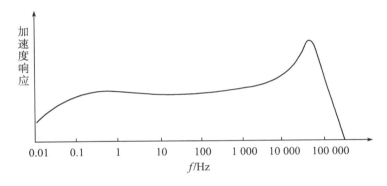

图 4-5-5　压电式加速度传感器幅频特性曲线

压电式加速度传感器属于接触型传感器,其与被测对象的固定方式直接决定了传感器的固有频率。加速度传感器在出厂时给出的幅频曲线是在刚性连接的情况下得到的。实际的使用方法往往难以达到刚性连接,因而共振频率和使用的上限频率都会有所下降。加速度计常用的固定方式有钢螺栓固定、绝缘螺栓固定、蜂蜡黏合、手持探针法、永久磁铁固定、硬性黏结螺栓或黏结剂,如图 4-5-6 所示。

压电加速度传感器的输出信号是微弱的电荷,而且传感器本身有很大的内阻,因此输出能量特别小。通常该类传感器后端接前置放大器,经阻抗变换之后,可用于一般的放大、检测电路并将信号输出给指示仪表或记录器。前置放大器有两类:电压放大器和电荷放大器。电压放大器是高输入阻抗的比例放大器,其电路比较简单,但输出受连接电缆或分布电缆的影响,适用于一般振动测量。电荷放大器以电容作负反馈,使用中基本上不受电缆电容的影响。

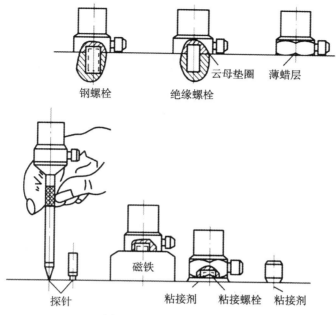

钢螺栓　　绝缘螺栓　云母垫圈　薄蜡层

探针　　粘接剂　粘接螺栓　粘接剂

图 4-5-6　加速度传感器固定方法

随着微电子技术的发展,某些压电式加速度传感器与前置放大器已经进行了集成,不仅方便使用,还大大降低成本。这种内置集成放大器的加速度传感器可使用长电缆而无衰减,并可直接与大多数通用的输出仪器连接。

5. 电容式传感器

电容传感器中,非接触式的电容传感器常用于位移测量中,其测量内容与涡流位移传感器类似。接触式的电容传感器常用于加速度测量。

电容式加速度传感器的结构原理如图 4-5-7 所示,一个质量块固定在弹性梁的中间,质量块的上端面是一个活动电极,它与上固定电极组成一个电容器 C_1;质量块的下端面也是一个活动电极,它与下固定电极组成另一个电容器 C_2。当被测物的振动导致与其固连的传感器基座振动时,质量块将由于惯性而保持静止,因此上、下固定电极与质量块之间将会产生相对位移。使得电容值一个变大、另一个变小,从而形成一个与加速度大小成正比的差动输出信号。随着微机电技术的发展,如今的电容式加速度传感器都普遍采用微电子机械系统 MEMS,制造技术。

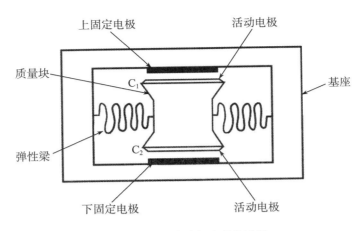

图 4-5-7 电容式加速度传感器

电容式加速度传感器具有较好的低频特性且具有直流响应,与其他类型的加速度传感器相比,其灵敏度高、环境适应性好,尤其是受温度的影响比较小;缺点是信号的输入与输出呈非线性关系、量程有限、受电缆的电容影响较大,其通用性不如压电式加速度传感器,且成本也比压电式加速度传感器高得多。

6. 激光多普勒测振仪

通常振动测试时是在被测对象上安装惯性式加速度计的接触式测量。加速度计无论多小,总要给被测结构带来附加质量的影响。尤其是对于微小结构和轻薄结构,使用压电式加速度传感器做模态实验会带来较大的误差。对于特殊状态下的测量对象,例如高温物体,根本无法安装加速度计。在这种情况下,激光全息方法、激光多普勒方法等非接触测量方法,为振动测试开辟了一条新的途径。基于多普勒效应的激光测振仪以其抗干扰能力强、测量精度高等特点,成为模态实验的一种重要手段,并从 20 世纪 90 年代开始逐步走向成熟和实用。

激光测振仪的核心是一台精密激光干涉仪和一台信号处理器。将一束光投射到被测结构表面,当被测结构运动时,根据多普勒效应,反射光会有一个正比于物体表面运动速度的频移,干涉仪通过收集被测物体表面反射回路的微弱激光,经干涉产生频移信号,信号处理器将频移信号转换成速度和位移信号。激光测振仪主要由扫描光学头、控制器、连接箱和数据管理系统等组成,形成一套自动化程度极高的振动测试和模态分析系统。

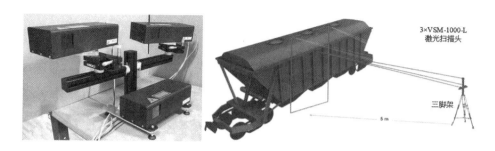

图 4-5-8　三维扫描激光测振仪

目前激光测振仪产品已比较成熟,具有很高的空间分辨率、测量精度和测量效率。使用一台扫描式激光测振仪即可获得被测结构沿激光方向的振型图。如果使用三台扫描式激光测振仪组成 3D 式扫描激光测振系统,可以获得被测结构的三维振型图。图 4-5-8 为意大利 JULIGHT 公司的三维扫描激光测振仪。

此外,还有一些其他类型的传感器,如电阻应变片式加速度传感器、压阻式加速度传感器等。常用的一些传感器的频率使用范围如图 4-5-9 所示。

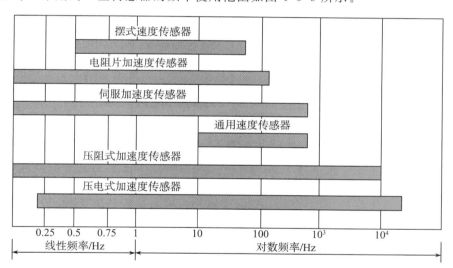

图 4-5-9　常用传感器的频率范围

4.5.2 传感器的基本特性

传感器的输入—输出关系特性是传感器内部结构参数作用关系的外部表现,包括静态特性和动态特性。当传感器变换的被测量的数值处在稳定状态(不随时间改变)时,传感器的输入/输出关系称为传感器的静态特性。传感器的静态特性描述的主要技术指标包括线性度、敏感度、迟滞、重复性、分辨率和漂移等。

1. 线性度

在静态条件下,对传感器进行往复循环测试,得到的输入/输出特性曲线,如图 4-5-10 所示。通常希望该曲线为线性,这将给数据标定和处理带来极大的方便。但实际输入/输出曲线只是近似线性的,与理论的线性关系存在偏差。实际曲线与其两个端点连线(称为理论直线)之间的偏差称为传感器的非线性误差。该误差的最大值与输出满度值的比值作为评价线性度(或非线性误差)的指标,如式(4-5-1)所示。

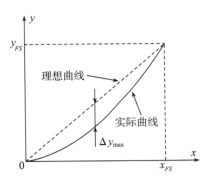

图 4-5-10 传感器的线性度

$$\gamma_L = \pm \frac{\Delta y_{\max}}{y_{FS}} \times 100\% \tag{4-5-1}$$

2. 灵敏度

传感器的灵敏度是指在静态条件下,输出变化与输入变化的比值,如图 4-5-11 所示,用 S_0 表示。

$$S_0 = \frac{\Delta y}{\Delta x} \tag{4-5-2}$$

由式(4-5-2)可以看出,对线性系统,其灵敏度为常值。而对非线性系统,其灵敏度可能随着输入的增加而变大或变小。

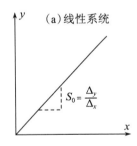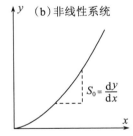

图 4-5-11 传感器的灵敏度

3. 迟滞特性

传感器的迟滞特性是指传感器在正(输入量增大)、反(输入量减小)过程中输出/输入特性曲线的不重合性,如图 4-5-12 所示。迟滞误差一般用满量程输出的百分数来表示,如式(4-5-3)所示。

$$\gamma_H = \frac{\Delta H_{\max}}{y_{FS}} \times 100\% \text{ 或 } \gamma_H = \pm \frac{1}{2} \frac{\Delta H_{\max}}{y_{FS}} \times 100\% \tag{4-5-3}$$

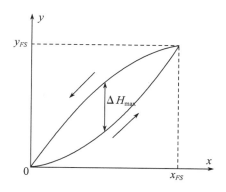

图 4-5-12　传感器的迟滞特性

4.重复性

重复性是指传感器在同一条件下,被测输入量按同一方向做全量程多次重复测试时所得输入－输出特性曲线的不一致程度,如图 4-5-13 所示。重复性误差用满量程输出的百分数来表示,如式(4-5-4)所示。

$$\gamma_R = \frac{\Delta R_{max}}{y_{FS}} \times 100\% \tag{4-5-4}$$

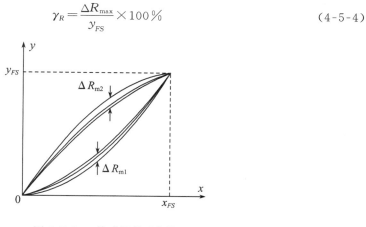

图 4-5-13　传感器的重复性

5.分辨力

分辨力是指传感器能够感知或检测到的最小输入信号增量。分辨力与满量程输入之比的百分数称为分辨率。传感器的分辨力越高,表示它所能检测出的输入量的最小变化量值越小。

6.漂移

在输入状态不变的情况下由于传感器内部因素或外界干扰,传感器输出量的变化称为漂移。当输入状态为零时的漂移称为零点漂移。产生漂移的原因有两个:一是传感器自身结构参数的变化;另一个是周围环境的变化(如温度、湿度等)对输出的影响。

以上是描述传感器静态特性的常用指标。在实际振动测试时,大多数被测量是随时间变化的动态信号,传感器能测量动态信号的能力用动态特性表示。传感器的动态特性是指传感器对动态激励(输入)的响应(输出)特性,即其输出对随时间变化的输入量的响应特性。一个动态特性好的传感器,其输出随时间变化的规律,将能再现输入随时间变化的规律,即具有相同的时间函数。动态特性主要包括响应特性、动态范围、频率范围和相频特性等,一般用阶跃信号输入状态下系统的输出特性(如幅值特性和相位变化)来表达。

4.5.3　测振传感器的选择和使用

测振传感器种类繁多,各个传感器的原理与结构千差万别,如何根据具体的测量目的、测量对象以及测量环境合理地选用传感器,是在进行振动测试时首先要解决的问题。测试结果的准确性在很大程度上取决于传感器的选用是否合理。

1. 根据测试目的,确定测试方式和初步选定传感器类型

(1)考虑测量哪种振动量,是振动位移、振动速度还是振动加速度。虽然由于积分器和微分器的运用,选择哪种运动量传感器均可。但微分器、积分器常带来噪声和相移误差,一般还是尽量做到测什么量就选择相应的传感器,保证最重要的参数以最直接、最合理的方式测得。例如,考察惯性力可能导致的破坏或故障时,宜测量振动加速度;考察振动环境时,宜测量振动速度。

(2)考虑测量相对振动还是绝对振动。例如研究旋转机器转子或转轴相对于轴承或机壳的偏摆时,需要测量两者间的相对振动,则选择电涡流位移传感器;如果研究整个旋转机器,如航空燃气轮机的振动,则选择惯性式测振传感器,如磁电式振动速度传感器或压电式加速度传感器。

(3)考虑相移的要求。测试由多种频率成分组成的复杂波形,如测量冲击波时,必须选择无相移或相移和频率呈线性关系的传感器,否则将产生波形失真。一般来说,带有阻尼的惯性传感器均会产生相移。压电式传感器的阻尼系数很小,阻尼比严格控制在 0.7 左右的变电容式加速度传感器或压阻式加速度传感器在一定频率范围内的相移也可忽略不计。

2. 根据对测量振级的估计,选定传感器的灵敏度及动态范围

一般来说,对高量级振动测量应选用低灵敏度传感器,以避免仪器过载;对低量级振动测量,则应采用高灵敏度传感器,以提高信噪比。

(1)灵敏度。

在传感器的线性范围内,希望传感器的灵敏度越高越好。因为只有灵敏度高时,与被测量变化对应的输出信号的值才比较大,有利于信号处理。但要注意的是,传感器的灵敏度高,与被测量无关的外界噪声也容易混入,也会被放大系统放大,影响测量精度。

因此,要求传感器应具有较高的信噪比,尽量减少从外界引入的干扰信号。

传感器的灵敏度是有方向性的。当被测量是单向量,而且对其方向性要求较高,则应选择其他方向灵敏度小的传感器;如果被测量是多维向量,则要求传感器的交叉灵敏度越小越好。在测量之前,估计被测对象的振动方向,以便安装时使传感器的敏感轴线与其重合。若所测对象有多个振动方向,应选用横向灵敏度小的传感器。在横向振动很强的场合,如航空燃气轮机运转时的振动,应注意所选传感器的抗横向振动能力,以避免在强的横向振动下,传感器的工作失真。

（2）频率响应特性。

传感器的频率响应特性决定了被测量的频率范围,必须在允许频率范围内保持不失真的测量条件,实际上传感器的响应总有一定延迟,希望延迟时间越短越好。传感器的频率响应高,可测的信号频率范围就宽,而由于受到结构特性的影响,机械系统的惯性较大,因此频率低的传感器可测信号的频率较低。

3. 根据测试的实际需要选用合适精度传感器

精度是传感器的一个重要的性能指标,它是关系到整个测试系统测量精度的一个重要环节。传感器的精度越高,其价格越昂贵,因此,传感器的精度只要满足整个测试系统的精度要求即可,不必选得过高。这样就可以在满足同一测量目的的诸多传感器中选择比较便宜和简单的传感器。

4. 考虑传感器质量对被测对象的影响

对于接触式传感器,测振传感器将被固定在被测物上,其质量将成为被测振动系统的附加质量,使该系统振动特性发生变化。因此与被测对象的质量相比,传感器的质量越小越好。对于块状测试对象,传感器引起的附加质量应小于被测对象有效质量的1/10;但对于薄板状测试对象,传感器附加质量的影响更为严重,应选用微小型传感器。

5. 考虑传感器的体积和安装方式,根据被测位置的大小确定传感器的体积,以及安装方式

传感器在使用时需要注意以下问题。

（1）测振传感器要安装在能反映被测试件或结构整体动态特性的位置上,而不要装在可能产生局部共振的地方。当然,如果是测试局部共振的则例外。

（2）测试时,测振传感器最好直接装在被测对象上而不使用支架。如果必须采用安装支架时,支架应有足够的刚度,并且尽可能轻。

（3）测试时,要注意传感器的固定方式,应按说明书中规定的方法进行安装固定。一般来说,用螺栓固定,能获得较好的频响特性;若用其他方式,如永久磁铁、黏结剂、蜡黏或手持方式固定时将会影响频响特性,具体影响程度可通过试验确定。

（4）测试时,要注意传感器信号输出线及接插件的接触可靠程度,避免由接插件接

触不可靠而引起噪声;要注意防止接插件受油垢污染,尤其对高输出阻抗的压电式加速度计应特别注意。

4.5.4 传感器的安装

传感器的安装主要有四种方法:螺栓安装、磁力座安装、胶黏剂黏接、探针安装。每种安装方式对高频都有影响。螺栓安装频率响应范围最宽,而且是四种安装方法中最安全可靠的一种。其他三种安装方式都减小了高频响应范围。

安装前应对传感器与被测试件接触的表面进行处理。表面要求清洁、平滑,不平度应小于 0.01 mm。如安装表面较粗糙时,可在接触面上涂些诸如真空硅脂、重机械油、蜂蜡等润滑剂,以改善安装耦合从而改善高频响应。测量冲击时,由于冲击脉冲具有很大的瞬态能量,故传感器与结构的连接必须十分可靠,最好用钢螺栓安装。

1. 螺栓安装

安装螺孔轴线与测试方向要一致,螺纹孔深度不可过深,以免安装螺栓/螺钉过分拧入传感器,造成基座弯曲而影响灵敏度。每只压电加速度传感器出厂时都配有一只钢制安装螺钉 M5(或 M3),用它将加速度传感器和被测试物体固定即可。M5 安装螺钉推荐安装力矩 20 kgf·cm,M3 安装螺钉推荐安装力矩 6 kgf·cm,安装后传感器与安装面应紧密贴实不应有缝隙。

2. 磁力座安装

磁力安装座分对地绝缘和对地不绝缘两种。在低频小加速度测试试验中,如被测物为不宜钻安装螺孔的试验件,磁力安装座提供了一种方便的传感器安装方法。如被测表面较平坦且是钢铁结构时,可直接安装。如被测表面不平坦或无磁力时,需在被测表面黏接或焊接一钢垫,用来吸住磁座。

(1)传感器和磁力安装座的连接:内螺纹形式的磁力安装座要求先把安装螺钉安装到磁力座上并拧紧,然后再把传感器安装到磁座上即可。传感器底面和磁座底面紧密结合。

(2)磁力安装座和被测结构或设备吸合:磁力安装座底面有铁磁性材质的保护片和胶垫,保证运输途中不漏磁,和设备吸合前一定要取下,才能正常发挥磁座的作用。

(3)磁力安装座使用温度要求:如果没有特殊要求磁座默认使用温度为 80 ℃,如果有高温要求可以定制。但在加速度超过 200 g,温度超过 200 ℃时,不宜采用。常规磁座短时间高温使用不会影响磁性,如果长时间超过使用温度,磁力会有衰减。常用的磁力安装座如图 4-5-14 所示。

图 4-5-14 磁力安装座

3. 胶黏剂安装

通过胶黏剂直接将传感器黏结在被测结构或设备表面。常用的胶黏剂有环氧树脂、石蜡(适用于常温)、双面胶(适用于频率较低、传感器较小的情况)等。在胶黏剂黏接时,胶接面要平整、光洁,并需按胶接工艺清洗胶接面。目前常用的 502 胶黏接工艺如下。① 先用 200～400 目砂纸对安装面进行打磨;② 用丙酮或无水乙醇清洗打磨面并彻底擦干;③ 于黏接部位滴适量的 502 快干胶,之后用手(或加压)将传感器压住几秒钟,待胶初步固化后松开手(或去掉压力),静置十几秒,使胶彻底固化达到胶接强度;④ 欲取下黏接在被测物体上的传感器,须先于黏合部位涂布丙酮,过几分钟后用起子取下。注意不要用力过猛。如果取不下时,可再涂布溶剂,待几分钟再轻轻取下。对大加速度的测量,需要计算胶接强度。

4. 探针安装

当因测试表面狭小而不能采用以上较可靠的安装方法时,或对设备进行快速巡检时,手持探针安装是一种方便的安装方法。由于这种安装方法安装谐振频率低,所以仅能用于低于 1 000 Hz 的测试。

4.5.5 传感器的标定

为了保证振动测试与试验结果的可靠性和精确度,国家建立了振动的计量标准和测振传感器的检定标准,并设有测振装置和仪器作为量值传递基准。对于新生产的测振传感器都需要对其灵敏度、频率响应、线性度等进行校准,以保证测量数据的可靠性。此外,由于测振传感器的某些电气性能和机械性能会因使用程度而变化,传感器使用一段时间后灵敏度会有所改变,例如压电材料的老化会使灵敏度每年降低 2％～5％,因此测振仪器必须定期对其技术指标进行全面严格的标定和校准。同时,拾振器、放大器、数据系统等,在进行重大测试工作之前常常需要现场校准或某些特性校准,以保证测试结果的精度。

传感器标定是将已知的被测量作为待标定传感器的输入,同时用输出量测量环节将待标定传感器的输出信号测量并显示出来;对所获得的传感器输入量和输出量进行处理和比较,从而得到一系列表征两者对应关系的标定曲线,进而得到传感器性能指标的实测结果。传感器进行标定时,应有一个能对传感器产生激振信号,并且振源输出大小已知的标准激振设备。激振设备可以产生振幅和频率可调的振动,是测振传感器校准不可或缺的工具。

对于传感器标定,主要关心的两个指标是灵敏度和频率响应特性,对于常见的接触式传感器(速度计、加速度计)和非接触式传感器(涡流位移传感器)应采用不同的校准方法。

1. 接触式传感器的标定

接触式传感器,常用的标定方法有绝对法和相对法。

(1)绝对法。

将被标定的传感器固定在标定振动台上,由正弦信号发生器经功率放大器推动振动台,用激光干涉测振仪直接测量振动台的振幅,再和被标定传感器的输出比较,以确定被标定传感器的灵敏度,如图 4-5-15 所示。这种绝对标定法的校准误差在 20～2 000 Hz 范围内的概率为 1.5%,在 2 000～10 000 Hz 范围内的概率为 2.5%,在 10 000～20 000 Hz 范围内的概率为 5%。此方法可以同时测量传感器的频率响应。

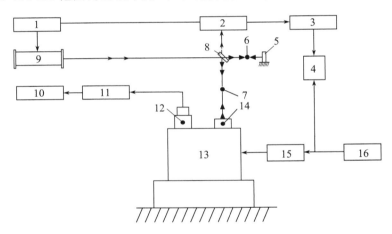

图 4-5-15　利用振动台和激光干涉仪的绝对校准法

1-电源;2-光电倍增管;3-放大器;4-频率测量仪;5-参考反光镜;6-参考光束;7-测量光束;

8-分束器;9-氦氖激光器;10-数字电压表;11-电荷放大器;12-拾振器;13-振动台;

14-测量反光镜;15-功率放大器;16-正弦信号发生器

采用激光干涉仪的绝对校准法设备复杂,操作和环境要求高,只适合计量单位和测振仪器制造厂使用。振动仪器厂家常生产一种小型的、经过校准的已知振级的激振器。这种装置虽然不能全面标定频率响应曲线,但可以在现场方便地核查传感器在给定频率点的灵敏度。

(2)相对法。

此方法又称背靠背比较标定法。将待标定的传感器和经过国家计量等部门严格校准过的传感器背靠背地(或仔细并排地)安装在振动实验台上承受相同的振动。将两个传感器的输出进行比较,就可以计算出在该频率点待校准传感器的灵敏度。严格校准过的传感器起着"振动标准传递"的作用,通常称为参考传感器。图4-5-16为相对法校准加速度计的简图。这时被校准传感器的灵敏度为

$$S_a = S_r \frac{U_a}{U_r}$$ 其中,U_a,U_r 分别为被校准传感器和参考传感器的输出。S_r——参考传感器的灵敏度。

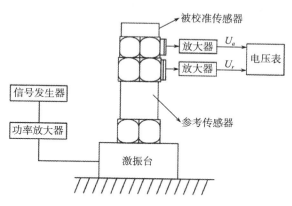

图 4-5-16　相对法标定加速度计

2. 非接触式传感的标定

电涡流位移传感器属于非接触式传感器,图 4-5-17 为一种涡流位移传感器的校准仪。它由电动机驱动倾斜的金属板旋转,传感器通过悬臂梁固定在旋转金属板的上方,并可在图示方向左右移动以产生不同幅值的振动,振动由千分尺测得,并由振动监测器记录振动值通过与已知振动输入比较进行校准。

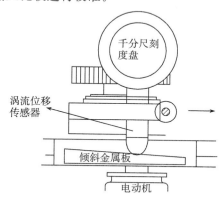

图 4-5-17　涡流位移传感器的校准仪

传感器在使用一定年限后,为了保证振动测试的可靠性和精确度,必须对测振传感器和测量仪器进行校准。校准的方法和要求与标定基本相同。振动校准的内容主要有以下几点。

（1）灵敏度,即输出量与被测振动量之间的比值。

（2）频率特性,即在所使用频率范围内灵敏度随频率的变化关系。

（3）幅值线性范围,即灵敏度随幅值的变化范围。

（4）横向灵敏度、环境灵敏度等。

4.5.6　数据采集系统

在振动量测中,为了快速、准确、完整地获得振动信号,数据采集系统是实现信号采集的关键。数据采集系统可以将传感器检测到的时域信号转换为数字信号,并存储起来,进行分析和处理。因此数据采集系统是沟通模拟域与数字域的重要桥梁。

数据采集系统一般由信号调理电路、采样保持电路、A/D转换芯片、微处理器组成。结构框图如图 4-5-18 所示。数据采集系统可以实现如下功能。

（1）时钟功能。确定数据采样周期,同时也能为系统提供时间基准。

（2）数据采集。将现场检测传感器送来的模拟信号按一定的次序巡回的采样,进行 AD 转换并储存数据,完成数据的采集。

（3）信号处理。可进行模拟信号处理、数字信号处理和开关信号处理。

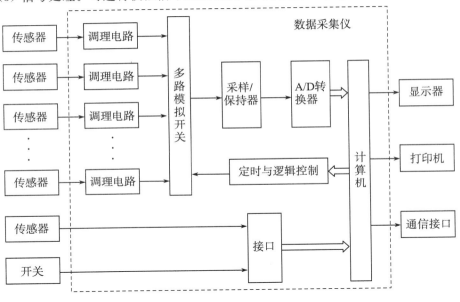

图 4-5-18　数据采集系统结构框图

1. 数据采集系统的主要性能指标

（1）系统分辨率。

系统分辨率指数据采集系统可以分辨输入信号的最小变化量。通常用最低有效位值（LSB）占系统满刻度信号的百分比表示,或用系统可分辨的实际电压数值来表示,有时也用信号满刻度值可以划分的级数来表示。表 4-5-1 为不同位数的采集系统的分辨率。

表 4-5-1 系统的分辨率(满度值为 10 V)

位数	级数	LSB(满度值的百分数)	LSB(10 V 满度)
8	256	0.391%	39.1 mV
12	4 096	0.024 4%	2.44 mV
16	65 536	0.001 5%	0.15 mV
20	1 048 576	0.000 095%	9.53 V
24	16 777 216	0.000 006 0%	0.60 V

分辨率是数据采集仪非常重要的一个性能指标,通常可以表示模数转换器(ADC)信号的二进制数的位数,一个正弦波通过不同分辨率的 ADC 进行采集后所表示的效果会有所不同,如图 4-5-19 所示。一个 3 位 ADC 可以表示 $2^3 = 8$ 个离散的电压值,而一个 16 位 ADC 可以表示 $2^{16} = 65\ 536$ 个离散的电压值。对于一个正弦波来说,使用 3 位分辨率所表示的波形看起来更像一个阶梯波,而 16 位 ADC 所表示的波形则更像一个正弦波。

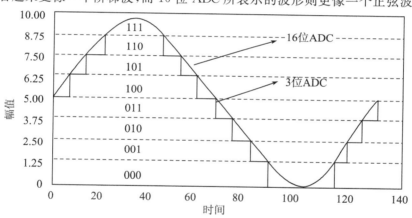

图 4-5-19 数据采集系统采集的正弦信号

(2)系统精度。

系统精度指当系统工作在额定采集速率下,每个离散子样的转换精度。模数转换器的精度是系统精度的极限值。实际采样中,系统的精度往往达不到模数转换器的精度,这是因为系统精度取决于系统各个环节的精度:如前置放大器、滤波器、模拟多路开关等。

(3)采集速率。

采集速率是指在满足系统精度指标的前提下,系统对输入模拟信号在单位时间内所完成的采样次数,或者说是系统每个通道、每秒钟可采集的子样数目。

（4）动态范围。

动态范围是某个物理量的变化范围。信号的动态范围是指信号的最大幅值和最小幅值之比的分贝数。数据采集系统的动态范围通常定义为所允许输入的最大幅值 V_{imax} 与最小幅值 V_{imin} 之比的分贝数，其表达式为

$$I_i = 20\log(V_{imax}/V_{imin}) \tag{4-5-5}$$

式中，V_{imax} 一般指使得数据采集系统的放大器发生饱和或者使得数模转换器发生溢出最小输入幅值，V_{imin} 一般用等效输入噪声电平来代替。

对大动态范围信号的高精度采集时，某一时刻系统所能采集到的信号的不同频率分量幅值之比的最大值，即幅值最大频率分量的幅值 A_{fmax} 与幅值最小频率分量的幅值 A_{fmin} 之比的分贝数。

（5）非线性失真。

非线性失真指给系统输入一个频率为 f 的正弦波时，其输出中出现很多频率为 kf（k 为正整数）的新的频率分量的现象，称为非线性失真，也称为谐波失真。可用谐波失真系数来衡量系统产生非线性失真的程度，通常用下式表示：

$$H = \frac{\sqrt{A_2^2 + A_3^2 + \cdots}}{\sqrt{A_1^2 + A_2^2 + A_3^2 + \cdots}} \times 100\% \tag{4-5-6}$$

式中，A_1 为基波振幅，A_k 为 k 次谐波的振幅。

2. 数据采集系统的选用原则

（1）考虑被测振动信号的类型。

对于不同类型的振动信号需要使用不同的测量或生成方式。数据采集设备通常对某一功能或某几种功能提供固定数量的通道，比如模拟输入、模拟输出、数字输入/输出以及计数器等。因此，在选择数据采集设备时，需要在当前所需的通道数的基础上再预留一些，这样可在必要时进行更多通道的数据采集。

（2）考虑信号调理模块。

一个典型的通用数据采集设备可以测量或生成 ± 5 V 或 ± 10 V 的信号。而对于某些传感器所产生的信号，若直接使用数据采集系统进行测量则可能不合适。因此，大多数传感器需要对信号进行放大或滤波之类的调理措施，才能使得数据采集系统有效、准确地测量信号。例如，热电偶的输出信号通常需要放大，才能够使得模数转换器的量程得到充分利用。此外，热电偶所测得的信号还可以通过低通滤波消除高频噪声，从而改善信号质量。信号调理模块可以提高数据采集系统本身的性能和测量精度。表 4-5-2 总结了针对不同类型的传感器和测量所需的常见信号调理措施。如果所使用的传感器未在表中，可以考虑使用相应的信号调理措施，或者选择添加外部信号调理模块，或者使用具有内置信号调理功能的数据采集设备。

表 4-5-2　针对各种传感器和测量应用的信号调理措施

	放大	滤波	激励	线性化	冷端补偿	桥路补偿
热电偶	√	√		√	√	
热敏电阻	√	√	√	√		
RTD	√	√	√	√		
应变片	√	√	√	√		√
加速度计	√	√	√	√		
麦克风	√	√	√	√		
涡流探头	√	√	√	√		
LVDT 位移传感器	√	√	√	√		

（3）考虑数据采集速度。

采样率是数据采集系统的重要参数指标，即 ADC 采样速率。典型的采样率（无论硬件定时或软件定时）可达 2 MS/s（每秒钟采样数）。在确定设备的采样率时，需要考虑所需采集信号的最高频率成分。根据 Nyquist 定理，理论上来说只要将采样率设定为信号中所感兴趣的最高频率分量的 2 倍，就可以准确地重建信号。然而，在实践中一般应以最高频率分量的 10 倍作为采样频率才能正确地表示原信号。因此在选择数据采集系统时保证采样率至少是信号最高频率分量的 10 倍，以确保能够精确地测量信号。

例如，要测量频率为 1 kHz 的正弦波，根据 Nyquist 定理，至少需要以 2 kHz 进行信号采样。然而，建议使用 10 kHz 的采样频率以获得更精确的测量信号。如图 4-5-20 所示，以 2 kHz 和 10 kHz 的采样率对 1 kHz 的正弦波采样时的结果对比。

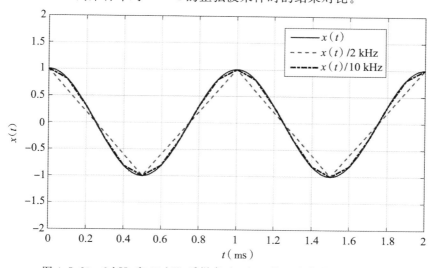

图 4-5-20　2 kHz 和 10 kHz 采样率对 1 kHz 的正弦波采样结果比较

（4）考虑采样信号的最小变化量。

所采样信号中可识别的最小变化量,决定了数据采集系统的分辨率。典型的数据采集设备的电压范围为±5 V或±10 V。在此范围内,电压值将均匀分布,从而充分地利用ADC的分辨率。例如,一个具有±10 V电压范围和12位分辨率($2^{12}=4\,096$个均匀分布的电压值)的数据采集设备,可以识别5 mV的电压变化;而一个具有16位分辨率($2^{16}=65\,536$个均匀分布的电压值)的数据采集设备则可以识别到300 μV的变化。大多数采样都可以使用具有12、16或18位分辨率ADC的设备解决问题。然而,如果测量的传感器的电压有大有小,则需要使用具有24位分辨率的动态数据采集设备。电压范围和分辨率是选择合适的数据采集设备时所需考虑的重要因素。

（5）考虑测试系统的精度。

精度是衡量一个仪器能否准确地表示待测信号的性能指标。这个指标与分辨率无关,然而精度大小不会超过其自身的分辨率大小。一个理想的数据采集系统能够百分之百地测得信号的真实值。而实际中,采集系统所测得值具有一定的误差,误差的大小由仪器的制造商给出,取决于许多因素,如系统噪声、增益误差、偏移误差、非线性等。制造商通常使用绝对精度作为参数指标,表征数据采集设备在一个特定的范围内所能给出的最大的误差。

值得注意的是,采集系统的精度不仅取决于仪器本身,还取决于被测信号的类型。如果被测信号的噪声很大,则会对测量的精度产生不利的影响。有些数据采集设备可提供自校准、隔离等电路来提高精度。一般的数据采集设备的绝对精度可能达到100 mV,而更精密的采集设备的绝对精度可能达到约1 mV。一旦确定了测试所需的精度要求,就可以选择一个具有合适绝对精度的数据采集设备。

4.5.7　测量系统使用注意事项

1. 负载效应

在做振动测试时,测量系统和被测对象之间、测试系统内部各环节之间相互连接必然产生相互作用。接入的测试系统,构成被测对象的负载;后续环节总是成为前面环节的负载,并对前面环节的工作状况产生影响。两者总是存在着能量交换和相互影响。当一个装置接到另一装置上并发生能量交换时,就会发生两种现象:① 前一个装置的连接处甚至整个装置的状态和输出都将发生变化;② 两个装置共同形成一个新的整体,该整体虽然保留其两组成装置的某些主要特性,但其传递函数不再是各组成环节传递函数的叠加(并联时)或连乘(串联时)。负载效应产生的后果,有的可以忽略,有的很严重,必须采取措施尽量减轻负载效应的影响。

减轻负载效应所造成的影响,需要根据具体的环节和装置进行具体分析,然后采取措施。对于电压输出的环节,减轻负载效应的办法有以下几种。

（1）提高后续环节(负载)的输入阻抗。

（2）在原来两个相连接的环节之中,插入高输入阻抗、低输出阻抗的放大器,以便一方面减小从前面环节吸取的能量,另一方面在承受后一环节(负载)后又能减小电压输出的变化,从而减轻总的负载效应。

(3)使用反馈或零点测量原理,使后面环节几乎不从前环节吸取能量。

在测试工作中,应当尽量建立系统整体的概念,充分考虑各组成环节之间连接时的负载效应,尽可能减小负载效应的影响。对于成套测试系统来说,各组成部分之间的相互影响,仪器厂家应该有充分的考虑,使用者只需要考虑传感器对被测对象所产生的负载效应。

2. 测量系统的有效工作频率范围

测试系统在工作时,需要考虑各个环节的工作频率范围。例如,压电式加速度计具有零频率效应,而电荷放大器不具备零频率效应。因而,整个测试系统不具有零频率效应。电荷放大器的下限截止频率分为幅值下限频率和相位下限频率两种。幅值下限频率比相位下限频率低,如 B&K 2635 电荷放大器幅值下限频率为 0.2 Hz,而幅值上限频率为 2 Hz。对加速度计而言,也有两种上限截止率,即幅值上限频率和相位上限截止频率,幅值上限频率比相位上限频率要高。在振动实验中,不仅要求一定的幅值测试精度,也要求一定的相位测试精度。因而,宜选择相位截止频率为有效工作频率范围,它比以幅值截止频率为上下限的频率范围要窄,如图4-5-21所示。

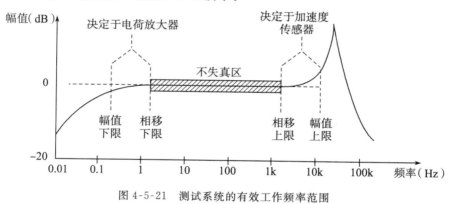

图 4-5-21 测试系统的有效工作频率范围

3. 测试系统的抗干扰

(1)电缆线的连接。

尽量避免电缆线与被测结构之间的相对运动。应将传感器和电荷放大器以及采集设备之间的电缆线与被测结构固定好,一般用胶带或蜡黏接,如图 4-5-22 所示。因为相对运动会引起电缆线的动力弯曲、压缩、拉伸等变形,使电容或电荷发生变化,产生干扰噪声和低频晃动影响。同时还应避免电缆打弯、打扣或严重拧转等。电缆线离开实验结构的部位应尽量选择振动小的部位。另外,留在地面上的电缆线应绝对避免脚踩或重压。

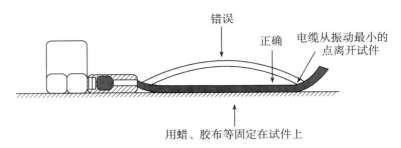

图 4-5-22　电缆线的固定

（2）噪声干扰的抑制方法。

任何测试信号和分析结果中都包含噪声成分。噪声的来源包括电源、仪器内部电子线路、各种连接导线与仪器组成、大地等组成的网络。因此，噪声的表现形式有来自电源的工频（50 Hz）正弦信号及其各次谐波成分，有来自其他方面的随机噪声信号。在振动测试实验中，抑制噪声的影响有两种途径：一是在测试系统中采用合理的减噪措施，二是在分析过程（动态测试后处理）中采用平均技术。这里主要介绍在测试系统中采取的一些减噪措施，具体如下。

① 使用稳压电源，可减小或消除电压波动引起的噪声；

② 各测试仪器电源都要尽量从总电源（稳压电源）的输出端或靠近总电源的输出端接出，且功率大的仪器电源接入端应安排在功率小的仪器电源接入端口之后，这样可以减少共电源仪器间由于电流波动而造成的相互影响；

③ 测试系统应良好接地；

④ 所有电源线与信号线均应采用屏蔽线，且避免电源线和信号线并行，应使其尽量相距较远；

⑤ 注意各仪器之间阻抗匹配；

⑥ 测试系统连接好以后，注意开始测试时仪器电源开关的顺序，测试过程中不要拨动仪器开关，否则将产生高频噪声和出现瞬时过载现象，甚至损坏仪器。

（3）测量系统接地。

测量系统接地是电测系统中的一个重要问题。测量系统中的地线是所有电路公共的零电平参考点。理论上，地线上所有位置的电平应该相同。然而，由于各个接地点之间必须用具有一定电阻的导线连接，一旦有地电流流过时，就有可能使各个地点的电位产生差异。同时，地线是所有信号的公共点，所有信号电流都要经过地线。这就可能产生公共地电阻的耦合干扰。地线的多点相连也会产生环路电流。环路电流会与其他电路产生耦合。所以，地线和接地点的设计对于系统的稳定性十分重要。

良好接地的原则是测试系统要单点接地。如果是多点接地，则会形成一个或多个回路，导致测试信号中产生大量干扰信号。单点接地的方式有并联接地和串联接地两种。所谓并联接地，是将各测试仪器的地线并联地连接到同一地点，如图4-5-23（a）所示。这种接地方式效果最好,但需连接几根较长的地线。所谓串联接地,是将所有仪器的地线用一根线连在一起,然后选择一个接地点接地,一般选在主要仪器的接地点上,如图 4-5-23(b)所示。注意,不管何种单点接地方式,传感器都要与被测结构绝缘。

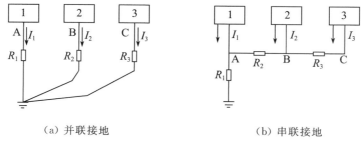

　　　　（a）并联接地　　　　　　　　　　　　　（b）串联接地

图 4-5-23　单点接地的并联和串联方式

　　此外,浮动输出也是一种良好的接地方式。浮动输出中各测量仪器均各自接地,但接地线并非信号线,而是连接电缆的屏蔽线,信号线在屏蔽线内,如图 4-5-24 所示。

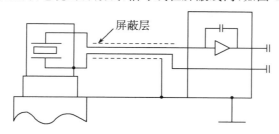

图 4-5-24　浮动输出接地方式

　　测量系统接地点与其他接地点(特别是大电流电路系统)应严格分开。通常,要求振动测试仪器接地电阻不大于 4 Ω。

思考题

　　1. 若某旋转机械的工作转速为 3 000 r/min,为分析机组的动态特性,需要考虑的最高频率为工作频率的 10 倍,问:

　　(1) 应选择何种类型的振动传感器? 并说明原因。

　　(2) 在进行 A/D 转换时,选用的采样频率至少为多少?

　　2. 举例常用的测振传感器,并说出其主要测量的物理量及其工作原理。

　　3. 振动台的主要技术参数包括哪些?

　　4. 振动测试系统所测量的主要参量包括哪些?

　　5. 测振传感器的选择需要考虑哪些因素?

　　6. 测振传感器的安装方式及其使用方法?

7. 数据采集系统的主要性能指标及其选用原则。

8. 激振器的分类及其工作原理。

9. 在振动参量测试过程中，选取了量程适中的传感器，其固有频率为 3 kHz，阻尼比为 0.6。

（1）当使用该传感器测试某频率为 30 Hz 振动信号时，传感器输出量是什么振动参量？

（2）当测量频率为 20 kHz 的振动信号时，测试系统的输出量是什么振动参量？

第五章
测试信号处理技术

5.1 / 基础知识

　　自然界中的各种信号,如语音信号、地震信号、振动信号等都是模拟信号,也就是时间连续和幅值连续信号,其幅值随着时间是连续变化的。数字信号处理借助计算机对这些模拟信号进行分析和处理。但目前计算机只能对离散的数字信号进行分析,因此要想利用计算机对模拟信号进行处理,就要对模拟信号进行离散化。

　　模拟信号的离散化包括两个方面,连续时间的离散化和连续幅值的离散化。在实际处理中,还涉及时间序列长度的问题,即原来的模拟信号可能无限长,而计算机进行处理时,只能取有限长的数字信号进行运算。

　　连续模拟信号转换成数字信号,将经历以下过程。

　　(1) 采样(抽样):某连续模拟信号如图 5-1-1(a)所示,对其进行等间隔采样(即对时间的离散化),得到的信号为抽样信号,或称为采样信号(Sampled signal),结果如图 5-1-1(b)所示。此时,采样信号的幅值仍然是一个取值连续的变量,即采样信号的幅值有无数个可能的连续取值。

　　(2) 量化:连续幅值的离散化,即把采样信号经过舍入变为只有有限个有效数字的数,这一过程称为量化。可以看出,量化就是将采样后的脉冲序列幅值与一组离散电平值进行比较,以最接近脉冲序列幅值的电平值代替该幅值,量化后的结果如图 5-1-1(c)所示。

　　从无限长的模拟信号到有限长的数字信号(时间序列)过程中,会出现哪些问题呢?

　　从时间轴上看,模拟信号经采样后显然会丢失大量时间点上的信号。那么用采样信号是否能够完全表征原来的模拟信号? 或者说,采样信号能否完全恢复原来的模拟信号? 另外模拟信号幅值的量化同样会导致原始模拟信号在幅值上的损失,如何尽量减少这些损失,使之在我们可接受的范围之内?

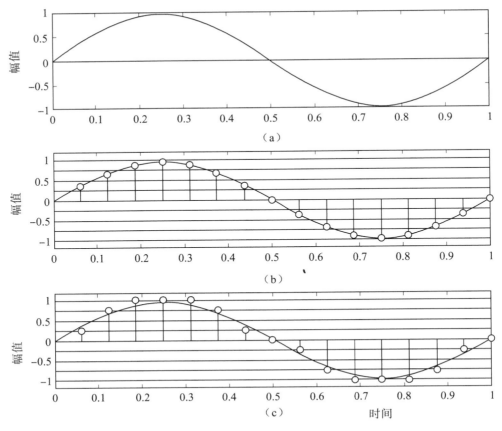

（a）连续模拟信号；（b）采样信号；（c）离散信号的量化

图 5-1-1　连续模拟信号的离散与量化

5.2 ／ 傅立叶变换

5.2.1　周期性连续信号的傅立叶级数

傅立叶级数是分析周期性函数频率成分的方法。当一个周期函数 $x(t)$ 满足狄利赫里条件时，即满足① 在任何周期内 $x(t)$ 须绝对可积；② 在任一有限区间中，$x(t)$ 只能取有限个最大值或最小值；③ 在任何有限区间上内，$x(t)$ 只能有有限个第一类间断点，可以展开为傅立叶级数。

对某周期信号 $x(t)$，假设其周期为 T_0，则该函数的级数表达式为

$$x(t) = a_0 + \sum_{k=1}^{\infty} (a_k \cos \omega_k t + b_k \sin \omega_k t) \tag{5-2-1}$$

式中，

$$a_0 = \frac{1}{T_0} \int_{-T_0/2}^{T_0/2} x(t) \mathrm{d}t \tag{5-2-2a}$$

$$a_k = \frac{2}{T_0} \int_{-T_0/2}^{T_0/2} x(t) \cos \omega_k t \, \mathrm{d}t \tag{5-2-2b}$$

$$b_k = \frac{2}{T_0} \int_{-T_0/2}^{T_0/2} x(t) \sin \omega_k t \, \mathrm{d}t \tag{5-2-2c}$$

$$\omega_k = k \frac{2\pi}{T_0} = k\omega_0 \tag{5-2-2d}$$

式中，$\omega_0 = 2\pi/T_0$ 为信号的基频，ω_k 为第 k 阶谐波的圆频率。令

$$c_0 = a_0, \quad c_k = \frac{1}{2}(a_k - \mathrm{i}b_k), \quad c_{-k} = \frac{1}{2}(a_k + \mathrm{i}b_k) \tag{5-2-3}$$

式中，$i = \sqrt{-1}$。则傅立叶级数的复指数形式为

$$c_k = \frac{1}{T_0} \int_{-T_0/2}^{T_0/2} x(t) \mathrm{e}^{-\mathrm{i}k\omega_0 t} \mathrm{d}t \tag{5-2-4a}$$

$$x(t) = \sum_{k=-\infty}^{\infty} c_k \mathrm{e}^{\mathrm{i}k\omega_0 t}, \quad k = 0, \pm 1, \pm 2, \cdots \tag{5-2-4b}$$

周期为 T_0 的连续时间信号 $x(t)$ 的傅立叶级数展开的系数为 $X(k\omega_0)$，构成的变换对为

$$X(k\omega_0) = \frac{1}{T_0} \int_{-T_0/2}^{T_0/2} x(t) \mathrm{e}^{-\mathrm{i}k\omega_0 t} \mathrm{d}t \tag{5-2-5a}$$

$$x(t) = \sum_{k=-\infty}^{\infty} X(k\omega_0) \mathrm{e}^{-\mathrm{i}k\omega_0 t} \tag{5-2-5b}$$

由式(5-2-5a)可以看出，$X(k\omega_0)$ 是以圆频率 ω_0 为间隔的离散函数形成的离散频谱，ω_0 与信号周期的关系为 $\omega_0 = 2\pi/T_0$。

可以看出，傅立叶级数展开就是将连续时间周期函数分解为无穷多个圆频率为 ω_0 整数倍的谐波形式。图 5-2-1 为连续时间周期性矩形脉冲函数及其离散频谱。结果表明，时域的连续函数在频域上形成非周期的频谱，而时域的周期性对应于频域的离散性。

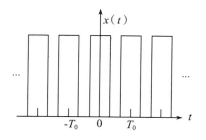 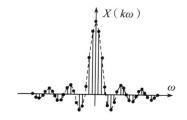

（a）周期连续时间函数　　　　　　　　（b）非周期离散频谱

图 5-2-1　周期连续时间函数及其傅立叶变换

【例 5.1】试求图示周期性方波信号的傅立叶级数。

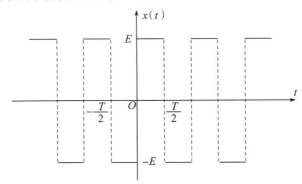

图 5-2-2　周期性方波信号

【解】根据傅立叶级数的系数求解公式(5-2-2)，可以得到

$$a_0 = \frac{2}{T}\int_{-T/2}^{T/2} x(t)\,\mathrm{d}t = 0$$

$$a_k = \frac{2}{T}\int_{-T/2}^{T/2} x(t)\cos \omega_k t\,\mathrm{d}t = \frac{2}{T}\int_{-T/2}^{0} -E\cos \omega_k t\,\mathrm{d}t + \frac{2}{T}\int_{-0}^{T/2} E\cos \omega_k t\,\mathrm{d}t = 0$$

$$b_k = \frac{2}{T}\int_{-T/2}^{T/2} x(t)\sin \omega_k t\,\mathrm{d}t = \frac{2}{T}\int_{-T/2}^{0} -E\sin \omega_k t\,\mathrm{d}t + \frac{2}{T}\int_{0}^{T/2} E\sin \omega_k t\,\mathrm{d}t$$

$$= \frac{4E}{k\pi}(1 - \cos k\pi) = \begin{cases} 0, & k = 2,4,6 \\ \dfrac{4E}{k\pi}, & k = 1,3,5 \end{cases}$$

则周期性方波信号的傅立叶级数可以表示为

$$x(t) = \frac{4E}{\pi}\left(\sin \omega_0 t + \frac{1}{3}\sin 3\omega_0 t + \frac{1}{5}\sin 5\omega_0 t + \cdots\right)$$

式中，$\omega_0 = 2\pi/T$。可以看出，该周期性方波信号只包括奇次正弦谐波分量，而且其谐波幅值 $\dfrac{4E}{k\pi}$ 与阶次 k 成反比。该信号的直流分量、偶次正弦谐波分量和余弦分量全都等于零。该周期性方波信号的傅立叶级数的系数谱如图 5-2-3 所示。图 5-2-4 为利用傅立叶级数不同阶次来逼近方波信号的图示，可以看出，当逼近阶次越高，效果越接近于方波信号，但在边角处(即不连续点处)会出现突出的毛刺，即吉布斯现象。当逼近阶次足够大时，如 1 000 次，可以得到比较理想的效果。

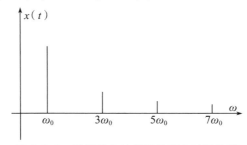

图 5-2-3　周期性方波信号的傅立叶级数谱

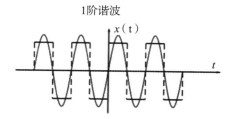

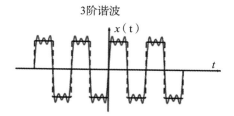

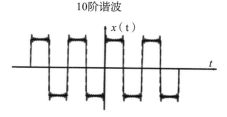

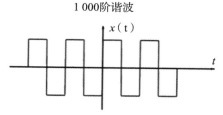

图 5-2-4　利用傅立叶级数不同阶次来逼近方波信号的效果

从该算例并推而广之，所有周期性信号的频谱都是由间隔为 ω_0 的离散谱线组成，信号的周期 T_0 越大，基频 ω_0 越小，则谱线越密集；反之，信号的周期 T_0 越小，基频 ω_0 越大，则谱线越稀疏。

5.2.2　非周期连续信号的傅立叶变换

傅立叶变换是傅立叶级数的推广，适用于周期为无限长的信号。对傅立叶级数公式(5-2-4)，当其周期 T_0 趋于无穷大时，该信号可看成非周期信号，此时信号频谱的谱线间隔，即相邻频率分量间的频率差

$$\Delta\omega = \omega_0 = 2\pi/T_0 \tag{5-2-6}$$

将趋于无穷小。所以非周期信号的频谱是连续的。对周期为 T_0 的信号，其傅立叶级数表示为

$$x(t) = \sum_{k=-\infty}^{\infty} \frac{1}{T_0} \left[\int_{-T_0/2}^{T_0/2} x(t) e^{-ik\omega_0 t} dt \right] e^{-ik\omega_0 t} \tag{5-2-7}$$

当 $T_0 \to \infty$ 时，$\Delta\omega \to d\omega$，$\dfrac{1}{T_0} = d\omega/2\pi$，$k\omega_0$ 变为连续变量 ω，于是得到

$$x(t) = \frac{1}{2\pi} \int_{-\infty}^{+\infty} \left[\int_{-\infty}^{+\infty} x(t) e^{-i\omega t} dt \right] e^{i\omega t} d\omega \tag{5-2-8}$$

则傅立叶变换对为

$$X(\omega) = \int_{-\infty}^{+\infty} x(t) e^{-i\omega t} dt \tag{5-2-9a}$$

$$x(t) = \frac{1}{2\pi} \int_{-\infty}^{+\infty} X(\omega) e^{i\omega t} d\omega \tag{5-2-9b}$$

前者为傅立叶正变换，后者为傅立叶逆变换，$X(\omega)$ 为 $x(t)$ 的幅值谱密度函数，称为傅立叶频谱或傅氏谱。很显然，对无限长非周期性信号的傅立叶变换，不论是在时域还是在

频域上,信号都是连续的。

如果以频率 f(单位:Hz)来表示傅立叶变换对,则存在如下关系:

$$X(f) = \int_{-\infty}^{+\infty} x(t) \mathrm{e}^{-\mathrm{i}2\pi ft} \mathrm{d}t \tag{5-2-10a}$$

$$x(t) = \int_{-\infty}^{+\infty} X(f) \mathrm{e}^{\mathrm{i}2\pi ft} \mathrm{d}f \tag{5-2-10b}$$

一般来说,$X(\omega)$ 为复函数,可以写成

$$X(\omega) = |X(\omega)| \mathrm{e}^{\mathrm{i}\phi(\omega)}$$

式中,$|X(\omega)|$ 为信号的连续幅值谱,$\phi(\omega)$ 为信号的连续相位谱。应当注意的是,周期信号的幅值谱的量纲与信号幅值的量纲是一致的,而非周期信号的幅值谱 $|X(\omega)|$ 与信号幅值的量纲不一致,它是单位频带上的幅值。

图 5-2-5 为非周期连续矩形脉冲函数及其傅立叶频谱。结果表明,时域连续函数对应着频谱的非周期性,而时域的非周期性形成了频域上连续的谱密度函数。

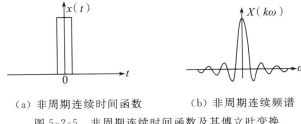

（a）非周期连续时间函数　　　　（b）非周期连续频谱

图 5-2-5　非周期连续时间函数及其傅立叶变换

5.2.3　傅立叶变换的主要性质

假设 $x(t)$ 的傅立叶变换用 $X(f)$ 来表示,并记为 $F\{x(t)\} = X(f)$,则傅立叶变换存在如下性质。

（1）线性叠加关系:

$$F\{ax(t) + by(t)\} = aX(f) + bY(f) \tag{5-2-11}$$

（2）对称关系:

$$F\{X(t)\} = x(-f) \tag{5-2-12}$$

（3）尺度改变关系:

$$F\{x(at)\} = \frac{1}{|a|} X\left(\frac{f}{a}\right) \tag{5-2-13}$$

（4）时移关系:

$$F\{x(t-t_0)\} = X(f) \mathrm{e}^{-\mathrm{i}2\pi ft_0} \tag{5-2-14}$$

（5）频移关系:

$$F\{x(t) \mathrm{e}^{\pm\mathrm{i}2\pi f_0 t}\} = X(f \mp f_0) \tag{5-2-15}$$

（6）翻转关系:

$$F\{x(-t)\} = X(-f) \tag{5-2-16}$$

（7）时域卷积关系：

$$F\{x(t) * y(t)\} = X(f)Y(f) \tag{5-2-17}$$

卷积的定义为

$$x(t) * y(t) = \int_{-\infty}^{\infty} x(\tau) y(t-\tau) \mathrm{d}\tau \tag{5-2-18}$$

（8）频域卷积关系：

$$F\{x(t)y(t)\} = X(f) * Y(f) \tag{5-2-19}$$

（9）时域微分关系：

$$F\left\{\frac{\mathrm{d}^n}{\mathrm{d}t^n} x(t)\right\} = (\mathrm{i}2\pi f)^n X(f) \tag{5-2-20}$$

（10）频域微分关系：

$$F\{(-\mathrm{i}2\pi t)^n x(t)\} = \frac{\mathrm{d}^n}{\mathrm{d}t^n} X(f) \tag{5-2-21}$$

（11）积分关系：

$$F\left\{\int_{-\infty}^{t} x(t)\mathrm{d}t\right\} = \frac{1}{\mathrm{i}2\pi f} X(f) \tag{5-2-22}$$

5.2.4　典型函数的傅立叶变换

信号分析中常用的函数及其傅立叶变换如下。

1. 单位脉冲函数 $\delta(t)$

单位脉冲函数的定义为

$$\delta(t) = \begin{cases} \infty & t=0 \\ 0 & t\neq 0 \end{cases}, \quad \int_{-\infty}^{\infty} \delta(t)\mathrm{d}t = 1 \tag{5-2-23}$$

由上述定义可以看出，单位脉冲函数可以用宽度 $\tau \to 0$、面积为 1 的矩形脉冲的极限情况来近似。对持续时间极短、取值极大的函数，也可以用单位脉冲函数来描述。

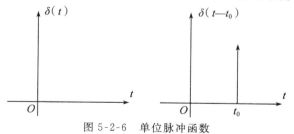

图 5-2-6　单位脉冲函数

同公式（5-2-23）定义类似，对于任意时刻 t_0 的单位脉冲函数，

$$\delta(t-t_0) = \begin{cases} \infty & t=t_0 \\ 0 & t\neq t_0 \end{cases}, \quad \int_{-\infty}^{\infty} \delta(t-t_0)\mathrm{d}t = 1 \tag{5-2-24}$$

单位脉冲函数具有抽样性（筛选性），即当单位脉冲函数 $\delta(t)$ 与一个在 $t=0$ 处连续且有界的信号 $f(t)$ 相乘时，$f(t)$ 只有在 $t=0$ 处才有值，其余各处均等于零，即

$$\int_{-\infty}^{\infty} \delta(t) f(t)\mathrm{d}t = \int_{-\infty}^{\infty} \delta(t) f(0)\mathrm{d}t = f(0) \tag{5-2-25}$$

$$\int_{-\infty}^{\infty} \delta(t-t_0) f(t) \mathrm{d}t = \int_{-\infty}^{\infty} \delta(t-t_0) f(t_0) \mathrm{d}t = f(t_0) \tag{5-2-26}$$

不难证明,单位脉冲函数的傅立叶变换为1,即

$$\Delta(f) = \int_{-\infty}^{+\infty} \delta(t) \mathrm{e}^{-\mathrm{i}2\pi ft} \mathrm{d}t = \mathrm{e}^0 = 1 \tag{5-2-27}$$

也就是说,单位脉冲函数的幅值谱密度函数在所有的频率上都是等强度的。根据傅立叶变换的对称、时移及频移特性,可以得到如下的关系:

$$F\{\delta(t)\} = 1, F\{1\} = \delta(f) \tag{5-2-28}$$

$$F\{\delta(t-t_0)\} = \mathrm{e}^{-\mathrm{i}2\pi t_0}, F\{\mathrm{e}^{-\mathrm{i}2\pi f_0 t}\} = \delta(f+f_0) \tag{5-2-29}$$

2. 余弦函数与正弦函数

余弦函数/正弦函数信号在工程技术中有着广泛的应用,是信号分析处理中最基本的周期信号。余弦函数/正弦函数的表达式为

$$x(t) = A\cos(2\pi f_0 t) \tag{5-2-30}$$

$$x(t) = A\sin(2\pi f_0 t) \tag{5-2-31}$$

根据欧拉公式可知

$$\cos(2\pi f_0 t) = \frac{1}{2}(\mathrm{e}^{-\mathrm{i}2\pi f_0 t} + \mathrm{e}^{\mathrm{i}2\pi f_0 t}) \tag{5-2-32}$$

$$\sin(2\pi f_0 t) = \frac{\mathrm{i}}{2}(\mathrm{e}^{-\mathrm{i}2\pi f_0 t} - \mathrm{e}^{\mathrm{i}2\pi f_0 t}) \tag{5-2-33}$$

于是可以得到

$$F\{A\cos(2\pi f_0 t)\} = \frac{A}{2}[\delta(f-f_0) + \delta(f+f_0)] \tag{5-2-34}$$

$$F\{A\sin(2\pi f_0 t)\} = \mathrm{i}\frac{A}{2}[\delta(f+f_0) - \delta(f-f_0)] \tag{5-2-35}$$

余弦函数及正弦函数的频谱图分别如图 5-2-7 和 5-2-8 所示。

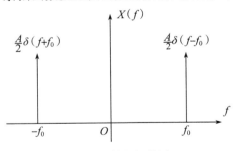

图 5-2-7　余弦函数的频谱图

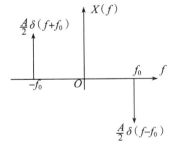

图 5-2-8　正弦函数的频谱图

3. 矩阵窗函数

矩形窗函数的定义为

$$w(t) = \begin{cases} 1 & |t| \leqslant T/2 \\ 0 & |t| > T/2 \end{cases} \tag{5-2-36}$$

其傅立叶变换为

$$W(f) = \int_{-\infty}^{+\infty} w(t) e^{-i2\pi ft} \, dt = \int_{-\frac{T}{2}}^{+\frac{T}{2}} w(t) e^{-i2\pi ft} \, dt$$

$$= \frac{i}{2\pi f} (e^{-i\pi fT} - e^{i\pi fT}) \tag{5-2-37}$$

$$= T \frac{\sin(\pi fT)}{\pi fT} = T \operatorname{sinc}(\pi fT)$$

可以看出,矩形窗函数的频谱 $W(f)$ 随着频率 f 的增加而减小,同时由于 $\sin(\pi fT)$ 是周期性函数,所以 $W(f)$ 是振荡衰减的,而且是一个偶对称函数。由于当 $\pi fT = \pm\pi$, $\pm2\pi$, … 时, $\sin(\pi fT) = 0$,从而 $W(f) = 0$。把原点两侧第一个零点之间的曲线部分称之为“主瓣”,其余衰减部分称为“旁瓣”。

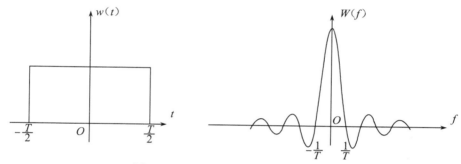

图 5-2-9　矩形窗函数及其傅立叶变换

4. 周期性单位脉冲函数

等间隔单位脉冲序列 $g(t)$ 的表达式为

$$g(t) = \sum_{k=-\infty}^{\infty} \delta(t - k\Delta t) \tag{5-2-38}$$

式中, Δt 为周期(间隔);式(5-2-38)表示在 $k = 0, \pm1, \pm2, \cdots$ 各点处按 Δt 等间隔排列的单位脉冲序列,如图 5-2-10(a)所示。等间隔单位脉冲序列 $g(t)$ 的傅立叶变换为

$$G(f) = \frac{1}{\Delta t} \sum_{k=-\infty}^{\infty} \delta(f - kf_0) = f_s \sum_{k=-\infty}^{\infty} \delta(f - kf_0) \tag{5-2-39}$$

单位脉冲序列的频谱 $G(f)$ 图形如图 5-2-10(b)所示。可以发现,单位脉冲序列的频谱仍然为脉冲序列,只是该序列的幅值放大了 $f_s = 1/\Delta t$ 倍,且序列间距为 $\Delta f = f_0 = 1/\Delta t$。

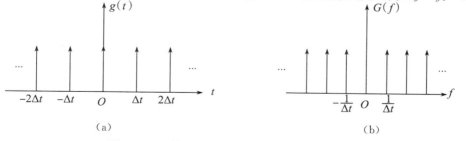

(a)　　　　　　　　　　　　　　　　(b)

图 5-2-10　等间隔单位脉冲序列及其傅立叶变换

5.2.5　非周期离散信号的离散时间傅立叶变换

傅立叶变换是针对无限长的非周期连续信号来进行变换的,如前所述,无限长的非周期连续信号的傅立叶变换,不论是在时域还是在频域上,信号都是连续的。但以计算机为代表的现代信号处理系统只能存储和处理有限长度的离散信号,且无法直接进行连续积分运算,因此必须要对信号进行离散化。对无限长的非周期离散信号的变换需要离散时间傅立叶变换(Discrete Time Fourier Transform,即 DTFT)。

假设 $x(t)$ 为无限长非周期连续信号,对 $x(t)$ 进行等间隔采样,采样间隔为 Δt,则采样后的离散信号可以表示为

$$x_s(t) = \sum_{k=-\infty}^{\infty} x(t)\delta(t-k\Delta t) \tag{5-2-40}$$

其傅立叶变换为

$$X(\omega) = \int_{-\infty}^{+\infty} \sum_{k=-\infty}^{\infty} x(t)\delta(t-k\Delta t)\mathrm{e}^{-\mathrm{i}\omega t}\,\mathrm{d}t = \sum_{k=-\infty}^{\infty} \int_{-\infty}^{+\infty} x(t)\delta(t-k\Delta t)\mathrm{e}^{-\mathrm{i}\omega t}\,\mathrm{d}t \tag{5-2-41}$$

即存在

$$X(\omega) = \sum_{k=-\infty}^{\infty} x(k\Delta t)\mathrm{e}^{-\mathrm{i}\omega k\Delta t} \tag{5-2-42a}$$

其逆变换为

$$x(k\Delta t) = \frac{1}{\Omega_s} \int_{-\Omega_s/2}^{+\Omega_s/2} X(\Omega)\mathrm{e}^{\mathrm{i}k\Omega\Delta t}\,\mathrm{d}\Omega \tag{5-2-42b}$$

式中,$\Omega_s = 2\pi/\Delta t$。将时域间隔归一化,则 $x(k\Delta t)$ 变为离散的序列 $x(k)$。对无限长的非周期离散序列,即序列傅立叶变换为

$$X(\omega) = \sum_{k=-\infty}^{\infty} x(k)\mathrm{e}^{-\mathrm{i}k\omega}, \quad -\pi < \omega < \pi \tag{5-2-43a}$$

$$x(k) = \frac{1}{2\pi} \int_{-\pi}^{+\pi} X(\omega)\mathrm{e}^{\mathrm{i}k\omega}\,\mathrm{d}\omega \tag{5-2-43b}$$

式中,ω 为数字频率。上式成立的条件是

$$\sum_{n=-\infty}^{\infty} |x(k)| < \infty \tag{5-2-44}$$

即序列必须是绝对可和的。同时也可以看出,对一个离散序列进行傅立叶变换,所得结果是频率连续的频谱。

结果表明,时域的离散造成了频域的周期性延拓,而时域的非周期性对应于频域的连续性。因此,无限长非周期离散序列的离散时间傅立叶变换是周期性连续函数。

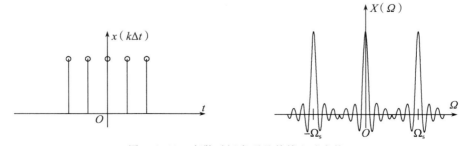

图 5-2-11　离散时间序列及其傅立叶变换

5.2.6　周期离散信号的离散傅立叶变换

由于数字信号处理是在计算机上实现各种运算和变换,其所涉及的变量和运算都是离散的,而前面所讨论的三种傅立叶变换对中,时域或频域中至少有一个域是连续的,所以都不可能在计算机上进行运算和实现。因此,对于数字信号处理,应该找到在时域和频域都是离散的傅立叶变换,即离散傅立叶变换(Discrete Fourier Transform—DFT)。

离散傅立叶变换(DFT),是连续傅立叶变换在时域和频域上的离散形式,将时域信号的采样变换成为在离散时间傅立叶变换(DTFT)频域的采样。在形式上,变换两端(时域和频域上)的序列都是有限长的,而实际上这两组序列都应当被认为是离散周期信号的主值序列。对有限长的离散信号作 DFT,也应当将其看作经过周期延拓成为周期信号再作变换。

假如序列 $x(k\Delta t)$ 是模拟信号 $x(t)$ 经过采样得到,采样时间间隔为 Δt,则频率函数的周期为 $\Omega_s=2\pi/\Delta t$;如果频率函数也是离散的,其抽样间隔为 Ω_0,则时间函数的周期为 $T_0=2\pi/\Omega_0$。当时间函数一个周期内的抽样点数为 N 时,有

$$\frac{T_0}{\Delta t}=\frac{\Omega_s}{\Omega_0}=N \tag{5-2-45}$$

上式表明在频域中频谱函数一个周期内的抽样点数也为 N,即离散傅立叶变换的时间序列和频率序列的周期都是 N。计算机仅能处理有限长的离散数字序列,对离散的数字信号进行傅立叶变换,需要借助离散傅立叶变换。离散傅立叶变换的公式为

$$X(n\Delta f)=\sum_{k=0}^{N-1}x(k\Delta t)\mathrm{e}^{-\mathrm{i}2\pi nk/N}(n=0,1,\cdots,N-1) \tag{5-2-46a}$$

式中,$x(k\Delta t)$ 为信号的采样值。离散傅立叶逆变换为

$$x(k\Delta t)=\sum_{n=0}^{N-1}X(n\Delta f)\mathrm{e}^{\mathrm{i}2\pi nk/N}(k=0,1,\cdots,N-1) \tag{5-2-46b}$$

可以看出,对于数字信号处理,计算机能够处理的必须是离散时间的信号,而且无法表达一个无限长的序列,也不能表达连续的频域特征。对于一般的离散时间信号而言,人们直接用 DTFT 即可,便于我们分析信号的频域特征,但对于计算机而言,就只能使用 DFT 了。

对离散信号序列进行 DFT 分析时,需要进行时域截断和频域采样。需要时域截断,是因为机器无法表示无限长的序列,只能处理有限长序列。那么如何理解频域采样呢?前面提到离散非周期序列的傅立叶变换(DTFT)在频域上是连续的,连续的频域特征是计算机无法表达的,因此需要对它进行采样。由此可见,引入 DFT 分析,主要是把无限长序列截断成有限长序列,进行 DTFT 后再在频域进行采样。

实际计算中,时间序列的长度 N 一般取为 2 的整数次幂,以便进行快速傅立叶变换(Fast Fourier Transform-FFT)。

由于长度为 N 的有限长序列可以看作是周期为 N 的周期序列的一个周期,因此利用 DFT 计算周期序列的一个周期,就可以得到有限长序列的离散傅立叶变换。离散傅立叶变换是 $x(n\Delta t)$ 的频谱 $X(\omega)$ 在 $[0,2\pi]$ 上的 N 点等间隔采样,也就是对序列频谱的离散化,这就是 DFT 的物理意义。由于一个域的离散造成另一个域的周期延拓,因此离散傅立叶变换的时域和频域都是离散的和周期的。

【例 5.2】某信号由直流分量和两个交变分量组成,其表达式如下:

$$x(t)=A_0+A_1\cos(2\pi f_1 t+\theta_1)+A_2\cos(2\pi f_2 t+\theta_2)$$

式中,$A_0=2,A_1=3,f_1=50,\theta_1=-60,A_2=1.5,f_2=80,\theta_2=90$ 试分析该信号的频谱。

【解】该信号如图 5-2-12(a)所示。对该信号采样,采样频率为 256 Hz,利用得到的离散时间序列进行 FFT,其幅值谱和相位谱分别如图 5-2-12(b)和图 5-2-12(c)所示。可以看出,幅值图在 0 Hz 处的值为 2,对应信号中的直流分量 A_0,其对应的相位为 0。幅值图在 50 Hz 和 80 Hz 处的值分别为 3 和 1.5,其相位分别为 -60 和 90,这两个分量正好对应着信号中的两个交变分量。

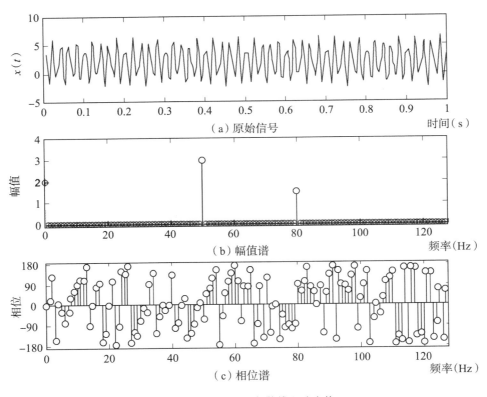

图 5-2-12　离散傅立叶变换

5.2.7　四种傅立叶变换形式的总结

上面讨论了四种不同的傅立叶变换形式。由前面的讨论可知:时域的周期性导致频域的离散性,时域的连续函数在频域形成非周期频谱;而时域的离散性造成频域的周期延拓,时域的非周期性对应于频域的连续函数形式。四种傅立叶变换形式的时域函数和对应的频域函数性质归纳总结表 5-2-1 所示。

表 5-2-1　四种傅立叶变换形式总结

变换	时间函数	频率函数
连续傅立叶变换	时间连续,非周期	非周期,频率连续
傅立叶级数	时间连续,周期	非周期,频率离散
离散时间傅立叶变换	时间离散,非周期	周期,频率连续
离散傅立叶变换	时间离散,周期	周期,频率离散

从表 5-2-1 可以看出:

(1)连续时间周期信号:处理时间连续并且具有周期性的信号,其频域上离散,非周期;

(2)连续时间非周期信号:处理时间连续但是不具有周期性的信号,其频域上连续,非周期;

(3)离散时间非周期信号:处理时间离散,不具有周期性的信号,其频域上连续,有周期性;

(4)离散时间周期信号:处理时间离散,具有周期性的信号,其频域上离散,有周期性。

5.3 ／信号的离散与采样

5.3.1　采样过程

结构的实际振动响应都是连续的信号,但计算机能够处理的信号必须为离散的数字信号。因此进行振动信号处理的第一步是对时间连续的信号进行等间隔采样,即连续的信号每经过一个时间间隔 Δt 进行一次快速启闭,得到一组脉冲序列信号。$f_s = 1/\Delta t$ 为采样频率或采样速率,$\omega_s = 2\pi f_s = 2\pi/\Delta t$ 为采样圆频率。

由此可见,采样过程就是利用采样脉冲序列,从信号中抽取一系列离散值,使之成为采样信号 $x_s(k\Delta t)$ 的过程。一个连续的模拟信号 $x(t)$,通过一个周期性开闭(周期为 Δt)的采样开关 K 之后,在开关输出端输出一串在时间上离散的脉冲信号 $x_s(k\Delta t)$,如图 5-3-1 和 5-3-2 所示。

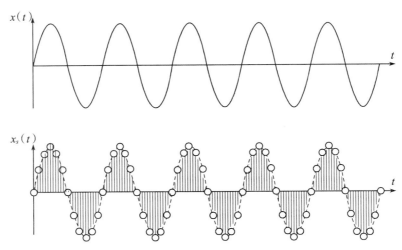

图 5-3-1　连续函数的离散化

经过采样后，无限长的连续信号 $x(t)$ 变成了离散数字序列 $x_s(t_k)=x_s(k\Delta t)$，即

$$x_s(t_k)=x(t)p(t)=x(t)\sum_{k=-\infty}^{\infty}\delta(t-k\Delta t) \qquad (5\text{-}3\text{-}1)$$

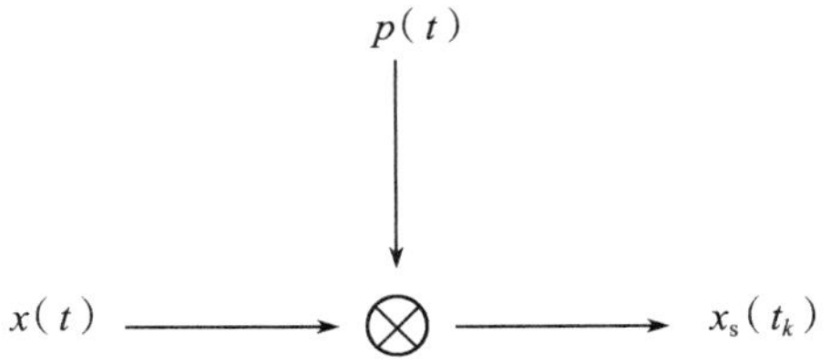

$$p(t)$$

$$x(t)\longrightarrow\bigotimes\longrightarrow x_s(t_k)$$

图 5-3-2　采样过程的实现

5.3.2　采样信号的傅立叶变换

采样信号可表示为

$$x_s(t_k)=\sum_{k=-\infty}^{\infty}x(k\Delta t)\delta(t-k\Delta t) \qquad (5\text{-}3\text{-}2)$$

由 5.2.4 节可知，周期性脉冲序列的傅立叶谱用 $\Delta(\omega_k)$ 来表示，则

$$\Delta(\omega_k)=\omega_s\sum_{k=-\infty}^{\infty}\delta(\omega-k\omega_s) \qquad (5\text{-}3\text{-}3)$$

假设原始连续信号 $x(t)$ 的傅氏谱用 $X(\omega)$ 表示，根据卷积定理，则采样信号（也就是离散序列）$x_s(t_k)$ 的傅氏谱 $X_s(\omega)$ 为

$$X_s(\omega)=\frac{1}{2\pi}X(\omega)*\Delta(\omega_k) \qquad (5\text{-}3\text{-}4)$$

$$=\frac{1}{2\pi}\int_{-\infty}^{+\infty}X(\Omega)\omega_s\sum_{k=-\infty}^{\infty}\delta(\omega-k\omega_s-\Omega)\mathrm{d}\Omega$$

$$=\frac{\omega_s}{2\pi}\sum_{k=-\infty}^{\infty}\int_{-\infty}^{+\infty}X(\Omega)\delta(\omega-k\omega_s-\Omega)\mathrm{d}\Omega$$

$$=f_s\sum_{k=-\infty}^{\infty}X(\omega-k\omega_s)$$

可以看出，$X_s(\omega)$ 是频率 ω 的周期函数，是由一组移位的 $X(\omega)$ 叠加所组成，其周期为 ω_s。在幅值上，采样信号的傅氏谱 $X_s(\omega)$ 为原始连续信号傅氏谱 $X(\omega)$ 的 f_s 倍。同时也可以看出，对一个最高频率为 ω_m 的带限信号，如果 $\omega_m < \omega_s - \omega_m$（即 $\omega_s > 2\omega_m$），则互相移位的 $X(\omega)$ 之间没有重叠现象，如图 5-3-3c 所示；相反，如果 $\omega_m > \omega_s - \omega_m$（即 $\omega_s < 2\omega_m$），则存在重叠现象，如图 5-3-3d 所示。对于没有重叠现象的情况，$X(\omega)$ 如实地出现在采样频率的整数倍频率处，因而当 $\omega_s > 2\omega_m$ 时，$x(t)$ 就能够完全用一个低通滤波器从 $x_s(t)$ 中恢复出来。该低通滤波器的增益为 $1/f_s$，截止频率大于 ω_m，但要小于 $\omega_s - \omega_m$，这就是采样定理，具体可以叙述如下。

采样频率大于等于分析信号中最高频率成分的两倍，或在分析信号最高频率成分一个周期内至少采样两点，则采样后离散信号频谱中不会出现频率混叠。这就是采样定理，即

$$\omega_s \geqslant 2\omega_m \tag{5-3-5}$$

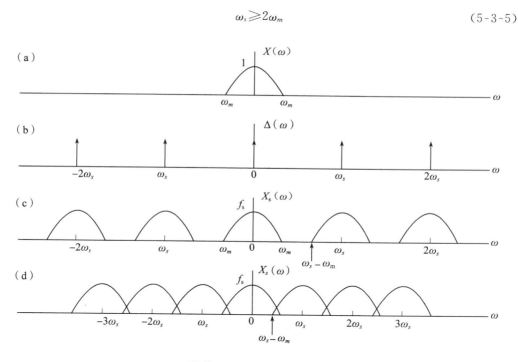

（a）原始信号频谱；（b）采样函数频谱；

（c）$\omega_s > 2\omega_m$ 时采样信号频谱；（d）$\omega_s < 2\omega_m$ 时采样信号频谱

图 5-3-3　时域采样的频域效果图

对一个最高频率为 ω_m 的带限信号进行采样时，采样频率 ω_s 必须大于 ω_m 的两倍以上才能确保利用采样值完全重构原来的信号。$\omega_N = \omega_s/2$ 称为混叠频率或 Nyquist 频率。这就是不产生频率混淆现象的临界条件。如果分析信号中最高频率成分不超过混叠频率，则不出现频率混叠。

5.3.3　频率混叠

如果采样频率过低,会造成采样信号频率产生明显失真的现象。频率混叠是数字信号处理中的一个重要概念,它是数字信号处理中的特有现象,是数字信号离散采样引起的。只要是等步长离散采样一定会产生频率混叠现象。频率混叠会产生虚假频率、虚假信号,从而严重影响测量结果。在采样频率小于模拟信号中所要分析的最高分量的频率的两倍时,就会发生频率混叠。信号采样后其频谱产生了周期延拓,每隔一个采样频率 ω_s,重复出现一次。为保证采样后信号的频谱形状不失真,采样频率必须大于信号中最高频率成分的两倍,即要满足采样定理。如果原信号 $x(t)$ 中包含的最高频率成分 $\omega_m > \omega_s/2$,则在离散信号谱中相应周期的谱会出现重叠,这种现象称为频率混叠或混频,如图 5-3-3(d)所示。

频率混叠的时域表示如图 5-3-4。对某正弦时域信号,如果以合适的采样频率进行采样,如图 5-3-4(a)所示,则采样信号能够代表原来的连续信号;反之,如果采样频率过低,如图 5-3-4(b)所示,则采样信号不能代表原始连续信号,原来的高频信号经过采样后变为了一个低频信号,即产生了信号失真现象。

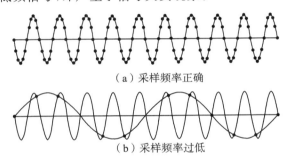

（a）采样频率正确

（b）采样频率过低

图 5-3-4　频率混叠的时域表示

可以看出,对某信号以 ω_s 进行采样,采样信号仅包含了频率低于 $\omega_s/2$ 的信息。此时容易产生一种误解,即认为"如果用采样频率 ω_s 对一个信号采样,信号中 $\omega_s/2$ 以上的信息会消失"。实际上这样理解是完全错误的。采样定理表明,当用采样频率 ω_s 对一个信号采样时,信号中 $\omega_s/2$ 以上的频率成分不是消失了,而是对称地映象到了 $\omega_s/2$ 以下的频带中,并且和 $\omega_s/2$ 以下的原有频率成分叠加起来,这个现象就是前述的"混叠"(Aliasing),这是任何一个连续信号被离散化的必然结果。

下面通过一个具体的例子来对不同采样频率下的混叠现象进一步说明。如图 5-3-5 所示,频率为 16 Hz 的正弦信号,以 $f_s = 64$ Hz 进行采样,如图 5-3-5(a)所示,由于混叠频率(Nyquist 频率)$f_N = 32$ Hz,大于信号的真实频率 $f_t = 16$ Hz,因此其傅立叶变换不会产生虚假频率,能够得到完全正确的结果,如图 5-3-5(b)所示。

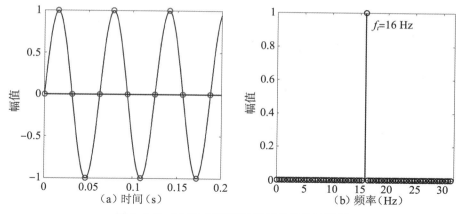

图 5-3-5 16 Hz 正弦波时域采样及其频谱图

如图 5-3-6 所示,对频率为 40 Hz 的正弦波信号,如果同样以 $f_s = 64$ Hz 进行采样,如图 5-3-6(a)所示,此时 Nyquist 频率 $f_N = 32$ Hz 小于信号的真实频率 $f_t = 40$ Hz,因此其傅立叶变换会在 24 Hz 处产生虚假频率,如图 5-3-6(b)所示,此虚假信号与真实信号的频率关于 Nyquist 频率对称。

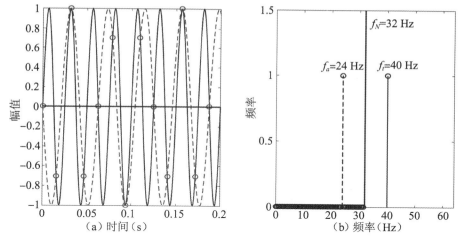

图 5-3-6 40 Hz 正弦波时域采样及其频谱图

如图 5-3-7 所示,对频率为 74 Hz 的正弦波,仍然以 $f_s = 64$ Hz 进行采样,如图 5-3-7(a)所示,此时 Nyquist 频率 $f_N = 32$ Hz 小于信号的真实频率,因此其傅立叶变换会产生虚假频率,如图 5-3-7(b)所示。由于正弦波的频率 74 Hz 已经超过了其采样频率 f_s,因此傅立叶变换会先以采样频率 f_s 为中心进行映射,从而在 54 Hz 处产生虚假信号(即将 74 Hz 的真实信号映射为 54 Hz 的虚假信号),然后再以 Nyquist 频率为中心进行二次映射,从而将 54 Hz 的信号再次映射为 10 Hz 的虚假信号。由此可见,最终的虚假信号是真实信号相继经过采样频率和混叠频率的二次映射而产生。

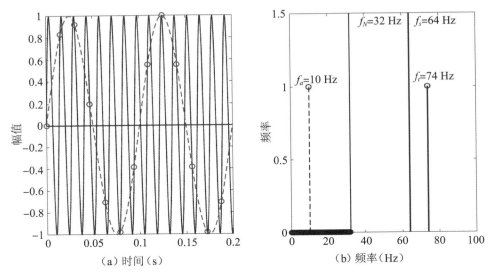

图 5-3-7　74 Hz 正弦波时域采样及其频谱图

实际振动信号可能包含着多种频率成分或者包含高频分量。为解决频率混叠问题，一般可采取如下办法。

1. 提高采样率 ω_s

现代信号采集系统的采样频率可达数百 kHz 以上，可以通过增大采样频率的方式来解决频率混叠问题。通过提高采样率的方法来解决频率混叠问题也有缺点。其一，采样频率过高，内存占用量和计算量都会增加；其二，一些信号本身可能包含 $0\sim\infty$ 的频率成分，但不可能把采样频率提高到无穷大。所以靠提高采样频率避免频率混叠是有限制的。事实上，每个信号采集系统都包括采样频率上限。

根据采样定理，只有当采样频率 ω_s 大于信号中最高频率 ω_m 的 2 倍时，才能避免频率混叠。在实际工程应用中，为确保避免频域混叠，通常采样频率取 4～10 倍的最高频率，即满足

$$\omega_s > (4\sim 10)\omega_m \tag{5-3-6}$$

2. 采用抗混滤波器

工程测量中采样频率不可能无限高，也不需要无限高，因为一般只关心一定频率范围内的信号成分。在采样频率 ω_s 一定的情况下，先用截止频率为 $\omega_N = \omega_s/2$ 的滤波器对信号 $x(t)$ 进行低通滤波，滤除高于 ω_N 的信号频率成分，然后再进行采样，从而可以避免频率混叠。此处低通滤波器起的作用是抵抗频率混叠，故称之为抗混滤波器（anti-aliasing filter）。

在信号频域分析中，经常会用到频率分辨率的概念。频率分辨率、采样频率及采样长度之间有什么关系呢？假如对模拟信号 $x(t)$ 进行采样，采样时间间隔为 Δt，则采样频率为 $f_s = 1/\Delta t$；由于 DFT 得到的傅氏谱是离散的，其频域采样间隔为 $\Delta f = f_0 = 1/T_0$，

即为频率分辨率。$T_0 = 1/f_0$ 为信号记录长度。

为了对信号进行采样，采样点数 N 满足条件

$$N = \frac{T_0}{\Delta t} = \frac{f_s}{f_0} \tag{5-3-7}$$

$$\Delta f = f_s / N \tag{5-3-8}$$

从上面的公式可以看出，信号的最高频率分量 f_m 和频率分辨率 f_0 之间存在矛盾。要想使 f_m 增加，则时域抽样间隔 Δt 就一定要减小，从而 f_s 要增加。在抽样点数 N 固定的情况下，必然使得 Δf 增加，即频率分辨率下降（即 f_0 增大）。反之，若要提高频率分辨率（减小 f_0），就要增加 T_0，当 N 固定时，必然导致 Δt 增加，因而减小了高频容量 f_m。因此，若既要保证高频容量又要保证高的频率分辨率，唯一有效的方法就是增加记录长度内的抽样点数 N，在 f_m 和 f_0 给定的条件下，N 必须满足

$$N > \frac{2f_m}{f_0} \tag{5-3-9}$$

5.4 ／信号的截断与能量泄露

5.4.1　截断与泄露

计算机可以处理的信号必须是有限长的，因此需要对无限长的连续信号进行截断，即截取测量信号中的一段信号来处理。信号截断一般会带来截断误差，截取的有限长信号不能完全反应原信号的频率特征。具体来说，截断信号中会增加新的频率成分，并且其谱值大小也会发生变化，这种现象称为频率泄露。从能量角度来说，这种现象相当于原信号各频率处的能量泄露到了其他频率成分上，因此频率泄露又称为能量泄露。

在数学上，无限长连续信号的截断相当于用一个高度为 1，宽度为 T 的矩形窗函数 $w(t)$ 去乘原信号 $x(t)$，则截断信号的表达式为

$$x_T(t) = x(t)w(t) \tag{5-4-1}$$

截断信号 $x_T(t)$ 的傅立叶变换为

$$X_T(f) = X(f) * W(f) \tag{5-4-2}$$

式中，$X_T(f)$，$X(f)$，$W(f)$ 分别为截断信号 $x_T(t)$、原始信号 $x(t)$ 及窗函数 $w(t)$ 的傅氏谱。

下面以余弦信号为例来说明信号截断过程以及造成的能量泄露问题。对幅值为 A、频率为 f_0 的无限长连续余弦信号

$$x(t) = A\cos(2\pi f_0 t) \tag{5-4-3}$$

其截断信号表达式为

$$x_T(t) = \begin{cases} A\cos(2\pi f_0 t) & |t| \leqslant T/2 \\ 0 & |t| > T/2 \end{cases} \tag{5-4-4}$$

下面推导截断信号的傅立叶变换。无限长余弦信号的傅立叶变换由公式(5-2-34)确定,即

$$X(f) = \frac{A}{2}\left[\delta(f-f_0) + \delta(f+f_0)\right]$$

而由公式(5-2-37)可知矩形窗函数 $w(t)$ 的傅立叶变换为

$$W(f) = T\frac{\sin(\pi f T)}{\pi f T}$$

于是,截断信号的傅立叶变换为

$$X_T(f) = X(f) * W(f) = \frac{1}{2}AT\left[\frac{\sin\pi(f+f_0)}{\pi T(f+f_0)} + \frac{\sin\pi(f-f_0)}{\pi T(f-f_0)}\right] \quad (5\text{-}4\text{-}5)$$

可以看出,对无限长的余弦信号,其频谱是位于 $\pm f_0$ 处的两条单一谱线,如图 5-4-1(a)所示。经过截断后,截断信号的频谱变成了位于 $\pm f_0$ 附近的连续频谱,且分布于整个频率轴上,也就是说位于 $\pm f_0$ 处的能量分散到了比较宽阔的频带上,即产生了能量泄露,如图 5-4-1(c)所示。这种因时域信号长度被截断而在频域增加很多频率成分(旁瓣)的现象,就称为频率泄露。上述频率泄露的过程如图 5-4-1 所示。

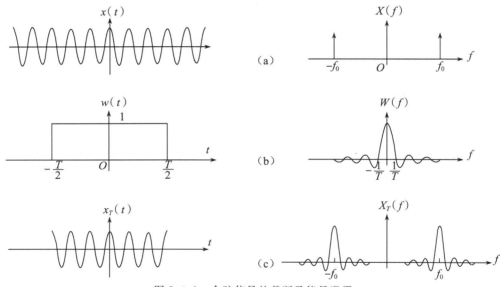

图 5-4-1　余弦信号的截断及能量泄露

以上讲述的为连续的余弦函数截断时造成的能量泄露。计算机可以处理的为离散数字信号(离散序列),离散信号的能量泄露(即离散傅立叶变换)情况如图 5-4-2 所示。从图中可以看出,由于只对长度为 T 的有限长样本做分析,本来应该是单一频率 $\pm f_0$ 的频谱在 $\pm f_0$ 周围变成了若干离散频率分量。

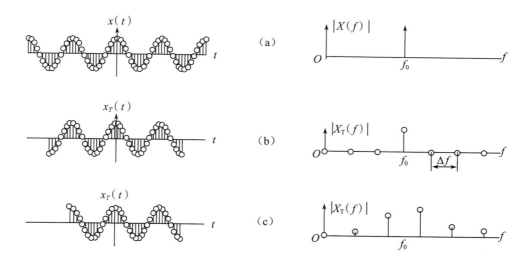

（a）无限长余弦信号及其频谱;（b）有限长余弦信号及其频谱（整周期截断）;

（c）有限长余弦信号及其频谱（非整周期截断）。

图 5-4-2　离散截断信号的能量泄露

对周期性连续函数，如果截断长度包含 n 个整周期，则卷积后的 $X_T(f)$ 在采样（即对截断信号作离散傅立叶变换）时，其谱线为位于 $n\Delta f$ 处的离散傅立叶谱，除此之外所有谱线都位于连续谱的零点上。因此在这种情况下可以认为不产生泄露，如图 5-4-2（b）所示。否则，将产生频率泄露，如图 5-4-2（c）所示。

假设余弦信号的周期 T_0 与截断长度 T 满足 $T=nT_0$，则长度为 T 的离散信号的离散傅立叶变换的频率分析带宽（即频率分辨率）为

$$\Delta f=1/T=f_0/n \tag{5-4-6}$$

从而

$$f_0=n\Delta f \tag{5-4-7}$$

而离散频谱图中的谱线位置是取在 $n\Delta f$ 处，这正好是 $X_T(f)=X(f)*W(f)=W(f-f_0)$ 图的零点位置，只有 f_0 处一条谱线除外，即正好没有能量泄露。

5.4.2　窗函数

数字信号分析需要选取合理的采样长度，这个长度就是数据采样对原始信号的截断。截断信号的频谱与实际信号的频谱存在一定差异，表现为频谱上出现旁瓣，另外主瓣的幅值与实际信号的频谱幅值也产生了差异。

由上述分析可知，避免泄露的办法是保证窗函数的长度等于被截断函数周期的整数倍。对于随机振动信号，一般都是非周期性函数，无法满足上述条件。在这种情况下，通过选择合适的窗函数可以达到抑制旁瓣的效果，从而减少能量的泄露。为了避免频谱泄露对结果的影响，在对非周期信号做时间截断时，除尽量增加截断序列的宽度外，也应选其频谱的旁瓣较小的截断窗函数，以减小泄露的影响。

为了保证加窗后信号能量的不改变,要求窗函数与时间轴所围面积与矩形窗面积 T 相等,即

$$\int_{-T/2}^{T/2} w(t)\mathrm{d}t = T \tag{5-4-8}$$

为了使加窗后的功率谱不受窗函数的影响,需要对窗函数乘以一个比例系数即可修正小于面积 T 的部分。常用的窗函数很多,例如矩形窗、三角窗、汉宁窗、海明窗和布莱克曼窗等。实际应用中的窗函数,大致可以分为如下三类。

(1) 幂窗

采用时间变量的某种幂次的函数,如矩形窗、三角窗等;

(2) 三角函数窗

应用正弦或余弦函数的组合形成的窗函数,如汉宁窗、海明窗、布莱克曼窗等;

(3) 指数窗

采用指数时间函数,如高斯窗等。

下面介绍几种常用的窗函数及其频谱特性。

1. 矩形窗

连续矩形窗函数的时域形状为

$$w(t) = \begin{cases} 1 & 0 \leqslant t \leqslant T \\ 0 & \text{其他} \end{cases} \tag{5-4-9}$$

其对应的谱为

$$W(f) = T\frac{\sin(\pi f T)}{\pi f T} = T\mathrm{sinc}\,(\pi f T) \tag{5-4-10}$$

连续矩形窗函数及其傅氏谱如图 5-2-6 所示。

离散序列矩形窗函数定义为

$$w(n) = \begin{cases} 1 & 0 \leqslant n \leqslant N-1 \\ 0 & \text{其他} \end{cases} \tag{5-4-11}$$

其频率响应函数为

$$W(\omega) = \mathrm{e}^{-\mathrm{j}\frac{N-1}{2}\omega}\frac{\sin(N\omega/2)}{\sin(\omega/2)} \tag{5-4-12}$$

其幅值响应为

$$W_R(\omega) = |W(\omega)| = \frac{\sin(N\omega/2)}{\sin(\omega/2)} \tag{5-4-13}$$

可以看出,当 $\omega=0$ 时,$W_R(\omega)=N$;当 $N\omega/2=k\pi$ 时,$W_R(\omega)=0$。$W_R(\omega)$ 在 $\omega=0$ 两边第一个过零点间的部分即为主瓣。第一个过零点的坐标为 $\omega_1=2\pi/N$,如果定义 $\Delta\omega=2\pi/N$,则矩形窗的主瓣宽度为 $B=4\pi/N=2\omega$。

主瓣以外的部分称为旁瓣。第一个旁瓣大概在 $\omega=3\pi/N$ 的位置,代入式(5-4-13)可得其幅值约为 $2N/3\pi$,第一旁瓣比主瓣低 13 dB,即最大旁瓣峰值 $A=-13$ dB。当

N 增大时,主瓣宽度 B 减小;当 $N \to \infty$ 时,$W_R(\omega)$ 即趋于 $\delta(\omega)$,相当于信号没有截断的情况。在各种窗函数中,矩形窗的主瓣最窄,旁瓣也最高。矩形窗的旁瓣谱峰渐进衰减速度 $D = -6\ \mathrm{dB/oct}$。离散矩形窗函数及其频谱如图 5-4-3 所示。

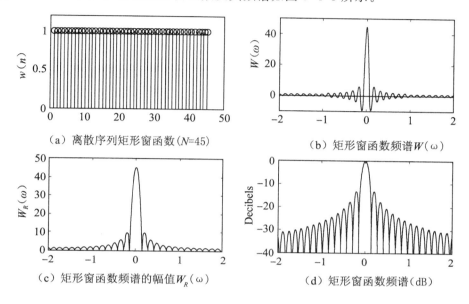

（a）离散序列矩形窗函数（N=45）　　　　（b）矩形窗函数频谱 $W(\omega)$

（c）矩形窗函数频谱的幅值 $W_R(\omega)$　　　（d）矩形窗函数频谱（dB）

图 5-4-3　离散序列矩形窗函数及其频谱

矩形窗使用最多,习惯上不加窗就是使信号通过了矩形窗。这种窗的优点是主瓣比较集中,缺点是旁瓣较高,并有负旁瓣,导致变换中带进了高频干扰和泄露,甚至出现负谱现象。

在 Matlab 中,矩形窗函数可以用 boxcar 来形成。其调用方式为 $w = \mathrm{boxcar}(n)$。输入参数 n 是窗函数的长度;输出参数 w 是由窗函数的值组成的 n 阶向量。

2. 三角窗

由于矩形窗从 0 到 1(或 1 到 0)有一个突变的过渡带,这造成了吉布斯现象。巴特利特提出了一种逐渐过渡的三角窗形式,其时域表达式为

$$w(t) = \begin{cases} \dfrac{1}{T}\left(1 - \dfrac{|t|}{T}\right) & |t| \leqslant T \\ 0 & |t| > T \end{cases} \tag{5-4-14}$$

其对应的谱为

$$W(f) = \left(\dfrac{\sin(\pi f T)}{\pi f T}\right)^2 \tag{5-4-15}$$

连续三角窗函数及其傅氏谱如图 5-4-4 所示。

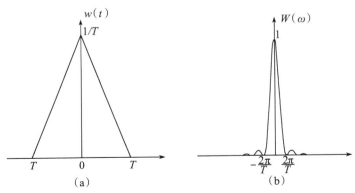

图 5-4-4 三角窗及其傅氏谱

离散序列三角窗函数定义为

$$w(n)=\begin{cases} 2n/(N-1) & n=0,1,\cdots,(N-1)/2 \\ 2-2n/(N-1) & n=(N-1)/2,\cdots,N-1 \end{cases} \qquad (5\text{-}4\text{-}16)$$

其频率响应函数为

$$W(\omega)=\frac{2}{N}e^{-i\frac{N-1}{2}\omega}\left[\frac{\sin\left(\dfrac{N\omega}{4}\right)}{\sin\left(\dfrac{\omega}{2}\right)}\right]^{2} \qquad (5\text{-}4\text{-}17)$$

三角窗的主瓣宽度为 $B=8\pi/N(B=1.28\omega)$，比矩形窗函数的主瓣增加了一倍，旁瓣宽度缩小了很多。$A=-25\ \text{dB}$，$D=-12\ \text{dB/oct}$。

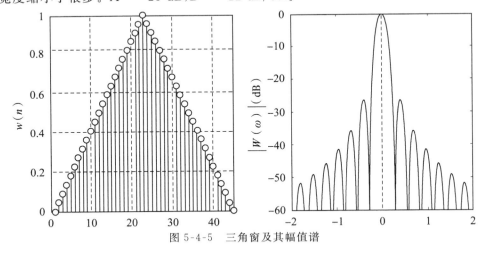

图 5-4-5 三角窗及其幅值谱

3. 汉宁窗（Hanning window）

连续汉宁窗的时域形状为

$$w(t)=1-\cos\frac{2\pi}{T}t\ (0\leqslant t\leqslant T) \qquad (5\text{-}4\text{-}18)$$

其对应的谱为

$$W(f)=T\frac{\sin(2\pi fT)}{2\pi fT}-\frac{1}{2}T\frac{\sin\left[2\pi T\left(f+\frac{1}{T}\right)\right]}{2\pi T\left(f+\frac{1}{T}\right)}-\frac{1}{2}T\frac{\sin\left[2\pi T\left(f-\frac{1}{T}\right)\right]}{2\pi T\left(f-\frac{1}{T}\right)}$$

$$(5\text{-}4\text{-}19)$$

离散序列汉宁窗函数定义为

$$w(n)=0.5-0.5\cos\left(\frac{2\pi n}{N-1}\right),n=0,1,\cdots,N-1 \qquad (5\text{-}4\text{-}20)$$

其频率响应函数为

$$W(\omega)=\left\{0.5W_R(\omega)+0.25\left[W_R\left(\omega-\frac{2\pi}{N-1}\right)+W_R\left(\omega+\frac{2\pi}{N-1}\right)\right]\right\}e^{-i\frac{N-1}{2}\omega} \qquad (5\text{-}4\text{-}21)$$

式中，$W_R(\omega)$为矩形窗函数的幅值谱。

汉宁窗又称升余弦窗，可以看出其频响函数幅值为三个矩形时间窗的频谱之和。从公式(5-4-21)可以看出，括号中的两项相对于第一个谱窗向左、向右各移动了$\frac{2\pi}{N-1}$，从而使得旁瓣相互抵消，消除了高频干扰和能量泄露。同矩形窗相比，其能量更加集中于主瓣，而旁瓣显著减少。从减小能量泄露角度来看，汉宁窗优于矩形窗，但汉宁窗主瓣加宽，相当于分析带宽加大，频率分辨力相应下降。

离散序列汉宁窗函数及其频谱如图 5-4-6 所示。汉宁窗的主瓣宽度为 $B=8\pi/N$（$B=1.44\Delta\omega$），$A=-32$ dB，$D=-18$ dB/oct。

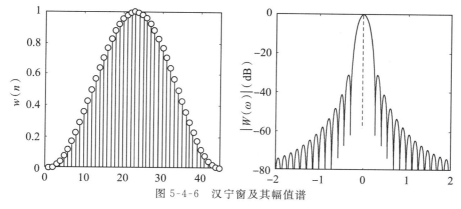

图 5-4-6　汉宁窗及其幅值谱

4. 海明窗（hamming window）

连续海明窗的时域形状表达式为

$$w(t)=0.54-0.46\cos\frac{2\pi}{T}t,(0\leqslant t\leqslant T) \qquad (5\text{-}4\text{-}22)$$

其对应的傅氏谱为

$$W(f)=0.54T\frac{\sin(2\pi fT)}{2\pi fT}-0.23T\frac{\sin\left[2\pi T\left(f+\frac{1}{T}\right)\right]}{2\pi T\left(f+\frac{1}{T}\right)}-0.23T\frac{\sin\left[2\pi T\left(f-\frac{1}{T}\right)\right]}{2\pi T\left(f-\frac{1}{T}\right)}$$

$$(5\text{-}4\text{-}23)$$

离散序列海明窗函数定义为

$$w(n)=0.54-0.46\cos\left(\frac{2\pi n}{N-1}\right),n=0,1,\cdots,N-1 \qquad (5\text{-}4\text{-}24)$$

其频率响应函数为

$$W(\omega)=\left\{0.54W_R(\omega)+0.23\left[W_R\left(\omega-\frac{2\pi}{N-1}\right)+W_R\left(\omega+\frac{2\pi}{N-1}\right)\right]\right\}e^{-i\frac{N-1}{2}\omega}$$

$$(5\text{-}4\text{-}25)$$

式中，$W_R(\omega)$为矩形窗函数的幅值谱。离散序列海明窗函数及其频谱如图 5-4-7 所示。

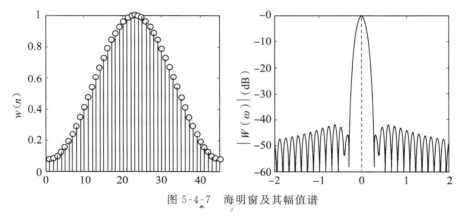

图 5-4-7　海明窗及其幅值谱

　　海明窗也是余弦窗的一种，又称改进的升余弦窗。海明窗与汉宁窗都是余弦窗，只是加权系数不同。海明窗的加权系数能使旁瓣更小。海明窗的频谱也是由 3 个矩形时窗的频谱合成，但其旁瓣衰减速度为 -6 dB/oct，这比汉宁窗衰减速度慢。海明窗的主瓣宽度为 $B=8\pi/N(B=1.3\Delta\omega)$，$A=-42$ dB，$D=-6$ dB/oct。

　　5. 布莱克曼(Blackman)窗——二阶升余弦窗

　　连续布莱克曼窗的时域形状表达式为

$$w(t)=0.42-0.5\cos\frac{2\pi}{T}t+0.08\cos\frac{4\pi}{T}t,(0\leqslant t\leqslant T) \qquad (5\text{-}4\text{-}26)$$

其对应的傅氏谱为

$$W(f) = 0.42T \frac{\sin(2\pi fT)}{2\pi fT} - 0.25T \frac{\sin\left[2\pi T\left(f+\frac{1}{T}\right)\right]}{2\pi T\left(f+\frac{1}{T}\right)} - 0.25T \frac{\sin\left[2\pi T\left(f-\frac{1}{T}\right)\right]}{2\pi T\left(f-\frac{1}{T}\right)} +$$

$$0.04T \frac{\sin\left[4\pi T\left(\frac{f}{2}+\frac{1}{T}\right)\right]}{4\pi T\left(\frac{f}{2}+\frac{1}{T}\right)} - 0.04T \frac{\sin\left[4\pi T\left(\frac{f}{2}-\frac{1}{T}\right)\right]}{4\pi T\left(\frac{f}{2}-\frac{1}{T}\right)} \qquad (5\text{-}4\text{-}27)$$

离散序列布莱克曼窗函数定义为

$$w(n) = 0.42 - 0.50\cos\left(\frac{2\pi n}{N-1}\right) + 0.08\cos\left(\frac{4\pi n}{N-1}\right), n = 0,1,\cdots,N-1$$

$$(5\text{-}4\text{-}28)$$

其频率响应函数为

$$W(\omega) = \left\{ 0.42W_R(\omega) + 0.25\left[W_R\left(\omega-\frac{2\pi}{N-1}\right) + W_R\left(\omega+\frac{2\pi}{N-1}\right)\right] + \right.$$

$$\left. 0.04\left[W_R\left(\omega-\frac{4\pi}{N-1}\right) + W_R\left(\omega+\frac{4\pi}{N-1}\right)\right] \right\} e^{-i\frac{N-1}{2}\omega} \qquad (5\text{-}4\text{-}29)$$

式中，$W_R(\omega)$为矩形窗函数的幅值谱。

布莱克曼窗又称二阶升余弦窗。布莱克曼窗的主瓣宽度为 $B = 12\pi/N$（$B = 1.68\Delta\omega$），$A = -58$ dB，$D = -18$ dB/oct。

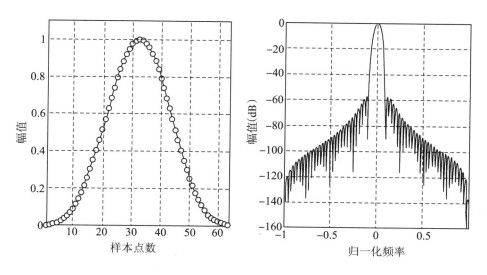

图 5-4-8　布莱克曼窗及其幅值谱

6. 平顶窗

$$w(t) = 1 - 1.93\cos\frac{2\pi}{T}t + 1.29\cos\frac{4\pi}{T}t - 0.388\cos\frac{6\pi}{T}t + 0.032\,2\cos\frac{8\pi}{T}t \quad (0 \leqslant t \leqslant T)$$

(5-4-30)

$$W(f) = 0.42T\frac{\sin(2\pi fT)}{2\pi fT} - \frac{1.93}{2}T\frac{\sin\left[2\pi T\left(f + \frac{1}{T}\right)\right]}{2\pi T\left(f + \frac{1}{T}\right)} - \frac{1.93}{2}T\frac{\sin\left[2\pi T\left(f - \frac{1}{T}\right)\right]}{2\pi T\left(f - \frac{1}{T}\right)} +$$

$$\frac{1.29}{2}T\frac{\sin\left[4\pi T\left(\frac{f}{2} + \frac{1}{T}\right)\right]}{4\pi T\left(\frac{f}{2} + \frac{1}{T}\right)} + \frac{1.29}{2}T\frac{\sin\left[4\pi T\left(\frac{f}{2} - \frac{1}{T}\right)\right]}{4\pi T\left(\frac{f}{2} - \frac{1}{T}\right)} - \frac{0.388}{2}T\frac{\sin\left[6\pi T\left(\frac{f}{3} + \frac{1}{T}\right)\right]}{6\pi T\left(\frac{f}{3} + \frac{1}{T}\right)}$$

$$-\frac{0.388}{2}T\frac{\sin\left[6\pi T\left(\frac{f}{3} - \frac{1}{T}\right)\right]}{6\pi T\left(\frac{f}{3} - \frac{1}{T}\right)} + \frac{0.0322}{2}T\frac{\sin\left[8\pi T\left(\frac{f}{4} + \frac{1}{T}\right)\right]}{8\pi T\left(\frac{f}{4} + \frac{1}{T}\right)} + \frac{0.0322}{2}T\frac{\sin\left[8\pi T\left(\frac{f}{4} - \frac{1}{T}\right)\right]}{8\pi T\left(\frac{f}{4} - \frac{1}{T}\right)}$$

(5-4-31)

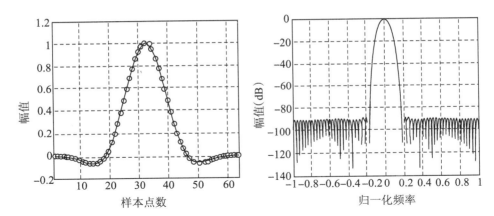

图 5-4-9　平顶窗及其幅值谱

7. 高斯窗

高斯窗是一种指数窗,其时域表达式为

$$w(t) = e^{-at^2}, \quad (0 \leqslant t \leqslant T)$$

(5-4-32)

式中,a 为常数,决定了函数曲线衰减的快慢。其对应的谱为

$$W(f) = 2\sqrt{\pi}\sigma e^{-4\pi^2\sigma^2 f^2}$$

(5-4-33)

a 值如果选取适当,可以使截断点处的函数值较小,则截断造成的影响就较小。高斯窗谱无负的旁瓣,第一旁瓣衰减达 -55 dB。高斯窗谱的主瓣较宽,故而频率分辨力低。高斯窗函数常被用来截断一些非周期信号,如指数衰减信号等。

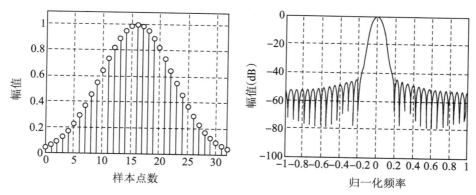

图 5-4-10 高斯窗及其幅值谱

常见的几种窗函数的幅值谱的比较如图 5-4-11 所示。

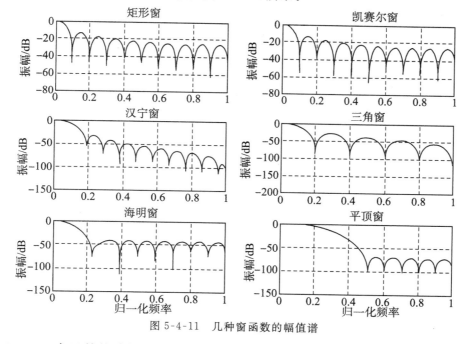

图 5-4-11 几种窗函数的幅值谱

5.4.3 窗函数的选择

信号截断产生能量泄露是必然的,因为矩形窗函数是一个频带无限的函数,所以即使原信号 $x(t)$ 是有限带宽信号,而在截断以后也必然成为无限带宽的函数,即信号在频域的能量被扩展了。同时从采样定理可知,无论采样频率多高,只要信号一经截断,就不可避免地引起混叠,因此信号截断必然导致一些误差,这是信号分析中不容忽视的问题。

为了减少频谱能量泄露,可采用不同的窗函数对信号进行截断。泄露与窗函数频谱的两侧旁瓣有关,如果两侧旁瓣的高度趋于零,而使能量相对集中在主瓣,就可以较为接近于真实的频谱,为此,在时间域中可采用不同的窗函数来截断信号。选择窗函数应使其频谱:① 主瓣要窄且高,以使过渡带尽量陡;② 旁瓣相对于主瓣越小越好,这样可使肩峰和波动减小,即能量尽可能集中于主瓣内。

不同的窗函数对旁瓣的抑制能力也不太一样。可以根据实际需要来选择合适的窗函数减轻泄露问题。为了定量地比较各种窗函数的性能,如图 5-4-12 所示,给出衡量窗函数性能的三个频域性能指标:① 3 dB 带宽 B:指主瓣归一化的幅值下降到 -3 dB 时的带宽。当数据长度为 N 时,矩形窗主瓣两个过零点之间的宽度为 $4\pi/N$。② 最大旁瓣峰值 A(dB):A 越小,由旁瓣引起的谱失真越小。③ 旁瓣谱峰渐进衰减速度 D:单位 dB/oct。

一个理想的窗口,应该有最小的 B 和 A 及最大的 D。

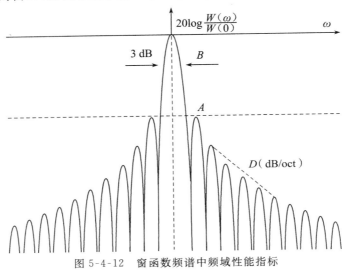

图 5-4-12　窗函数频谱中频域性能指标

从窗函数的时域图形可以看出,矩形窗在 $[0,T]$ 内的权重均为 1,而其他窗函数在 $[0,T]$ 内的权重是变化的,在两端的权重最小为零。这种不等权重的处理使得原信号在截断处时域幅值为零。

从窗函数的频域图形可以看出,矩形窗函数的主瓣最窄,但旁瓣最高。其他窗函数的旁瓣降低了,但主瓣宽度却加宽了。各种窗函数的基本参数见表 5-4-1。

对于窗函数的选择,应考虑被分析信号的性质与处理要求。如果仅要求精确读出主瓣频率,而不考虑幅值精度,则可选用主瓣宽度比较窄而便于分辨的矩形窗,例如测量物体的自振频率等;如果分析窄带信号,且有较强的干扰噪声,则应选用旁瓣幅度小的窗函数,如汉宁窗、三角窗等;对于随时间按指数衰减的函数,可采用指数窗来提高信噪比。

表 5-4-1　各种窗函数的基本参数

窗函数	旁瓣峰值幅度/dB	主瓣宽度	阻带最小衰减/dB
矩形窗	-13	$4\pi/N$	-21
三角形窗	-25	$8\pi/N$	-25
汉宁窗	-31	$8\pi/N$	-44
海明窗	-41	$8\pi/N$	-53
布莱克曼窗	-57	$12\pi/N$	-74
凯塞窗	-57	$10\pi/N$	-80

思考题

1. 若时域信号为 $x(t) \times y(t)$，则相应的频域信号为多少？

2. 若频域信号为 $X(f) \times Y(f)$，则相应的时域信号为多少？

3. 三角窗函数如图所示，试画出其频谱图。

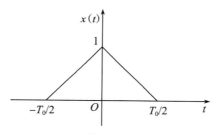

第 3 题图

4. 周期三角波如图所示，试用傅立叶级数求其频谱，并作频谱图。

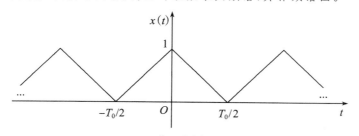

第 4 题图

5. 求用单位脉冲序列 $g(t)$ 对单边指数衰减函数 $y(t)$ 采样的频谱，并作频谱图。

$$x(t) = \begin{cases} \cos(\omega_0 t) & (|t| < T) \\ 0 & (|t| \geqslant T) \end{cases}$$

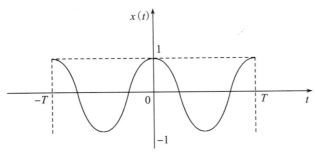

第 5 题图

6. 求指数衰减函数 $x(t) = \mathrm{e}^{-at}\cos(\omega_0 t)$ 的频谱函数 $X(f)$ $(a > 0, t \geqslant 0)$。

7. 什么是频率泄露？为什么会产生泄露？窗函数为什么能减少泄露？

8. 什么是窗函数，描述窗函数的各项频域指标能说明什么问题？

9. 频率混叠是怎么产生的，有什么解决方法？

10. 对三个余弦信号 $x_1(t) = \cos(2\pi t)$，$x_2(t) = \cos(6\pi t)$，$x_3(t) = \cos(10\pi t)$ 分别做理想采样，采样频率为 $f = 4\ \mathrm{Hz}$，求三个采样输出序列，画出信号波形和采样点的位置并解释混叠现象。

第六章
振动信号分析技术

6.1 ／ 信号的分类与描述

6.1.1　信号的分类

为深入了解信号的物理实质,研究信号的分类是必要的,可从不同的角度观察信号。按照信号随时间的变化特征,振动信号分类如图 6-1-1 所示,即可将振动信号分为确定性信号和随机信号两大类。确定性信号为可用明确的数学关系或图表表达的信号,又可分为周期性振动信号和非周期性振动信号。周期性振动信号包括简谐振动信号和复杂周期振动信号。非周期性振动包括准周期振动信号和瞬态振动信号。

随机振动是一种非确定性振动,无法用确定的时间函数来表达,即对同一事件的变化过程重复多次观察,所得到的信号是不同的,它只服从一定的统计规律性。随机振动可分为平稳随机振动和非平稳随机振动。平稳随机振动又包括各态历经的平稳随机振动和非各态历经的平稳随机振动。

一般来说,仪器设备的振动信号中既包含确定性的振动,又包含随机振动,但对于一个线性振动系统来说,振动信号可用谱分析技术转变为许多简谐振动的叠加。因此简谐振动是最基本也是最简单的振动。

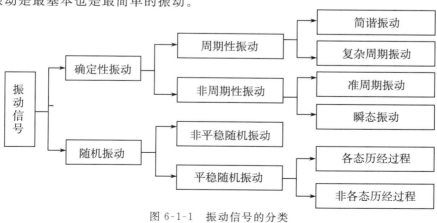

图 6-1-1　振动信号的分类

1. 周期性信号

周期性信号指瞬时幅值按一定时间间隔重复出现的信号,如果信号的周期为 T,则 $x(t)=x(t+nT)$。简谐振动就是一种非常简单的周期性振动,其振动信号呈现正弦或余弦形式,如图 6-1-2(a)所示。其时域表达式为

$$x(t)=A\sin(\omega t+\theta) \tag{6-1-1}$$

式中,A 为振动信号的幅值,ω 为振动信号的圆频率($\omega=2\pi f$),θ 为初相位。幅值、频率、相位合称简谐振动的三要素。频率 f(单位:Hz)和周期 T(单位:s)之间的关系为 $f=1/T$。

复杂周期振动信号是由多个频率成分叠加而成,叠加后存在公共周期的信号,如图 6-1-2(b)所示。当两个简谐振动合成时,其振动不再为简谐振动。但频率比 ω_1/ω_2 为有理数时,可合成为周期性振动。合成振动的周期为两个简谐振动周期的最小公倍数。

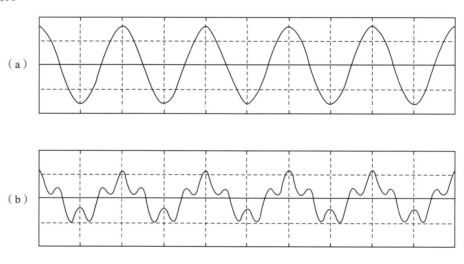

图 6-1-2　周期性信号

2. 非周期信号

非周期信号为不会重复出现的信号,包括准周期信号和瞬态信号。准周期信号是由多个周期信号合成而成,但各信号的周期没有最小公倍数。如 $x(t)=\sin(t)+\sin(\sqrt{2}t)$ 就是一个准周期信号,其时域图形如图 6-1-3(a)所示。

瞬态振动信号是在有限时间段内存在,或随着时间的增加其幅值衰减至零的信号。如图 6-1-3(b)所示。

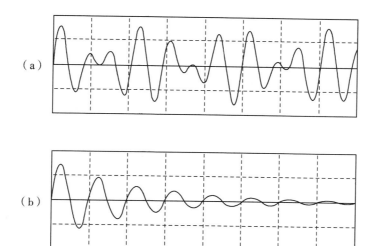

（a）

（b）

图 6-1-3　非周期信号

3. 随机信号

　　随机信号不能用数学式描述,其幅值、相位变化不可预知,所描述物理现象是一种随机过程。其中图 6-1-4(a)为平稳随机信号(白噪声信号),图 6-1-4(b)为非平稳随机噪声信号。

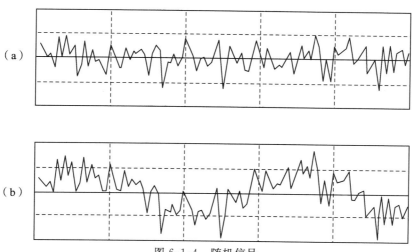

（a）

（b）

图 6-1-4　随机信号

6.1.2　**信号的描述与分析**

　　信号作为一个物理过程(现象)的表示,包含着丰富的信息。为了从振动信号中提取某种有用的信息,需要对振动信号进行分析和处理,以全面了解信号的特征。所谓信号分析,就是采用各种物理或数学方法提取有用信息的过程。而信号的描述方法则提供了对信号进行各种不同变量域的数学描述,表征了信号的数据特征。一般可从信号的时域特征、频域特征、幅值域特征以及时—频域特征来描述信号。

1. 信号的时域描述

以时间作为自变量,描述信号随时间的变化特征,称为信号的时域描述。时域描述是信号最直接的描述方式,反映了信号幅值随时间变化的关系。一般以时间为横坐标来画出信号随时间的变化,称为波形图。

从时域描述可以了解信号的时域特征参数,如计算信号的周期、极值、幅值、均值、均方值、方差、相关函数等统计参数。对随机信号,还可以计算其概率密度函数和概率分布函数。这种描述方式形象、直观,便于观察和记录。但由于实际信号一般比较复杂,一般时域描述无法揭示信号的内在结构特征(如频率组成关系)及各频率成分的幅值(或能量)大小。可以通过傅立叶变换把一个信号从时域描述转换到频域描述。

2. 信号的频域描述

应用傅立叶变换,对信号进行变换(分解),以频率为自变量,建立起信号幅值、相位与频率的关系,称为信号的频域描述。信号的频域描述可以揭示信号的频率结构,即组成信号的各频率分量的幅值、相位与频率的对应关系。常用的频域描述有频谱、功率谱等。其中以频率为横坐标,以幅值或相位为纵坐标,描述其随频率变化的图形称为频谱图(幅值谱或相位谱)。如果以信号的功率为纵坐标,则为功率谱(Power spectra density function-PSD)。

信号的时域描述可以直观地反映信号瞬时值随时间的变化情况,而频域则反映信号的频率组成及其与幅值、相位的关系。根据研究目的的不同,可以采用不同的描述方式来获得不同的信号特征。例如,为了评价结构在外荷载作用下的振动的剧烈程度,可以用振动速度的均方根来判断;如果寻找振源时,需要掌握振动信号的频率成分,此时就适合采用频域描述。

3. 信号的幅值域描述

信号的幅值域描述是研究信号在各个时刻的瞬时幅值的取值分布状态,是以信号幅值为自变量的信号表达方式,反映了信号中不同强度幅值的分布情况。常用于随机振动信号的统计分析,一般用概率密度函数来描述,反映了信号幅值在某一范围内出现的概率。

偏度(skewness)和峭度(kurtosis)是衡量概率分布的两个重要指标。偏度也叫偏斜度、偏态,反映了概率分布对于纵坐标的不对称性,是三阶中心矩和标准差的三次方的比值。峭度表示波形的平缓程度,正态分布的峭度等于3,峭度小于3时分布的曲线会较"平",大于3时分布的曲线较"陡"。峭度是四阶中心矩和标准差的四次方的比值,对大幅值非常敏感,当其概率增加时,峭度也将迅速增大,这对探测信号中含有脉冲性的故障比较有效。

4. 信号的时—频域描述

以时间和频率的联合函数来同时描述信号在不同时间和频率的能量密度或强度,称为信号的时频描述。它是非平稳随机信号分析的有效工具。可以同时反映信号的特征随时间和频率变化的信息,常用于图像处理、语音处理、故障诊断等信号分析中。典型的时频分析方法包括短时傅立叶变换、小波变换、希尔伯特—黄变换(HHT)等。

信号的各种描述方法提供了从不同角度观察和分析信号的手段,可以通过一定的数学关系相互转换。

6.2 ／信号分析预处理技术

6.2.1　异常值的检测与剔除

在模型实验或现场测量中,由于各种不可预知的因素存在而产生测量误差,从而导致个别数据出现异常,有时会导致量测结果产生较大的误差,即测量信号出现数据的异常。异常数据的出现会掩盖测量数据的变化规律,致使研究对象变化规律异常。例如,在统计学中,如果一个数据分布近似正态,那么大约有 68% 的数据值会在均值的一个标准差范围内,大约有 95% 的数据值会在两个标准差范围内,大约有 99.7% 的数据值会在三个标准差范围内。因此,如果有某个(些)数据点超过标准差的 3 倍,那么这些点很有可能是异常值,需要特别注意。

因此,在进行正式的信号分析前,一般需要对进行测试数据检测判断其是否存在异常值,如果存在则需要剔除异常值,如图 6-2-1 所示。

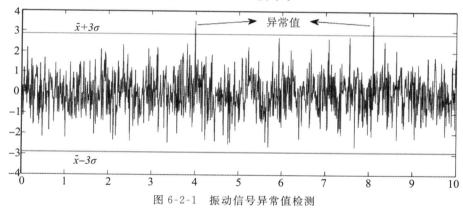

图 6-2-1　振动信号异常值检测

判别实测数据中异常值的步骤是先要检验和分析原始数据的记录、操作方法、实验条件等过程,找出异常值出现的原因并予以剔除。常用异常值检测方法主要有 Numeric Outlier、Z-Score、DBSCAN 以及 Isolation Forest 等(Prescott,1980;Liu 等,2012)。下面简要介绍 Numeric Outlier 和 Z-Score 两种方法。

数字异常值方法即箱线图法,是一维特征空间中最简单的非参数异常值检测方法,异常值是通过四分位差值 IQR(Inter Quartile Range)计算得到,如图 6-2-2 所示。首先利用数据序列计算第一四分位数 Q_1 和第三四分位数 Q_3,异常值是位于四分位数范围之外的数据点,即满足下式

$$x_i > Q_3 + k \times IQR \text{ 或 } x_i < Q_1 - k \times IQR \tag{6-2-1}$$

式中,$IQR = Q_3 - Q_1$,k 为大于等于零的数值,经常取 1.5 或 3。

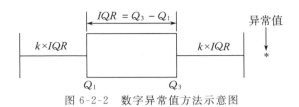

图 6-2-2　数字异常值方法示意图

Z-score 法是一维或低维特征空间中的参数异常检测方法。该方法假定数据序列是高斯分布，数据序列的异常值是分布尾部的数据点，即远离数据的平均值的点。距离的远近取决于使用公式（6-2-2）计算的归一化数据点 z_i 的设定阈值 z_0：

$$z_i = \frac{x_i - \mu}{\sigma} \tag{6-2-2}$$

式中，μ 是数据点 x_i 的平均值，σ 是数据点 x_i 的标准差。

经过数据标准化处理后，异常值即为其绝对值大于临界值 z_0 的数据点，即

$$|z_i| > z_0 \tag{6-2-3}$$

式中，z_0 一般设置为 3.0。

6.2.2　趋势项的提取或剔除

由于环境条件（如温度、电压等）的变化或仪器零漂，测试得到的振动信号一般不在零均值附近变化，即测试信号存在趋势项。在数据分析之前，提取或消除测试信号的趋势项是数据处理中的一个重要环节。有时候，该趋势项是由被测试的结构或系统本身性能不稳定造成的，此时可以提取信号的趋势项作为结构的诊断信息。

消除和提取趋势项的方法有多种，如平均斜率法、差分法、最小二乘法、滤波法或经验模式分解法等（Bendat 和 Piersol，1996；高品贤，1996；陈隽和徐幼麟，2005）。一般情况下，可以用高通滤波器来去除趋势项，或用低通滤波器来提取趋势项。近年来发展起来的经验模式分解法（EMD）可以提取具有复杂变化趋势或随机变化趋势的信号，具有较好的适用性。

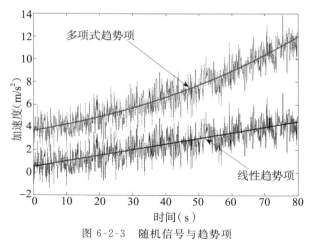

图 6-2-3　随机信号与趋势项

对已经获得的离散数据序列,也可以采用多项式拟合的方法来提取趋势项。n 阶多项式的表达式为

$$x(t) = a_n t^n + a_{n-1} t^{n-1} + \cdots + a_1 t + a_0 \tag{6-2-4}$$

利用已经测量的数据序列 (t_k, x_k) 拟合该多项式,从而得到多项式的系数 a_k。对具体的问题,可能要应用不同的多项式阶数,通过比较其残差平方和,以选取最小者。一般情况下 $n \leqslant 4$。当 $n = 0$ 时为常量趋势,a_0 为其均值。当 $n = 1$ 时为线性趋势项。

6.2.3　信号滤波

一般测试信号中会包含噪声,可以用滤波的方式消除或降低噪声的影响以提高信号的信噪比。信噪比是信号功率和噪声功率的比值,一般用分贝(dB)来表示。

$$SNR = 10 \log(p_s/p_n) \tag{6-2-5}$$

式中,SNR 表示信噪比(Signal to noise ratio),p_s 表示有用信号的功率,p_n 表示噪声功率。

噪声影响信号的方式有多种,测试信号 $x(t)$ 的有用成分 $s(t)$ 与噪声 $n(t)$ 的关系有如下几种:

① 相加关系:$x(t) = s(t) + n(t)$ $\tag{6-2-6}$

② 相乘关系:$x(t) = s(t)n(t)$ $\tag{6-2-7}$

③ 卷积关系:$x(t) = s(t) * n(t)$ $\tag{6-2-8}$

要消除或降低噪声的影响,就需要做滤波处理。滤波分模拟滤波和数字滤波两大类。模拟滤波需要用硬件电路来实现,不在本书讨论之列。而数字滤波可以对采集到的离散数字进行处理,具有精度高、可靠性好等特点,从而得到了广泛的应用。

依据滤波特性的不同,经典的滤波器可分为四类,如图 6-2-4 所示。

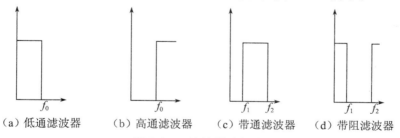

| （a）低通滤波器 | （b）高通滤波器 | （c）带通滤波器 | （d）带阻滤波器 |

图 6-2-4　滤波器示意图

1. 低通滤波器

如图 6-2-4(a)所示,低通滤波器可以保留 $0 \sim f_0$ 频带范围内的信号,即过滤掉信号中高于 f_0 的成分。低通滤波器一般用于去掉信号中不必要的高频成分,以降低采样频率,避免频率混叠。也可以用低通滤波器来提取趋势项,或去掉测试信号的高频噪声干扰。

2. 高通滤波器

如图 6-2-4(b)所示,高通滤波器可以保留 $f_0 \sim \infty$ 频带范围内的信号,即过滤掉信号中低于 f_0 的成分。高通滤波器一般用于去除趋势项,以获得平稳信号。也可以用于

去除低频干扰或不必要的低频成分。

3. 带通滤波器

如图 6-2-4(c)所示,带通滤波器可以保留 $f_1 \sim f_2$ 频带范围内的信号。带通滤波器的作用主要包括:① 可以抑制感兴趣频带以外的频率,提高信噪比;② 从含噪声信号中提取周期成分;③ 调制信号检测。

4. 带阻滤波器

如图 6-2-4(d)所示,带阻滤波器可以过滤掉 $f_1 \sim f_2$ 频带范围内的信号。

6.3 ／ 信号的时域分析

直接测量得到的振动信号,一般是以时间作为自变量的,称为信号的时域描述。信号的时域分析就是分析求取信号的时域特征参数如信号的周期、峰值、均值、方差及信号在不同时刻的相关特性等内容。

6.3.1 信号的时域波形分析

1. 周期

对周期信号而言,可以通过时域分析来确定信号的振动周期。周期等于相邻的两个信号峰值或谷值的时间差,或者为相邻的上跨(下跨)零点之间的时间差。

2. 均值

对确定性的连续信号,均值 μ_x 表示信号 $x(t)$ 在 $0 \sim T$ 时段内的中心趋势,也称 μ_x 为信号 $x(t)$ 的静态分量或直流分量,表示振动的平衡位置,是信号的一阶统计平均值。表示为

$$\mu_x = \lim_{T \to \infty} \frac{1}{T} \int_0^T x(t) \mathrm{d}t \tag{6-3-1}$$

对于实际振动测试获得的离散信号,若在 $0 \sim T$ 时间内共采集的离散点数为 N,离散值为 x_k,则均值 μ_x 表示为

$$\mu_x = \lim_{N \to \infty} \frac{1}{N} \sum_{k=1}^N x_k \tag{6-3-2}$$

对于随机振动信号,均值应以总体平均,即数学期望来表示,即

$$\mu_x(t_i) = \mathbf{E}[x(t_i)] = \lim_{N \to \infty} \frac{1}{N} \sum_{k=1}^N x_k(t_i) \tag{6-3-3}$$

对于平稳各态历经的随机信号,由于其统计特征与时间起点无关,可用样本函数的时间平均值代替其总体平均,即

$$\mu_x = \mathbf{E}[x(t)] = \lim_{T \to \infty} \frac{1}{T} \int_0^T x(t) \mathrm{d}t \tag{6-3-4}$$

3. 均方值与均方根值

信号 $x(t)$ 的均方值，指随机信号 $x(t)$ 平方的总体平均值，用 $\mathbf{E}[x^2(t)]$ 表示。

信号的均方值 x_{rms}^2 反映了信号的能量或强度，表征信号 $x(t)$ 在 $0 \sim T$ 时间内的平均能量，也称平均功率。

对连续信号，其表达式为

$$x_{\text{rms}}^2 = \mathbf{E}[x^2(t)] = \lim_{T \to \infty} \frac{1}{T} \int_0^T x^2(t) \mathrm{d}t \tag{6-3-5}$$

对于离散信号，其表达式为

$$x_{\text{rms}}^2 = \lim_{N \to \infty} \frac{1}{N} \sum_{k=1}^N x_k^2 \tag{6-3-6}$$

对于随机信号，其表达式为

$$x_{\text{rms}}^2 = \mathbf{E}[x^2(t_i)] = \lim_{N \to \infty} \frac{1}{N} \sum_{k=1}^N x_k^2(t_i) \tag{6-3-7}$$

对于平稳各态历经的随机信号，x_{rms}^2 与起点时间无关，而且可用样本函数的时间平均值代替其总体平均值，表达式为式(6-3-5)。

均方值的正平方根，称为均方根值(root mean square)，用 x_{rms} 表示，又叫有效值，也是信号平均能量的一种表达，是机械故障诊断中用于判别机械运转状态是否正常的重要指标之一。

4. 方差和标准差

信号 $x(t)$ 的方差 σ_x^2，表征了动态信号波动分量的大小，它是 $x(t)$ 偏离均值 μ_x 的平方的均值。对于连续信号，表达式如下：

$$\sigma_x^2 = \mathbf{E}[(x(t) - \mu_x)^2] = \lim_{T \to \infty} \frac{1}{T} \int_0^T [x(t) - \mu_x]^2 \mathrm{d}t \tag{6-3-8}$$

对于离散信号，其表达式为

$$\sigma_x^2 = \lim_{N \to \infty} \frac{1}{N} \sum_{k=1}^N (x_k - \mu_x)^2 \tag{6-3-9}$$

σ_x 称为标准差或均方差，反映了信号围绕均值的波动程度或离散程度。标准差 σ_x，均值 μ_x 及均方根值 x_{rms} 之间的关系为

$$\sigma_x^2 + \mu_x^2 = x_{\text{rms}}^2 \tag{6-3-10}$$

6.3.2　信号的幅值域分析

1. 概率密度函数

随机信号 $x(t)$ 的概率密度函数 $p(x)$ 定义为

$$p(x) = \lim_{\Delta x \to 0} \frac{P_{\text{rob}}[x < x(t) < x + \Delta x]}{\Delta x} \tag{6-3-11}$$

概率密度函数 $p(x)$ 为非负实函数，如图 6-3-1 所示。随机信号 $x(t)$ 小于等于某值 x 的概率，称为概率分布函数(Probability distribution function)，记为 $P(x)$，即

$$P(x) = P_{\text{rob}}[x(t) < x] = \int_{-\infty}^{x} p(x) \mathrm{d}x \qquad (6\text{-}3\text{-}12)$$

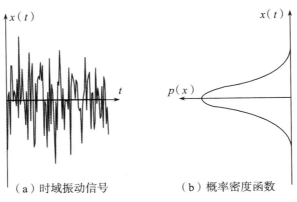

（a）时域振动信号　　　　　　　（b）概率密度函数

图 6-3-1　时域振动信号及其概率密度函数

$P(x)$ 为一条位于直线 $P(x)=0$ 和 $P(x)=1$ 之间单调递增的连续曲线。$P(x)=1/2$ 所对应的 x 值称为**中值**。概率密度函数 $p(x)$ 和概率分布函数 $P(x)$ 具有如下的关系：

$$\frac{\mathrm{d}P(x)}{\mathrm{d}x} = p(x) \qquad (6\text{-}3\text{-}13)$$

$$P(x) = \int_{-\infty}^{\infty} p(x) \mathrm{d}x = 1 \qquad (6\text{-}3\text{-}14)$$

另外，在工程中经常会用到随机信号 $x(t)$ 大于等于某值 x 的概率，即超值累积概率分布函数的概念，记为 $F(x)$，定义为

$$F(x) = P_{\text{rob}}[x(t) \geqslant x] = \int_{x}^{\infty} p(x) \mathrm{d}x = 1 - P(x) \qquad (6\text{-}3\text{-}15)$$

2. 统计特征值

随机信号的均值、均方根值、标准差等特征值与概率密度函数有着密切的关系，分别如下。

（1）均值。

均值指随机函数 $x(t)$ 的总体平均值，也是一阶原点矩，用 μ_x 或 $\mathbf{M}[x(t)]$ 表示。若随机信号 $x(t)$ 的概率密度函数为 $p(x)$，则随机信号 $x(t)$ 的均值定义为

$$\mu_x = \mathbf{M}[x(t)] = \int_{-\infty}^{\infty} x p(x) \mathrm{d}x \qquad (6\text{-}3\text{-}16)$$

均方值指随机信号 $x(t)$ 平方的总体平均值，也是二阶原点矩，记为 $\mathbf{M}[x^2(t)]$，其定义如下：

$$\mathbf{M}[x^2(t)] = \int_{-\infty}^{\infty} x^2 p(x) \mathrm{d}x \qquad (6\text{-}3\text{-}17)$$

均方值的平方根称为均方根值（root mean square），用 x_{rms} 表示：

$$x_{\text{rms}} = \sqrt{\mathbf{M}[x^2(t)]} \qquad (6\text{-}3\text{-}18)$$

随机信号 $x(t)$ 的均值仅说明了随机函数值总体平均的大小,但是没有反映出偏离均值的离散程度,为此引入方差与均方差的概念。

(2)方差与均方差。

随机信号与其数学期望的离差为 $x-\mu_x$,用离差的平方的数学期望来表示随机信号相对于其均值的离散程度,称为方差(Variance)。方差的定义为

$$\mathbf{D}[x(t)]=\mathbf{M}[(x-\mu_x)^2]=\int_{-\infty}^{\infty}(x-\mu_x)^2 p(x)\mathrm{d}x=\mathbf{M}[x^2(t)]-\mu_x^2 \quad (6\text{-}3\text{-}19)$$

随机信号 $x(t)$ 方差的平方根称为均方差(Standard Deviation),记为

$$\sigma_x=\sqrt{\mathbf{D}[x(t)]} \quad\quad\quad (6\text{-}3\text{-}20)$$

(3)偏度。

偏度(Skewness)也叫偏斜度、偏态,是衡量概率分布的不对称程度或偏斜程度的指标,代表了概率分布对于纵坐标的不对称性。偏度是变量的三阶中心矩和标准差的三次方的比值,定义为

$$S(x)=\mathbf{E}\left[\left(\frac{x-\mu_x}{\sigma_x}\right)^3\right]=\frac{\int_{-\infty}^{\infty}(x-\mu_x)^3 p(x)\mathrm{d}x}{\sigma_x^3} \quad (6\text{-}3\text{-}21)$$

当分布对称时,由于三阶中心矩等于零,因此对于正态分布,偏度等于 0。按照分布的偏度系数,主要包括正态分布(偏度＝0)、右偏分布(正偏分布,偏度＞0)和左偏分布(负偏分布,偏度＜0),如图 6-3-2 所示。

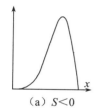 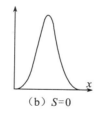 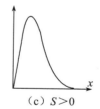

(a) $S<0$　　　　　　(b) $S=0$　　　　　　(c) $S>0$

图 6-3-2　正态与偏态分布

可以看出,当数据序列呈正态分布的时候,其偏度系数必定等于零。当数据序列非对称分布时,如果均值的左侧数据较多,则其右侧的"离群"数据对三阶中心矩的计算结果产生影响,即当数据的分布呈右偏的时候,其偏度将大于零。在右偏的分布中,由于大部分数据都在均值的左侧,且均值的右侧存在"离群"数据,这就使得分布曲线的右侧出现一个长长的拖尾。与此相反,如果均值的右侧数据较多,则其左侧的"离群"数据对三阶中心矩的计算结果影响比较大,其偏度将小于零,此时分布曲线的左侧会出现一个长长的拖尾。由此可见,在偏度系数的绝对值较大的时候,最可能是"离群"数据离群的程度很高,亦即分布曲线某侧的拖尾很长。

(4)峰度。

峰度(Peakedness)又称鞘度(Kurtosis)或峰态系数,表征概率密度分布曲线在平均

值处峰值高低的特征数，其定义为随机变量的四阶中心矩与方差平方的比值，即

$$K(x) = \mathbf{E}\left[\left(\frac{x - \mu_x}{\sigma_x}\right)^4\right] = \frac{\int_{-\infty}^{\infty}(x - \mu_x)^4 p(x)\mathrm{d}x}{\sigma_x^4} \tag{6-3-22}$$

　　峰度反映了峰部的尖度。正态分布的峰度等于 3，峰度小于 3 时分布的曲线会较"平"，出现"瘦尾"；大于 3 时分布的曲线较"陡"，会出现"厚尾"，如图 6-3-3 所示。由于峰度是四阶中心矩和标准差的四次方的比值，对大幅值非常敏感，当其概率增加时，峰度也将迅速增大，这对探测信号中含有脉冲性的故障比较有效。

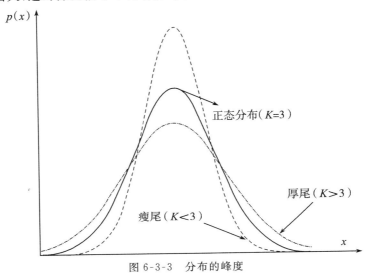

图 6-3-3　分布的峰度

6.4 ／ 信号的相关分析

　　相关分析是振动测试数据分析中一个非常重要的概念。描述相关概念的相关函数，有着诸多重要的性质，这些重要的性质使得相关分析和相关函数在振动测试分析中得到了广泛应用。

6.4.1　相关与相关系数

　　相关(correlation)是指变量之间的线性关系。对于确定性信号来说，两个变量之间可以用函数关系来描述，两者之间一一对应并为确定的数值。然而两个随机变量之间就不能用函数式来表达，也不具有确定的数学关系。但如果两个随机变量之间具有某种内在的物理联系，则通过大量的统计也可以发现它们之间存在着某种表征其特性的近似关系。

　　图 6-4-1 是由两个随机变量 x 和 y 组成的数据点的分布情况。图(a)和(b)显示两变量 x 和 y 具有非常好的线性关系；图(c)显示两变量虽无确定关系，但从总体上看，两变量间具有某种程度的相关关系；图(d)各点分布很散乱，可以说变量 x 和 y 之间是无

关的。

统计学中用相关系数来描述随机变量 $x(t)$、$y(t)$ 之间的线性相关性,相关系数定义为

$$\rho_{xy} = \frac{\mathbf{E}\big[(x(t)-\mu_x)[y(t)-\mu_y]\big]}{\sigma_x \sigma_y} \qquad (6\text{-}4\text{-}1)$$

其中,$\mathbf{E}[*]$ 表示数学期望,μ_x、μ_y 为随机变量 $x(t)$、$y(t)$ 的均值,σ_x、σ_y 为其标准差。

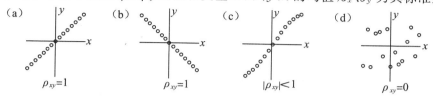

图 6-4-1　信号的相关性

根据柯西—许瓦兹不等式:

$$\mathbf{E}\big[(x(t)-\mu_x)(y(t)-\mu_y)\big]^2 \leqslant \mathbf{E}\big[(x(t)-\mu_x)^2\big]\mathbf{E}\big[(y(t)-\mu_y)^2\big] \qquad (6\text{-}4\text{-}2)$$

则 $|\rho_{xy}| \leqslant 1$。相关系数越接近 1,表示变量之间的线性相关程度越高。当 $|\rho_{xy}|=1$ 时,所有的数据都落在一条直线上,是理想的线性关系。当 $\rho_{xy}=0$ 时,说明两个变量之间完全无关。

为了表达随机变量 $x(t)$、$y(t)$ 之间是否存在着一定的线性关系,还可以采用变量 $x(t)$、$y(t)$ 的互相关函数来表示。

6.4.2　自相关分析

1. 定义

信号 $x(t)$ 的自相关函数(Auto-correlation function)表示信号 $x(t)$ 与其时移 τ 后的样本的相似程度,其定义为 $x(t)$ 与 $x(t+\tau)$ 乘积的数学期望,记为

$$R_x(t, t+\tau) = \mathbf{E}[x(t)x(t+\tau)] \qquad (6\text{-}4\text{-}3)$$

对平稳的各态历经的随机过程,自相关函数与时间的起点 t 无关,可以用样本函数的时间乘积的均值来表示,即

$$R_x(\tau) = \lim_{T \to \infty} \frac{1}{T} \int_0^T x(t)x(t+\tau)\mathrm{d}t \qquad (6\text{-}4\text{-}4)$$

当 τ 很小时,$x(t)$ 与 $x(t+\tau)$ 密切相关,即当 $x(t)$ 取某值时,$x(t+\tau)$ 将以相当大的概率接近于 $x(t)$ 所取的值。随着 τ 的增大,相关关系随之减弱并直至为 0。

假设 $x(t)$ 是各态历经随机过程的一个样本函数,$x(t+\tau)$ 是 $x(t)$ 时移 τ 后的样本,如图 6-4-2 所示,根据相关系数的定义,则

$$
\begin{aligned}
\rho_x(\tau) &= \frac{\displaystyle\lim_{T \to \infty} \frac{1}{T}\int_0^T [x(t)-\mu_x][x(t+\tau)-\mu_x]\mathrm{d}t}{\sigma_x \sigma_x} \\
&= \frac{\displaystyle\lim_{T \to \infty} \frac{1}{T}\int_0^T x(t)x(t+\tau)\mathrm{d}t - \mu_x^2}{\sigma_x^2}
\end{aligned}
$$

从而可以得到信号的自相关函数与相关系数的关系如下：

$$\rho_x(\tau) = \frac{R_x(\tau) - \mu_x^2}{\sigma_x^2} \tag{6-4-5}$$

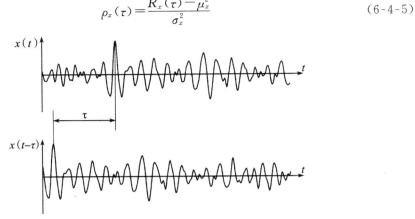

图 6-4-2　随机信号的自相关分析

2. 自相关函数性质

自相关函数具有如下性质。

（1）自相关函数 $R_x(\tau)$ 是 τ 的偶函数，即 $R_x(\tau) = R_x(-\tau)$；

（2）当 $\tau = 0$ 时，自相关函数 $R_x(\tau)$ 具有最大值，并且等于该信号的均方值，即

$$R_x(0) = \lim_{T \to \infty} \frac{1}{T} \int_0^T x^2(t) \, \mathrm{d}t = \sigma_x^2 + \mu_x^2 = x_{\mathrm{rms}}^2 \tag{6-4-6}$$

此时

$$\rho_x(0) = \frac{R_x(0) - \mu_x^2}{\sigma_x} = 1 \tag{6-4-7}$$

即变量 $x(t)$ 本身与同一时刻的记录样本呈线性关系，是完全相关的，其自相关系数为 1。

（3）由公式（6-4-5）可知，$R_x(\tau)$ 的范围为

$$\mu_x^2 - \sigma_x^2 \leqslant R_x(\tau) \leqslant \mu_x^2 + \sigma_x^2 \tag{6-4-8}$$

$R_x(\tau)$ 的范围如图 6-4-3 所示。

（4）随机噪声的自相关函数随着 τ 的增大快速衰减。当 τ 足够大时，随机变量 $x(t)$ 与 $x(t+\tau)$ 之间将彼此无关，此时

$$R_x(\infty) = \mu_x^2, \rho_x(\infty) = 0 \tag{6-4-9}$$

（5）周期信号 $x(t)$ 的自相关函数仍然是同频率的周期信号，但不保留原信号 $x(t)$ 的相位信息。据此，可以利用自相关函数来识别信号的周期成分。

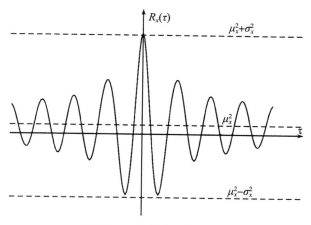

图 6-4-3　自相关函数的性质

　　下面通过一个算例来看一下自相关函数。假设某信号为正弦函数 $x(t) = A\sin(\omega t + \theta)$，其中初始相位角 θ 是一个随机变量，在 $0 \sim 2\pi$ 之间均匀分布。由于信号 $x(t)$ 的初始相位角 θ 是一个随机变量，所以这是一个随机信号。由于存在周期性，所以各种平均值可以用一个周期内的平均值计算。

　　根据自相关函数的定义

$$R_x(\tau) = \lim_{T \to \infty} \frac{1}{T} \int_0^T x(t) x(t+\tau) \mathrm{d}t = \frac{A^2}{2} \cos \omega\tau \qquad (6\text{-}4\text{-}10)$$

　　由此可见，正弦函数的自相关函数是一个余弦函数，在 $\tau = 0$ 时具有最大值 $A^2/2$，如图 6-4-4 所示。它保留了变量 $x(t)$ 的幅值信息 A 和频率 ω 信息，但丢掉了初始相位 θ 信息。

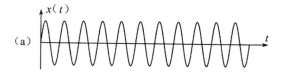

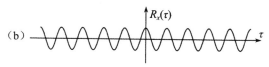

图 6-4-4　正弦函数（a）及其自相关函数（b）

3. 常见信号的自相关函数

　　正弦函数、含噪声正弦函数、窄带随机信号、宽带随机信号以及白噪声过程的时域波形及其自相关函数如图 6-4-5 所示。其中第一行为正弦函数及其自相关函数和频谱；第二行为含噪声正弦函数及其自相关函数和频谱；第三行为窄带随机信号及其自相关函数和频谱；第四行为宽带随机信号及其自相关函数和频谱；第五行为白噪声过程及其自相关函数和频谱。

分析图 6-4-5 可得到如下结果。

（1）只要信号中含有周期成分，其自相关函数在 τ 很大时都不衰减，并具有明显的周期性。

（2）不包含周期成分的随机信号，当 τ 稍大时自相关函数就将趋近于零或某一常值 μ_x^2。

（3）宽带随机噪声的自相关函数很快衰减到零，窄带随机噪声的自相关函数则有较慢的衰减特性。

（4）白噪声自相关函数收敛最快，为 δ 函数，所含频率为无限多，频带无限宽。

在工程测试中，自相关函数最主要的应用是检查混淆在随机信号中的确定性周期信号。

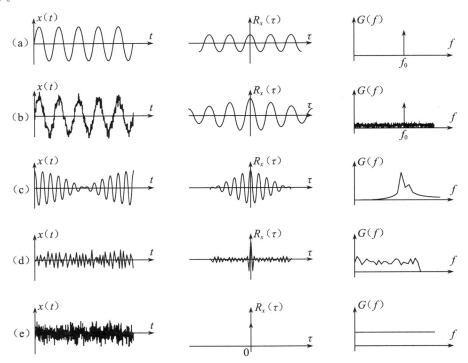

（a）正弦函数，（b）含噪声正弦函数，（c）窄带随机信号；（d）宽带随机信号；（e）白噪声信号。

图 6-4-5　常见信号的自相关函数

6.4.3　互相关分析

描述平稳随机信号 $x(t)$ 与 $y(t)$ 的相似程度，用互相关函数来定义。

$$R_{xy}(\tau) = \lim_{T \to \infty} \frac{1}{T} \int_0^T x(t) y(t + \tau) \, \mathrm{d}t \qquad (6\text{-}4\text{-}11)$$

根据相关系数的定义式（6-4-1），不难得到互相关系数与互相关函数的关系为

$$\rho_{xy} = \frac{R_{xy}(\tau) - \mu_x \mu_y}{\sigma_x \sigma_y} \tag{6-4-12}$$

互相关函数具有如下性质。

（1）互相关函数是可正、可负的实函数；互相关函数不是偶函数，也不是奇函数；满足 $R_{xy}(\tau) = R_{yx}(-\tau)$，即 $R_{xy}(\tau)$ 与 $R_{yx}(-\tau)$ 关于纵坐标轴对称。

（2）$R_{xy}(\tau)$ 的峰值不在 $\tau = 0$ 处。$R_{xy}(\tau)$ 的峰值偏离原点的位置 τ_0 反映了两信号时移的大小，此时相关程度最高，如图 6-4-6 所示。

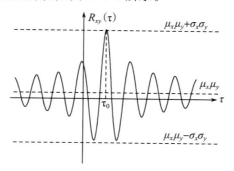

图 6-4-6　互相关函数的性质

（3）由式（6-4-12）可以看出，互相关函数的取值范围如下：

$$\mu_x \mu_y - \sigma_x \sigma_y \leqslant R_{xy}(\tau) \leqslant \mu_x \mu_y + \sigma_x \sigma_y \tag{6-4-13}$$

（4）两个同频率的周期信号的互相关函数是同频率的周期信号，且保留了原信号的相位信息。而两个不同频率的周期信号的互相关函数为零。

证明：由于周期信号可以用谐波函数合成，故取两个周期信号中的两个不同频率的谐波成分进行计算，设

$$x(t) = x_0 \sin(\omega_1 t + \theta_1), \, y(t) = y_0 \sin(\omega_2 t + \theta_2)$$

根据互相关函数定义得到

$$R_{xy}(\tau) = \lim_{T \to \infty} \frac{1}{T} \int_0^T x(t) y(t + \tau) dt$$

$$= \frac{1}{T_0} \int_0^{T_0} x_0 \sin(\omega_1 t + \theta_1) y_0 \sin[\omega_2(t + \tau) + \theta_2] dt$$

$$= \frac{x_0 y_0}{2 T_0} \int_0^{T_0} \{ \cos[(\omega_1 - \omega_2) t - \omega_2 \tau - (\theta_2 - \theta_1)]$$

$$- \cos[(\omega_1 + \omega_2) t + \omega_2 \tau + (\theta_2 + \theta_1)] \} dt$$

从中可以看出，当 $x(t)$ 与 $y(t)$ 是非同频率信号时，$\omega_1 \neq \omega_2$，则上式等于零，即互相关函数 $R_{xy}(\tau) = 0$。

而对同频率信号（$\omega_1 = \omega_2 = \omega$），则上式变为

$$R_{xy}(\tau) = \frac{x_0 y_0}{2 T_0} \int_0^{T_0} \cos[\omega \tau + (\theta_2 - \theta_1)] dt = \frac{x_0 y_0}{2} \cos[\omega \tau + (\theta_2 - \theta_1)]$$

此时，互相关函数 $R_{xy}(\tau)$ 为同频率的周期信号，且保留了原信号的相位差信息。

（5）周期信号与随机信号的互相关函数为零。由于随机信号 $y(t+\tau)$ 在时间 $t \rightarrow$ $t+\tau$ 内并无确定的关系，它的取值显然与任何周期函数 $x(t)$ 无关，因此，$R_{xy}(\tau)=0$。

6.4.4 相关分析的典型应用

在测试技术中相关分析技术得到了广泛的应用，如测量系统的延时、提取混淆在噪声中的周期信号、利用互相关分析进行振源识别和故障定位等。此外，相关分析在相关测速、信号传递通道确定、相关滤波等工程测试中得到了应用（路宏年等，1994；沈颖，2002）。

1. 典型应用之一：利用相关分析进行噪声背景下有用信息的提取

自相关函数描述一个信号波形与其时移后波形的相似程度，周期信号的自相关函数仍为同周期的信号，而随机信号的自相关系数为零。因此可以从信号的自相关函数波形上识别信号的特征，特别是可以识别随机信号中是否含有周期信号成分。自相关函数可以从被噪声干扰的信号中识别周期成分，因此一个典型的应用就是利用自相关分析确定信号的周期。

如图 6-4-7 所示，第一行为某典型的振动信号 $x(t)$，是由频率为 2 Hz 和 5 Hz 的两个正弦信号叠加形成的谐波信号。由于测量噪声影响，实际测试获得的信号为 $x'(t)$，其时域波形和幅频图已经失去了原有的特性。对 $x'(t)$ 进行自相关分析得到 $R_x(\tau)$，可以看出噪声已经被很好地消除掉了，另外从其幅频图也可以看出没有杂波的影响了。

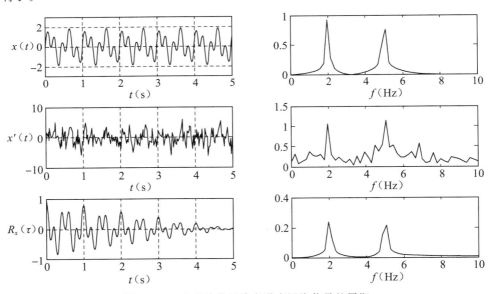

图 6-4-7　自相关分析确定噪声污染信号的周期

2. 典型应用之二:利用互相关分析进行结构振源识别

互相关函数 $R_{xy}(\tau)$ 描述了信号 $y(t)$ 与另一个信号 $x(t)$ 的相似程度。如果把 $y(t)$ 认为是振源激励下的振动响应,而可能的振源包括 $x_1(t)$、$x_2(t)$ 等,可以通过 $y(t)$ 分别与 $x_1(t)$、$x_2(t)$ 进行互相关分析,得到 $R_{x_1 y}$、$R_{x_2 y}$,对比后可以判断 $y(t)$ 与哪个信号的相关性更高,可以利用这一特性进行振源识别。

某半潜式钻井平台上有主机、柴油机、泥浆泵等大量激励源,可能会引起不同部位平台结构的过度振动。若要检查半潜式平台某生活舱的振动 $y(t)$ 是由柴油机振动 $x_1(t)$ 引起的还是由泥浆泵振动 $x_2(t)$ 引起的,可在柴油机、生活舱、泥浆泵上布置加速度传感器,如图 6-4-8 所示,然后将输出信号放大并进行相关分析。可以看到,柴油机与生活舱的相关性较差,而泥浆泵与生活舱的互相关较大,因此,可以认为生活舱的振动主要由泥浆泵的振动引起的。

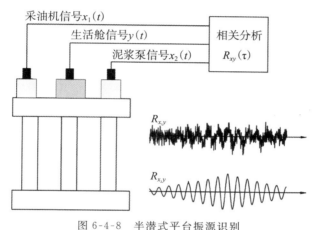

图 6-4-8 半潜式平台振源识别

3. 典型应用之三:利用互相关分析进行管道泄漏检测定位

互相关函数 $R_{xy}(\tau)$ 描述一个信号 $x(t)$ 与另一个信号 $y(t)$ 在时移 τ 后的波形 $y(t+\tau)$ 的相似程度,在互相关函数峰值对应的 τ 时刻两个波形最相似。从这个意义上来说,互相关函数反映了两个信号之间的滞后时间,利用互相关函数的这个特性在工程中可以进行输油管道泄漏定位。

对如图 6-4-9 所示的海底(地下)输油管道,当管道某处(如 S 点)发生破损泄漏时会产生压力波,压力波从泄漏点 S 向上下游传播,在管道两侧布置传感器记录压力波的变化,由于传感器位置距破损泄漏点距离不等,所以泄漏产生的压力波传至两传感器就有时差 τ。对两个传感器接收的信号 $x_1(t)$ 和 $x_2(t)$ 进行互相关分析,在互相关图上找到峰值对应的时刻 τ_0 即为该时差。

假设两传感器的中心为 D 点,泄漏处与中心点的距离为 d,压力波的传播速度为

v,则泄漏处的位置为

$$d = \frac{1}{2} v \tau_0$$

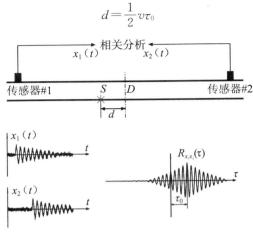

图 6-4-9　互相关分析进行泄漏定位原理示意图

6.5 ╱ 信号的频域分析

信号的时域描述反映了信号幅值随着时间的变化关系,但无法解释信号的频率组成关系。而信号的频域描述和分析则可以揭示信号的频率结构,即组成信号的各频率分量的幅值、相位与频率的对应关系。因此在研究信号特征时,常常通过某种方式把信号从时域变到频域中进行分析处理。信号的频域分析技术在振动测试中得到了广泛的应用。

6.5.1 巴塞伐尔(Paseval)定理

巴塞伐尔定理表明,在时域中计算的信号总能量等于在频域中计算的信号总能量,即存在如下所述的能量等式:

$$\int_{-\infty}^{\infty} x^2(t)\,\mathrm{d}t = \int_{-\infty}^{\infty} |X(f)|^2\,\mathrm{d}f \qquad (6-5-1)$$

式中,$X(f)$ 为信号 $x(t)$ 的傅氏变换。

6.5.2 信号的频谱分析

信号的频谱分析就是采用傅立叶变换将时域信号 $x(t)$ 变换为频域信号,从而得到组成信号的各频率分量的幅值、相位与频率的对应关系。如果时域信号 $x(t)$ 满足面积可积分条件,即满足

$$\int_{-\infty}^{\infty} |x(t)|\,\mathrm{d}t < \infty$$

则信号 $x(t)$ 的傅立叶变换定义为

$$X(f) = \int_{-\infty}^{\infty} x(t)\mathrm{e}^{-\mathrm{i}2\pi ft}\,\mathrm{d}t \qquad (6-5-2)$$

式中，$X(f)$ 为信号的频域表示，称为傅立叶频谱，也叫傅氏谱或频谱。信号的频谱分析就是把组成信号的各种频率成分找出来，并按序排列，从而得到信号的"频谱"。

由定义可知，实数信号的傅立叶变换是一个复数，因此信号的频谱可以写成如下形式

$$X(f) = |X(f)| e^{i\phi(f)} \tag{6-5-3}$$

式中，$|X(f)| \sim f$ 为幅频图，而 $\phi(f) \sim f$ 为相频图。

以周期性方波信号来说明时域、频域的关系。周期性方波信号在一个周期内可以描述为

$$x(t) = \begin{cases} E, & 0 \leqslant t < T/2 \\ -E, & -T/2 \leqslant t < 0 \end{cases} \tag{6-5-4}$$

其时域图如图 6-5-1 所示。

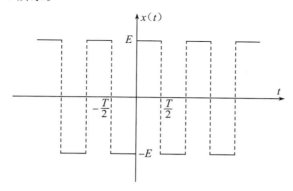

图 6-5-1　周期性方波信号的时域图

应用傅立叶级数展开，可将周期性方波信号表示为

$$x(t) = \frac{4E}{\pi} \left(\sin \omega_0 t + \frac{1}{3} \sin 3\omega_0 t + \frac{1}{5} \sin 5\omega_0 t + \cdots \right) \tag{6-5-5}$$

则其幅频图和相频图分别如图 6-5-2(a) 和 6-5-2(b) 所示。其时域与频域的总体关系如图 6-5-3 所示。

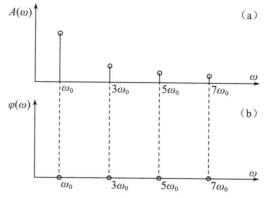

图 6-5-2　周期性方波信号的幅频图和相频图

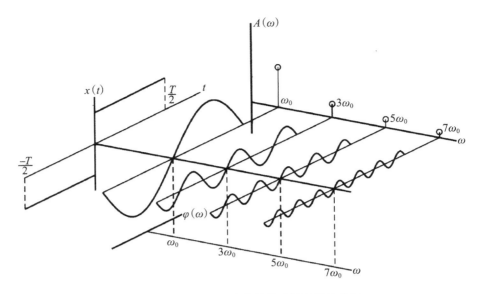

图 6-5-3　周期性方波信号的时域及频域关系

6.5.3　功率谱分析

前面讨论了周期信号的时域波形与频域的幅值谱及相位谱之间的对应关系,并了解到频域描述可反映信号频率结构组成。然而对于随机信号,由于其样本曲线的波形具有随机性,而且是时域无限信号,不满足傅立叶变换条件,因而从理论上讲,随机信号不能直接进行傅立叶变换作幅值谱和相位谱分析,而是应用具有统计特征的功率谱密度函数在频域内对随机信号作频谱分析,它是研究平稳随机过程的重要方法。功率谱密度函数又可分为自谱和互谱两种形式。

1. 功率谱密度函数的定义

对于平稳随机信号 $x(t)$,若其均值为零且不含周期成分,则其自相关函数 $R_x(\tau \rightarrow \infty)=0$,满足傅立叶变换条件

$$\int_{-\infty}^{\infty} |R_x(\tau)| \, \mathrm{d}\tau < \infty \qquad (6\text{-}5\text{-}6)$$

随机信号的自功率谱密度函数(简称自功率谱或自谱)是该随机信号自相关函数的傅立叶变换,记为

$$S_{xx}(f) = \int_{-\infty}^{\infty} R_x(\tau) \mathrm{e}^{-\mathrm{i}2\pi f \tau} \, \mathrm{d}\tau \qquad (6\text{-}5\text{-}7)$$

其逆变换为

$$R_x(\tau) = \int_{-\infty}^{\infty} S_{xx}(f) \mathrm{e}^{\mathrm{i}2\pi f \tau} \, \mathrm{d}f \qquad (6\text{-}5\text{-}8)$$

由于 $R_x(\tau)$ 为实偶函数,故 $S_{xx}(f)$ 也为实偶函数。$S_{xx}(f)$ 是 $(-\infty, \infty)$ 频率范围内的自功率谱,所以称为双边谱。由于 $S_{xx}(f)$ 为实偶函数,而在实际应用中频率不能为负值,因此,用在 $(0, \infty)$ 频率范围内的单边自谱 $G_{xx}(f)$ 表示信号的全部功率谱,即

$$G_{xx}(f) = 2S_{xx}(f) \qquad (6\text{-}5\text{-}9)$$

单边谱与双边谱的关系如图 6-5-4 所示。

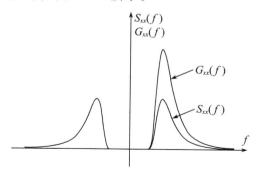

图 6-5-4　单边谱与双边谱的关系

2. 功率谱的物理意义

根据信号的自相关函数与其自谱关系的公式(6-5-8),当 $\tau = 0$ 时可以得到

$$R_x(\tau = 0) = \int_{-\infty}^{\infty} S_{xx}(f) \mathrm{d}f \qquad (6\text{-}5\text{-}10)$$

另外根据自相关函数的定义式(6-4-4)可知

$$R_x(\tau = 0) = \lim_{T \to \infty} \frac{1}{T} \int_0^T x^2(t) \mathrm{d}t \qquad (6\text{-}5\text{-}11)$$

于是得到

$$\int_{-\infty}^{\infty} S_{xx}(f) \mathrm{d}f = \lim_{T \to \infty} \frac{1}{T} \int_0^T x^2(t) \mathrm{d}t \qquad (6\text{-}5\text{-}12)$$

一方面,对结构振动系统,如果 $x(t)$ 是位移一时间历程, $x^2(t)$ 就表示结构体系的势能;而如果 $x(t)$ 是速度一时间历程, $x^2(t)$ 就反映系统运动的动能。因此, $x^2(t)$ 可以看作信号的能量, $x^2(t)/T$ 表示信号 $x(t)$ 的功率,即式(6-5-12)的右端项表示信号 $x(t)$ 的总功率。另一方面,由式(6-5-12)可知, $S_{xx}(f)$ 曲线下的总面积与 $x^2(t)/T$ 曲线下的总面积相等。故 $S_{xx}(f)$ 曲线下的总面积就是信号的总功率。它是由无数不同频率上的功率元 $S_{xx}(f)\mathrm{d}f$ 组成, $S_{xx}(f)$ 的大小表示总功率在不同频率处的功率分布。因此, $S_{xx}(f)$ 表示信号的功率密度沿频率轴的分布,故 $S_{xx}(f)$ 又称为功率谱密度函数,如图 6-5-5 所示。

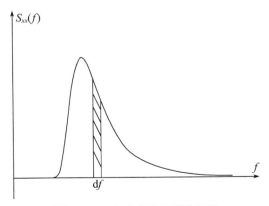

图 6-5-5　自功率谱的图形解释

3. 自谱 $S_{xx}(f)$ 和幅值谱 $X(f)$ 的关系

由 Paseval 定理可知,信号的平均功率表示为

$$\lim_{T \to \infty} \frac{1}{T} \int_0^T x^2(t) \mathrm{d}t = \int_{-\infty}^{\infty} \lim_{T \to \infty} \frac{1}{T} \mid X(f) \mid^2 \mathrm{d}f \qquad (6\text{-}5\text{-}13)$$

结合式(6-5-12),上式可以变为

$$\int_{-\infty}^{\infty} S_{xx}(f) \mathrm{d}f = \int_{-\infty}^{\infty} \lim_{T \to \infty} \frac{1}{T} \mid X(f) \mid^2 \mathrm{d}f \qquad (6\text{-}5\text{-}14)$$

从而可以得到自谱 $S_{xx}(f)$、$G_{xx}(f)$ 和幅值谱 $X(f)$ 的关系为

$$S_{xx}(f) = \lim_{T \to \infty} \frac{1}{T} |X(f)|^2 \qquad (6\text{-}5\text{-}15)$$

$$G_{xx}(f) = \lim_{T \to \infty} \frac{2}{T} |X(f)|^2 \qquad (6\text{-}5\text{-}16)$$

利用这一关系,通常就可以对时域信号直接作傅立叶变换来计算其功率谱。

6.5.4　互功率谱

两随机信号 $x(t)$ 与 $y(t)$ 的互功率谱密度函数,简称互谱,为其互相关函数的傅立叶变换,定义如下:

$$S_{xy}(f) = \int_{-\infty}^{\infty} R_{xy}(\tau) \mathrm{e}^{-\mathrm{i}2\pi f\tau} \mathrm{d}\tau \qquad (6\text{-}5\text{-}17)$$

其逆变换为

$$R_{xy}(\tau) = \int_{-\infty}^{\infty} S_{xy}(f) \mathrm{e}^{\mathrm{i}2\pi f\tau} \mathrm{d}f \qquad (6\text{-}5\text{-}18)$$

互相关函数 $R_{xy}(\tau)$ 为非奇、非偶函数,因此 $S_{xy}(f)$ 具有虚、实两部分,是一个复数。$S_{xy}(f)$ 保留了 $R_{xy}(\tau)$ 的全部信息。

6.5.5　倒频谱分析

1. 倒频谱的数学描述

倒频谱为英文 Cepstrum 的中文翻译,其中文名称还没有统一的叫法,有倒谱、倒频谱、二次谱和对数功率谱等。Cepstrum 的定义也比较混乱,目前尚未形成一致的定义。为论述方便，下面统称为倒频谱。

倒频谱定义大致分为两类:理论型定义和工程型定义。倒频谱的理论型定义为信号频谱的频谱(Bogert 等,1963),其数学表达式为

$$C_F(q) = |F\{\log[S_{xx}(f)]\}|^2 \tag{6-5-19}$$

时域信号 $x(t)$ 经过傅立叶变换后,可得到傅氏谱 $X(f)$ 或功率谱密度函数 $S_{xx}(f)$,对功率谱密度函数取对数后,再对其进行傅立叶变换并取平方,即得到功率倒频谱函数 $C_F(q)$。

同时可以定义幅值倒频谱为

$$C_0(q) = \sqrt{C_F(q)} = |F\{\log[S_{xx}(f)]\}| \tag{6-5-20}$$

$C_0(q)$ 称为幅值倒频谱,有时也简称倒频谱。自变量 q 称为倒频率,它具有与自相关函数 $R_x(\tau)$ 中的自变量 τ 相同的时间量纲。因为倒频谱是傅立叶正变换,积分变量是频率 f 而不是时间 τ,故倒频谱 $C_0(q)$ 的自变量 q 具有时间的量纲,大的 q 值称为高倒频率,表示谱图上的快速波动和密集谐频,小的 q 值称为低倒频率,表示谱图上的缓慢波动和离散谐频。

倒频谱与相关函数不同之处在于对数加权,通过对数处理后可以使再变换后的信号能量更加集中,扩大动态分析的频谱范围和提高再变换的精度。同时,对数加权具有解卷积的作用,便于分离和提取目标信号。

工程应用中经常采用的倒频谱的定义为

$$C(q) = F^{-1}\{\log[S_{xx}(f)]\} \tag{6-5-21a}$$
$$C_c(q) = F^{-1}\{\log[X(f)]\} \tag{6-5-21b}$$

其中前者为类似相关函数的倒频谱,只用到了幅值的傅立叶逆变换,丢掉了相位信息;后者为复倒频谱。信号分析软件 Matlab 中提供了 rceps 和 cceps 两个函数分别用于倒频谱的计算。

倒频谱 rceps 的定义为

$$C(q) = \mathrm{Re}\{F^{-1}[\log[X(f)]]\} \text{ 或 } y = \mathrm{real}(\mathrm{ifft}(\log(\mathrm{abs}(\mathrm{fft}(x))))) \tag{6-5-22}$$

复倒频谱 cceps 的定义为

$$C(q) = F^{-1}\{\log[X(f)]\} = F^{-1}\{\log[|X(f)|e^{i\varphi(f)}]\} \tag{6-5-23}$$

2. 倒频谱的应用

倒频谱分析(Cepstral Analysis)是近代信号处理科学上的一项新技术,是检测复杂谱图中周期分量的有效工具。倒频谱对于分析具有同族谐频或异族谐频、多成分边频等复杂信号,找出功率谱上不易发现的问题,非常有效。相比于功率谱,倒频谱分析受传递路径影响小。一般来说,实际测试获取的振动信号是激励信号与系统传递函数卷积后的信号,在倒频谱中,由于倒频谱的解卷积作用,使得原本的卷积关系变为加法关系,这使得信号的分离变得较为简单,同时消除了系统传递函数和噪声信号的影响。同时倒频谱分析方便提取、分析原频谱图上肉眼难以识别的周期性信号,能将原来频谱图上成簇的边频带谱线简化为单根谱线,受传感器的测点位置及传输途径的影响小(贾民平,张洪亭,2009;何俊杰,2014)。

若系统的输入为 $x(t)$,输出为 $y(t)$,系统的单位脉冲响应函数为 $h(t)$,根据第二章相关知识,输出 $y(t)$ 可以表示为输入 $x(t)$ 和单位脉冲响应函数 $h(t)$ 的卷积,即

$$y(t) = x(t) * h(t) \tag{6-5-24}$$

其频域关系为

$$Y(f) = X(f)H(f) \text{ 或 } S_{yy}(f) = S_{xx}(f)|H(f)|^2 \tag{6-5-25}$$

对上式两边取对数,则有

$$\log[S_{yy}(f)] = \log[S_{xx}(f)] + \log[|H(f)|^2] \tag{6-5-26}$$

可以看出,输出信号变为了激励源信号 $x(t)$ 与系统特性 $h(t)$ 两部分共同影响的叠加形式。对于式(6-5-26)进一步作傅立叶变换,即可得幅值倒频谱:

$$F\{\log[S_{yy}(f)]\} = F\{\log[S_{xx}(f)]\} + F\{\log[|H(f)|^2]\} \tag{6-5-27}$$

$$C_y(q) = C_x(q) + C_h(q) \tag{6-5-28}$$

由以上推导可知,信号在时域可以利用 $x(t)$ 与 $h(t)$ 的卷积求输出;在频域则变成 $X(f)$ 与 $H(f)$ 的乘积关系;而在倒频域则变成 $C_x(q)$ 和 $C_h(q)$ 相加的关系,使系统特性 $C_h(q)$ 与信号特性 $C_x(q)$ 明显区别开来,这对消除传递路径的影响很有用处,而用功率谱处理就很难实现。

如图 6-5-6 所示的系统输入信号 $x(t)$,根据系统输入和输出之间的卷积关系,可以得到输出信号 $y(t)$。由于信号通道即传递函数 $h(t)$ 的影响,很难从输出信号中分辨出输入信号的特征。在功率谱(图 6-5-7)中可以发现,输入信号与传递函数均含有大量的周期性成分,也就是边频现象,但是实际测量中我们只能得到输出信号的功率谱,这显然难以判别其中的周期性成分。相比而言,在输出信号的倒频谱图上(图 6-5-8),我们可以精确地找到对应的两个边频族的倒频率分别为 7.313 ms 和 3.313 ms,对应边频频率为 136.7 Hz 和 301.8 Hz。另外,由于倒频谱上的两个倒频率有明显的区分,而且分别对应输入信号和传递函数的边频现象,见图 6-5-8(a)和 6-5-8(b),因此,利用两个倒频率的差异我们可以实现对输入信号和传递函数的分离。

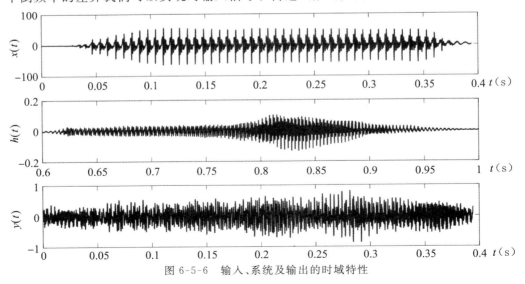

图 6-5-6　输入、系统及输出的时域特性

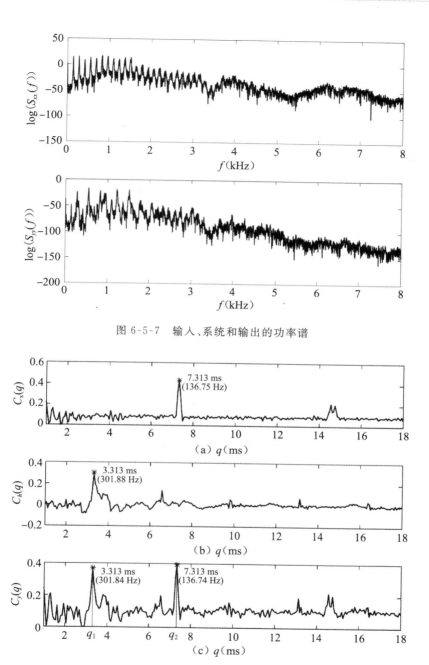

图 6-5-7　输入、系统和输出的功率谱

图 6-5-8　输入、系统和输出的倒频谱

6.5.6　相干函数

相干函数(Coherence function)是用来评价振动系统的输入信号与输出信号之间的因果关系的函数。通过相干函数可以判断系统中输出信号的功率谱中有多少是由于所测输入信号所引起的响应。

195

相干函数定义为

$$\gamma_{xy}{}^2 = \frac{|S_{xy}(f)|^2}{S_{xx}(f)S_{yy}(f)}, 0 \leqslant \gamma_{xy}{}^2 \leqslant 1 \qquad (6-5-29)$$

当 $\gamma_{xy}=0$ 时,表示输出信号与输入信号不相干;当 $\gamma_{xy}=1$ 时,表示输出信号与输入信号完全相干。而 γ_{xy} 在 $0\sim1$ 之间时,则存在如下三种可能:

(1) 测试系统有外界噪声干扰;

(2) 输出 $y(t)$ 是输入 $x(t)$ 和其他输入的综合输出;

(3) 联系 $x(t)$ 和 $y(t)$ 的系统是非线性的。

对线性系统而言,下式成立:

$$\gamma_{xy}{}^2 = \frac{|S_{xy}(f)|^2}{S_{xx}(f)S_{yy}(f)} = \frac{|H(f)S_{xx}(f)|^2}{S_{xx}(f)S_{yy}(f)} = \frac{S_{yy}(f)S_{xx}(f)}{S_{xx}(f)S_{yy}(f)} = 1 \qquad (6-5-30)$$

上式表明,对于线性系统,在没有噪声干扰的情况下,输出完全是由输入引起的响应。

同时间序列的相关函数和相关系数类似,利用相干函数可以判断振动的主要激励源。

6.5.7 功率谱的典型应用

1. 利用功率谱获取系统的频率特性

与幅值谱 $X(f)$ 相似,自功率谱 $S_{xx}(f)$ 也反映信号的频率结构。由于自谱 $S_{xx}(f)$ 反映的是信号幅值的平方,因而其频率结构特性更为明显,如图 6-5-9 所示。

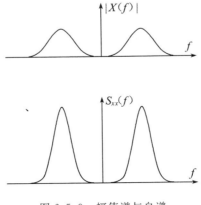

图 6-5-9　幅值谱与自谱

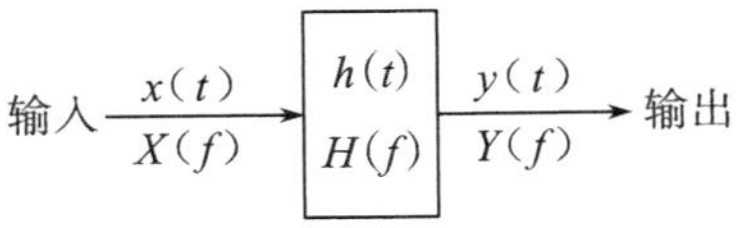

图 6-5-10　理想的单输入单输出线性系统

对于图 6-5-10 所示的理想单输入单输出线性系统,若输入为 $x(t)$,输出为 $y(t)$,则系统的频率响应函数 $H(f)=Y(f)/X(f)$。由于 $X(f)X^*(f)=|X(f)|^2$,于是可以

得到不同形式的频响函数表达式：

$$H(f) = \frac{Y(f)X^*(f)}{X(f)X^*(f)} = \frac{S_{xy}(f)}{S_{xx}(f)} \tag{6-5-31}$$

$$H(f) = \frac{Y(f)Y^*(f)}{X(f)Y^*(f)} = \frac{S_{yy}(f)}{S_{xy}(f)} \tag{6-5-32}$$

$$|H(f)|^2 = H(f)H^*(f) = \frac{Y(f)Y^*(f)}{X(f)X^*(f)} = \frac{S_{yy}(f)}{S_{xx}(f)} \tag{6-5-33}$$

需要说明的是，在没有噪声干扰的理想情况下，频响函数的这三种估算形式是等价的。对于实际有噪声干扰的情况，三种估算方式有所差异。

式(6-5-31)说明，系统的频响函数可以由输入、输出间的互谱 $S_{xy}(f)$ 与输入自谱 $S_{xx}(f)$ 之比求得。式(6-5-32)说明，系统的频响函数可以由输出自谱 $S_{yy}(f)$ 与输入、输出间的互谱 $S_{xy}(f)$ 之比求得。由于 $S_{xy}(f)$ 包含频率和相位信息，故 $H(f)$ 亦包含幅频与相频信息。此外，$H(f)$ 还可用式(6-5-33)求得，即通过输入、输出的自谱分析，也可以得出系统的幅频特性。但由于自谱是自相关函数的傅立叶变换，而自相关函数丢失了相位信息，因而自谱分析同样丢掉了相位信息，利用自谱分析仅仅能获得系统的幅频特性，而不能得到系统的相频特性。

在频响函数求得之后，对 $H(f)$ 进行傅立叶逆变换，便可求得单位脉冲响应函数 $h(t)$。但应注意，未经平滑或平滑不好的频响函数中的虚假峰值(干扰引起)，将会在单位脉冲响应函数中形成虚假的正弦分量。

2. 利用互谱分析进行噪声排除

对如图 6-5-11 所示的单输入单输出线性系统，假设只有响应信号 $y(t)$ 受到噪声 $v(t)$ 干扰，并且噪声 $v(t)$ 与输入 $x(t)$ 及响应 $y(t)$ 无关。则受噪声干扰的响应信号 $y'(t) = y(t) + v(t)$ 的傅氏谱为

$$Y'(f) = Y(f) + V(f) \tag{6-5-34}$$

根据频响函数的估算式(6-5-31)，可得

$$H_1(f) = \frac{Y'(f)X^*(f)}{X(f)X^*(f)} = \frac{S_{xy'}(f)}{S_{xx}(f)} = \frac{Y(f)+V(f)}{X(f)} \frac{X^*(f)}{X^*(f)} = \frac{S_{xy}(f)+S_{xv}(f)}{S_{xx}(f)} \tag{6-5-35}$$

由于噪声 $v(t)$ 与输入 $x(t)$ 无关，因此只要平均次数足够多时，$S_{xv}(f) = 0$，于是

$$H_1(f) = \frac{S_{xy}(f)}{S_{xx}(f)} = H(f) \tag{6-5-36}$$

上述结果表明，在只有响应受到噪声污染时，只要不断增加平均次数，采用式(6-5-31)所示的频响函数估算式可以得到频响函数的真实估计。

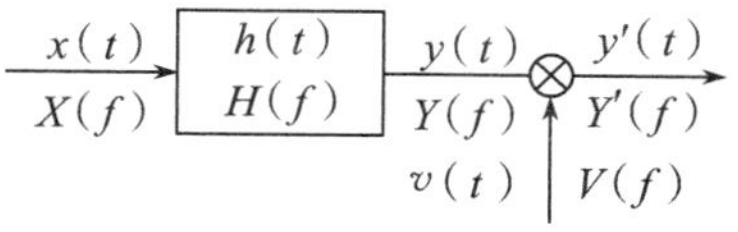

图 6-5-11　量测响应受外界噪声干扰的线性系统

可见,利用互谱分析可排除噪声的影响,这是互相关函数分析方法的突出优点。应当说明的是,该例子只是对测量响应受外界噪声干扰的线性系统的频响函数估计进行噪声消除的例子。当输入受噪声干扰或输入、输出同时受噪声干扰情况下频响函数的估计,可以参阅 6.6 节噪声对频响函数的估计的影响。

此外,通过分析对比正常设备的功率谱与非正常工作设备的功率谱(如谱峰的增多),可以为结构或设备的故障诊断提供依据。在设备增速或降速过程中,对不同转速时的振动信号进行等间隔采样,并进行功率谱分析,将各转速下的功率谱组合在一起成为一个转速-功率谱三维图(又称为瀑布图)。通过瀑布图可以定出危险旋转速度,进而找到共振根源(王江萍,2001;盛兆顺和尹琦玲,2003)。

6.6 / 功率谱的估计

在结构振动测试中求得系统的激励和响应的自谱或互谱后,可以进一步获取被测结构的频响函数。6.5.7 节给出了频响函数的三种不同的表达式,即

$$H_1(f) = \frac{Y(f)X^*(f)}{X(f)X^*(f)} = \frac{S_{xy}(f)}{S_{xx}(f)} \qquad (6\text{-}6\text{-}1)$$

$$H_2(f) = \frac{Y(f)Y^*(f)}{X(f)Y^*(f)} = \frac{S_{yy}(f)}{S_{xy}(f)} \qquad (6\text{-}6\text{-}2)$$

$$|H_3(f)|^2 = H(f)H^*(f) = \frac{Y(f)Y^*(f)}{X(f)X^*(f)} = \frac{S_{yy}(f)}{S_{xx}(f)} \qquad (6\text{-}6\text{-}3)$$

需要说明的是,在没有噪声干扰的理想情况下,频响函数的这三种估算形式是等价的。对于实际有噪声干扰的情况,三种估算方式有所差异。

6.6.1 响应信号受噪声干扰情况

对如图 6-5-11 所示的单输入单输出线性系统,假设只有响应信号 $y(t)$ 受到噪声 $v(t)$ 干扰,并且噪声 $v(t)$ 与输入 $x(t)$ 及响应 $y(t)$ 无关。则受噪声干扰的响应信号 $y'(t) = y(t) + v(t)$ 的傅氏谱为 $Y'(f) = Y(f) + V(f)$,于是频响函数的第一估算式为

$$H_1(f) = \frac{Y'(f)X^*(f)}{X(f)X^*(f)} = \frac{S_{xy'}(f)}{S_{xx}(f)} = \frac{Y(f)+V(f)}{X(f)} \frac{X^*(f)}{X^*(f)} = \frac{S_{xy}(f)+S_{xv}(f)}{S_{xx}(f)}$$

$$(6\text{-}6\text{-}4)$$

由于噪声 $v(t)$ 与输入 $x(t)$ 无关,因此只要平均次数足够多时,$S_{xv}(f)=0$,于是有

$$H_1(f) = \frac{S_{xy}(f)}{S_{xx}(f)} = H(f) \qquad (6\text{-}6\text{-}5)$$

结果表明,在只有响应受到噪声污染时,只要不断增加平均次数,采用频响函数第一估算式可以得到频响函数的真实估计。

利用式(6-6-2)可以得到频响函数第二估算式为

$$H_2(f) = \frac{Y'(f)Y'^*(f)}{X(f)Y'^*(f)} = \frac{Y(f)+V(f)}{X(f)} \cdot \frac{Y^*(f)+V^*(f)}{Y^*(f)+V^*(f)} = \frac{S_{yy}(f)+S_{yv}(f)+S_{vy}(f)+S_{vv}(f)}{S_{xy}(f)+S_{xv}(f)}$$

$$(6\text{-}6\text{-}6)$$

考虑到噪声 $v(t)$ 与激励 $x(t)$ 及响应 $y(t)$ 无关，因此平均次数足够多时，$S_{xv}(f)=S_{yv}(f)=S_{vy}(f)=0$，于是得到

$$H_2(f) = \frac{S_{yy}(f)+S_{vv}(f)}{S_{xy}(f)} = H(f)\left[1+\frac{S_{vv}(f)}{S_{yy}(f)}\right] \qquad (6\text{-}6\text{-}7)$$

结果表明，在只有响应受到噪声污染时，通过不断增加平均次数得到的频响函数第二估算式 $H_2(f)$ 是实际频响函数的过估计。

利用式（6-6-3）可以得到频响函数第三估算式为

$$|H_3(f)|^2 = \frac{S_{y'y'}(f)}{S_{xx}(f)} = \frac{S_{yy}(f)+S_{yv}(f)+S_{vy}(f)+S_{vv}(f)}{S_{xx}(f)} \qquad (6\text{-}6\text{-}8)$$

考虑到噪声 $v(t)$ 与响应 $y(t)$ 无关，因此平均次数足够多时，$S_{yv}(f)=S_{vy}(f)=0$，于是得到

$$|H_3(f)|^2 = \frac{S_{yy}(f)+S_{vv}(f)}{S_{xx}(f)} = |H(f)|^2\left[1+\frac{S_{vv}(f)}{S_{yy}(f)}\right] \qquad (6\text{-}6\text{-}9)$$

结果表明，在只有响应受到噪声污染时，通过不断增加平均次数得到的频响函数第三估算式 $H_3(f)$ 是实际频响函数的过估计。

在只有响应受到噪声污染时，频响函数的三种估算式的关系如下：

$$|H_1(f)| = |H(f)| < |H_3(f)| < |H_2(f)| \qquad (6\text{-}6\text{-}10)$$

6.6.2　激励信号受噪声干扰情况

对如图 6-6-1 所示的单输入单输出线性系统，假设只有激励信号 $x(t)$ 受到噪声 $w(t)$ 干扰，并且噪声 $w(t)$ 与输入 $x(t)$ 及响应 $y(t)$ 无关。则受噪声干扰的激励信号 $x'(t)=x(t)+w(t)$ 的傅氏谱为

$$X'(f) = X(f) + W(f) \qquad (6\text{-}6\text{-}11)$$

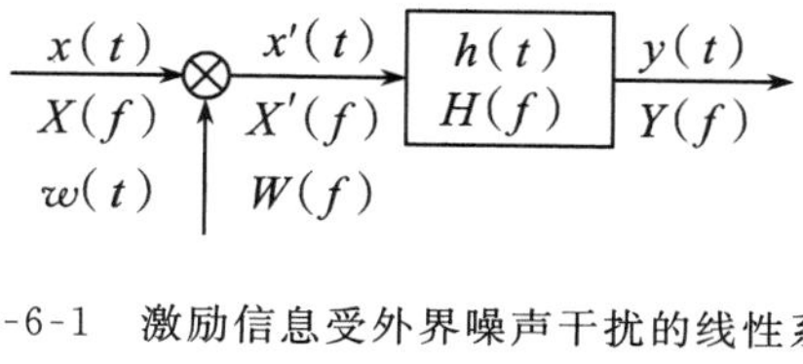

图 6-6-1　激励信息受外界噪声干扰的线性系统

采用类似的推导方法，不难得到频响函数的三种估算式分别为

$$H_1(f) = \frac{S_{x'y}(f)}{S_{x'x'}(f)} = \frac{S_{xy}(f)}{S_{xx}(f)+S_{ww}(f)} = |H(f)| / \left[1+\frac{S_{ww}(f)}{S_{xx}(f)}\right] \qquad (6\text{-}6\text{-}12)$$

$$H_2(f) = \frac{S_{yy}(f)}{S_{x'y}(f)} = \frac{S_{yy}(f)}{S_{xy}(f)} = H(f) \qquad (6\text{-}6\text{-}13)$$

$$|H_3(f)|^2 = \frac{S_{yy}(f)}{S_{x'x'}(f)} = \frac{S_{yy}(f)}{S_{xx}(f)+S_{ww}(f)} = |H(f)|^2 / \left[1+\frac{S_{ww}(f)}{S_{xx}(f)}\right] \qquad (6\text{-}6\text{-}14)$$

199

可以看出，在只有激励信息受到噪声污染时，通过不断增加平均次数得到的频响函数第一估算式 $H_1(f)$ 是实际频响函数的欠估计，频响函数第二估算式 $H_2(f)$ 可以得到频响函数的真实估计，而第三估算式 $H_3(f)$ 同样是实际频响函数的欠估计。三者之间的关系为

$$|H_1(f)|<|H_3(f)|<|H_2(f)|=|H(f)| \tag{6-6-15}$$

6.6.3 激励和响应信号同时受噪声干扰情况

对图 6-6-2 所示的单输入单输出线性系统，假设激励信号 $x(t)$ 受到噪声 $w(t)$ 干扰，同时响应信号 $y(t)$ 受到噪声 $v(t)$ 干扰，且噪声 $w(t)$、$v(t)$ 与输入 $x(t)$、响应 $y(t)$ 无关。

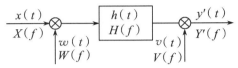

图 6-6-2　激励和响应同时受外界噪声干扰的线性系统

不难得到频响函数的三种估算式分别为

$$H_1(f)=\frac{S_{x'y'}(f)}{S_{x'x'}(f)}=\frac{S_{xy}(f)}{S_{xx}(f)+S_{ww}(f)}=|H(f)|/\left[1+\frac{S_{ww}(f)}{S_{xx}(f)}\right] \tag{6-6-16}$$

$$H_2(f)=\frac{S_{y'y'}(f)}{S_{x'y'}(f)}=\frac{S_{yy}(f)+S_{vv}(f)}{S_{xy}(f)}=|H(f)|\left[1+\frac{S_{vv}(f)}{S_{yy}(f)}\right] \tag{6-6-17}$$

$$|H_3(f)|^2=\frac{S_{y'y'}(f)}{S_{x'x'}(f)}=\frac{S_{yy}(f)+S_{vv}(f)}{S_{xx}(f)+S_{ww}(f)}=|H(f)|^2\left\{\frac{1+\dfrac{S_{vv}(f)}{S_{yy}(f)}}{1+\dfrac{S_{ww}(f)}{S_{xx}(f)}}\right\} \tag{6-6-18}$$

可以看出，在激励信息和响应信号同时受到噪声污染时，频响函数的第一估算式 $H_1(f)$ 是实际频响函数的欠估计，且与响应信号的噪声无关。频响函数第二估算式 $H_2(f)$ 是实际频响函数的过估计，且与激励信号中的噪声无关。而频响函数的第三估算式 $H_3(f)$ 是较 $H_1(f)$、$H_2(f)$ 更接近实际频响函数的估计。

此时，三者之间的关系为

$$|H_1(f)|<|H_3(f)|\approx|H(f)|<|H_2(f)| \tag{6-6-19}$$

6.7 短时傅立叶变换

自然界的信号按照随时间的变化特征可以分为平稳信号和非平稳信号。对于平稳的随机信号，其统计特征不随时间改变，采用傅立叶变换可以很好地分析其信号的频率特征。然而某些情况下，测试获得的振动信号具有非平稳特性，其统计量是时变函数，属于非平稳信号。此时采用平稳信号的各种分析方法得到的频谱并不能完全描述这种非平稳信号的特征，比如不能表示在什么时刻出现了什么频率成分。为了分析和处理

非平稳信号,需要进行时频分析。时频分析的基本任务是建立一个可以从时间和频率两个角度同时对信号进行描述的函数,从而能够准确、全面地反映信号的特征,实现对振动信号的有效分析。当振动信号的频率特征发生变化时,常伴随着损伤或故障的发生,这时可以利用时频分析技术进行损伤识别和故障诊断。

非平稳信号的时频分析方法主要有短时傅立叶变换、小波变换及希尔伯特黄变换等。本节重点介绍短时傅立叶变换,小波变换及希尔伯特黄变换分别在 6.8 和 6.9 节进行论述。

6.7.1　傅立叶变换的局限性

时域和频域构成了观察信号特征的两种方式,而傅立叶变换建立了时域信号 $x(t)$ 和频域 $X(f)$ 的对应关系,即

$$X(f) = \int_{-\infty}^{+\infty} x(t)\mathrm{e}^{-\mathrm{i}2\pi ft}\,\mathrm{d}t \Leftrightarrow x(t) = \int_{-\infty}^{+\infty} X(f)\mathrm{e}^{\mathrm{i}2\pi ft}\,\mathrm{d}f$$

虽然傅立叶变换建立了时域和频域之间的联系,但没有将时域和频域组合成一个域。频谱 $X(f)$ 为时域信号 $x(t)$ 和正弦基函数在无穷区间的内积,显示的是任一频率 f 包含在信号 $x(t)$ 内部的总强度,通常不能够提供有关谱分量的时间局部化信息。如果 $x(t)$ 是由几个平稳分量组成的,则用傅立叶变换足以表示信号的全部特征。对非平稳信号,其随时间的任何变化都会传遍 $X(f)$ 的整个频率范围,同时由 $X(f)$ 反过来寻求这些变化的时间信息是不可能的。

为了更好地理解傅立叶变换的局限性,分别构造如下式所述的平稳信号与非平稳信号,其中幅值 $A_1 = A_2 = A_3 = 1$,频率 $f_1 = 1$ Hz,$f_2 = 2$ Hz,$f_3 = 4$ Hz。

平稳信号表达式为

$$x(t) = A_1\sin(2\pi f_1 t) + A_2\sin(2\pi f_2 t) + A_3\sin(2\pi f_3 t), 0 \leqslant t \leqslant 12 \tag{6-7-1}$$

非平稳信号表达式为

$$x(t) = \begin{cases} A_1\sin(2\pi f_1 t) & 0 \leqslant t < 4 \\ A_2\sin(2\pi f_2 t) & 4 \leqslant t < 8 \\ A_3\sin(2\pi f_3 t) & 8 \leqslant t < 12 \end{cases} \tag{6-7-2}$$

上述平稳信号与非平稳信号的时域波形和频谱分别如图 6-7-1 和 6-7-2 所示。图 6-7-1 描述的是在整个时间域(0～12 s)内频率始终不变的平稳信号,即由频率分别为 1 Hz、2 Hz 和 4 Hz 三个正弦信号组成的周期信号,其频谱清晰地指明了这三个组成波的频率。而图 6-7-2 则是频率随着时间改变的非平稳信号,它们包含完全相同的三个组成波,其频谱图非常一致,包含了相同的频率成分。可以看出,对时域上有如此巨大差异的信号,但从频域上却无法区分它们,因为它们包含的频率成分是一样的。

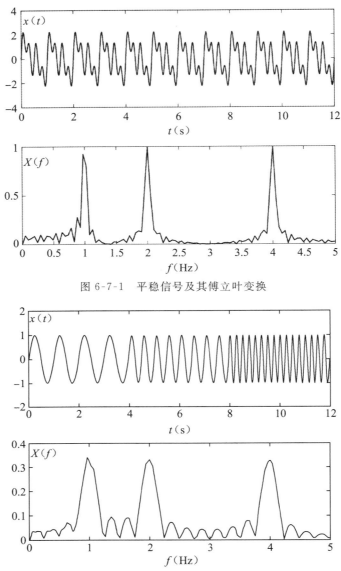

图 6-7-1　平稳信号及其傅立叶变换

图 6-7-2　非平稳信号及其傅立叶变换

　　由此可见,傅立叶变换处理非平稳信号有天生缺陷。它只能获取一段信号总体上包含哪些频率成分,但是却无法确定各频率成分出现的具体时刻。因此在采用傅立叶变换时,对时域相差很大的两个信号,可能会分析得到完全一样的频谱图像。因此在进行非平稳信号分析时,只知道该信号包含哪些频率成分是不够的,我们还想知道各个成分出现的时间。分析信号频率随时间变化的情况,各个时刻的瞬时频率及其幅值——这就是时频分析。

　　研究信号的局部时域范围内的频率特征,一种做法就是在傅立叶分析中引入窗函数,通过加窗来观察信号,认为在该窗口内信号是平稳的,如图 6-7-3 所示。另一种做法就是将傅立叶变换中所用的正弦基函数改为时间上更集中而频率上较分散的基函数。其中前者就是短时傅立叶变换(Short Time Fourier Transform,简称 STFT),也叫窗口傅立叶变换(Windowed Fourier Transform,简称 WFT),是对传统的傅立叶变换无法应用于时—频域分析的一种变通处理方法。其基本思想是将非平稳信号假定为在短时间内平稳,通过加窗取得一系列短时平稳信号。通过在时间轴上移动时窗,对每一段信号逐次进行分析,由此可得信号的一组"局部"频谱,比较不同时刻"局部"频谱的差异,便可得到信号频率随时间的变化情况。由此可见,短时傅立叶变换就是把整个时域过程分解成无数个等长的小过程,每个小过程视为近似平稳的过程,然后对每个小过程进行傅立叶变换,就知道在哪个时间点上出现了什么频率了。

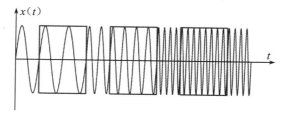

图 6-7-3　短时傅立叶变换

6.7.2　短时傅立叶变换

某非平稳连续信号 $x(t)$ 的短时傅立叶变换,记为 $X(\tau,f)$,其定义为

$$X(\tau,f) = \text{STFT}\{x(t)\}(\tau,f) = \int_{-\infty}^{\infty} x(t)w(t-\tau)\mathrm{e}^{-\mathrm{i}2\pi ft}\,\mathrm{d}t \qquad (6-7-3)$$

式中,f 表示局部化的频率,τ 表示时窗的位置,$w(t)$ 表示宽度为 T 的时窗函数。由上式可见,信号 $x(t)$ 的短时傅立叶变换就是 $x(t)$ 与以 $t=\tau$ 为中心的分析窗 $w(t-\tau)$ 乘积的傅立叶变换。随着 τ 的变化,时窗的位置沿着时间轴滑动,所以 $X(\tau,f)$ 反映了信号 $x(t)$ 在 τ 时刻的频谱相对含量。只要窗函数选取合适,短时傅立叶变换就具有反映一个信号在任意局部范围频率特性的能力。

为便于数字信号处理,将信号、时间和频率离散化,假设 $w_k=w(k\Delta t)$ 是长度为 L 点的窗函数,$x_k=x(k\Delta t)$ 是长度为 N 点的离散信号,则相应的有限长离散信号 x_k 的短时傅立叶变换表达式为

$$\text{STFT}\{X_k\}(m,n) = \sum_{k=0}^{L-1} x_k w_{k-m}\mathrm{e}^{-\mathrm{i}2\pi kn/L} \qquad (6-7-4)$$

式中,m 是时窗的位置,n 代表频率,对应于 $2\pi n/L$。可以看出,$\text{STFT}\{x_k\}(m,n)=X(\tau,f)|_{\tau=m\Delta t,f=n\Delta f=n/L\Delta t}$。短时傅立叶变换在频率上具有周期性。

短时傅立叶变换的能量密度谱(spectrogram)为:

$$\text{spectrogram}\{x(t)\}(\tau,f) = |\text{STFT}\{x(t)\}(\tau,f)|^2 \qquad (6-7-5)$$

上式反映了信号的动态时频谱能量分布。

短时傅立叶变换可以用 Matlab 软件中的 spectrogram 进行绘制。图 6-7-4 为某

Chirp 信号的短时傅立叶变换,从中可以看出不同频率成分的信号的时域分布情况。

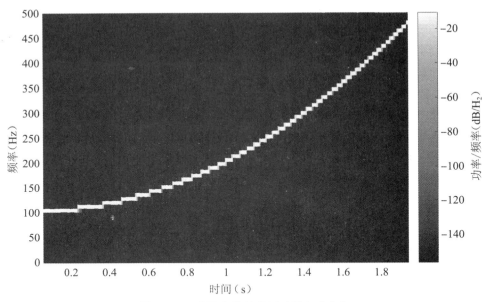

图 6-7-4　非平稳信号的短时傅立叶变换

6.7.3　时间和频率分辨率

短时傅立叶变换通过加窗实现了对局部信号的时频分析。由于在 $t=\tau$ 时的短时傅立叶变换是被 $w(t-\tau)$ 加窗后的信号 $x(t)$ 的频谱,所以位于窗宽范围内所有信号的特征都会显示出来。因此,如要求短时傅立叶变换具有高的时间分辨率,就要取一个较短的窗函数 $w(t)$。另一方面,高的时间分辨率意味着频率分辨率的下降,反之亦然。

短时傅立叶变换无法在时间域和频率域同时获得高的分辨率,其时域分辨率 Δt 和频域分辨率 Δf 需要满足海森堡不等式,即

$$\Delta t \times \Delta f \geqslant \frac{1}{4\pi} \tag{6-7-6}$$

这就是所谓的**海森堡不确定性原理**,即在时间域和频率域同时获得高的分辨率是无法实现的,必须在时域和频域局部化矛盾中进行平衡。当时窗较短时,可以得到较高的时域分辨率,但是频域分辨率较差;反之,当时窗较长时,频域分辨率有较大改善,但是时域分辨率降低。

当分析窗是无穷窄函数 $\delta(t)$ 时,

$$\mathrm{STFT}\{x(t)\}(\tau,f) = \int_{-\infty}^{\infty} x(t)\delta(t-\tau)\mathrm{e}^{-\mathrm{i}2\pi ft}\,\mathrm{d}t = x(\tau)\mathrm{e}^{-\mathrm{i}2\pi f\tau} \tag{6-7-7}$$

此时短时傅立叶变换有理想的时间分辨率,保留了信号的所有时间特征,但丢失了频率分辨率。

当分析窗取 $w(t)=1$ 时,

$$\mathrm{STFT}\{x(t)\}(\tau,f) = \int_{-\infty}^{\infty} x(t)\mathrm{e}^{-\mathrm{i}2\pi ft}\,\mathrm{d}t = X(f) \qquad (6\text{-}7\text{-}8)$$

此时短时傅立叶变换退化为传统的傅立叶变换,丢失了时间分辨率。

短时傅立叶变换中,窗的选择是经验性的,一旦选择,则在整个分析过程中都使用相同的窗函数,其分辨率在时一频平面上的所有区域都是相同的。即短时傅立叶变换不具有自适应性,对于强时变信号,其频率成分随时间变化差异巨大,如果采用"固定分辨率"的短时傅立叶变换进行分析,往往得不到满意的分析结果。

6.7.4　数值算例

下面通过一个数值算例来说明短时傅立叶变换时频分析性能及其相关的影响因素。

按照式(6-7-9)构造时变信号进行分析,其中频率 $f_1 = 10$ Hz, $f_2 = 20$ Hz, $f_3 = 50$ Hz, $f_4 = 100$ Hz。

$$x(t) = \begin{cases} \cos(2\pi f_1 t) & 0 \leqslant t < 5\,\mathrm{s} \\ \cos(2\pi f_2 t) & 5 \leqslant t < 10\,\mathrm{s} \\ \cos(2\pi f_3 t) & 10 \leqslant t < 15\,\mathrm{s} \\ \cos(2\pi f_4 t) & 15 \leqslant t < 20\,\mathrm{s} \end{cases} \qquad (6\text{-}7\text{-}9)$$

首先分析时窗长度对短时傅立叶变换的影响。假设信号的采样频率为 2000 Hz,分别取窗口时长为 0.1 s,0.25 s,0.5 s,1.0 s 进行短时傅立叶变换,所得谱图如图 6-7-5 所示。从中可以看出不同时窗长度对时域分辨率和频域分辨率的影响。

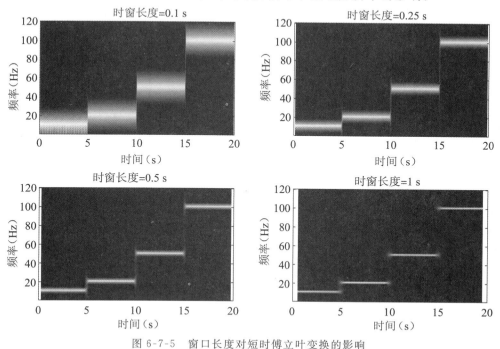

图 6-7-5　窗口长度对短时傅立叶变换的影响

图 6-7-6 为利用不同窗函数得到的时频谱图。从图中可以发现,利用不同类型的

窗函数均能反映信号的时频特性,其中利用矩形窗分析的结果有较为明显的干扰,在频率突变的精确定位方面存在一些问题,而其他类型的窗函数分析结果都比较好。

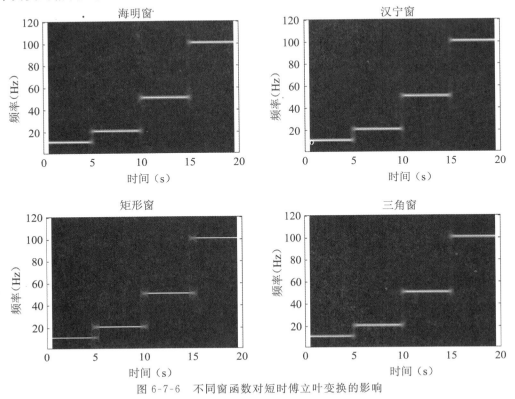

图 6-7-6　不同窗函数对短时傅立叶变换的影响

6.8 小波分析

傅立叶变换是按照正弦函数、余弦函数将信号来展开,用不同频率的谐波函数的线性迭加来表示任意函数,从而实现了从时域到频域的映射,能比较好地刻画出信号的频率特性。短时傅立叶变换克服了傅立叶变换缺少局部特性的不足,通过加窗实现了信号的时频分析。使用短时傅立叶变换分析信号,相当于用一个形状、大小和放大倍数相同的"放大镜"在时—频平面上移动,观察特定时间区段内的频率特性。窗函数(如窗的类型、窗宽等参数)一旦设定,在整个信号分析时分辨率是固定的。窄窗口时间分辨率高、频率分辨率低,宽窗口时间分辨率低、频率分辨率高。对于时变的非稳态信号,高频适合小窗口,低频适合大窗口。由于短时傅立叶变换(STFT)的窗函数长度是固定的,在一次短时傅立叶变换(STFT)中其宽度不会变化,所以短时傅立叶变换(STFT)还是无法满足非稳态信号变化的频率的需求,自适应性存在比较大的局限性。

小波分析概念最早由法国地球物理学家莫雷于 1974 年在分析地震数据时提出,1986 年数学家迈耶构造出一个真正的光滑正交小波基-Meyer 基(Meyer,1989),之后与马拉特(法国)合作构造出小波基的多尺度分析,提出了多分辨分析的理论(Mallat,1987)。接着 Mallat 又基于多分辨分析思想,提出对小波应用起着重要作用的 Mallat 塔形算法(Mallat,1989),它使得小波从理论研究发展到应用研究。1988 年,法国学者英格丽·多贝西提出了具有紧支集特性的光滑正交基—Daubechies 基(Daubechies,1988),使得小波的应用由理论应用研究发展到实际应用研究,是小波领域的里程碑。

　　小波分析是时间和频率的局域变换,对信号具有较强的自适应能力,它在时域和频域同时具有良好的局部化性质,小波分析的这种特性正好符合高频信号变化迅速而低频信号变化缓慢的特点,因而小波分析能够有效地从信号中提取出所需信息,还可以通过伸缩和平移等运算对一信号或函数进行多尺度分析,解决了许多傅立叶变换不能解决的困难和问题,因此小波分析被誉为信号分析中的"数学显微镜"。

　　相对于短时傅立叶变换,小波变换在时域和频域分析两方面都具有了突出的局部分析能力。小波分析克服了短时傅立叶变换单分辨率的问题,具有多分辨率分辨的特点,在时域和频域都有表征信号局部信息的能力,时间窗和频率窗都可以根据信号的具体形态动态调整。在一般情况下,在信号较平稳的低频部分可以采用较低的时间分辨率,而提高频率的分辨率,在频率变化较大的高频部分可以采用较低的频率分辨率来换取精确的时间定位。小波分析可以探测正常信号中的瞬态成分,并展示其频率成分,已广泛应用于各时频分析领域。

6.8.1　小波变换

　　信号 $x(t)$ 的连续小波变换(Continuous Wavelet Transform,CWT)定义为如下的积分:

$$WT_f(a,\tau) = \frac{1}{\sqrt{a}}\int x(t)\Psi\left(\frac{t-\tau}{a}\right)\mathrm{d}t \tag{6-8-1}$$

式中,函数 $\Psi(t)$ 为小波母函数(Mother Wavelet),简称小波函数,$\Psi(t)$ 需满足如下两个条件:

　　① $\Psi(t)$ 为平方可积函数,即满足

$$\int_{-\infty}^{+\infty} |\Psi(t)|^2 \mathrm{d}t < \infty \tag{6-8-2}$$

　　② $\Psi(t)$ 的傅立叶变换 $F(\omega)$ 满足可容许性条件,即

$$\int_R \frac{|F(\omega)|^2}{\omega}\mathrm{d}\omega < \infty \tag{6-8-3}$$

　　由连续小波变换的定义可知,同傅立叶变换相似,小波变换也是一种积分变换,因此称 $WT_f(a,\tau)$ 为小波变换系数。当然小波变换与傅立叶变换有许多不同之处,其中最大的不同就是,将一个空间函数在小波基下展开就相当于将其投影到一个二维的时间—尺度平面上,更容易发现并提取出该函数的本质特征,这主要是因为小波基具有两个参数:尺度变化因子 a 和平移因子 τ。

　　将连续小波变换表达式(6-8-1)与短时傅立叶变换公式(6-7-3)相比较,若令

$$\frac{1}{\sqrt{a}}\Psi\left(\frac{t-\tau}{a}\right) = \Psi_{a,\tau} = w(t-\tau)\mathrm{e}^{-\mathrm{i}\omega t} \tag{6-8-4}$$

则连续小波变换也是短时傅立叶变换的一种。由小波变换定义(6-8-1)可知,任意函数

$x(t)$ 在某一尺度 a、时移点 τ 上的小波变换系数,实质上表征的是在 τ 位置处、时间段 $a\Delta\tau$ 上包含在中心频率为 ω_0/a、带宽为 $\Delta\omega/a$ 频窗内的频率分量大小。随着尺度 a 的变化,对应窗口中心频率 ω_0/a 及窗口宽度 $\Delta\omega/a$ 也发生变化,而短时傅立叶变换的窗口是固定不变的。连续小波变换由于存在一系列的尺度因子 a、平移因子 τ,所以它的窗口是不断发生变化的,也就是说小波变换是一种变分辨率的时频分析方法,这也是小波变换与短时傅立叶变换之间最本质的不同。

在实际工程问题中,我们遇到的信号一般存在长低频、短高频的现象,由于短时傅立叶变换的窗口是固定的,所以不适用于该类问题的分析;而小波变换的窗口是不断变化的(当分析信号高频时,减小时间窗口;当分析信号低频时,增大时间窗口)。它对不同频率在时域上的取样步长是自适应调节的,即在低频时小波变换的时间分辨率较低,而频率分辨率较高;在高频时小波变换的时间分辨率较高,而频率分辨率较低,这正符合低频信号变换缓慢而高频信号变化迅速的特点。当分析低频(对应大尺度)信号时,其时间窗很大;而当分析高频(对应小尺度)信号时,其时间窗减小。这恰恰符合实际问题中高频信号持续时间短、低频信号持续时间较长的自然规律。因此,从总体上来说,小波变换比窗口傅立叶变换具有更好的时频窗口特性。

连续小波变换主要用于问题的分析和理论研究方面。而实际应用中常常使用离散小波变换(Discrete Wavelet Transform,DWT)。离散小波变换是指对尺度因子 a 和时移因子 τ 的离散化,而不是通常意义下的对时间 t 的离散化。

当 $a=a_0^j,\tau=a_0^j k\tau_0$ 时,连续小波就变为离散小波,即 $\Psi_{j,k}(t)=a_0^{-j/2}\Psi(a_0^{-j}t-k\tau_0)$,此时 $x(t)$ 的离散小波变换定义为

$$WT_f(j,k)=\int_R x(t)\overline{\Psi_{j,k}(t)}\mathrm{d}t \qquad (6\text{-}8\text{-}5)$$

需要说明的是,离散小波 $\Psi_{j,k}(t)$ 是小波函数 $\Psi(t)$ 在频域上的伸缩和时域上的平移得到的。随着 j 的变化,$\Psi_{j,k}(t)$ 在频域上处于不同的频段,而随着 k 的变化,$\Psi_{j,k}(t)$ 在时域上处于不同的时段。由此可见,离散小波变换是一种信号的时频分析。当尺度 j 增大,$\Psi_{j,k}(t)$ 在时域上伸展,频域上收缩,中心频率降低,变换的时域分辨率降低,频域分辨率升高。当尺度 j 减小,$\Psi_{j,k}(t)$ 在时域上收缩,频域上伸展,中心频率提高,变换的时域分辨率提高,频域分辨率降低。因此,离散小波变换也是一种多分辨率的时频分析技术。

离散小波变换的重构公式为

$$x(t)=C\sum_{-\infty}^{\infty}\sum_{-\infty}^{\infty}WT_f(j,k)\Psi_{j,k}(t) \qquad (6\text{-}8\text{-}6)$$

式中,C 为与信号无关的常数,如果取 $a_0=2,\tau_0=1$,则称为二进离散小波变换。

6.8.2 小波函数

在小波变换中,小波函数 $\Psi(t)$ 有着重要的作用。对其进行伸缩和平移可以得到

$$\Psi_{a,\tau}(t)=\frac{1}{\sqrt{a}}\Psi\left(\frac{t-\tau}{a}\right),(a>0,\tau\in\mathbf{R}) \qquad (6\text{-}8\text{-}7)$$

式中,a 为伸缩因子(或尺度因子),τ 为平移因子;$\Psi_{a,\tau}(t)$ 为依赖 a,τ 的小波基函数。由于 a,τ 是连续变化的值,因此 $\Psi_{a,\tau}(t)$ 为连续小波基函数,它们是由同一小波母函数

$\Psi(t)$ 经伸缩、平移后的一组函数序列。在小波基函数中,τ 决定了小波的中心位置,参数 a 确定了小波函数的时域宽度,如图 6-8-1 所示。

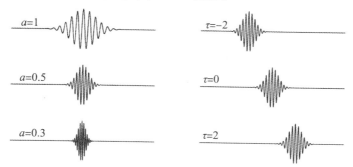

图 6-8-1　小波的伸缩和平移

傅立叶变换和小波变换不同的基函数如图 6-8-2 所示。

$$F(\omega)=\int_{-\infty}^{\infty}x(t)\mathrm{e}^{-\mathrm{i}\omega t}\,\mathrm{d}t \qquad WT(a,\tau)=\frac{1}{\sqrt{a}}\int_{-\infty}^{\infty}x(t)\Psi\left(\frac{t-\tau}{a}\right)\mathrm{d}t$$

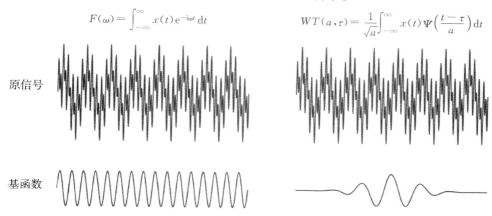

图 6-8-2　傅立叶变换和小波变换的基函数

利用小波变换对信号进行时频分析最大的挑战在于小波基函数的选取,对同一个信号,选择不同的小波基函数进行时频分析所得到的效果往往差别很大。下面给出几种常见的小波基函数。

1. Haar 小波(哈尔小波)

Alfred Haar 于 1909 年提出一种正交函数系,是一组分段常值函数组成的函数集合,是小波变换中最简单的一种变换,也是最早提出的小波变换。Haar 小波的尺度函数和小波函数定义如下,其时域图如图 6-8-3 所示。

$$\phi(t)=\begin{cases}1,0\leqslant t<1\\0,\text{其他}\end{cases} \tag{6-8-8}$$

$$\Psi(t)=\begin{cases}1,\quad 0\leqslant t<1/2\\-1,1/2\leqslant t<1\\0,\quad \text{其他}\end{cases} \tag{6-8-9}$$

Haar 小波函数可以表示为

$$\Psi(t)=\phi(2t)-\phi(2t-1) \tag{6-8-10}$$

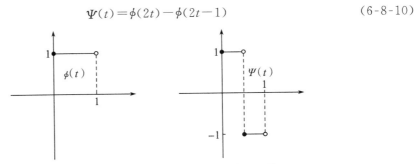

图 6-8-3　Haar 小波的尺度函数和小波基函数

2. 多贝西(Daubechies,dbN)小波系

Daubechies 小波是由世界著名的小波分析学者 Ingrid Daubechies(英格丽·多贝西)构造的小波函数,一般记为 dbN,N 是小波的阶数,且 $N=1,2,\cdots,10$,除了 db1(即 haar 小波)外,其他小波没有明确的表达式,但转换函数 h 的平方模是很明确的。

小波函数 $\Psi(t)$ 和尺度函数 $\phi(t)$ 的支撑区为 $2N-1$,$\Psi(t)$ 的消失矩为 N。dbN 小波具有较好的正则性,即该小波作为稀疏基所引入的光滑误差不容易被察觉,使得信号重构过程比较光滑。dbN 小波的特点是随着阶次(序列 N)的增大,消失矩阶数越大,其中消失矩越高,光滑性就越好,频域的局部化能力就越强,频带的划分效果也越好,但是会使时域紧支撑性减弱,同时计算量大大增加,实时性变差。另外,除 $N=1$ 外,dbN 小波不具有对称性(即非线性相位),即在对信号进行分析和重构时会产生一定的相位失真。

db5 和 db6 小波的尺度函数、小波函数图形如图 6-8-4 所示。

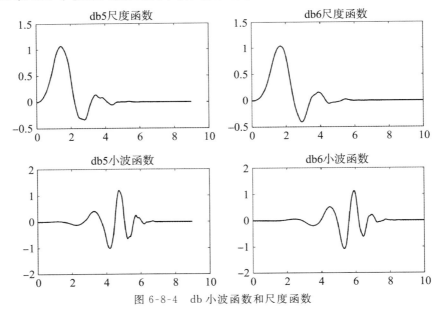

图 6-8-4　db 小波函数和尺度函数

3. 莫雷小波

莫雷函数定义为

$$\Psi(t) = e^{-i\omega_0 t} e^{-t^2/2} \tag{6-8-11}$$

莫雷小波是一种单频复正弦调制高斯波,是由复三角函数乘上一个指数衰减函数构成,其中 ω_0 表示中心频率。Morlet 小波是分析复数信号中最常用的复数小波,具有良好的局部时频分析特性。Morlet 小波的傅立叶变换为

$$\Phi(\omega) = \sqrt{2\pi} e^{-(\omega - \omega_0)^2/2} \tag{6-8-12}$$

Morlet 小波的时域图像和频域图像如图 6-8-5 所示。

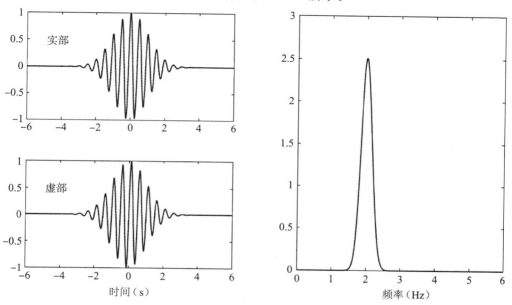

图 6-8-5　Morlet 小波函数

4. Marr 小波(Mexcian hat)

Marr 小波,又称墨西哥草帽(Mexcian hat function)小波,形似墨西哥草帽,其小波函数如图 6-8-6 所示。Marr 小波是高斯函数的二阶导数,所以在时域和频域都有很好的局部化性质。

它的时域、频域形式如下:

$$\Psi(t) = (1 - t^2) e^{-t^2/2} \tag{6-8-13}$$

$$\Phi(\omega) = \sqrt{2\pi} \omega^2 e^{-\omega^2/2} \tag{6-8-14}$$

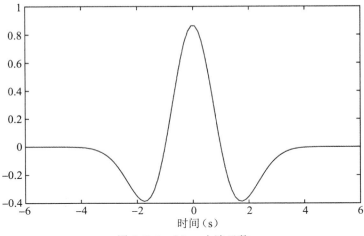

图 6-8-6　Marr 小波函数

5. Meyer 小波（迈耶小波）

　　Meyer 小波的小波函数 $\Psi(t)$ 和尺度函数 $\phi(t)$ 都是在频域中进行定义的，是不具有紧支集特性的正交小波，如图 6-8-7 所示。

$$\Psi(\omega)=\begin{cases}\dfrac{1}{\sqrt{2\pi}}\mathrm{e}^{\frac{i\omega}{2}}\sin\left[\dfrac{\pi}{2}v\left(\dfrac{3}{2\pi}|\omega|-1\right)\right],\dfrac{2\pi}{3}\leqslant\omega\leqslant\dfrac{4\pi}{3}\\[4mm]\dfrac{1}{\sqrt{2\pi}}\mathrm{e}^{\frac{i\omega}{2}}\cos\left[\dfrac{\pi}{2}v\left(\dfrac{3}{2\pi}|\omega|-1\right)\right],\dfrac{4\pi}{3}\leqslant\omega\leqslant\dfrac{8\pi}{3}\\[4mm]0,其他\end{cases} \tag{6-8-15a}$$

$$\phi(\omega)=\begin{cases}\dfrac{1}{\sqrt{2\pi}},\omega\leqslant\dfrac{2\pi}{3}\\[4mm]\dfrac{1}{\sqrt{2\pi}}\cos\left[\dfrac{\pi}{2}v\left(\dfrac{3}{2\pi}|\omega|-1\right)\right],\dfrac{2\pi}{3}\leqslant\omega\leqslant\dfrac{4\pi}{3}\\[4mm]0,\omega\geqslant\dfrac{4\pi}{3}\end{cases} \tag{6-8-15b}$$

式中，$v(x)$ 为构造 Meyer 小波的辅助函数，定义为

$$v(x)=\begin{cases}0,x\leqslant0\\1,x\geqslant1\end{cases}$$

并且有 $v(x)+v(1-x)=1$，且当 $x\in[0,1]$ 时 $v(x)=x^4(35-84x+70x^2-20x^3)$。

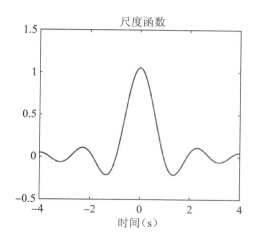
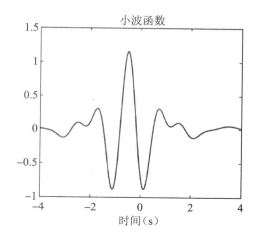

图 6-8-7　Meyer 小波函数

还有其他母小波函数,不再一一列举。

6.8.3　多分辨分析

多分辨分析(Multi-resolution Analysis-MRA)又称多尺度分析。起源于 S. mallat 研究的图像处理问题(Mallat,1989),他通过"在不同尺度下分解图像的结果来获取可用信息的方法"联想到是否可以用当时刚刚提出的正交小波基 Meyer 小波来展开图像,最终不仅成功地将 Meyer 小波应用于图像处理,而且还获得了令人满意的效果,并建立了小波的多分辨分析理论。多分辨分析是一种基于函数空间概念的理论,它提供了一种简单的正交小波基构造方法,提供了正交小波变换快速算法的理论基础。而且,小波变换由于其多分辨分析与数字滤波器的多采样率滤波器的思想是一致的,所以小波变换理论的发展完善可以与数字滤波器理论结合起来。因此小波变换的多分辨分析理论具有十分重要的意义和作用。

由于平方可积实数空间中存在正交基,因此也必然存在 Riesz 基。可以得到用 Riesz 基构造的正交基为

$$\phi_{j,k}(t)=2^{-\frac{j}{2}}\phi(2^{-j}t-k) \tag{6-8-16}$$

如果 $\{\phi(t-k)\mid k\in \mathbf{Z}\}$ 是空间 V_0 的正交基,则 $\{\phi_{j,k}(t)\}_{k\in z}$ 必为尺度空间 V_j 的标准正交基,此时称 $\phi(t)$ 为多分辨分析尺度函数。因此说多分辨分析就是用不同分辨率来逐级逼近要分析的函数,即用一个高通滤波器和一个低通滤波器将某一频率的信号分解为低频和高频两部分,分解的低频和高频两部分分别用以观察信号的概貌情况和细节信息。对于任意函数 $f(t)\in V_0$ 都可以分解为低频和高频两部分,他们分别表示信号的细节信息和概貌信息,然后将低频部分再做进一步的分解,又得到细节部分和概貌部分,如此继续分解下去,可以得到任意分辨率上的细节部分和逼近部分。

下面以三层分解为例进行说明,见图 6-8-8。

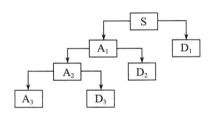

图 6-8-8　三层多分辨分析的结构图

由图 6-8-8 可以看出,利用多分辨分析进行多层分解后,每层的信息都能在一定程度上体现信号的原始特征,且每一层分解都会得到低频和高频两部分,再进行下一层的分解时只是对信号的低频部分进行分解,而高频部分则不再分解,然后利用分解后的小波系数重构原始信号以便对其进行分析研究。设原始信号为 S,则三层分解关系式可以表示为 $S = A_3 + D_3 + D_2 + D_1$。小波重构实质上可以看作小波分解的逆过程,对应三层分解的重构关系为:首先通过 A_3 与 D_3 重构得到 A_2,然后通过 A_2 与 D_2 重构得到 A_1,最后通过 A_1 与 D_1 重构得到原始信号。

6.8.4　小波分解与信号重构

信号多分辨分析的实现实质上就是对信号进行小波分解,得到不同分辨率下的小波信号,然后对这些信号进行分析处理,最后再将处理后的信号进行小波重构。

1. 小波分解

假设 $x(t)$ 为测量得到的信号,信号 $x(t)$ 属于 V_j 空间,且 V_j 空间中有尺度函数为 $\phi_{j,k}(t)$,$\{\phi_{j,k}(t)\}_{k \in \mathbf{z}}$ 构成 V_j 空间中的一组标准正交基,那么有

$$x(t) = \sum_{k \in \mathbf{z}} a_{j,k} \phi_{j,k}(t) \tag{6-8-17}$$

并用 $\phi_{j,k}(t)$ 与上式两端做内积,可得 $a_{j,k} = \langle x(t), \phi_{j,k}(t) \rangle$。

依据多分辨分析思想,n 层小波分解关系式可以表示为

$$S = A_n + D_n + \cdots + D_2 + D_1 \tag{6-8-18}$$

式中,$A_i, D_i (i = 1, 2, \cdots, n)$ 属于 V_{j+i} 空间。则根据上述公式,可将小波分解公式写作

$$x(t) = \sum_{k \in \mathbf{z}} a_{j+n,k} \phi_{j+n,k}(t) + \sum_{i=1}^{n} \sum_{k \in \mathbf{z}} d_{j+i,k} \Psi_{j+i,k}(t) \tag{6-8-19}$$

式中,$\sum_{k \in \mathbf{z}} a_{j+n,k} \varphi_{j+n,k}(t)$ 对应公式 6-8-18 中的 A_n,$\sum_{k \in \mathbf{z}} d_{j+i,k} \Psi_{j+i,k}(t)$ 对应公式 6-8-18 中的 D_i。

且根据 $a_{j,k}$ 求取 $a_{j+1,k}$ 以及 $d_{j+1,k}$ 的递推公式如下:

$$\begin{cases} a_{j+1,k} = \sum_{n \in \mathbf{z}} \overline{h}_{n-2k} a_{j,k} \\ d_{j+1,k} = \sum_{n \in \mathbf{z}} \overline{g}_{n-2k} a_{j,k} \end{cases} \tag{6-8-20}$$

这样,对函数 $x(t)$ 进行小波分解的过程可以总结如下。

(1) 首先根据公式 $a_{j,k} = \langle x(t), \phi_{j,k}(t) \rangle$ 计算得到 $a_{j,k}$;

（2）然后使用递推公式，根据 $a_{j,k}$ 求得 $a_{j+1,k}$ 及 $d_{j+1,k}$；

（3）继续使用递推公式（6-8-20），根据 $a_{j+1,k}$ 求得 $a_{j+2,k}$ 及 $d_{j+2,k}$，并以此类推，直至层数 n；

（4）将求得的尺度系数 $a_{j+n,k}$ 以及小波系数 $d_{j+i,k}$ 代入公式（6-8-19），即可实现对于函数 $x(t)$ 的小波分解。

2．小波重构

由于小波重构实质上可以看作小波分解的逆过程，根据前面的小波分解递推公式，小波重构递推公式为

$$a_{j-1,k} = \sum_{k \in \mathbf{z}} h_{n-2k} a_{j,k} + \sum_{k \in \mathbf{z}} g_{m-2k} d_{j,k} \tag{6-8-21}$$

这样，我们就可以根据已知的近似系数 $a_{j+n,k}$ 以及各层细节系数 $d_{j+i,k}$（$i=1,2,\cdots,n$），通过迭代公式逐步求得 $a_{j+i,k}$，最终求得 $a_{j,k}$，再根据以下公式

$$x(t) = \sum_{k \in \mathbf{z}} a_{j,k} \varphi_{j,k}(t) \tag{6-8-22}$$

实现对于原始信号 $x(t)$ 的重构。

对信号 $x(t)$ 进行小波重构的过程可以总结如下。

（1）首先使用递推公式，根据 $a_{j+n,k}$ 与 $d_{j+n,k}$ 求得 $a_{j+(n-1),k}$；

（2）继续使用递推公式，根据 $a_{j+(n-1),k}$ 与 $d_{j+(n-1),k}$ 求得 $a_{j+(n-2),k}$，并以此类推，直至求得 $a_{j,k}$；

（3）将求得的尺度系数 $a_{j,k}$ 代入公式（6-8-22），即可实现对于信号 $x(t)$ 的小波重构。

6.8.5 小波分析数值算例

1．时频分析

某分段平稳信号为式（6-8-23），其时域波形如图 6-8-9 所示。

$$x(t) = \begin{cases} \cos(2\pi 10 t), & 0 \leqslant t < 1 \text{ s} \\ \cos(2\pi 20 t), & 1 \leqslant t < 2 \text{ s} \\ \cos(2\pi 30 t), & 2 \leqslant t \leqslant 3 \text{ s} \end{cases} \tag{6-8-23}$$

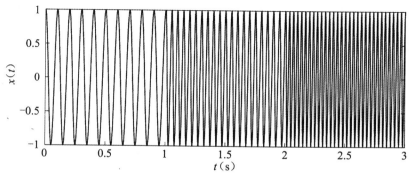

图 6-8-9　分段平稳信号

假设采样频率为 1000 Hz。采用 Matlab 中的 cmor1-3 小波对该信号进行时-频分析,结果显示,小波变换能较好地识别出信号在不同时段的频率。

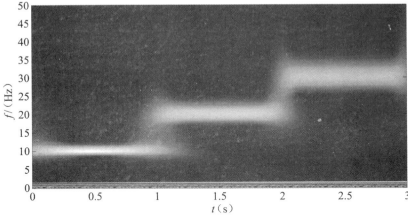

图 6-8-10　分段平稳信号时频分析

chirp 信号是一个典型频率连续变化的非平稳信号,在通信、声呐、雷达等领域具有广泛的应用。频率线性变化的 chirp 信号的表达式为

$$x(t) = \sin\left(2\pi\left(f_0 t + \frac{1}{2}u_0 t^2\right)\right) \tag{6-8-24}$$

式中,f_0 为起始频率,u_0 为调频率。对相位进行求导,得到频率随时间的线性变化关系为

$$f = f_0 + u_0 t$$

取 chirp 信号起始频率为 10 Hz,调频率为 5 Hz,调频时间为 10 s,其前 5 s 的时域波形图如图 6-8-11 所示。由图 6-8-12 可以看出,小波变换具有很强的自适应性,其频谱谱线较细,无论是在频域还是在时域都显示出较好的局部化性质。

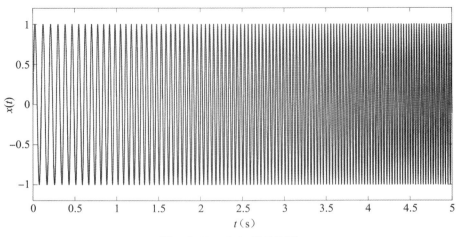

图 6-8-11　chrip 信号波形

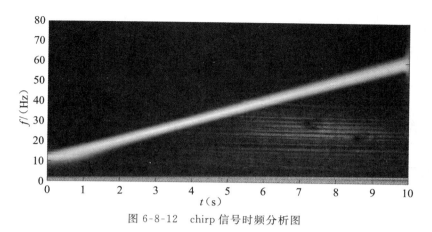

图 6-8-12　chirp 信号时频分析图

2. 信号分解及重构

用两个谐波信号形成的复合信号进行分解及重构。构造如下信号：

$$x(t) = 5\sin(4\pi t) + 7\sin(6\pi t) \tag{6-8-25}$$

该信号的频率分别为 2 Hz 和 3 Hz。信号的时域波形如图 6-8-13 所示。

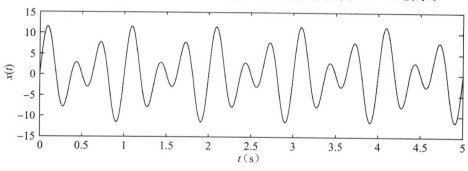

图 6-8-13　原始信号时域波形图

使用 db3 小波对上述信号进行三层分解：第一层分解得到近似系数 a1 以及细节系数 d1；第二层分解继续对 a1 进行分解，得到近似系数 a2 以及细节系数 d2；第三层分解继续对 a2 进行分解，得到近似系数 a3 以及细节系数 d3。各层分解得到的近似系数以及细节系数如图 6-8-14 所示。

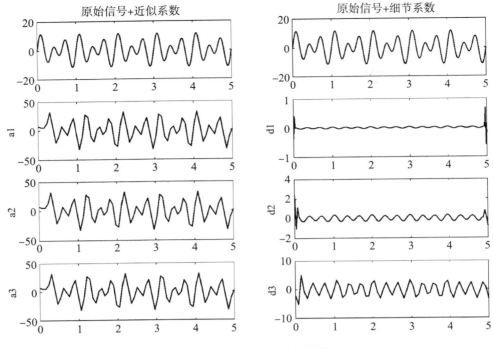

图 6-8-14　db3 小波分解结果

可以发现,随着分解层数的增加,近似系数 a 的图像与原始信号的相似程度逐渐降低,尺度函数以及小波函数的频率也逐渐降低。最后将分解得到的各层函数进行重构,得到重构信号如图 6-8-15 所示,可以发现重构信号与原始信号完全相同。

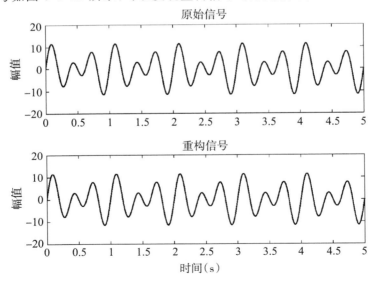

图 6-8-15　小波重构结果

　　小波变换具有良好的表征信号局部特征的能力。因而,小波变换对于突变信号的分析具有得天独厚的优势,可以准确定位出信号发生突变的时刻。下面通过一个含突变的信号分解与重构例子来进行说明。该信号是在上述信号的基础上,在 2 s 时叠加了一个小高频信号从而形成局部突变信号,时域波形如图 6-8-16 所示。

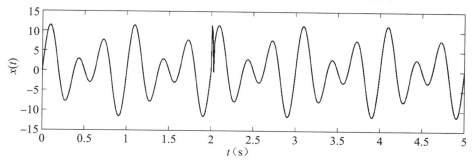

图 6-8-16　突变信号

　　与前述类似,使用 db3 小波对上述信号进行 3 层分解,分解得到的各层近似系数以及细节系数如图 6-8-17 所示。从小波分解细节信号中,能够精确显示出信号发生突变的时刻。最后使用上述分解得到的各层近似系数以及细节系数对信号进行重构,重构结果如图 6-8-18 所示。可以发现,小波变换对于突变信号的重构具有高度精确性。

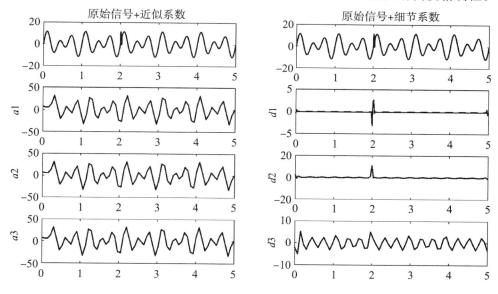

图 6-8-17　突变信号小波分解结果

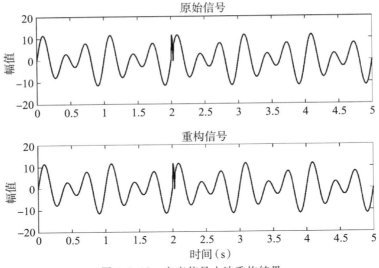

图 6-8-18 突变信号小波重构结果

3. 信号降噪

小波阈值消噪的基本思想:将信号通过小波变换后,信号产生的小波系数含有信号的重要信息。且信号经过小波分解之后得到的小波系数较大,而噪声的小波系数较小。这样通过选取一个合适的阈值,大于阈值的小波系数认为是有信号产生的,因而保留下来,而小于阈值的小波系数则认为是噪声产生的,所以置为零,从而达到消噪的目的。

一个含噪声的一维信号模型可以表示成如下的形式:

$$s(k) = x(k) + \varepsilon e(k)$$

式中,$s(k)$ 为含噪声信号,$x(k)$ 为有用信号,$e(k)$ 为噪声信号,ε 为噪声强度。

假设 $e(k)$ 为高斯白噪声,通常情况下有用信号表现为低频组分,而噪声信号则表现为高频组分。假设对含噪声信号 $s(k)$ 进行 N 层小波分解,低频有用信号包含在 $a1$,$a2,\cdots,aN$ 中,而信号的噪声部分通常包含在 $d1,d2,d3,\cdots,dN$ 中,因此可使用阈值对小波系数进行处理,然后使用处理后的小波系数对信号 $s(k)$ 进行重构,即可以达到降噪的目的。

一般来说,一维信号的降噪过程可以分为 3 个步骤进行。

① 一维信号的小波分解,选择一个小波并确定小波分解的层次 N,然后对信号进行 N 层小波分解计算;

② 小波分解高频系数的阈值量化,对第 1 层到第 N 层的每一层高频系数,选择一个阈值进行软(硬)阈值量化处理;

③ 一维小波的重构,根据小波分解的第 N 层的低频系数和经过量化处理后的第 1 层到第 N 层的高频系数,进行一维信号的小波重构。

阈值量化处理方法主要有硬阈值量化与软阈值量化两种:硬阈值量化方法可以很好地保留信号边缘等局部特征;而软阈值量化方法相对要平滑,但会造成边缘模糊等失真现象。

图 6-8-19 为信号的降噪示意图。其中,原始信号为 $x(t)=0.7\sin(2\pi t)+0.5$ $\sin(4\pi t)$,对原始信号添加信噪比为 10 的高斯白噪声,形成含噪声信号 $s(t)$。然后通过分解、去噪和重构得到的降噪信号。

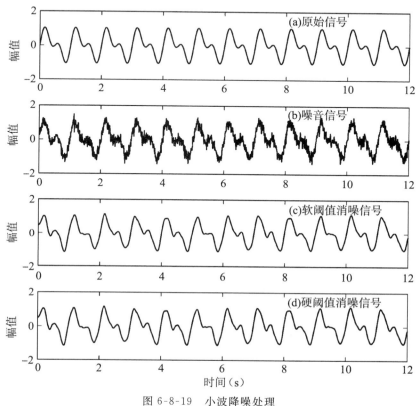

图 6-8-19 小波降噪处理

6.9 希尔伯特-黄变换

小波变换在处理非线性、非平稳数据方面体现了一定的优越性,但是它还是以傅立叶变换为基础。此外,当选定了一个小波基函数之后,就必须用它对整个数据序列进行分析,体现出了它非自适应性的本质。为了克服这种弊端,N. E. Huang 等人(Huang 等,1998)于 1998 年提出了一种新的可以用来分析非线性、非平稳信号的自适应方法,即希尔伯特-黄变换(Hilbert-Huang Transform,简称 HHT)方法,该方法包括经验模式分解(EMD)和希尔伯特谱分析两部分。HHT 是一种全新的处理非平稳、非线性信号的自适应方法,它不依赖傅立叶变换。诸多学者对 HHT 进行了原理和应用的研究,本节主要介绍该方法的基本概念和基本原理。

6.9.1　基本概念

对于任意一个实函数 $x(t), t \in (-\infty, +\infty)$，其希尔伯特变换 $H[x(t)]$ 定义如下：

$$H[x(t)] = y(t) = \lim_{\varepsilon \to \infty} \left[\int_{-\infty}^{t-\varepsilon} \frac{x(u)}{\pi(t-u)} \mathrm{d}u + \int_{t+\varepsilon}^{+\infty} \frac{x(u)}{\pi(t-u)} \mathrm{d}u \right] \qquad (6\text{-}9\text{-}1)$$

假设 $\int_{-\infty}^{+\infty} |x(t)|^2 \mathrm{d}t < \infty$，则式(6-9-1)又可以表示成

$$H[x(t)] = y(t) = P \int_{-\infty}^{+\infty} \frac{x(u)}{\pi(t-u)} \mathrm{d}u \qquad (6\text{-}9\text{-}2)$$

式中，P 表示柯西主值积分，可以避免在 $u = t$ 及 $u = \pm\infty$ 等处的奇点。因此，$y(t)$ 就是函数 $x(t)$ 的希尔伯特变换（Bendat 和 Piersol，2000）。

由式(6-9-2)可以看出，希尔伯特变换本质上就是 $x(t)$ 和 $1/\pi t$ 的卷积，因此虽然这一变化是全局性的，但是它所强调的却是 $x(t)$ 的局部特征。从物理意义上讲，希尔伯特变换也可以理解为进行了一次 $\pi/2$ 弧度的相位变化，即保留 $x(t)$ 的振幅不变而将所有的频率成分都变化 $\pi/2$ 弧度。因此 $y(t)$ 可以看成是 $x(t)$ 的复共轭部分，满足柯西-黎曼（Cauchy-Riemann）的可微分条件，由此可以定义解析信号 $z(t)$ 及相关瞬时变量：

$$解析信号：z(t) = x(t) + \mathrm{i}y(t) \qquad (6\text{-}9\text{-}3)$$

$$瞬时振幅：a(t) = \sqrt{x^2(t) + y^2(t)} \qquad (6\text{-}9\text{-}4)$$

$$瞬时相位：\theta(t) = \tan^{-1}\left(\frac{y(t)}{x(t)} \right) \qquad (6\text{-}9\text{-}5)$$

于是，解析信号 $z(t)$ 也可以表示为

$$z(t) = a(t) \mathrm{e}^{\mathrm{i}\theta(t)} \qquad (6\text{-}9\text{-}6)$$

公式(6-9-6)所示的表达方式能更好地显示出该方法的局部特性，这种振幅和相位都在变化的三角函数是信号 $x(t)$ 最好的局部拟合。希尔伯特变换构成了解析信号定义的基础，提供了一种定义虚部的特殊方式，据此可以把信号表示成解析函数。

瞬时频率是非稳态信号分析中非常重要的一个概念。在传统的傅立叶分析中，频率都是全局的概念。对于正弦或余弦函数，频率是贯穿在整个数据长度上的一个常值。而对非稳态信号，瞬时频率的定义并不统一，Ville(1948)将瞬时频率定义为关于频率分布的一阶矩。Cohen(1989)将瞬时频率定义为在一定时间内时频平面内的频率的平均值。Boashash(1992)对以上提出的各种公式进行了全面的讨论。希尔伯特变换将瞬时频率定义为相位的变化率，如下所示：

$$\omega = \frac{\mathrm{d}\theta(t)}{\mathrm{d}t}, \quad f = \frac{1}{2\pi} \frac{\mathrm{d}\theta(t)}{\mathrm{d}t} \qquad (6\text{-}9\text{-}7)$$

由于公式(6-9-7)表示的瞬时频率是关于时间的单值函数，因此需要对分析数据进行一些限制，并不是任意的信号都能用瞬时频率来讨论。只有当信号满足只包含一种振动模式、没有复杂叠加波的情况才可以。如果是没有任何限制条件的时间信号，计算出来的瞬时频率可能是不正确的。实际上，对于均值为零的局部对称信号，并且过零点

和极值点个数相同时,前述定义的瞬时频率才具有物理意义。基于此种原因,Norden E. Huang 在 1998 年提出了采用经验模式分解算法(EMD),将符合一定条件的任意信号先分解成一系列固有模态函数(IMF),以正确地求得信号的瞬时频率。

固有模态函数必须满足以下两个条件。

(1) 在整个数据序列中,极值点(包括极大值和极小值)的个数和过零点的个数必须相等或至多相差一个;

(2) 在任意时刻,由所有极大值点构成的上包络和所有极小值点构成的下包络的均值必须是零。

固有模态函数定义中的第一个条件与平稳高斯过程中的窄带信号的要求很相似。它保证了数据序列的局部极大值总是正的,而相应的局部极小值总是负的。第二个条件则是把全局性的要求改为局部的,只有满足了这一条件,得到的瞬时频率才不会因为不对称波形的存在而引起不规则波动。图 6-9-1 所示是一个固有模态函数的例子。

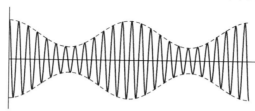

图 6-9-1　固有模态函数

6.9.2　希尔伯特-黄变换

希尔伯特黄变换(HHT)主要包括两个步骤。

第一步,利用经验模式分解(Empirical Mode Decomposition,简称 EMD)方法将振动信号分解成一系列的固有模态函数(Intrinsic Mode Function,简称 IMF,有时也叫本征模态函数)。这种分解被看作是原始数据以固有模态函数的形式进行的一种展开。固有模态函数能够很好地进行希尔伯特变换,因此相应的瞬时频率易于计算。

第二步是希尔伯特谱分析(Hilbert Spectrum Analysis,简称 HSA),就是将对每一个 IMF 进行 Hilbert 变换,得到相应的 Hilbert 谱,从而将数据中的局部特征表示在时间和频率轴上。从固有模态函数获得的局部能量和瞬时频率能够把原始数据表示成能量-频率-时间的全局分布,这种表示方法被称为希尔伯特谱。

HHT 的流程如下图 6-9-2 所示。

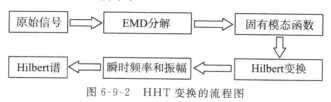

图 6-9-2　HHT 变换的流程图

1. 经验模式分解

实际工程问题中,大多数信号都不是固有模态函数。多数情况下,信号中都包含了一个以上的振动模态。因此,为了得到有意义的瞬时频率,必须利用一种特殊的方法,将信号分解成多个单一的振动分量。Hilbert-Huang 变换首先假定任一信号都是由许多固有模态函数构成的,一个信号可以包括很多个固有模态函数,它们都具有完全意义上的窄带性质(即瞬时频率是唯一的),并拥有确定的物理意义。EMD 就是将某信号分解成一系列瞬时频率有意义的单分量信号的过程,是一种后验的、自适应的分解方法,需要基于以下三个假设。

(1)信号至少含有两个极值,即至少包括一个最大值和一个最小值。

(2)信号的时间特征尺度是由极值点之间的时间间隔确定的。

(3)如果数据中没有极值点而仅有拐点,可以对它进行一次或多次微分来求得极值点。

在此假设基础上,Huang 等人指出可以用 EMD 将信号的固有模态函数分解出来。EMD 实际上就是一个筛选过程,可以实现从信号中提取不同特征的单一振动模式。其基本思路就是用波动的上、下包络线的平均值去确定"瞬时平衡位置",进而提取固有模态函数。

对信号进行 EMD 分解得到固有模态函数的基本过程如下。

(1)对某信号 $x(t)$,确定信号所有的极大值点和极小值点。

(2)利用样条插值方法,把这些极大值点和极小值点分别拟合成信号的上包络线和下包络线,分别表示为 $e_{\max}(t)$ 和 $e_{\min}(t)$。

(3)对于每一时间点,计算上下包络线的平均值:

$$m_1 = \frac{e_{\max}(t) + e_{\min}(t)}{2} \tag{6-9-8}$$

(4)将包络平均信号从原始信号中剔除掉:

$$h_1(t) = x(t) - m_1(t) \tag{6-9-9}$$

(5)确定 $h_1(t)$ 是否是一个 IMF 分量,即是否满足迭代终止条件。

以上是筛选过程的第一次迭代。在 Huang 最初的著作里(Huang 等,1998),当两个连续的筛选信号之间的差异小于一个预定的阈值(如 0.2~0.3)时,筛选就终止,阈值的定义为

$$SD = \sum_{t=0}^{T} \left[\frac{|h_{1(k-1)}(t) - h_{1k}(t)|^2}{h_{1(k-1)}^2(t)} \right] \tag{6-9-10}$$

如果 $h_1(t)$ 不是一个 IMF,就需要将从第(1)步得到的信号从第(4)步开始重新迭代。在第二次筛选过程中,$h_1(t)$ 就成了原始数据,然后:

$$h_{11} = h_1 - m_{11} \tag{6-9-11}$$

重复这个筛选的程序 k 次，直到 h_{1k} 是一个 IMF，即

$$h_{1k} = h_{1(k-1)} - m_{1k} \qquad (6\text{-}9\text{-}12)$$

当满足终止准则时，IMF 就可以定义为

$$c_1 = h_{1k} \qquad (6\text{-}9\text{-}13)$$

当得到第一个 IMF 分量 c_1 后，输入信号 $x(t)$ 减去这个 IMF 就可以得到残差 r_1，定义如下：

$$r_1 = x(t) - c_1 \qquad (6\text{-}9\text{-}14)$$

（6）以残差 r_1 作为输入信号，从步骤（1）开始重新迭代就可以得到下一个 IMF。

对于接下来的所有 r_j，重复步骤（1）到（6）就可以得到如下结果：

$$r_2 = r_1 - c_2, \cdots, r_n = r_{n-1} - c_n \qquad (6\text{-}9\text{-}15)$$

理想状况下，当残差中不包含任何极值点时 EMD 就完成了。这意味着最终的残差不是一个常量就是一个单调函数。

当全部分解完成后，原始输入信号 $x(t)$ 可以表示成各阶 IMF 分量和最后的残差之和，即

$$x(t) = \sum_{k=1}^{n} c_k + r_n \qquad (6\text{-}9\text{-}16)$$

提取出来的 IMFs 都是匀称的，包含特有的局部频率，并且在同一时间不同的 IMFs 不会出现相同的频率成分。图 6-9-3 至图 6-9-7 为两个简谐信号合成的复合信号的分解过程，图 6-9-8 为 EMD 分解流程图。

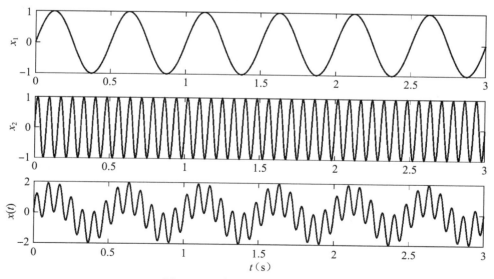

图 6-9-3　合成信号及信号分量

225

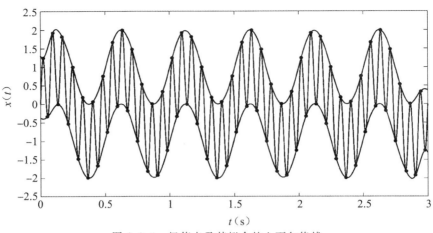

图 6-9-4 极值点及其拟合的上下包络线

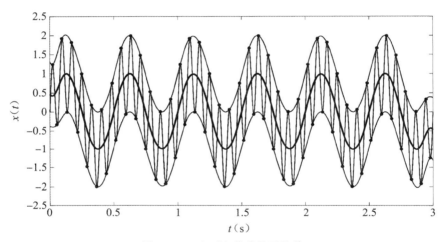

图 6-9-5 上下包络线的平均值

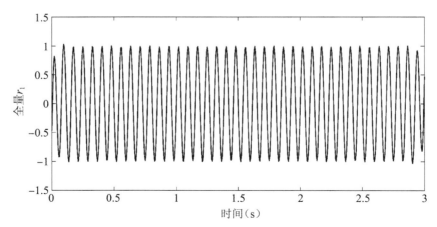

图 6-9-6 原始信号剔除包络平均值后的余量

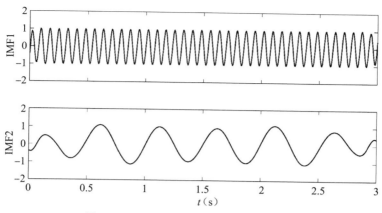

图 6-9-7 最终分解得到的固有模态函数

　　EMD 分解步骤基于一个简单的假设，即任意信号都是由简单的固有模态振动所组成。每个模态可能是线性的，也可能是非线性的，但都有着相同数目的极值点和过零点。此外，它们的振动相对于"局部平均值"都是对称的。在任意给定时间，信号中可能包含许多不同的共存的振动模态，一个模态叠加在其他模态中，结果就得到了一个复杂的数据序列。EMD 分解得到的每个 IMF 就代表着信号的每个振动模态。同时可以看出，EMD 首先提取出信号中包含的最高频的振动模态，接下来提取出的 IMF 包含的频率成分都低于之前提取的 IMF。通过这种方式得到的 IMFs 对于特定的时间序列是唯一的、特有的，因为它们是基于时间序列的局部特征尺度提取出来的。因此，这一筛选过程使得我们可以将信号分解成 n 个 IMF 和一个余量。

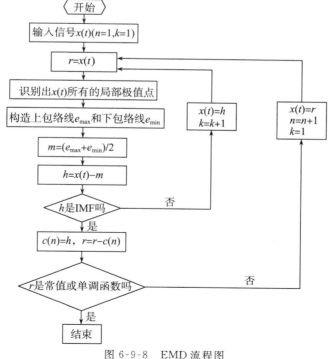

图 6-9-8 EMD 流程图

2. 希尔伯特谱分析

通过经验模式分解得到了一系列独立的 IMF 分量后,每一个 IMF 分量可以看作一个信号,并可以直接进行希尔伯特变换。

$$c_k(t) = a_k(t)e^{i\int \omega_k(t)dt} \qquad (6\text{-}9\text{-}17)$$

对每个 IMF 分量做希尔伯特变换之后,原始数据 $x(t)$ 就可以表示为这种复数展开的实部:

$$x(t) = \mathrm{Re}\{\sum_{k=1}^{n} a_k(t)e^{i\int \omega_k(t)dt}\} \qquad (6\text{-}9\text{-}18)$$

式中,瞬时振幅和瞬时频率都是时间 t 的函数,而不像傅立叶变换中振幅和频率都是常值。据公式(6-9-18),可以将瞬时振幅和瞬时频率在一个三维空间内表示成时间的函数。这种振幅关于频率和时间的分布即为希尔伯特幅值谱,或者简称希尔伯特谱。

6.9.3 数值分析

为了展示 HHT 方法的时-频分析特性,下面通过几个例子进行说明。首先对一个三谐波组成的稳态信号进行分析,信号表达式如式(6-9-19)所示:

$$x(t) = \sin(2\pi f_1 t) + 2\sin(2\pi f_2 t) + 2\sin(2\pi f_3 t) \qquad (6\text{-}9\text{-}19)$$

式中,$f_1 = 2$ Hz,$f_2 = 5$ Hz,$f_3 = 10$ Hz。假设信号的采样频率为 100 Hz,采样时间为 10 s,信号的时域波形如图 6-9-9 所示。

对信号进行 EMD 分解,得到的固有模态函数如图 6-9-10 所示。可见对信号分解之后得到了 5 个固有模态函数,其中第一阶固有模态函数对应信号中的最高频率成分,以此类推,得到的固有模态函数的频率依次降低。此外,由信号的表达式可以得知,信号中仅含有三个谐波分量,而 EMD 分解之后却得到了 5 个固有模态函数,这是由于 EMD 分解过程中的端点效应以及样条插值引起的误差造成的。做出前三阶固有模态函数对应的希尔伯特谱如图 6-9-11 所示。

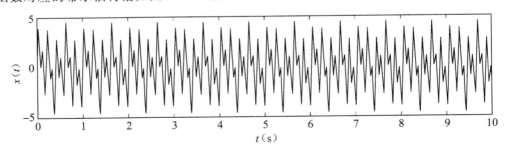

图 6-9-9　信号的时域波形

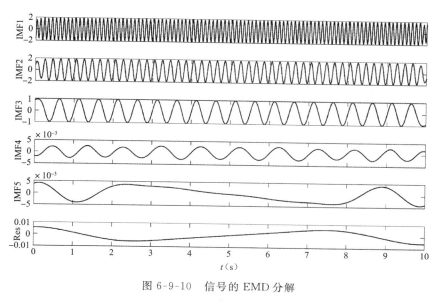

图 6-9-10　信号的 EMD 分解

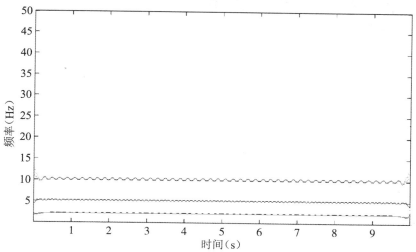

图 6-9-11　前三阶固有模态函数对应的 Hilbert 谱

分析图 6-9-11 所示的希尔伯特谱,可知它表示的是前三阶固有模态函数频率随时间的变化情况,可见最高阶 IMF 的频率为 10 Hz,第二阶频率为 5 Hz,第三阶则为 2 Hz,正好对应三个谐波的频率,这说明 HHT 方法成功地将信号中的三个谐波成分提取出来,体现了 HHT 在信号分解方面的有效性。

其次对一个五个谐波组成的非稳态信号进行分析,该信号表达式如式(6-9-20)所示:

$$x(t) = \begin{cases} 2\sin(2\pi f_1 t) + \sin(2\pi f_2 t) & 0 \leqslant t < 1 \text{ s} \\ 3\sin(2\pi f_3 t) + \sin(2\pi f_4 t) + \sin(2\pi f_5 t) & 1 \leqslant t < 2 \text{ s} \end{cases} \quad (6\text{-}9\text{-}20)$$

式中,$f_1 = 200$ Hz,$f_2 = 50$ Hz,$f_3 = 250$ Hz,$f_4 = 100$ Hz,$f_5 = 25$ Hz。假设信号的采样

频率为 1 000 Hz,信号的时域波形如图 6-9-12 所示。

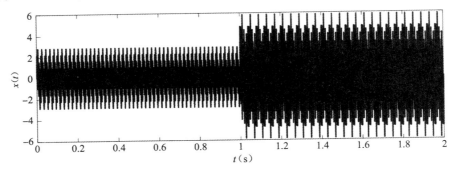

图 6-9-12　非稳态信号的时域波形

对信号进行 EMD 分解,得到的前三阶固有模态函数如图 6-9-13 所示。对应的希尔伯特谱如图 6-9-14 所示,可以看出,HHT 可以得到该信号的时变特征。

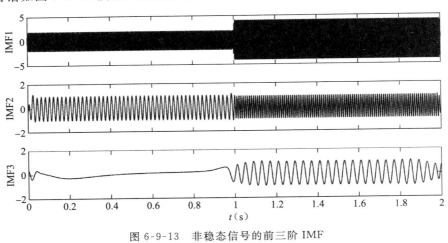

图 6-9-13　非稳态信号的前三阶 IMF

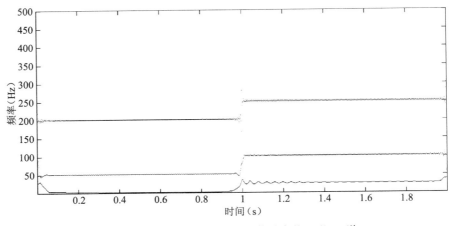

图 6-9-14　前三阶固有模态函数对应的 Hilbert 谱

思考题

1. 信号为什么要预处理？常用的信号预处理方法有哪几种？

2. 如果一信号的自相关函数呈现一定周期的不衰减，则说明该信号具有什么特征？

3. 自功率谱和幅值谱有什么区别，又有什么联系？

4. 短时傅立叶变换有哪些特点？

5. 简述连续小波变换过程。

6. 简述小波的定义及其性质。

7. 简述希尔伯特-黄变换步骤。

8. 什么是信号的时域描述，分析的主要参数包括哪些？

9. 信号的频域分析的意义？

10. 功率谱的典型应用有哪些？

7

第七章
频域模态参数识别方法

7.1 / 概　述

　　模态参数识别是运用模型试验或现场测试得到的数据来确定结构系统模态参数（模态频率、模态阻尼、振型等）的过程。其典型过程包括测量外部激励及激励作用下的结构振动响应，然后利用激励和振动响应信息通过数据处理和识别方法来确定系统的模态参数。

　　模态参数识别方法可以分为频域识别法、时域识别法、时频分析法及进化算法等。频域识别法发展较早，到20世纪80年代，频域模态参数识别法的基本原理、技术实现以及产品设备已经发展得相当成熟，识别效果也比较令人满意。频域识别法对噪声干扰有良好的抑制效果。它利用频域平均技术，可以最大限度地抑制噪声，使得模态定阶问题容易解决。然而，该方法也存在不少缺点：① 存在能量泄漏、频率混叠现象；② 由于需要激振信号，因此需要复杂的激振设备。对大型结构，如大型海洋平台、大型桥梁、高层建筑等，往往只能得到自然环境作用力或工作动力激振下的振动响应信号；③ 需要 FFT 转换装置，实验设备比较复杂，实验周期较长，不适合在线分析；④ 对大阻尼系统，当信号记录时间比较短时，识别精度差；⑤ 对非线性参数识别，需要迭代识别，分析时间长。

　　时域识别法自20世纪70年代随着电子计算机的发展而迅速发展，它直接利用结构振动响应的时间历程，如随机振动响应、自由振动信号或单位脉冲响应等，进行模态参数识别。其主要优点如下：① 不需要激振信息，便于结构在现场运行条件下进行在线分析，适合于动态监控和故障诊断；② 适合于任意阻尼系统，不受模态耦合程度的限制。缺点如下：① 由于不使用平均技术，分析信号中包含噪声干扰，识别的模态中除了真实模态外，还可能包含噪声模态，如何剔除噪声模态一直是时域识别法研究的重要内容；② 在没有输入数据的情况下，一般不易求得完整的模态参数；③ 数据处理工作量大。

　　频域模态参数识别方法一般基于结构系统的传递函数或频响函数的模态表达式，在频域内识别得到结构的固有频率、阻尼比和振型等模态参数。一般会利用实测得到激励和振动响应信号，利用 FFT 并拟合得到其频响函数，进而得到模态参数。频域识别法包括单模态识别法、多模态识别法及频域总体识别法等。对小阻尼且各模态耦合较小的结构，用单模态识别法可达到满意的识别精度。而对模态耦合较严重的系统，则需要用多模态识别法才能得到比较好的识别效果。

7.2 ／ 最小二乘基本原理

7.2.1　最小二乘法

　　假定有一变量 y，它与一个 n 维的变量 $\boldsymbol{x}^T = [x_1, x_2, \cdots, x_n]$ 是线性关系，即

$$y = \theta_1 x_1 + \theta_2 x_2 + \cdots + \theta_n x_n = \boldsymbol{\theta}^T \boldsymbol{x} \tag{7-2-1}$$

式中，$\boldsymbol{\theta}^T = [\theta_1, \theta_2, \cdots, \theta_n]$ 是一组待定的常数参数，需要通过不同时刻的 y 及 $\boldsymbol{x}$ 的实测值来估计 θ_i 的具体值。

　　假设已经得到了 $t_1, t_2, \cdots, t_m$ 时刻对应的 y 及 $\boldsymbol{x}$ 的实测值序列，用 $y(k)$ 及 $x_1(k)$，$x_2(k), \cdots, x_n(k)$ 表示在 k 时刻的数据，则对应 $k = 1, 2, \cdots, m$ 共 m 个时刻实测数据，可以得到 m 个线性方程组来表达这些数据之间的关系，即

$$y(k) = \theta_1 x_1(k) + \theta_2 x_2(k) + \cdots + \theta_n x_n(k) \quad k = 1, 2, \cdots, m \tag{7-2-2}$$

一般来说 $m > n$。方程(7-2-2)在统计学中被称为回归方程，θ_i 为回归系数。写成矩阵形式如下：

$$\boldsymbol{Y} = \boldsymbol{X}\boldsymbol{\theta} \tag{7-2-3}$$

式中，

$$\boldsymbol{Y} = \begin{Bmatrix} y(1) \\ y(2) \\ \vdots \\ y(m) \end{Bmatrix}, \quad \boldsymbol{X} = \begin{bmatrix} x_1(1) & x_2(1) & \cdots & x_n(1) \\ x_1(2) & x_2(2) & & x_n(2) \\ \vdots & \vdots & \ddots & \vdots \\ x_1(m) & x_2(m) & \cdots & x_n(m) \end{bmatrix}, \quad \boldsymbol{\theta} = \begin{Bmatrix} \theta_1 \\ \theta_2 \\ \vdots \\ \theta_n \end{Bmatrix}$$

　　由于这里有 n 个参数 θ_i 需要估计，因此观测的次数 m 必须大于等于 n，若 $m = n$，可以得到 θ_i 的唯一解：

$$\hat{\boldsymbol{\theta}} = \boldsymbol{X}^{-1} \boldsymbol{Y} \tag{7-2-4}$$

式中，$\boldsymbol{X}$ 是方阵，要求存在逆矩阵。$\hat{\boldsymbol{\theta}}$ 表示 $\boldsymbol{\theta}$ 的估计值。

　　当测量数据中存在测量噪声或模型误差时，定义

$$\boldsymbol{\varepsilon} = \boldsymbol{Y} - \boldsymbol{X}\boldsymbol{\theta} \tag{7-2-5}$$

目标是找到一组最优估计值 $\hat{\boldsymbol{\theta}}$，当 $m > n$ 时，使得如下的误差最小：

$$J = \boldsymbol{\varepsilon}^T \boldsymbol{\varepsilon} = \sum_{i=1}^{m} \varepsilon_i^2 \qquad (7\text{-}2\text{-}6)$$

为了求解系数,将(7-2-5)代入 J 中,可得

$$J = (\boldsymbol{Y} - \boldsymbol{X}\boldsymbol{\theta})^T(\boldsymbol{Y} - \boldsymbol{X}\boldsymbol{\theta}) = \boldsymbol{Y}^T\boldsymbol{Y} - \boldsymbol{\theta}^T\boldsymbol{X}^T\boldsymbol{Y} - \boldsymbol{\theta}^T\boldsymbol{X}^T\boldsymbol{Y} + \boldsymbol{\theta}^T\boldsymbol{X}^T\boldsymbol{X}\boldsymbol{\theta} \qquad (7\text{-}2\text{-}7)$$

将 J 对 $\boldsymbol{\theta}$ 求偏导,并令其为 0,则可得使 J 趋于最小的估计值 $\hat{\boldsymbol{\theta}}$,即

$$\frac{\partial J}{\partial \boldsymbol{\theta}} = -2\boldsymbol{X}^T\boldsymbol{Y} + 2\boldsymbol{X}^T\boldsymbol{X}\boldsymbol{\theta} = 0 \qquad (7\text{-}2\text{-}8)$$

故

$$\hat{\boldsymbol{\theta}} = (\boldsymbol{X}^T\boldsymbol{X})^{-1}\boldsymbol{X}^T\boldsymbol{Y} \qquad (7\text{-}2\text{-}9)$$

令

$$\boldsymbol{X}^+ = (\boldsymbol{X}^T\boldsymbol{X}^T)^{-1}\boldsymbol{X}^T \qquad (7\text{-}2\text{-}10)$$

称为伪逆或广义逆,则

$$\hat{\boldsymbol{\theta}} = \boldsymbol{X}^+\boldsymbol{Y} \qquad (7\text{-}2\text{-}11)$$

7.2.2　加权最小二乘法

上述最小二乘估计中,认为每一个误差 ε_i 具有相同的权重,因此可称为普通最小二乘法。考虑到各个观测数据的误差分布可能不同,可以定义加权目标函数为

$$J = \boldsymbol{\varepsilon}^T\boldsymbol{W}\boldsymbol{\varepsilon} = (\boldsymbol{Y} - \boldsymbol{X}\boldsymbol{\theta})^T\boldsymbol{W}(\boldsymbol{Y} - \boldsymbol{X}\boldsymbol{\theta}) \qquad (7\text{-}2\text{-}12)$$

式中,$\boldsymbol{W}$ 为加权矩阵,是一个对称正定矩阵,令 $\dfrac{\partial J}{\partial \boldsymbol{\theta}} = 0$ 可得到加权最小二乘法估计 $\hat{\boldsymbol{\theta}}$:

$$\hat{\boldsymbol{\theta}} = (\boldsymbol{X}^T\boldsymbol{W}\boldsymbol{X})^{-1}\boldsymbol{X}^T\boldsymbol{W}\boldsymbol{Y} \qquad (7\text{-}2\text{-}13)$$

7.3　单模态参数识别

单模态识别法是指一次只识别出某一阶模态对应的模态参数,用于识别的数据是该阶模态共振频率附近一定频带范围内的频响函数值。待识别的这一阶模态称为主导模态,其余的模态称为剩余模态,剩余模态的影响可以全部忽略或简化处理。从理论上说单模态识别方法只用一个频响函数(原点频响函数或跨点频响函数),就可得到主导模态的模态频率和模态阻尼,而要得到该阶模态振型值,则需要频响函数矩阵的一列(激励同一点,测各点响应)或一行(激励各点,测同一点响应)元素,这样便得到主导模态的全部参数。将所有关心的模态分别作为主导模态进行单模态识别,就得到系统的各阶模态参数。

当前,单模态参数识别主要包括峰值法、分量分析法、导纳圆拟合法等(谭冬梅等,2002)。这类方法都是利用单自由度系统频响函数的各种曲线的特征进行参数识别,主要适用于单自由度系统的参数识别;对复杂结构系统,当各阶模态并不紧密耦合时,也可应用此法对某阶模态作参数识别,这类方法主要基于特征曲线的图形进行参数识别,所以也称为图解法,识别精度差、效率低,已基本淘汰。后来又发展为基于最小二

乘原理的曲线拟合法,利用各阶模态共振频率附近的实测频响函数值进行拟合,适合于编程计算系统的模态参数。

模态参数识别的频域方法一般都是以频响函数的模态表达式为基础进行识别的。实模态和复模态中的频响函数模态表达式分别为

$$H_{pq}(\omega) = \sum_{r=1}^{n} \frac{\phi_{pr}\phi_{qr}}{k_r - \omega^2 m_r + \mathrm{i}\omega c_r} = \sum_{r=1}^{n} \frac{1}{m_r} \frac{\phi_{pr}\phi_{qr}}{\omega_r^2 - \omega^2 + \mathrm{i}2\omega\omega_r\zeta_r} \tag{7-3-1}$$

和

$$H_{pq}(\omega) = \sum_{r=1}^{n} \left[\frac{\Psi_{pr}\Psi_{qr}}{a_r(\mathrm{i}\omega - \lambda_r)} + \frac{\Psi_{pr}^*\Psi_{qr}^*}{a_r^*(\mathrm{i}\omega - \lambda_r^*)} \right] \tag{7-3-2}$$

7.3.1　峰值法

当激励频率在系统的某阶固有频率附近时,该阶模态起主导作用,忽略其余各阶模态对频响函数的影响,此时

$$H_{pq}(\omega) \approx H_{pq}^r(\omega) \tag{7-3-3}$$

$$H_{pq}^r(\omega) = \frac{\phi_{pr}\phi_{qr}}{k_r - \omega^2 m_r + \mathrm{i}\omega c_r} = \frac{\phi_{pr}\phi_{qr}/k_r}{1 - \left(\dfrac{\omega}{\omega_r}\right)^2 + \mathrm{i}2\zeta_r \dfrac{\omega}{\omega_r}} \tag{7-3-4}$$

其幅频特性曲线表达式为

$$|H_{pq}^r(\omega)| = \frac{\phi_{pr}\phi_{qr}/k_r}{\sqrt{\left[1 - \left(\dfrac{\omega}{\omega_r}\right)^2\right]^2 + \left[2\zeta_r \dfrac{\omega}{\omega_r}\right]^2}} \tag{7-3-5}$$

根据第三章单自由度系统幅频特性曲线和相频特性曲线的性质,如图 7-3-1 所示,可以确定该阶模态的频率、阻尼比及幅值。

1. 固有频率的确定

在小阻尼的情况下,幅频特性曲线峰值对应的频率即为该阶模态的固有频率 ω_r。

2. 阻尼比的确定

利用半功率点法,由该阶模态的固有频率 ω_r 两侧的半功率带宽,可以确定该阶模态的阻尼比,即

$$\zeta_r = \frac{\omega_b - \omega_a}{2\omega_r} \tag{7-3-6}$$

3. 振型的确定

当 $\omega = \omega_r$ 时,由公式(7-3-5)可知,

$$|H_{pq}^r(\omega_r)| = \frac{\phi_{pr}\phi_{qr}}{2\zeta_r k_r} \tag{7-3-7}$$

由于振型中各元素只是具有确定的比例关系,不妨假定该阶振型中第 p 个元素 $\phi_{pr} = 1$。此时由原点导纳曲线(即原点频响函数,$p=q$)的峰值可以得到该阶模态刚度为

$$k_r = \frac{1}{2\zeta_r |H_{pq}^r(\omega_r)|} \tag{7-3-8}$$

假设得到了频响函数的一列,即 $p=1,\cdots,n$,根据式(7-3-7)可得

$$
\left\{
\begin{array}{c}
|H_{1q}^r(\omega_r)| \\
|H_{2q}^r(\omega_r)| \\
\vdots \\
|H_{nq}^r(\omega_r)|
\end{array}
\right\}
=
\left\{
\begin{array}{c}
\dfrac{\phi_{1r}\phi_{qr}}{2\zeta_r k_r} \\[2mm]
\dfrac{\phi_{2r}\phi_{qr}}{2\zeta_r k_r} \\[2mm]
\vdots \\[2mm]
\dfrac{\phi_{nr}\phi_{qr}}{2\zeta_r k_r}
\end{array}
\right\}
=
\frac{\phi_{qr}}{2\zeta_r k_r}
\left\{
\begin{array}{c}
\phi_{1r} \\
\phi_{2r} \\
\vdots \\
\phi_{nr}
\end{array}
\right\}
\tag{7-3-9}
$$

即第 r 阶振型 $\boldsymbol{\phi}_r$ 可表示为

$$
\boldsymbol{\phi}_r =
\left\{
\begin{array}{c}
\phi_{1r} \\
\phi_{2r} \\
\vdots \\
\phi_{nr}
\end{array}
\right\}
\sim
\left\{
\begin{array}{c}
\pm|H_{1q}^r(\omega_r)| \\
\pm|H_{2q}^r(\omega_r)| \\
\vdots \\
\pm|H_{nq}^r(\omega_r)|
\end{array}
\right\}
\tag{7-3-10}
$$

式中, $\boldsymbol{\phi}_r$ 表示第 r 阶振型的几何形状。频响函数的幅值要考虑其对应的相位,"$\pm$"表示同相或反相。由第三章模态理论可知,对实模态,其振型的各分量都是实数,只有相对大小和正负之分。

需要注意的是,利用共振法来确定模态参数,方法简单直观。但由于忽略了临近模态的影响,识别精度不高,尤其是阻尼比和振型的识别误差可能较大,不适用于模态密集的情况,一般用于模态的初步分析。

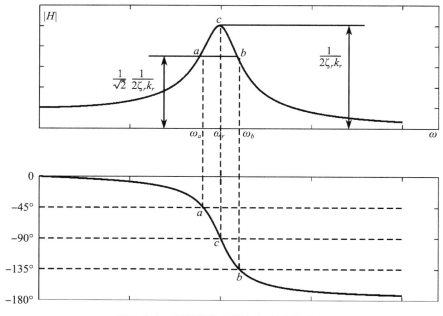

图 7-3-1　幅频特性曲线与相频特性曲线

7.3.2　分量分析法

分量分析法就是利用频响函数的实频特性和虚频特性来进行模态参数识别的方

法,也称为直接估计法。

当 ω 趋近某阶模态的固有频率时,该阶模态起主导作用,即为主模态。在主模态附近,其他模态影响较小。对模态比较稀疏的结构系统,其各阶模态相隔较远,其余模态的频响函数值在该阶模态附近很小,曲线比较平坦,几乎不随频率变化,则其余模态的影响可以用剩余模态来表示,则

$$H_{pq}(\omega)=\frac{\phi_{pr}\phi_{qr}}{k_r-\omega^2 m_r+\mathrm{i}\omega c_r}+H_c^R+\mathrm{i}H_c^I \tag{7-3-11}$$

其中,实频和虚频特性曲线表达式分别为

$$H_{pq}^R(\omega)=\frac{\phi_{pr}\phi_{qr}}{k_r}\frac{1-\left(\dfrac{\omega}{\omega_r}\right)^2}{\left[1-\left(\dfrac{\omega}{\omega_r}\right)^2\right]^2+\left(2\zeta_r\dfrac{\omega}{\omega_r}\right)^2}+H_c^R \tag{7-3-12}$$

$$H_{pq}^I(\omega)=\frac{\phi_{pr}\phi_{qr}}{k_r}\frac{-2\zeta_r\dfrac{\omega}{\omega_r}}{\left[1-\left(\dfrac{\omega}{\omega_r}\right)^2\right]^2+\left(2\zeta_r\dfrac{\omega}{\omega_r}\right)^2}+H_c^I \tag{7-3-13}$$

可以看出,在实频曲线和虚频曲线上相当于把 r 阶模态对应的实频和虚频特性沿着纵轴分别平移了 H_c^R 和 H_c^I,如图 7-3-2 所示。

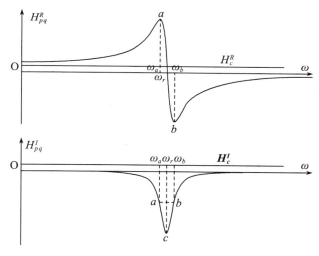

图 7-3-2　实频特性曲线与虚频特性曲线

1. 固有频率的确定

由于 H_c^R 的存在,实频特性曲线的过零点不再是 ω_r,但 H_c^I 的存在不影响虚频特性曲线的峰值频率。因此虚频特性曲线的峰值频率等于系统的固有频率。

2. 模态阻尼比的确定

由于实频特性曲线上的两个极值点对应的频率是半功率点频率,利用半功率点法可以确定该阶模态的阻尼比,即

$$\zeta_r = \frac{\omega_b - \omega_a}{2\omega_r} \tag{7-3-14}$$

3. 模态刚度 k_r 的确定

当 $\omega = \omega_r$ 时,由公式(7-3-13)可知虚频特性曲线的峰值为

$$|H_{pq}^I(\omega_r)| = \frac{\phi_{pr}\phi_{qr}}{2\zeta_r k_r} \tag{7-3-15}$$

当 $p = q$ 时,假定该阶振型中第 p 个元素 $\phi_{pr} = 1$。此时由原点频响曲线的虚频特性曲线的峰值可以得到该阶模态刚度为

$$k_r = \frac{1}{2\zeta_r |H_{pp}^I(\omega_r)|} \tag{7-3-16}$$

4. 振型向量 $\boldsymbol{\phi}_r$ 的确定

假设得到了频响函数的一列(即在 q 激励,p 点测量振动响应,$p = 1, \cdots, n$),根据式(7-3-16)可得

$$\begin{Bmatrix} H_{1q}^I(\omega_r) \\ H_{2q}^I(\omega_r) \\ \vdots \\ H_{nq}^I(\omega_r) \end{Bmatrix} = - \begin{Bmatrix} \dfrac{\phi_{1r}\phi_{qr}}{2\zeta_r k_r} \\ \dfrac{\phi_{2r}\phi_{qr}}{2\zeta_r k_r} \\ \vdots \\ \dfrac{\phi_{nr}\phi_{qr}}{2\zeta_r k_r} \end{Bmatrix} = - \frac{\phi_{qr}}{2\zeta_r k_r} \begin{Bmatrix} \phi_{1r} \\ \phi_{2r} \\ \vdots \\ \phi_{nr} \end{Bmatrix} \tag{7-3-17}$$

即第 r 阶振型 $\boldsymbol{\phi}_r$ 可表示为

$$\boldsymbol{\phi}_r = \begin{Bmatrix} \phi_{1r} \\ \phi_{2r} \\ \vdots \\ \phi_{nr} \end{Bmatrix} \propto \begin{Bmatrix} H_{1q}^I(\omega_r) \\ H_{2q}^I(\omega_r) \\ \vdots \\ H_{nq}^I(\omega_r) \end{Bmatrix} \tag{7-3-18}$$

可见,只要把该阶固有频率下虚频特性曲线峰值点连起来即为该阶振型。图 7-3-3 表示由三个测点的虚频特性曲线得到的悬臂梁前三阶振型。

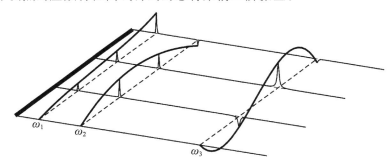

图 7-3-3 悬臂梁前三阶模态振型

上述分量分析法的优点是简单方便,许多信号分析仪有实、虚频图分析能力,当模

态密度不高时,有一定的识别精度。缺点是只用峰值一点的频响函数信息,峰值点的偶然误差会直接影响识别精度;当模态较密集时,用半功率带宽来确定模态阻尼,误差较大;模态密集时剩余模态不能用复常数表示,辨识精度受影响。

7.3.3 导纳圆识别法

导纳圆识别法即矢量分析法,它是一种比较直观的经典方法。对单自由度系统或稀疏模态的多自由度系统,此法可获得较满意的结果。下面以黏性比例阻尼系统为例进行说明。

由前面章节可知,在不考虑剩余模态影响情况下,主导模态对应的位移频响函数的实部和虚部分别为

$$H_{pq}^R(\omega) = \frac{\phi_{pr}\phi_{qr}}{k_r} \frac{1-\left(\dfrac{\omega}{\omega_r}\right)^2}{\left[1-\left(\dfrac{\omega}{\omega_r}\right)^2\right]^2 + \left(2\zeta_r\dfrac{\omega}{\omega_r}\right)^2}$$

$$H_{pq}^I(\omega) = \frac{\phi_{pr}\phi_{qr}}{k_r} \frac{-2\zeta_r\dfrac{\omega}{\omega_r}}{\left[1-\left(\dfrac{\omega}{\omega_r}\right)^2\right]^2 + \left(2\zeta_r\dfrac{\omega}{\omega_r}\right)^2}$$

不难得到位移导纳圆为

$$(H_{pq}^R)^2 + \left(H_{pq}^I + \frac{\phi_{pr}\phi_{qr}}{4k_r\zeta_r\dfrac{\omega}{\omega_r}}\right)^2 = \left(\frac{\phi_{pr}\phi_{qr}}{4k_r\zeta_r\dfrac{\omega}{\omega_r}}\right)^2 \qquad (7-3-19)$$

类似地,对速度和加速度响应,可以得到速度导纳圆和加速度导纳圆分别为

$$\left(V_{pq}^R - \frac{\phi_{pr}\phi_{qr}\omega_r}{4k_r\zeta_r}\right)^2 + (V_{pq}^I)^2 = \left(\frac{\phi_{pr}\phi_{qr}\omega_r}{4k_r\zeta_r}\right)^2 \qquad (7-3-20)$$

$$(A_{pq}^R)^2 + \left(A_{pq}^I + \frac{\phi_{pr}\phi_{qr}\omega^2}{4k_r\zeta_r\dfrac{\omega}{\omega_r}}\right)^2 = \left(\frac{\phi_{pr}\phi_{qr}\omega^2}{4k_r\zeta_r\dfrac{\omega}{\omega_r}}\right)^2 \qquad (7-3-21)$$

如第三章所述,只有速度导纳圆的圆心和半径不随激励频率变化,是严格意义上的圆。对位移矢端曲线而言,其圆心和半径会随着频率比 $\dfrac{\omega}{\omega_r}$ 变化,在不同激励频率下的位移频响函数幅值将不可能与频率比 $\dfrac{\omega}{\omega_r}=1$ 时的圆心坐标和半径所确定的圆周重合。因此只有在靠近 ω_r 处的值才是我们要拟合的频段,该频段内 ω 变化很小,与圆非常近似,拟合精度比较高。

1. 模态频率的识别

理想情况下,位移导纳圆与虚轴的交点即为该阶固有频率。实际识别时,一般用导纳圆上曲线随频率变化 $\dfrac{\Delta s}{\Delta\omega}$ 最大处的频率来确定。由第三章可知,当 $\dfrac{\omega}{\omega_r}=1$ 时,$\dfrac{\mathrm{d}s}{\mathrm{d}\omega}\to\max$。

2. 阻尼比的识别

一般取固有频率附近的两个点,其频率分别为 ω_1 和 ω_2,对应的相位角分别为 θ_1 和 θ_2,对应的圆心角为 α_1 和 α_2,如图 7-3-4 所示。

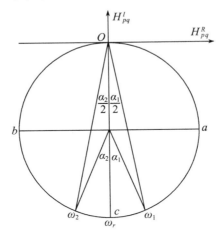

图 7-3-4　利用导纳圆求模态阻尼

则阻尼比可以表示为

$$\zeta_r = \frac{\omega_2^2 - \omega_1^2}{2\omega_r^2} \frac{1}{\tan(\alpha_1/2) + \tan(\alpha_2/2)} \tag{7-3-22}$$

3. 模态振型的识别

由式(7-3-19)可知,当 $\omega = \omega_r$ 时,位移导纳的虚部为

$$H_{pq}^I(\omega) = -\frac{\phi_{pr}\phi_{qr}}{2\zeta_r k_r}$$

其大小恰好等于导纳圆直径 $d_{pq}^r = \frac{\phi_{pr}\phi_{qr}}{2\zeta_r k_r}$。因此可以利用导纳圆的虚部或直径来识别模态振型。对 q 点激励,$p(p=1,2,\cdots,n)$ 点响应,可以得到模态振型为

$$\frac{\phi_{qr}}{2\zeta_r k_r}\boldsymbol{\phi}_r = \begin{Bmatrix} d_{1q}^r \\ d_{2q}^r \\ \vdots \\ d_{nq}^r \end{Bmatrix} \tag{7-3-23}$$

即当前模态振型 $\boldsymbol{\phi}_r$ 可用各测点响应的导纳圆直径组成的归一化向量来表示,正负号由 ω_r 处虚频曲线的正负来确定。

4. 模态刚度和模态质量的确定

由拟合导纳圆的半径或直径或虚频曲线来确定模态刚度。当 $\omega = \omega_r$ 时,由公式(7-3-13)可知虚频特性曲线的峰值为

$$|H_{pq}^I(\omega_r)| = \frac{\phi_{pr}\phi_{qr}}{2\zeta_r k_r} \tag{7-3-15}$$

当 $p=q$ 时,假定该阶振型中第 p 个元素 $\phi_{pr}=1$。此时由原点频响曲线的虚频特性曲线的峰值可以得到该阶模态刚度为

$$k_r = \frac{1}{2\zeta_r \mid H_{pp}^I(\omega_r)\mid} \qquad (7\text{-}3\text{-}16)$$

模态质量为 $m_r = k_r/\omega_r^2$。

上述导纳圆识别中,未考虑剩余模态的影响。当考虑剩余导纳的影响时,由式(7-3-12)和(7-3-13)可以得到位移频响函数的拟合导纳圆方程为

$$(H_{pq}^R - H_c^R)^2 + \left(H_{pq}^I - H_c^I + \frac{\phi_{pr}\phi_{qr}}{4k_r\zeta_r\frac{\omega}{\omega_r}}\right)^2 = \left(\frac{\phi_{pr}\phi_{qr}}{4k_r\zeta_r\frac{\omega}{\omega_r}}\right)^2 \qquad (7\text{-}3\text{-}24)$$

与前述类似,此方程形式上依然是一个"圆"方程,拟合圆的"圆心坐标"位于 $\left(H_c^R, H_c^I - \frac{\phi_{pr}\phi_{qr}}{4k_r\zeta_r\frac{\omega}{\omega_r}}\right)$,即当考虑剩余导纳影响时,拟合圆产生了一个平移。如前所述,剩余导纳使得虚频特性曲线沿着虚轴移动了 H_c^I,但并不影响模态固有频率的位置。因此虚频特性曲线的峰值频率仍然等于系统的固有频率。

需要注意的是,由于实际结构的阻尼可能不符合比例阻尼或结构阻尼的情况,在实际应用中,剩余导纳还会使得拟合导纳圆发生偏转。此时模态固有频率不出现在传递函数最大值处,但依然可以根据拟合导纳圆曲线弧长随频率变化最大处来确定。

7.3.4 最小二乘导纳圆拟合法

上述的导纳圆识别法属于图解法,不适合利用计算机进行程序计算。最小二乘导纳圆拟合法的基本思想就是根据实测频响函数数据,用理想导纳圆去拟合实测的导纳圆,并按最小二乘原理使其误差最小。

以黏性比例阻尼实模态系统为例,在考虑剩余导纳影响情况下,位移导纳圆方程如(7-3-24)所示。

令 $x = H_{pq}^R$,$y = H_{pq}^I$,$\rho = \frac{\phi_{pr}\phi_{qr}}{4k_r\zeta_r\frac{\omega}{\omega_r}}$,$x_0 = H_c^R$,$y_0 = H_c^I - \frac{\phi_{pr}\phi_{qr}}{4k_r\zeta_r\frac{\omega}{\omega_r}}$,则拟合圆方程为

$$(x - x_0)^2 + (y - y_0)^2 = \rho^2 \qquad (7\text{-}3\text{-}25)$$

假设在主导模态固有频率附近已经测试得到了 N_f 个频率点 $\omega_k(k=1,\cdots,N_f)$ 处的频响函数 $\hat{H}(\omega_k) = \hat{H}^R(\omega_k) + i\,\hat{H}^I(\omega_k)$(为方便起见,忽略下标 pq),并设误差函数为

$$\varepsilon_k = (x_k - x_0)^2 + (y_k - y_0)^2 - \rho^2 = x_k^2 + y_k^2 + ax_k + by_k + c \qquad (7\text{-}3\text{-}26)$$

式中,$x_k = \hat{H}^R(\omega_k)$,$y_k = \hat{H}^I(\omega_k)$,$a = -2x_0$,$b = -2y_0$,$c = x_0^2 + y_0^2 - \rho^2$。

对 N_f 个频率点,设误差函数为

$$E = \sum_{k=1}^{N_f} (x_k^2 + y_k^2 + ax_k + by_k + c)^2 \qquad (7\text{-}3\text{-}27)$$

通过最小二乘法可以得到

$$\mathbf{A}\boldsymbol{x}=\boldsymbol{f} \tag{7-3-28}$$

式中，

$$\mathbf{A}=\begin{bmatrix} \sum\limits_{k=1}^{N_f} x_k^2 & \sum\limits_{k=1}^{N_f} x_k y_k & \sum\limits_{k=1}^{N_f} x_k \\ \sum\limits_{k=1}^{N_f} x_k y_k & \sum\limits_{k=1}^{N_f} y_k^2 & \sum\limits_{k=1}^{N_f} y_k \\ \sum\limits_{k=1}^{N_f} x_k & \sum\limits_{k=1}^{N_f} y_k & N_f \end{bmatrix} \tag{7-3-29}$$

$$\boldsymbol{f}=\begin{bmatrix} -\sum\limits_{k=1}^{N_f} x_k(x_k^2+y_k^2) \\ -\sum\limits_{k=1}^{N_f} y_k(x_k^2+y_k^2) \\ -\sum\limits_{k=1}^{N_f} (x_k^2+y_k^2) \end{bmatrix} \tag{7-3-30}$$

$$\boldsymbol{x}=\begin{bmatrix} a & b & c \end{bmatrix}^T \tag{7-3-31}$$

于是可以得到

$$\boldsymbol{x}=\mathbf{A}^{-1}\boldsymbol{f} \tag{7-3-32}$$

得到 a,b,c 后即可求解得到圆心坐标及半径分别为

$$x_0=-\frac{1}{2}a, y_0=-\frac{1}{2}b, \rho=\sqrt{x_0^2+y_0^2-c} \tag{7-3-33}$$

然后可以利用前述的方法进行模态参数识别。

7.4 / 基于频响函数模态展开式的多模态参数识别法

多模态识别方法是以频响函数的理论模型为基础，综合考虑耦合比较严重的待识别模态，采用适当的识别方法去估算待定参数，从而进行模态识别的方法。多模态识别方法一般适用于模态较为密集，或阻尼较大、各模态间互有影响的情况。

根据所选频响函数数学模型的不同，多模态识别方法可以分成两类，即以频响函数的模态展开式为数学模型的方法和以频响函数的有理分式为数学模型的方法（曹树谦等，2014），前者包括非线性加权最小二乘法、直接偏导数法等；后者则包括多项式拟合法（Levy 法）、正交多项式拟合法等。

7.4.1 非线性加权最小二乘法

1. 数学模型

对于具有 n 个自由度的比例阻尼系统，其频响函数可以表示为

$$H_{pq}(\omega)=\sum_{r=1}^n \frac{\phi_{pr}\phi_{qr}}{k_r-\omega^2 m_r+\mathrm{i}\omega c_r}=\sum_{r=1}^n \frac{1}{m_r}\frac{\phi_{pr}\phi_{qr}}{\omega_r^2-\omega^2+\mathrm{i}2\omega\omega_r\zeta_r} \tag{3-3-28}$$

如果待识别的模态（即拟合的频段）是从第 n_1 到第 n_2 阶模态，可将上式分成低频

段($1\sim n_1-1$)、拟合频段($n_1\sim n_2$)以及高频段($n_2+1\sim n$)三部分,即

$$H_{pq}(\omega)=\sum_{r=1}^{n}\frac{\phi_{pr}\phi_{qr}}{k_r-\omega^2 m_r+\mathrm{i}\omega c_r}$$

$$=\sum_{r=1}^{n_1-1}\frac{\phi_{pr}\phi_{qr}/m_r\omega^2}{\left(\dfrac{\omega_r}{\omega}\right)^2-1+\mathrm{i}2\zeta_r\dfrac{\omega_r}{\omega}}+\sum_{r=n_1}^{n_2}\frac{\phi_{pr}\phi_{qr}/m_r}{\omega_r^2-\omega^2+\mathrm{i}2\omega\omega_r\zeta_r}+\sum_{r=n_2+1}^{n}\frac{\phi_{pr}\phi_{qr}/k_r}{1-\left(\dfrac{\omega}{\omega_r}\right)^2+\mathrm{i}2\zeta_r\dfrac{\omega}{\omega_r}}$$

$$(7\text{-}4\text{-}1)$$

对低频段,由于 ω_r 远低于拟合频段的频率,即$\dfrac{\omega_r}{\omega}\ll1(r=1,2,\cdots,n_1-1)$;对高频段

模态,其固有频率 ω_r 远高于拟合频段的频率,则存在$\dfrac{\omega}{\omega_r}\ll1(r=n_2+1,n_2+2,\cdots,n)$,于

是拟合频段内的频响函数可以近似表示为

$$H_{pq}(\omega)=\sum_{r=1}^{n_1-1}-\frac{\phi_{pr}\phi_{qr}}{m_r\omega^2}+\sum_{r=n_1}^{n_2}\frac{\phi_{pr}\phi_{qr}/m_r}{\omega_r^2-\omega^2+\mathrm{i}2\omega\omega_r\zeta_r}+\sum_{r=n_2+1}^{n}\frac{\phi_{pr}\phi_{qr}}{k_r} \qquad(7\text{-}4\text{-}2)$$

令

$$LR_{pq}=\sum_{r=1}^{n_1-1}\frac{\phi_{pr}\phi_{qr}}{m_r} \qquad(7\text{-}4\text{-}3)$$

$$UR_{pq}=\sum_{r=n_2+1}^{n}\frac{\phi_{pr}\phi_{qr}}{k_r} \qquad(7\text{-}4\text{-}4)$$

并记 $r=n_1,\cdots,n_2$ 为 $r=1,\cdots,N_r$,其中 $N_r=n_2-n_1+1$ 为待识别频段内的模态数目。
则拟合频段内的频响函数可以改写为

$$H_{pq}(\omega)=-\frac{LR_{pq}}{\omega^2}+\sum_{r=1}^{N_r}\frac{\phi_{pr}\phi_{qr}/m_r}{\omega_r^2-\omega^2+\mathrm{i}2\omega\omega_r\zeta_r}+UR_{pq} \qquad(7\text{-}4\text{-}5\mathrm{a})$$

或者

$$H_{pq}(\omega)=-\frac{LR_{pq}}{\omega^2}+\sum_{r=1}^{N_r}\frac{R_{pq}^r}{\omega_r^2-\omega^2+\mathrm{i}2\omega\omega_r\zeta_r}+UR_{pq} \qquad(7\text{-}4\text{-}5\mathrm{b})$$

上式中,$R_{pq}^r=\phi_{pr}\phi_{qr}/m_r$。上式即为比例阻尼系统拟合频段数学模型,$\dfrac{LR_{pq}}{\omega^2}$ 为低频段模态
的项,称为 $H_{pq}(\omega)$ 的修正质量项,反映了低频段模态的高频部分对拟合频段的影响。
UR_{pq} 为高频段模态的影响项,称为修正刚度项,反映了高频段模态的低频段部分对拟合
频段的影响。对比例阻尼系统,修正质量项和修正刚度项都是实数,只影响频响函数的
实部。另外,由于修正质量项反比于 ω^2,它对拟合频段的低频部分影响大于对高频部
分的影响;修正刚度项是一个常数,其作用是把实频曲线整个上移或下移,与频率无关。
如图 7-4-1 所示。

在频响函数理论模型式(7-4-5)中,待识别的参数包括 $LR_{pq},UR_{pq},R_{pq}^r,\omega_r,\zeta_r(r=1,$
$\cdots,N_r)$共 $3N_r+2$ 个。其中前三项是线性参数,是复数;后两项是非线性参数,是实数。

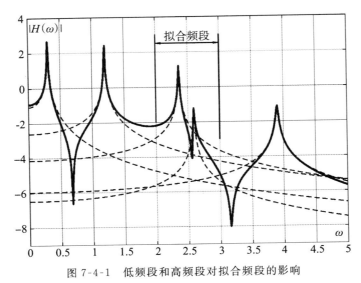

图 7-4-1 低频段和高频段对拟合频段的影响

类似地,可以得到结构阻尼和一般黏性阻尼情况下的频响函数数学模型分别为

$$H_{pq}(\omega) = -\frac{LR_{pq}}{\omega^2} + \sum_{r=1}^{N_r} \frac{\phi_{pr}\phi_{qr}/m_r}{\omega_r^2 - \omega^2 + \mathrm{i}\omega^2\eta_r} + UR_{pq} \qquad (7\text{-}4\text{-}6)$$

$$H_{pq}(\omega) = -\frac{LR_{pq}}{\omega^2} + \sum_{r=1}^{N_r} \left[\frac{\Psi_{pr}\Psi_{qr}/a_r}{\mathrm{i}\omega - \lambda_r} + \frac{\Psi_{pr}^*\Psi_{qr}^*/a_r^*}{\mathrm{i}\omega - \lambda_r^*}\right] + UR_{pq} \qquad (7\text{-}4\text{-}7)$$

2. 参数识别

假设已经测试得到了拟合频段 $\omega_k(k=1,\cdots,N_f)$ 处的频响函数 $\hat{\mathbf{H}}(\omega_k)$(为方便起见,忽略下标 pq),并假定非线性参数已知(第一次识别时,可以由单模态识别法预估),则可以得到 N_f 个方程,写成矩阵形式如下

$$\begin{Bmatrix} H_{pq}(\omega_1) \\ H_{pq}(\omega_2) \\ \vdots \\ H_{pq}(\omega_{N_f}) \end{Bmatrix} = \begin{bmatrix} -\dfrac{1}{\omega_1^2} & \dfrac{1}{\omega_{m1}^2 - \omega_1^2 + \mathrm{i}2\omega_1\omega_{m1}\zeta_1} & \cdots & \dfrac{1}{\omega_{mN_r}^2 - \omega_1^2 + \mathrm{i}2\omega_1\omega_{mN_r}\zeta_{N_r}} & 1 \\ -\dfrac{1}{\omega_2^2} & \dfrac{1}{\omega_{m1}^2 - \omega_2^2 + \mathrm{i}2\omega_2\omega_{m1}\zeta_1} & \cdots & \dfrac{1}{\omega_{mN_r}^2 - \omega_2^2 + \mathrm{i}2\omega_2\omega_{mN_r}\zeta_{N_r}} & 1 \\ \vdots & \vdots & \ddots & \vdots & \vdots \\ -\dfrac{1}{\omega_{N_f}^2} & \dfrac{1}{\omega_{m1}^2 - \omega_{N_f}^2 + \mathrm{i}2\omega_{N_f}\omega_{m1}\zeta_1} & \cdots & \dfrac{1}{\omega_{mN_r}^2 - \omega_{N_f}^2 + \mathrm{i}2\omega_{N_f}\omega_{mN_r}\zeta_{N_r}} & 1 \end{bmatrix} \begin{Bmatrix} LR_{pq} \\ R_{pq}^1 \\ R_{pq}^2 \\ \vdots \\ R_{pq}^{N_r} \\ UR_{pq} \end{Bmatrix}$$

$$\qquad (7\text{-}4\text{-}8\mathrm{a})$$

$$\mathbf{H} = \mathbf{P}\mathbf{x} \qquad (7\text{-}4\text{-}8\mathrm{b})$$

式中, $\mathbf{H} \in \mathbb{C}^{N_f \times 1}$, $\mathbf{P} \in \mathbb{C}^{N_f \times (N_r+2)}$ 是系数矩阵, $\mathbf{x} \in \mathbb{C}^{(3N_r+2)\times 1}$ 是待识别的线性系数列向量。应当注意的是,为了与拟合频率点 $\omega_k(k=1,\cdots,N_f)$ 有所区别,结构的固有模态频率 $\omega_r(r=1,\cdots,N_r)$ 已经用 $\omega_{mr}(r=1,\cdots,N_r)$ 进行了替换。

令测试频响函数与理论模型之间的差值为

$$\boldsymbol{\varepsilon} = \hat{\mathbf{H}} - \mathbf{H} = \hat{\mathbf{H}} - \mathbf{P}x \qquad (7\text{-}4\text{-}9)$$

并构造加权目标函数

$$E = \boldsymbol{\varepsilon}^H \mathbf{W}\boldsymbol{\varepsilon} = (\hat{\mathbf{H}} - \mathbf{P}x)^H \mathbf{W}(\hat{\mathbf{H}} - \mathbf{P}x) \qquad (7\text{-}4\text{-}10)$$

此处，$\mathbf{W}$ 是一实数对角矩阵，上标"H"表示共轭转置。根据 7.2 节最小二乘原理，得到

$$\hat{x} = (\mathbf{P}^T \mathbf{W} \mathbf{P})^{-1} \mathbf{P}^T \mathbf{W} \hat{\mathbf{H}} \qquad (7\text{-}4\text{-}11)$$

上述方程中，权矩阵 $\mathbf{W}$ 一般可以取为

$$\mathbf{W} = \mathrm{diag}\{|H_{pq}(\omega_k)|\} \qquad (7\text{-}4\text{-}12)$$

或

$$\mathbf{W} = \mathrm{diag}\{|H_{pq}(\omega_k)|^2\} \qquad (7\text{-}4\text{-}13)$$

需要注意的是，上述参数识别是建立在非线性参数 ω_{mr}，ζ_r 已知的条件下来进行的。即使由单模态识别法已经识别出了 ω_{mr}，ζ_r 初始值，识别的精度也可能达不到精度要求。因此需要迭代求解，具体求解过程如下（曹树谦等，2014）。

（1）根据实测频响函数，用单模态识别法识别出拟合频段内的 ω_{mr}，$\zeta_r (r = 1, \cdots, N_r)$ 作为迭代的初始值 $\omega_{mr}^{(0)}$，$\zeta_r^{(0)}$。

（2）利用式（7-4-11）进行线性参数识别得到 $\hat{x}^{(1)}$，代入式（7-4-10）得到估算的方差 $E^{(1)}$。

（3）如果不满足 $E^{(1)} \leqslant \varepsilon$，则设置 $\omega_{mr}^{(1)} = \omega_{mr}^{(0)} + \Delta\omega_{mr}$，$\zeta_r^{(1)} = \zeta_r^{(0)} + \Delta\zeta_r$，继续迭代求解 $\hat{x}^{(2)}$ 和 $E^{(2)}$。

（4）迭代继续，当满足 $E^{(s)} \leqslant \varepsilon$ 时，此时的线性参数 $\hat{x}^{(s)}$ 和非线性参数 $\omega_{mr}^{(s)}$，$\zeta_r^{(s)}$ 作为最终的参数识别值。

需要说明的是，任意一个频响函数 $H_{pq}(\omega)$ 按照上述过程识别得到 ω_{mr}，$\zeta_r (r = 1, \cdots, N_r)$ 即为拟合频段的各阶模态频率和阻尼比。对模态振型向量，则需要利用频响函数的一列（对应 $H_{pq}(\omega)$，$p = 1, \cdots, N_o$，q 固定）来识别 N_o 个列向量 $\hat{x}$，$\boldsymbol{\phi}_r = \{R_{1q}^r, R_{2q}^r, \cdots, R_{N_o q}^r\}^T$ 即为第 r 阶复模态矢量。

最后指出，上述方法中没有给出迭代过程 $\Delta\omega_{mr}$，$\Delta\zeta_r$ 如何选取。如果取法不当，可能会引起结果发散。事实上，$\Delta\omega_{mr}$，$\Delta\zeta_r$ 取法即变化方向可由最小二乘法确定，具体可以见下节直接偏导数求解方法（曹树谦等，2014）或 7.6 节内容。

7.4.2 直接偏导数法

1. 数学模型

对于一般黏性阻尼系统，考虑到拟合频段外的影响，频响函数（7-4-7）可以表示为

$$H_{pq}(\omega) = -\frac{LR_{pq}}{\omega^2} + \sum_{r=1}^{N_r} \left[\frac{R_{pq}^r}{\mathrm{i}\omega - \lambda_r} + \frac{R_{pq}^{r*}}{\mathrm{i}\omega - \lambda_r^*} \right] + UR_{pq} \qquad (7\text{-}4\text{-}14)$$

为方便起见，省略下标 pq，令 $R^r = U^r + \mathrm{i}V^r$，$LR = LR^R + \mathrm{i}LR^I$，$UR = UR^R + \mathrm{i}UR^I$，并将待定参数包括 $\lambda_r = -\sigma_r + \mathrm{i}\omega_{dr}$ 代入上式，得到

$$H(\omega) = -\frac{LR^R + \mathrm{i}LR^I}{\omega^2} + \sum_{r=1}^{N_r}\left[\frac{U^r + \mathrm{i}V^r}{\sigma_r + \mathrm{i}(\omega - \omega_{dr})} + \frac{U^r - \mathrm{i}V^r}{\sigma_r + \mathrm{i}(\omega + \omega_{dr})}\right] + UR^R + \mathrm{i}\,UR^I$$

$$(7\text{-}4\text{-}15)$$

将频响函数分解为实部和虚部,可以得到

$$H^R(\omega) = -\frac{LR^R}{\omega^2} + \sum_{r=1}^{N_r}\left[\frac{\sigma_r U^r - (\omega - \omega_{dr})V^r}{\sigma_r^2 + (\omega - \omega_{dr})^2} + \frac{\sigma_r U^r + (\omega + \omega_{dr})V^r}{\sigma_r^2 + (\omega + \omega_{dr})^2}\right] + UR^R$$

$$(7\text{-}4\text{-}16)$$

$$H^I(\omega) = -\frac{LR^I}{\omega^2} + \sum_{r=1}^{N_r}\left[\frac{\sigma_r V^r - (\omega - \omega_{dr})U^r}{\sigma_r^2 + (\omega - \omega_{dr})^2} + \frac{\sigma_r V^r + (\omega + \omega_{dr})U^r}{\sigma_r^2 + (\omega + \omega_{dr})^2}\right] + UR^I$$

$$(7\text{-}4\text{-}17)$$

式中,待识别的线性参数包括 $LR^R,LR^I,U^r(r=1,\cdots,N_r),V^r(r=1,\cdots,N_r),UR^R,UR^I$ 共 $2N_r+4$ 个,非线性参数包括 σ_r,ω_{dr} 共 $2N_r$ 个。也就是说,待识别的参数共 $4N_r+4$ 个,均为实数。

记待定参数为

$$\boldsymbol{\beta} = \{LR^R,LR^I,U^1,V^1,\cdots,U^{N_r},V^{N_r},UR^R,UR^I\}^T \in \mathbb{R}^{(2N_r+4)\times 1}$$

$$\boldsymbol{\theta} = \{\boldsymbol{\beta}^T,\sigma_1,\omega_{d1},\sigma_2,\omega_{d2},\cdots,\sigma_{N_r},\omega_{dN_r}\}^T \in \mathbb{R}^{(4N_r+4)\times 1}$$

2. 线性参数识别

式(7-4-16)和(7-4-17)分别对待定参数求偏导,得到

$$H^R(\omega) = \sum_{l=1}^{2N_r+4}\frac{\partial H^R(\omega)}{\partial \beta_l}\beta_l = \boldsymbol{e}^T(\omega)\boldsymbol{\beta} \qquad (7\text{-}4\text{-}18)$$

$$H^I(\omega) = \sum_{l=1}^{2N_r+4}\frac{\partial H^I(\omega)}{\partial \beta_l}\beta_l = \boldsymbol{f}^T(\omega)\boldsymbol{\beta} \qquad (7\text{-}4\text{-}19)$$

式中,

$$\boldsymbol{e}^T(\omega) = \left\{\frac{\partial H^R(\omega)}{\partial \beta_1},\frac{\partial H^R(\omega)}{\partial \beta_2},\cdots,\frac{\partial H^R(\omega)}{\partial \beta_{2N_r+4}}\right\} = \{e_1(\omega),e_2(\omega),\cdots,e_{2N_r+4}(\omega)\}$$

$$\boldsymbol{f}^T(\omega) = \left\{\frac{\partial H^I(\omega)}{\partial \beta_1},\frac{\partial H^I(\omega)}{\partial \beta_2},\cdots,\frac{\partial H^I(\omega)}{\partial \beta_{2N_r+4}}\right\} = \{f_1(\omega),f_2(\omega),\cdots,f_{2N_r+4}(\omega)\}$$

假设非线性参数 σ_r,ω_{dr} 已知,即可通过最小二乘法求解线性参数 $\boldsymbol{\beta}$。假设已经测试得到了拟合频段内 $\omega_k(k=1,\cdots,N_f)$ 处的频响函数 $\hat{H}(\omega_k)=\hat{H}^R(\omega_k)+\mathrm{i}H^I(\omega_k)$,则对应频率点的频响函数理论值和实测值的误差为

$$\varepsilon^R(\omega_k) = \hat{H}^R(\omega_k) - \boldsymbol{e}^T(\omega_k)\boldsymbol{\beta} \qquad (7\text{-}4\text{-}20a)$$

$$\varepsilon^I(\omega_k) = \hat{H}^I(\omega_k) - \boldsymbol{f}^T(\omega_k)\boldsymbol{\beta} \qquad (7\text{-}4\text{-}20b)$$

对 $k=1,\cdots,N_f$ 的频率点,可以写为矩阵形式:

$$\boldsymbol{\varepsilon}^R = \hat{\boldsymbol{H}}^R - \mathbf{E}\boldsymbol{\beta} \qquad (7\text{-}4\text{-}21a)$$

$$\boldsymbol{\varepsilon}^I = \hat{\boldsymbol{H}}^I - \mathbf{F}\boldsymbol{\beta} \qquad (7\text{-}4\text{-}21b)$$

构造总误差目标函数

$$J = \boldsymbol{\varepsilon}^{RT}\boldsymbol{\varepsilon}^R + \boldsymbol{\varepsilon}^{IT}\boldsymbol{\varepsilon}^I = (\hat{\boldsymbol{H}}^R - \mathbf{E}\boldsymbol{\beta})^T(\hat{\boldsymbol{H}}^R - \mathbf{E}\boldsymbol{\beta}) + (\hat{\boldsymbol{H}}^I - \mathbf{F}\boldsymbol{\beta})^T(\hat{\boldsymbol{H}}^I - \mathbf{F}\boldsymbol{\beta}) \quad (7\text{-}4\text{-}22)$$

根据最小二乘原理可得

$$\hat{\boldsymbol{\beta}} = (\mathbf{E}^T\mathbf{E} + \mathbf{F}^T\mathbf{F})^{-1}(\mathbf{E}^T\hat{\boldsymbol{H}}^R + \mathbf{F}^T\hat{\boldsymbol{H}}^I) \quad (7\text{-}4\text{-}23)$$

3. 参数增量识别

使用迭代法求非线性参数，必须给定 $\Delta\omega_{mr}$，$\Delta\sigma_r$，或者计算前述的 $\Delta\boldsymbol{\theta}$。此处仍然可由最小二乘法确定 $\Delta\boldsymbol{\theta}$。

式(7-4-16)和(7-4-17)在 $\boldsymbol{\theta}$ 附近泰勒级数展开，保留线性项，得到

$$H^R(\omega, \boldsymbol{\theta} + \Delta\boldsymbol{\theta}) = H^R(\omega, \boldsymbol{\theta}) + \sum_{l=1}^{4N_r+4} \frac{\partial H^R(\omega, \boldsymbol{\theta})}{\partial \theta_l}\Delta\boldsymbol{\theta}$$

$$= H^R(\omega, \boldsymbol{\theta}) + \sum_{l=1}^{4N_r+4} \frac{\partial H^R(\omega)}{\partial \theta_l}\Delta\boldsymbol{\theta} = H^R(\omega, \boldsymbol{\theta}) + \boldsymbol{e}^T(\omega, \boldsymbol{\theta})\Delta\boldsymbol{\theta} \quad (7\text{-}4\text{-}24)$$

$$H^I(\omega, \boldsymbol{\theta} + \Delta\boldsymbol{\theta}) = H^I(\omega, \boldsymbol{\theta}) + \sum_{l=1}^{4N_r+4} \frac{\partial H^I(\omega, \boldsymbol{\theta})}{\partial \theta_l}\Delta\boldsymbol{\theta}$$

$$= H^I(\omega, \boldsymbol{\theta}) + \sum_{l=1}^{4N_r+4} \frac{\partial H^I(\omega)}{\partial \theta_l}\Delta\boldsymbol{\theta} = H^I(\omega, \boldsymbol{\theta}) + \boldsymbol{f}^T(\omega, \boldsymbol{\theta})\Delta\boldsymbol{\theta} \quad (7\text{-}4\text{-}25)$$

假设已经测试得到了拟合频段内 $\omega_k(k=1,\cdots,N_f)$ 处的频响函数 $\hat{H}(\omega_k) = \hat{H}^R(\omega_k) + \mathrm{i}H^I(\omega_k)$，在预估值已知的情况下，可以得到

$$H^R(\omega_k, \boldsymbol{\theta} + \Delta\boldsymbol{\theta}) = H^R(\omega_k, \boldsymbol{\theta}) + \boldsymbol{e}^T(\omega_k, \boldsymbol{\theta})\Delta\boldsymbol{\theta} \quad (7\text{-}4\text{-}26)$$

$$H^I(\omega_k, \boldsymbol{\theta} + \Delta\boldsymbol{\theta}) = H^I(\omega_k, \boldsymbol{\theta}) + \boldsymbol{f}^T(\omega_k, \boldsymbol{\theta})\Delta\boldsymbol{\theta} \quad (7\text{-}4\text{-}27)$$

对 N_f 个频率点，式(7-4-26)和式(7-4-27)写成矩阵形式如下：

$$\boldsymbol{H}_\Delta^R = \boldsymbol{H}_{\boldsymbol{\theta}}^R + \mathbf{E}_{\boldsymbol{\theta}}\Delta\boldsymbol{\theta} \quad (7\text{-}4\text{-}28)$$

$$\boldsymbol{H}_\Delta^I = \boldsymbol{H}_{\boldsymbol{\theta}}^I + \mathbf{F}_{\boldsymbol{\theta}}\Delta\boldsymbol{\theta} \quad (7\text{-}4\text{-}29)$$

令测试频响函数与理论模型之间的差值为

$$\boldsymbol{\varepsilon}_\Delta^R = \hat{\boldsymbol{H}}^R - \boldsymbol{H}_\Delta^R = \hat{\boldsymbol{H}}^R - \boldsymbol{H}_{\boldsymbol{\theta}}^R - \mathbf{E}_{\boldsymbol{\theta}}\Delta\boldsymbol{\theta} = \Delta\boldsymbol{H}^R - \mathbf{E}_{\boldsymbol{\theta}}\Delta\boldsymbol{\theta} \quad (7\text{-}4\text{-}30)$$

$$\boldsymbol{\varepsilon}_\Delta^I = \hat{\boldsymbol{H}}^I - \boldsymbol{H}_\Delta^I = \hat{\boldsymbol{H}}^I - \boldsymbol{H}_{\boldsymbol{\theta}}^I - \mathbf{F}_{\boldsymbol{\theta}}\Delta\boldsymbol{\theta} = \Delta\boldsymbol{H}^I - \mathbf{F}_{\boldsymbol{\theta}}\Delta\boldsymbol{\theta} \quad (7\text{-}4\text{-}31)$$

构造总误差目标函数：

$$\mathbf{E}_\Delta = \boldsymbol{\varepsilon}_\Delta^{RT}\boldsymbol{\varepsilon}_\Delta^R + \boldsymbol{\varepsilon}_\Delta^{IT}\boldsymbol{\varepsilon}_\Delta^I$$

$$= (\Delta\boldsymbol{H}^R - \mathbf{E}_{\boldsymbol{\theta}}\Delta\boldsymbol{\theta})^T(\Delta\boldsymbol{H}^R - \mathbf{E}_{\boldsymbol{\theta}}\Delta\boldsymbol{\theta}) + (\Delta\boldsymbol{H}^I - \mathbf{F}_{\boldsymbol{\theta}}\Delta\boldsymbol{\theta})^T(\Delta\boldsymbol{H}^I - \mathbf{F}_{\boldsymbol{\theta}}\Delta\boldsymbol{\theta}) \quad (7\text{-}4\text{-}32)$$

根据最小二乘原理可得

$$\Delta\boldsymbol{\theta} = (\mathbf{E}_{\boldsymbol{\theta}}^T\mathbf{E}_{\boldsymbol{\theta}} + \mathbf{F}_{\boldsymbol{\theta}}^T\mathbf{F}_{\boldsymbol{\theta}})^{-1}(\mathbf{E}_{\boldsymbol{\theta}}^T\Delta\boldsymbol{H}^R + \mathbf{F}_{\boldsymbol{\theta}}^T\Delta\boldsymbol{H}^I) \quad (7\text{-}4\text{-}33)$$

4. 参数识别迭代过程

（1）根据实测频响函数，用单模态识别法识别出拟合频段内的非线性参数 ω_{mr}，$\zeta_r(r=1,\cdots,N_r)$ 作为迭代的初始值 $\omega_{mr}^{(0)}$，$\zeta_r^{(0)}$。

（2）利用式(7-4-23)进行线性参数识别得到 $\hat{\boldsymbol{\beta}}^{(0)}$，从而得到全部参数初始值 $\hat{\boldsymbol{\theta}}^{(0)}$。

（3）利用式（7-4-33）求解参数增量 $\Delta\hat{\boldsymbol{\theta}}^{(1)}$，计算方差 $\mathbf{E}_\Delta$，并计算第一次迭代值 $\hat{\boldsymbol{\theta}}^{(1)} = \hat{\boldsymbol{\theta}}^{(0)} + \Delta\hat{\boldsymbol{\theta}}^{(1)}$。

（4）检验是否满足 $\mathbf{E}_\Delta \leqslant \varepsilon$。如果不满足，则以 $\hat{\boldsymbol{\theta}}^{(1)}$ 为基础迭代继续，重复步骤 3 直至满足精度为止。

当 $E^{(s)} \leqslant \varepsilon$ 时，此时的线性参数 $\hat{\boldsymbol{x}}^{(s)}$ 和非线性参数 $\omega_{mr}^{(s)}$，$\zeta_r^{(s)}$ 作为最终的参数识别值。

7.5 / 基于频响函数有理分式的多模态参数识别法

7.5.1 多项式拟合法（Levy 法）

1. 基本原理

对具有 n 个自由度的有阻尼系统，其振动微分方程为

$$\mathbf{M}\ddot{\boldsymbol{x}}(t) + \mathbf{C}\dot{\boldsymbol{x}}(t) + \mathbf{K}\boldsymbol{x}(t) = \boldsymbol{F}(t)$$

对该式两侧进行拉普拉斯变换，在不考虑初始条件的情况下可以得到

$$(\mathbf{M}s^2 + \mathbf{C}s + \mathbf{K})\boldsymbol{X}(s) = \boldsymbol{F}(s) \tag{7-5-1}$$

或者写为

$$\mathbf{Z}(s)\boldsymbol{X}(s) = \boldsymbol{F}(s) \tag{7-5-2}$$

式中，$\mathbf{Z}(s)$ 为阻抗矩阵。对一个约束系统而言，阻抗矩阵是非奇异的对称矩阵。其第 p 行、第 q 列元素为

$$Z_{pq}(s) = m_{pq}s^2 + c_{pq}s + k_{pq} \tag{7-5-3}$$

阻抗矩阵的逆矩阵，即传递函数矩阵，可以表示为

$$\mathbf{H}(s) = [\mathbf{Z}(s)]^{-1} = \frac{\text{adj}[\mathbf{Z}(s)]}{\det[\mathbf{Z}(s)]} = \frac{\mathbf{N}(s)}{D(s)} \tag{7-5-4}$$

式中，$D(s)$ 为 $\mathbf{Z}(s)$ 的行列式，是一个最高阶数为 $2n$ 的多项式，可以表示为

$$D(s) = \sum_{l=0}^{2n} b_l s^l = b_0 + b_1 s + \cdots + b_{2n}s^{2n} \tag{7-5-5}$$

一般可取 $b_0 = 1$。$\mathbf{N}(s)$ 是一个 $n \times n$ 的对称矩阵，该矩阵的某个元素是最高阶数为 $2n-2$ 的多项式，可以表示为

$$N_{pq}(s) = \sum_{l=0}^{2n-2} a_l s^l = a_0 + a_1 s + \cdots + a_{2n-2}s^{2n-2} \tag{7-5-6}$$

于是传递函数矩阵 $\mathbf{H}(s)$ 的某个元素可以表示为

$$H_{pq}(s) = \frac{N_{pq}(s)}{D(s)} = \frac{a_0 + a_1 s + \cdots + a_{2n-2}s^{2n-2}}{1 + b_1 s + \cdots + b_{2n}s^{2n}} \tag{7-5-7}$$

当 $s = \mathrm{i}\omega$ 时，拉普拉斯域的传递函数 $H_{pq}(s)$ 即变为频响函数 $H_{pq}(\omega)$，忽略下标 pq，则

$$H(\omega) = \frac{N(\mathrm{i}\omega)}{D(\mathrm{i}\omega)} = \frac{a_0 + a_1(\mathrm{i}\omega) + \cdots + a_{2n-2}(\mathrm{i}\omega)^{2n-2}}{1 + b_1(\mathrm{i}\omega) + \cdots + b_{2n}(\mathrm{i}\omega)^{2n}} = \frac{A + \mathrm{i}B}{P + \mathrm{i}Q} \tag{7-5-8}$$

式中，

$$A = \sum_{l=0}^{n-1} a_{2l} \omega^{2l} (-1)^l = a_0 - a_2 \omega^2 + \cdots + a_{2n-2} \omega^{2n-2} (-1)^{n-1} \qquad (7\text{-}5\text{-}9a)$$

$$B = \sum_{l=0}^{n-2} a_{2l+1} \omega^{2l+1} (-1)^l = a_1 \omega - a_3 \omega^3 + \cdots + a_{2n-3} \omega^{2n-3} (-1)^{n-2} \qquad (7\text{-}5\text{-}9b)$$

$$P = \sum_{l=0}^{n} b_{2l} \omega^{2l} (-1)^l = 1 - b_2 \omega^2 + \cdots + b_{2n} \omega^{2n} (-1)^n \qquad (7\text{-}5\text{-}9c)$$

$$Q = \sum_{l=0}^{n-1} b_{2l+1} \omega^{2l+1} (-1)^l = b_1 \omega - b_3 \omega^3 + \cdots + b_{2n-1} \omega^{2n-1} (-1)^{n-1} \qquad (7\text{-}5\text{-}9d)$$

假设已经测试得到了 $\omega_k (k=1,\cdots,m)$ 处的频响函数 $\hat{H}(\omega_k)$（忽略了下标 pq），并设

$$\hat{H}(\omega_k) = \hat{H}^R(\omega_k) + i\hat{H}^I(\omega_k) \qquad (7\text{-}5\text{-}10)$$

令测试频响函数与理论模型之间的差值为

$$\varepsilon_k = H(\omega_k) - \hat{H}(\omega_k) = \frac{N(i\omega_k)}{D(i\omega_k)} - \hat{H}(\omega_k) \qquad (7\text{-}5\text{-}11)$$

为方便计算，使得误差方程线性化，上式两边同乘以 $D(i\omega_k)$，则

$$e_k = \varepsilon_k D(i\omega_k) = N(i\omega_k) - D(i\omega_k)\hat{H}(\omega_k) \qquad (7\text{-}5\text{-}12)$$

$$= (A_k + iB_k) - (P_k + iQ_k)(\hat{H}^R(\omega_k) + i\hat{H}^I(\omega_k))$$

$$= X_k + iY_k$$

式中，$X_k = A_k - \hat{H}_k^R P_k + \hat{H}_k^I Q_k$，$Y_k = B_k - \hat{H}_k^R Q_k - \hat{H}_k^I P_k$。在上式中，$X_k$ 和 Y_k 都是待识别参数 a_l 和 b_l 的线性函数，对 m 个 $\omega_k (k=1,\cdots,m)$，则存在误差平方和为

$$E = \sum_{k=1}^{m} e_k e_k^* = \sum_{k=1}^{m} (X_k^2 + Y_k^2) \qquad (7\text{-}5\text{-}13)$$

为了求解系数 a_l 和 b_l，采用最小二乘法，令

$$\frac{\partial E}{\partial a_l} = 0 (l = 0, 1, \cdots, 2n-2) \qquad (7\text{-}5\text{-}14a)$$

$$\frac{\partial E}{\partial b_l} = 0 (l = 1, \cdots, 2n) \qquad (7\text{-}5\text{-}14b)$$

经整理可以得到一组以待求系数为变量的线性方程组，即

$$\mathbf{A}\mathbf{x} = \mathbf{f} \qquad (7\text{-}5\text{-}15)$$

式中，

$$\mathbf{x} = \{a_0, a_1, \cdots, b_0, b_1, \cdots b_{2n}\}^T$$

$$\mathbf{f} = [S_0, T_1, -S_2, -T_3, S_4, T_5, \cdots, 0, U_2, 0, -U_4, 0, U_6 \cdots]^T$$

$$\mathbf{A}=\begin{bmatrix}
\lambda_0 & 0 & -\lambda_2 & 0 & \lambda_4 & \cdots & T_1 & S_2 & -T_3 & -S_4 & T_5 & S_6 & \cdots \\
0 & \lambda_2 & 0 & -\lambda_4 & 0 & \cdots & -S_2 & T_3 & S_4 & -T_5 & -S_6 & T_7 & \cdots \\
-\lambda_2 & 0 & \lambda_4 & 0 & -\lambda_6 & \cdots & -T_3 & -S_4 & T_5 & S_6 & -T_7 & -S_8 & \cdots \\
0 & -\lambda_4 & 0 & \lambda_6 & 0 & \cdots & S_4 & -T_5 & -S_6 & T_7 & S_8 & T_9 & \cdots \\
\lambda_4 & 0 & -\lambda_6 & 0 & \lambda_8 & \cdots & T_5 & S_6 & -T_7 & -S_8 & -T_9 & S_{10} & \cdots \\
\cdots & \cdots & \cdots & \cdots & \cdots & & \cdots & \cdots & \cdots & \cdots & \cdots & \cdots & \\
T_1 & -S_2 & -T_3 & S_4 & T_5 & \cdots & U_2 & 0 & -U_4 & 0 & U_6 & 0 & \cdots \\
S_2 & T_3 & -S_4 & -T_5 & S_6 & \cdots & 0 & U_4 & 0 & -U_6 & 0 & U_8 & \cdots \\
-T_3 & S_4 & T_5 & -S_6 & -T_7 & \cdots & -U_4 & 0 & U_6 & 0 & -U_8 & 0 & \cdots \\
-S_4 & -T_5 & S_6 & T_7 & -S_8 & \cdots & 0 & -U_6 & 0 & U_8 & 0 & -U_{10} & \cdots \\
T_5 & -S_6 & -T_7 & S_8 & T_9 & \cdots & U_6 & 0 & -U_8 & 0 & U_{10} & 0 & \cdots \\
S_6 & T_7 & -S_8 & -T_9 & S_{10} & \cdots & 0 & U_8 & 0 & -U_{10} & 0 & U_{12} & \cdots \\
\cdots & \cdots & \cdots & \cdots & \cdots & & \cdots & \cdots & \cdots & \cdots & \cdots & \cdots &
\end{bmatrix}$$

矩阵 $\mathbf{A}$ 和向量 $\boldsymbol{f}$ 中的变量分别为

$$\begin{cases}
\lambda_l = \displaystyle\sum_{l=1}^{m} \omega_k^l \\[2mm]
S_l = \displaystyle\sum_{l=1}^{m} \omega_k^l \hat{H}_k^R \\[2mm]
T_l = \displaystyle\sum_{l=1}^{m} \omega_k^l \hat{H}_k^I \\[2mm]
U_l = \displaystyle\sum_{l=1}^{m} \omega_k^l (\hat{H}_k^{R2} + \hat{H}_k^{I2})
\end{cases} \qquad (7\text{-}5\text{-}16)$$

求解方程(7-5-15)可以得到待定参数 a_l 和 b_l。

2. 模态参数识别

首先求解模态频率和阻尼比,令传递函数的分母为零:

$$D(s) = b_0 + b_1 s + \cdots + b_{2n} s^{2n} = 0$$

求解可以得到 n 对共轭复根,即

$$s_r = -\sigma_r + \mathrm{i}\omega_{dr} = -\zeta_r \omega_r + \mathrm{i}\sqrt{1-\zeta_r^2}\,\omega_r$$

$$s_r^* = -\sigma_r - \mathrm{i}\omega_{dr} = -\zeta_r \omega_r - \mathrm{i}\sqrt{1-\zeta_r^2}\,\omega_r$$

于是系统的模态频率和模态阻尼比分别为:

$$\omega_r = \sqrt{\omega_{dr}^2 + \sigma_r^2}$$

$$\zeta_r = \sigma_r / \omega_r$$

模态振型可以通过留数来求得。对于传递函数

$$H_{pq}(s) = \sum_{r=1}^{n} \left[\frac{A_r}{s - s_r} + \frac{A_r^*}{s - s_r^*} \right] \qquad (7\text{-}5\text{-}17)$$

从而得到

$$A_r = H_{pq}(s)(s-s_r)|_{s=s_r} \qquad (7\text{-}5\text{-}18)$$

留数也可利用下式求得

$$A_r = \frac{N_{pq}(s)}{D'(s)}\bigg|_{s=s_r} \qquad (7\text{-}5\text{-}19)$$

选定合适的振型标准化方法即可得到模态振型。上述过程就是 Levy 法进行模态参数识别的基本原理。

3. 利用迭代提高拟合精度的方法

在利用式(7-5-12)进行最小二乘拟合时,实际上是对式(7-5-11)乘以 $D(\mathrm{i}\omega_k)$ 得到的加权总误差。该方法在较窄的频段(低频段)拟合得到的频响函数误差较小,但当频率变化范围较大或 $D(s)$ 在实验频率点取值范围较大时,拟合精度较差。为了提高拟合精度,可以采用逐次线性化的方法,将式(7-5-12)改造为

$$e_k = \frac{\varepsilon_k D(\mathrm{i}\omega_k)}{D^l(\mathrm{i}\omega_k)_{L-1}} = \frac{X_k + \mathrm{i}Y_k}{D^l(\mathrm{i}\omega_k)_{L-1}} \qquad (7\text{-}5\text{-}20)$$

上式中,L 为迭代标识。l 称为逐次线性化指数,一般 $0 < l \leqslant 1$,若取 $l=1$,则

$$E = \sum_{k=1}^{m} e_k e_k^* = \sum_{k=1}^{m} \frac{X_k^2 + Y_k^2}{|D(\mathrm{i}\omega_k)_{L-1}|^2} \qquad (7\text{-}5\text{-}21)$$

此时对应式(7-5-16)的各变量为

$$\begin{cases} \lambda_l = \sum_{l=1}^{m} \omega_k^l \big/ |D(\mathrm{i}\omega_k)_{L-1}|^2 \\[2mm] S_l = \sum_{l=1}^{m} \omega_k^l \hat{H}_k^R \big/ |D(\mathrm{i}\omega_k)_{L-1}|^2 \\[2mm] T_l = \sum_{l=1}^{m} \omega_k^l \hat{H}_k^I \big/ |D(\mathrm{i}\omega_k)_{L-1}|^2 \\[2mm] U_l = \sum_{l=1}^{m} \omega_k^l (\hat{H}_k^{R2} + \hat{H}_k^{I2}) \big/ |D(\mathrm{i}\omega_k)_{L-1}|^2 \end{cases} \qquad (7\text{-}5\text{-}22)$$

在迭代求解过程中,$D(\mathrm{i}\omega_k)$ 的初始值可设为 1,然后在迭代过程中用 $L-1$ 的求得系数计算 $D(\mathrm{i}\omega_k)_{L-1}$,然后计算第 L 次的待定系数,直到前后两次加权值不变为止。

7.5.2 正交多项式拟合法

Levy 法进行曲线拟合时,对 n 自由度系统需要求解 $4n-1$ 个方程,计算工作量比较大。另外由公式(7-5-15)中的系数矩阵 **A** 可以看出,由于矩阵各元素都是所测频率点的幂函数及测试频响函数虚、实部的组合。其特点就是各元素随频率的幂次从左向右、自上而下变大。当分析的频段范围比较大时,矩阵各元素数值的动态范围会更大,且非对角元素占优势,从而易导致矩阵病态,影响曲线拟合的收敛性和拟合精度。

采用基于正交多项式的曲线拟合法,有理分式的分母系数向量可以独立于分子系数的向量而求解,从而降低了方程的阶数,节省了计算时间,同时可以有效解决线性拟

合系数矩阵的病态问题。

1. 基于正交多项式的曲线拟合

假设被拟合的曲线可以用一组函数 $g_l(x)$ 的线性组合来表示，即

$$y(x) = a_0 g_0(x) + a_1 g_1(x) + \cdots + a_n g_n(x) \tag{7-5-23}$$

定义误差

$$\varepsilon_k = y(x_k) - y_k \tag{7-5-24}$$

取 m 个测点数据，可以得到总方差为

$$E = \sum_{k=1}^{m} W_k [y(x_k) - y_k]^2 \tag{7-5-25}$$

上式中，W_k 为权函数，且 $W_k \geqslant 0$。

令 $\dfrac{\partial E}{\partial a_l} = 0$，可以得到一组线性方程，即

$$\mathbf{A}x = f$$

式中，

$$x = \{a_0, a_1, \cdots, a_n\}^T$$
$$f = \{f_0, f_1, \cdots, f_n\}^T$$
$$\mathbf{A} = \begin{bmatrix} \langle g_0, g_0 \rangle & \langle g_0, g_1 \rangle & \cdots & \langle g_0, g_n \rangle \\ \langle g_1, g_0 \rangle & \langle g_1, g_1 \rangle & \cdots & \langle g_1, g_n \rangle \\ \vdots & \vdots & \ddots & \vdots \\ \langle g_n, g_0 \rangle & \langle g_n, g_1 \rangle & \cdots & \langle g_n, g_n \rangle \end{bmatrix}$$

式中，$\langle g_i, g_j \rangle$ 表示向量的加权内积，其定义为

$$\langle g_i, g_j \rangle = \sum_{k=1}^{m} W_k g_i(x_k) g_j(x_k) \tag{7-5-26}$$

如果选取的函数 $g_l(x)$ 是线性正交的，则存在如下关系

$$\langle g_i, g_j \rangle = \begin{cases} 0 & i \neq j \\ A_j & i = j \end{cases} \tag{7-5-27}$$

此时矩阵 $\mathbf{A}$ 将是一个对角阵，不会出现矩阵病态问题，且待定系数 a_l 为

$$a_l = \langle y_l, g_l \rangle / \langle g_l, g_l \rangle \tag{7-5-28}$$

2. 基于正交多项式的参数识别

利用正交多项式来代替频响函数的幂多项式，得到

$$H(\omega) = \frac{N(\mathrm{i}\omega)}{D(\mathrm{i}\omega)} = \frac{a_0 + a_1(\mathrm{i}\omega) + \cdots + a_{2n-2}(\mathrm{i}\omega)^{2n-2}}{1 + b_1(\mathrm{i}\omega) + \cdots + b_{2n}(\mathrm{i}\omega)^{2n}} = \frac{p^T(\mathrm{i}\omega)\alpha}{1 + q^T(\mathrm{i}\omega)\beta} \tag{7-5-29}$$

式中，

$$p^T(\mathrm{i}\omega) = [p_0(\mathrm{i}\omega) \quad p_1(\mathrm{i}\omega) \quad \cdots \quad p_{2n-2}(\mathrm{i}\omega)]$$
$$q^T(\mathrm{i}\omega) = [q_1(\mathrm{i}\omega) \quad q_2(\mathrm{i}\omega) \quad \cdots \quad q_{2n}(\mathrm{i}\omega)]$$
$$\alpha^T = [a_0 \quad a_1 \quad \cdots \quad a_{2n-2}]$$
$$\beta^T = [b_1 \quad b_2 \quad \cdots \quad b_{2n}]$$

上式中，$p_l(\mathrm{i}\omega)$ 和 $q_l(\mathrm{i}\omega)$ 是某种正交多项式。

假设已经测试得到了 m 个频率点 $\omega_k(k=1,\cdots,m)$ 处的频响函数 $\widehat{H}(\omega_k)$，为了利用正交多项式的正交性，将上述 m 个正频率点 ω_k 扩展到负频率点 ω_{-k}，同时引入下式

$$
\begin{cases}
\boldsymbol{\omega}_{-k} = -\boldsymbol{\omega}_k \\
H(\omega_{-k}) = H(-\omega_k) = H^*(\omega_k) \\
\widehat{H}(\omega_{-k}) = \widehat{H}(-\omega_k) = \widehat{H}^*(\omega_k)
\end{cases}
\tag{7-5-30}
$$

构造加权误差函数，

$$
\begin{aligned}
e_k &= \varepsilon_k D(\mathrm{i}\omega_k) = N(\mathrm{i}\omega_k) - D(\mathrm{i}\omega_k)\widehat{H}(\omega_k) \tag{7-5-31}\\
&= \boldsymbol{p}^T(\mathrm{i}\omega)\boldsymbol{\alpha} - (1 + \boldsymbol{q}^T(\mathrm{i}\omega)\boldsymbol{\beta})\widehat{H}(\omega_k)\\
&= \boldsymbol{p}^T(\mathrm{i}\omega)\boldsymbol{\alpha} - \boldsymbol{q}^T(\mathrm{i}\omega)\widehat{H}(\omega_k)\boldsymbol{\beta} - \widehat{H}(\omega_k)
\end{aligned}
$$

对于 $2m$ 个频率拟合点，存在

$$
\boldsymbol{e} = \mathbf{P}\boldsymbol{\alpha} - \mathbf{Q}\boldsymbol{\beta} - \widehat{\boldsymbol{H}}
\tag{7-5-32}
$$

上式中，

$$
\boldsymbol{e} = \{e(\omega_{-m}), e(\omega_{-m+1}), \cdots, e(\omega_{m-1}), e(\omega_m)\}^T
$$

$$
\widehat{\boldsymbol{H}} = \{\widehat{H}(\omega_{-m}), \widehat{H}(\omega_{-m+1}), \cdots, \widehat{H}(\omega_{m-1}), \widehat{H}(\omega_m)\}^T
$$

$$
\mathbf{P} = \begin{bmatrix}
p_0(\mathrm{i}\omega_{-m}) & p_1(\mathrm{i}\omega_{-m}) & \cdots & p_{2n-2}(\mathrm{i}\omega_{-m}) \\
p_0(\mathrm{i}\omega_{-m+1}) & p_1(\mathrm{i}\omega_{-m+1}) & \cdots & p_{2n-2}(\mathrm{i}\omega_{-m+1}) \\
\vdots & \vdots & \ddots & \vdots \\
p_0(\mathrm{i}\omega_{m-1}) & p_1(\mathrm{i}\omega_{m-1}) & \cdots & p_{2n-2}(\mathrm{i}\omega_{m-1}) \\
p_0(\mathrm{i}\omega_m) & p_1(\mathrm{i}\omega_m) & \cdots & p_{2n-2}(\mathrm{i}\omega_m)
\end{bmatrix}
$$

$$
\mathbf{Q} = \begin{bmatrix}
q_1(\mathrm{i}\omega_{-m})\widehat{H}(\omega_{-m}) & q_2(\mathrm{i}\omega_{-m})\widehat{H}(\omega_{-m}) & \cdots & q_{2n}(\mathrm{i}\omega_{-m})\widehat{H}(\omega_{-m}) \\
q_1(\mathrm{i}\omega_{-m+1})\widehat{H}(\omega_{-m+1}) & q_2(\mathrm{i}\omega_{-m+1})\widehat{H}(\omega_{-m+1}) & \cdots & q_{2n}(\mathrm{i}\omega_{-m+1})\widehat{H}(\omega_{-m+1}) \\
\vdots & \vdots & \ddots & \vdots \\
q_1(\mathrm{i}\omega_{m-1})\widehat{H}(\omega_{m-1}) & q_2(\mathrm{i}\omega_{m-1})\widehat{H}(\omega_{m-1}) & \cdots & q_{2n}(\mathrm{i}\omega_{m-1})\widehat{H}(\omega_{m-1}) \\
q_1(\mathrm{i}\omega_m)\widehat{H}(\omega_m) & q_2(\mathrm{i}\omega_m)\widehat{H}(\omega_m) & \cdots & q_{2n}(\mathrm{i}\omega_m)\widehat{H}(\omega_m)
\end{bmatrix}
$$

根据复数最小二乘法，构造目标函数

$$
\begin{aligned}
E &= \sum_{k=-m}^{m} e_k^* e_k = \boldsymbol{e}^H \boldsymbol{e} = (\mathbf{P}\boldsymbol{\alpha} - \mathbf{Q}\boldsymbol{\beta} - \widehat{\boldsymbol{H}})^H(\mathbf{P}\boldsymbol{\alpha} - \mathbf{Q}\boldsymbol{\beta} - \widehat{\boldsymbol{H}}) \\
&= \boldsymbol{\alpha}^T\mathbf{P}^H\mathbf{P}\boldsymbol{\alpha} - \boldsymbol{\alpha}^T\mathbf{P}^H\mathbf{Q}\boldsymbol{\beta} - \boldsymbol{\alpha}^T\mathbf{P}^H\widehat{\boldsymbol{H}} - \boldsymbol{\beta}^T\mathbf{Q}^H\mathbf{P}\boldsymbol{\alpha} + \boldsymbol{\beta}^T\mathbf{Q}^H\mathbf{Q}\boldsymbol{\beta} \\
&\quad + \boldsymbol{\beta}^T\mathbf{Q}^H\widehat{\boldsymbol{H}} - \widehat{\boldsymbol{H}}^H\mathbf{P}\boldsymbol{\alpha} + \widehat{\boldsymbol{H}}^H\mathbf{Q}\boldsymbol{\beta} + \widehat{\boldsymbol{H}}^H\widehat{\boldsymbol{H}}
\end{aligned}
\tag{7-5-33}
$$

上式中，上标"H"表示共轭转置，"$*$"表示共轭。为了求解系数 a_l 和 b_l，采用最小二乘法，令 $\dfrac{\partial E}{\partial \boldsymbol{\alpha}}=0$，$\dfrac{\partial E}{\partial \boldsymbol{\beta}}=0$，于是可以得到

$$\frac{\partial E}{\partial \boldsymbol{\alpha}} = (\mathbf{P}^H\mathbf{P} + \mathbf{P}^T\mathbf{P}^*)\boldsymbol{\alpha} - (\mathbf{P}^H\mathbf{Q} + \mathbf{P}^T\mathbf{Q}^*)\boldsymbol{\beta} - (\mathbf{P}^H\widehat{\mathbf{H}} + \mathbf{P}^T\widehat{\mathbf{H}}^*) = 0$$

$$\frac{\partial E}{\partial \boldsymbol{\beta}} = -(\mathbf{Q}^H\mathbf{P} + \mathbf{Q}^T\mathbf{P}^*)\boldsymbol{\alpha} + (\mathbf{Q}^H\mathbf{Q} + \mathbf{Q}^T\mathbf{Q}^*)\boldsymbol{\beta} + (\mathbf{Q}^H\widehat{\mathbf{H}} + \mathbf{Q}^T\widehat{\mathbf{H}}^*) = 0$$

在上式推导中,用到了 $\frac{\mathrm{d}(\boldsymbol{x}^T\mathbf{A}\boldsymbol{x})}{\mathrm{d}\boldsymbol{x}} = (\mathbf{A} + \mathbf{A}^T)\boldsymbol{x}$, $\frac{\mathrm{d}(\boldsymbol{x}^T\mathbf{A})}{\mathrm{d}\boldsymbol{x}} = \mathbf{A}$。将上式写成矩阵形式为

$$\begin{bmatrix} \mathbf{C} & \mathbf{B} \\ \mathbf{B}^T & \mathbf{D} \end{bmatrix} \begin{Bmatrix} \boldsymbol{\alpha} \\ \boldsymbol{\beta} \end{Bmatrix} = \begin{Bmatrix} \boldsymbol{f} \\ \boldsymbol{g} \end{Bmatrix} \tag{7-5-34}$$

式中,$\mathbf{C} = \mathbf{P}^H\mathbf{P}$,$\mathbf{D} = \mathbf{Q}^H\mathbf{Q}$,$\mathbf{B} = -\mathrm{Re}(\mathbf{P}^H\mathbf{Q})$,$\boldsymbol{f} = \mathrm{Re}(\mathbf{P}^H\widehat{\mathbf{H}})$,$\boldsymbol{g} = -\mathrm{Re}(\mathbf{Q}^H\widehat{\mathbf{H}})$。

上式与 Levy 法方程形式完全一样。但通过选取合适的正交多项式,可以使得矩阵 $\mathbf{C}$ 和 $\mathbf{D}$ 成为单位矩阵。

$$\begin{cases} \mathbf{C} = \mathbf{P}^H\mathbf{P} = \mathbf{I} \\ \mathbf{D} = \mathbf{Q}^H\mathbf{Q} = \mathbf{I} \end{cases} \tag{7-5-35}$$

此时式(7-5-34)变为

$$\begin{bmatrix} \mathbf{I} & \mathbf{B} \\ \mathbf{B}^T & \mathbf{I} \end{bmatrix} \begin{Bmatrix} \boldsymbol{\alpha} \\ \boldsymbol{\beta} \end{Bmatrix} = \begin{Bmatrix} \boldsymbol{f} \\ \boldsymbol{g} \end{Bmatrix} \tag{7-5-36}$$

即可以展开为两个独立的方程组,分别求解待定系数 $\boldsymbol{\alpha}$,$\boldsymbol{\beta}$:

$$\begin{cases} \boldsymbol{\alpha} = (\mathbf{I} - \mathbf{B}\mathbf{B}^T)^{-1}(\boldsymbol{f} - \mathbf{B}\boldsymbol{g}) \\ \boldsymbol{\beta} = \boldsymbol{g} - \mathbf{B}^T\boldsymbol{\alpha} \end{cases} \tag{7-5-37}$$

可以看出,$\mathbf{I} - \mathbf{B}\mathbf{B}^T$ 的阶数为 $(2n-1)\times(2n-1)$,与 $\mathbf{A}$ 的阶数 $(4n-1)\times(4n-1)$ 相比得到了极大降低,计算工作量大大减小,同时病态矩阵出现的可能性也得以降低。

在数学上,有很多正交多项式可以使用。不同软件也有不同的正交多项式选取方法。如 Richardson 和 Formenti(1982)采用了弗赛斯(Forsythe)正交多项式,其递推关系如下:

$$y_l(\mathrm{i}\omega_k) = \mathrm{i}^l r_l(\omega_k) \tag{7-5-38}$$

式中,

$$\begin{cases} R_l(\omega_k) = \widehat{R}_l(\omega_k)/\sqrt{D_l} \\ \widehat{R}_0(\omega_k) = 1 \\ \widehat{R}_1(\omega_k) = \omega_k \\ \vdots \\ \widehat{R}_l(\omega_k) = \omega_k\widehat{R}_{l-1}(\omega_k) + V_{l-1}\widehat{R}_{l-1}(\omega_k) \\ V_{l-1} = -D_{l-1}/D_{l-2} \\ D_l = \sum_{k=-m}^{m} \widehat{R}_l(\omega_k)\rho_k^2 \end{cases} \tag{7-5-39}$$

对于分子多项式，$p_l(\mathrm{i}\omega_k) = y_l(\mathrm{i}\omega_k)$，$\rho_k^2 = 1$；对分母多项式，$q_l(\mathrm{i}\omega_k) = y_l(\mathrm{i}\omega_k)$，$\rho_k^2 = |\widehat{H}(\omega_k)|^2$。

7.6　多模态参数识别之优化识别法

优化识别法的基本思路是将非线性函数在初值附近做泰勒级数展开，通过迭代来改善初值，达到识别参数的优化。具体操作时，可以选择将频响函数、误差函数或目标函数进行泰勒级数展开（李德葆和陆秋海，2001）。

7.6.1　误差函数展开法

对于一般黏性阻尼系统，考虑到拟合频段外的影响，频响函数可以表示为

$$H_{pq}(\omega) = -\frac{LR_{pq}}{\omega^2} + \sum_{r=1}^{N_r}\left[\frac{R_{pq}^r}{\mathrm{i}\omega - \lambda_r} + \frac{R_{pq}^{r*}}{\mathrm{i}\omega - \lambda_r^*}\right] + UR_{pq} \qquad (7\text{-}6\text{-}1)$$

为方便起见，省略下标 pq，令 $R^r = U^r + \mathrm{i}V^r$，$LR = LR^R + \mathrm{i}LR^I$，$UR = UR^R + \mathrm{i}UR^I$，并将待定参数包括 $\lambda_r = -\sigma_r + \mathrm{i}\omega_{dr}$ 代入上式，

$$H(\omega) = -\frac{LR^R + \mathrm{i}LR^I}{\omega^2} + \sum_{r=1}^{N_r}\left[\frac{U^r + \mathrm{i}V^r}{\sigma_r + \mathrm{i}(\omega - \omega_{dr})} + \frac{U^r - \mathrm{i}V^r}{\sigma_r + \mathrm{i}(\omega + \omega_{dr})}\right] + UR^R + \mathrm{i}UR^I$$

$$(7\text{-}6\text{-}2)$$

式中，待识别的线性参数包括 LR^R，LR^I，$U^r(r=1,\cdots,N_r)$，$V^r(r=1,\cdots,N_r)$，UR^R，UR^I 共 $2N_r + 4$ 个，非线性参数包括 σ_r，ω_{dr} 共 $2N_r$ 个。也就是说，待识别的参数共 $4N_r + 4$ 个，均为实数。

记 $\boldsymbol{\beta} = \{LR^R, LR^I, U^1, V^1, \cdots, U^{N_r}, V^{N_r}, UR^R, UR^I\}^T$，$\boldsymbol{\theta} = \{\boldsymbol{\beta}^T, \sigma_1, \omega_{d1}, \sigma_2, \omega_{d2}, \cdots, \sigma_{N_r}, \omega_{dN_r}\}^T$，假设已经测试得到了 N_f 个频率点 $\omega_k(k=1,\cdots,N_f)$ 处的频响函数，则定义实测频响函数和拟合频响函数的误差为

$$\varepsilon(\omega_k, \boldsymbol{\theta}) = H(\omega, \boldsymbol{\theta}) - \widehat{H}(\omega_k) \qquad (7\text{-}6\text{-}3)$$

将 $\varepsilon(\omega_k, \boldsymbol{\theta})$ 在初始值 $\boldsymbol{\theta}_0$ 附近进行泰勒级数展开，略去二阶及以上高阶项，可得

$$\varepsilon(\omega_k, \boldsymbol{\theta}) = \varepsilon(\omega_k, \boldsymbol{\theta}_0) + \sum_{l=1}^{4N_r+4}\frac{\partial\varepsilon}{\partial\theta_l}(\theta_l - \theta_{l0}) = \varepsilon(\omega_k, \boldsymbol{\theta}_0) + \frac{\mathrm{d}\varepsilon}{\mathrm{d}\boldsymbol{\theta}^T}(\boldsymbol{\theta} - \boldsymbol{\theta}_0) \quad (7\text{-}6\text{-}4)$$

对 N_f 个频率点，写成矩阵形式如下

$$\boldsymbol{E}(\boldsymbol{\theta}) = \boldsymbol{E}(\boldsymbol{\theta}_0) + \boldsymbol{P}\Delta\boldsymbol{\theta} = \boldsymbol{E}_0 + \boldsymbol{P}\Delta\boldsymbol{\theta} \qquad (7\text{-}6\text{-}5)$$

式中，

$$\boldsymbol{E}_0 = \{\varepsilon(\omega_1, \boldsymbol{\theta}_0), \varepsilon(\omega_2, \boldsymbol{\theta}_0), \cdots, \varepsilon(\omega_{N_f}, \boldsymbol{\theta}_0)\}^T$$

$$\mathbf{P} = \begin{bmatrix} \dfrac{\partial \varepsilon(\omega_1, \boldsymbol{\theta})}{\partial \theta_1} & \dfrac{\partial \varepsilon(\omega_1, \boldsymbol{\theta})}{\partial \theta_2} & \cdots & \dfrac{\partial \varepsilon(\omega_1, \boldsymbol{\theta})}{\partial \theta_{4N_r+4}} \\ \dfrac{\partial \varepsilon(\omega_2, \boldsymbol{\theta})}{\partial \theta_1} & \dfrac{\partial \varepsilon(\omega_2, \boldsymbol{\theta})}{\partial \theta_2} & \cdots & \dfrac{\partial \varepsilon(\omega_2, \boldsymbol{\theta})}{\partial \theta_{4N_r+4}} \\ \vdots & \vdots & \ddots & \vdots \\ \dfrac{\partial \varepsilon(\omega_{N_f}, \boldsymbol{\theta})}{\partial \theta_1} & \dfrac{\partial \varepsilon(\omega_{N_f}, \boldsymbol{\theta})}{\partial \theta_2} & \cdots & \dfrac{\partial \varepsilon(\omega_{N_f}, \boldsymbol{\theta})}{\partial \theta_{4N_r+4}} \end{bmatrix}_{\boldsymbol{\theta} = \boldsymbol{\theta}_0}$$

构造目标函数

$$J = \boldsymbol{E}^H \boldsymbol{E} = (\boldsymbol{E}_0 + \mathbf{P}\Delta\boldsymbol{\theta})^H (\boldsymbol{E}_0 + \mathbf{P}\Delta\boldsymbol{\theta}) \tag{7-6-6}$$

根据最小二乘原理可得

$$\Delta\boldsymbol{\theta} = -(\mathbf{P}^H \mathbf{P})^{-1} \mathbf{P}^H \boldsymbol{E}_0 \tag{7-6-7}$$

于是待识别的参数为

$$\boldsymbol{\theta}_{(1)} = \boldsymbol{\theta}_0 + \Delta\boldsymbol{\theta} \tag{7-6-8}$$

迭代继续进行，直至满足

$$\left\| \frac{\boldsymbol{J}_{(m+1)} - \boldsymbol{J}_{(m)}}{\boldsymbol{J}_{(m)}} \right\| \leqslant \varepsilon_1, \quad \frac{\|\Delta\boldsymbol{\theta}\|}{\|\boldsymbol{\theta}\|} \leqslant \varepsilon_2 \tag{7-6-9}$$

实际计算中，当维数比较大时，式（7-6-7）可能出现病态。此时可以采用加大 $(\mathbf{P}^H \mathbf{P})$ 主对角元素的方法，即

$$\Delta\boldsymbol{\theta} = -(\mathbf{P}^H \mathbf{P} + \mu \mathbf{I})^{-1} \mathbf{P}^H \boldsymbol{E}_0 \tag{7-6-10}$$

式中，μ 为阻尼因子，上式称为阻尼最小二乘法。

7.6.2 高斯-牛顿法

该方法是将频响函数进行泰勒级数展开，并取线性项，得到

$$H(\omega_k, \boldsymbol{\theta}) = H(\omega_k, \boldsymbol{\theta}_0) + \sum_{l=1}^{4N_r+4} \frac{\partial H}{\partial \theta_l} \bigg|_{\boldsymbol{\theta}_0} \Delta\theta_l \tag{7-6-11}$$

假设已经测试得到了 N_f 个频率点 $\omega_k (k = 1, \cdots, N_f)$ 处的频响函数，则定义实测频响函数和拟合频响函数的误差为

$$\varepsilon(\omega_k, \boldsymbol{\theta}) = \hat{H}(\omega_k) - H(\omega_k, \boldsymbol{\theta}_0) - \sum_{l=1}^{4N_r+4} B_l(\omega_k, \boldsymbol{\theta}_0) \Delta\theta_l \tag{7-6-12}$$

式中，$B_l(\omega_k, \boldsymbol{\theta}_0) = \dfrac{\partial H(\omega_k, \boldsymbol{\theta}_0)}{\partial \theta_l} \bigg|_{\boldsymbol{\theta}_0}$。于是，当 $N_f > 4N_r + 4$ 时构造泛函如下

$$J(\boldsymbol{\theta}) = \sum_{k=1}^{N_f} \left\| \hat{H}(\omega_k) - H(\omega_k, \boldsymbol{\theta}_0) - \sum_{l=1}^{4N_r+4} B_l(\omega_k, \boldsymbol{\theta}_0) \Delta\theta_l \right\| \tag{7-6-13}$$

由 $\dfrac{\partial J(\boldsymbol{\theta})}{\partial \theta_l} = 0, l = 1, 2, \cdots, 4N_r + 4$，可以得到关于 $\Delta\theta_l$ 的 $4N_r + 4$ 个线性方程组，求解可

得 $\Delta\boldsymbol{\theta}$, 则

$$\boldsymbol{\theta}_{(i+1)} = \boldsymbol{\theta}_{(i)} + \Delta\boldsymbol{\theta} \tag{7-6-14}$$

进行多次迭代直到前后两次迭代的结果在规定的误差范围内即可终止。

7.6.3 牛顿-拉普森法

牛顿-拉普森法是将目标函数 $J(\boldsymbol{\theta})$ 进行泰勒级数展开,忽略二阶以上的高阶项,可以得到

$$J(\boldsymbol{\theta}) = J(\boldsymbol{\theta}_0) + \sum_{l=1}^{4N_r+4} \frac{\partial J}{\partial \theta_l}\bigg|_{\boldsymbol{\theta}_0} \Delta\theta_l + \frac{1}{2} \sum_{l=1}^{4N_r+4} \sum_{m=1}^{4N_r+4} \frac{\partial^2 J}{\partial \theta_l \partial \theta_m}\bigg|_{\boldsymbol{\theta}_0} \Delta\theta_l \Delta\theta_m \tag{7-6-15}$$

写为矩阵形式则为

$$J(\boldsymbol{\theta}) = J(\boldsymbol{\theta}_0) + \Delta\boldsymbol{\theta}^T \boldsymbol{Q}_0 + \frac{1}{2} \Delta\boldsymbol{\theta}^T \mathbf{H}_0 \Delta\boldsymbol{\theta} \tag{7-6-16}$$

$J(\boldsymbol{\theta})$ 具有极值的条件是 $\frac{\partial J}{\partial \boldsymbol{\theta}} = 0$, 于是可以得到

$$\Delta\boldsymbol{\theta} = -\mathbf{H}_0^{-1} \boldsymbol{Q}_0 \tag{7-6-17}$$

$$\boldsymbol{\theta}_{(i+1)} = \boldsymbol{\theta}_{(i)} + \Delta\boldsymbol{\theta} \tag{7-6-18}$$

进行多次迭代直到前后两次迭代的结果在规定的误差范围内即可终止。

7.7 频域直接参数识别(FDPI)

频域直接参数识别(Frequency Domain Direct Parameter Identification-FDPI)(Lembregts,1988)是建立在 MIMO 频响函数估计基础上,利用频响函数识别低阶完整直接模型,进而得到系统的极点、振型等参数的方法。该方法中,首先利用频响函数直接识别得到系统的物理参数矩阵,然后就可以计算系统的模态参数了。

对具有 n 自由度的有阻尼系统,其运动微分方程为

$$\mathbf{M}\ddot{\boldsymbol{x}}(t) + \mathbf{C}\dot{\boldsymbol{x}}(t) + \mathbf{K}\boldsymbol{x}(t) = \boldsymbol{f}(t)$$

结构系统的二阶微分方程可以用状态空间模型表示为

$$\begin{cases} \dot{\boldsymbol{x}}(t) = \mathbf{A}_c\boldsymbol{x}(t) + \mathbf{B}_c\boldsymbol{u}(t) \\ \boldsymbol{y}(t) = \mathbf{C}_c\boldsymbol{x}(t) + \mathbf{D}_c\boldsymbol{u}(t) \end{cases} \tag{7-7-1}$$

式中,$\mathbf{A}_c$ 为系统状态矩阵,$\mathbf{B}_c$ 为控制矩阵,其表达式分别为

$$\mathbf{A}_c = \begin{bmatrix} \mathbf{0} & \mathbf{I} \\ -\mathbf{M}^{-1}\mathbf{K} & -\mathbf{M}^{-1}\mathbf{C} \end{bmatrix}, \quad \mathbf{B}_c = \begin{bmatrix} \mathbf{0} \\ \mathbf{M}^{-1}\mathbf{B}_f \end{bmatrix} \tag{7-7-2}$$

则系统的位移频响函数可以表示为

$$(-\omega^2 \mathbf{I} + \mathrm{i}\omega\mathbf{M}^{-1}\mathbf{C} + \mathbf{M}^{-1}\mathbf{K})\mathbf{H}(\mathrm{i}\omega) = \mathbf{M}^{-1} \tag{7-7-3a}$$

或写为

$$(-\omega^2 \mathbf{I} + \mathrm{i}\omega\mathbf{A}_1 + \mathbf{A}_0)\mathbf{H}(\mathrm{i}\omega) = \mathbf{B}_0 \tag{7-7-3b}$$

类似地,可以把加速度频响函数表示为

$$(-\omega^2\mathbf{I}+i\omega\mathbf{M}^{-1}\mathbf{C}+\mathbf{M}^{-1}\mathbf{K})\mathbf{H}(i\omega)=-\omega^2\mathbf{M}^{-1} \tag{7-7-4a}$$

或写为

$$(-\omega^2\mathbf{I}+i\omega\mathbf{A}_1+\mathbf{A}_0)\mathbf{H}(i\omega)=-\omega^2\mathbf{B}_0 \tag{7-7-4b}$$

式中,$\mathbf{A}_0=\mathbf{M}^{-1}\mathbf{K}$,$\mathbf{A}_1=\mathbf{M}^{-1}\mathbf{C}$,$\mathbf{B}_0=\mathbf{M}^{-1}$。

上述位移频响函数或加速度频响函数对所有的频率都是成立的。如果可用的测量数据足够多,就可以利用最小二乘法求解 $\mathbf{A}_0$,$\mathbf{A}_1$ 和 $\mathbf{B}_0$。当然,在实际运算中,为了满足计算速度、模型阶次检测等要求,一般会采用数据缩聚措施。

这些系数矩阵求得后,可以得到系统的状态矩阵为

$$\mathbf{A}=\begin{bmatrix}\mathbf{0}&\mathbf{I}\\-\mathbf{A}_0&-\mathbf{A}_1\end{bmatrix}=\begin{bmatrix}\mathbf{0}&\mathbf{I}\\-\mathbf{M}^{-1}\mathbf{K}&-\mathbf{M}^{-1}\mathbf{C}\end{bmatrix}$$

由 3.4 节复模态相关知识可知,该矩阵的特征值就是系统的极点,成共轭对出现;而特征向量也成共轭对出现,可以得到系统的模态振型。

$$\boldsymbol{\Lambda}_c=\begin{bmatrix}\boldsymbol{\Lambda}&\\&\boldsymbol{\Lambda}^*\end{bmatrix},\boldsymbol{\Lambda}=\begin{bmatrix}\lambda_1&&\\&\ddots&\\&&\lambda_n\end{bmatrix},\widetilde{\boldsymbol{\Psi}}=\begin{bmatrix}\boldsymbol{\Psi}&\boldsymbol{\Psi}^*\\\boldsymbol{\Psi}\boldsymbol{\Lambda}&\boldsymbol{\Psi}^*\boldsymbol{\Lambda}^*\end{bmatrix},\boldsymbol{\Psi}=\begin{bmatrix}\boldsymbol{\Psi}_1&\cdots&\boldsymbol{\Psi}_n\end{bmatrix}$$

当考虑频带外影响时,需要额外增加一些项来处理。以位移频响函数为例,可以表示为

$$(-\omega^2\mathbf{I}+i\omega\mathbf{M}^{-1}\mathbf{C}+\mathbf{M}^{-1}\mathbf{K})\mathbf{H}(i\omega)=$$
$$-\frac{\mathbf{M}^{-1}\mathbf{K}\,\mathbf{LR}}{\omega^2}+\frac{\mathbf{M}^{-1}\mathbf{C}\,\mathbf{LR}}{i\omega}+(\mathbf{M}^{-1}+\mathbf{LR}+\mathbf{M}^{-1}\mathbf{K}\,\mathbf{UR})+i\omega\mathbf{M}^{-1}\mathbf{C}\,\mathbf{UR}-\omega^2\mathbf{UR} \tag{7-7-5}$$

7.8 / 最小二乘频域法(LSFD)

非线性最小二乘频域法(Busturia 和 Gimenez,1985)是一种对系统极点、模态振型及模态参与因子进行整体估计的多自由度方法。对一个多输入多输出(MIMO)系统,假设实际振动测试中,有 N_i 个输入、N_o 个输出,则关心的频段范围内的频响函数模型(即极点-留数模型)可表示为

$$\mathbf{H}(\omega)=-\frac{\mathbf{LR}}{\omega^2}+\sum_{r=1}^{N_r}\left[\frac{\mathbf{R}_r}{i\omega-\lambda_r}+\frac{\mathbf{R}_r^*}{i\omega-\lambda_r^*}\right]+\mathbf{UR} \tag{7-8-1}$$

式中,$\mathbf{R}_r\in\mathbb{C}^{N_o\times N_i}$ 是第 r 阶留数矩阵,可以写成 $\mathbf{R}_r=\boldsymbol{\Psi}_r\mathbf{L}_r^T$,$\boldsymbol{\Psi}_r\in\mathbb{C}^{N_o\times1}$ 为第 r 阶振型向量,$\mathbf{L}_r\in\mathbb{C}^{N_i\times1}$ 为第 r 阶模态参与因子列向量。$-\frac{\mathbf{LR}}{\omega^2}$ 为低频段影响项,$\mathbf{UR}$ 为高频段影响项,N_r 为待识别频段内的模态数目。

对应第 q 自由度激励、第 p 自由度响应的频响函数为

$$H_{pq}(\omega) = -\frac{LR_{pq}}{\omega^2} + \sum_{r=1}^{N_r} \left[\frac{\Psi_{pr}L_{rq}}{\mathrm{i}\omega - \lambda_r} + \frac{\Psi_{pr}^* L_{rq}^*}{\mathrm{i}\omega - \lambda_r^*} \right] + UR_{pq} \tag{7-8-2}$$

在上式中,待定参数包括 $\lambda_r, \Psi_{pr}, L_{rq}, LR_{pq}, UR_{pq}$,共有 $N_u = 3N_r + 2$ 个,记

$$H_{pq}(\omega) = H_{pq}(\omega, \lambda_r, \Psi_{pr}, L_{rq}, LR_{pq}, UR_{pq}) \big|_{r=1,\cdots,N_r} \tag{7-8-3}$$

定义实测频响函数和拟合频响函数的误差为

$$e_{pq}(\omega_k) = \hat{H}_{pq}(\omega_k) - H_{pq}(\omega_k) \tag{7-8-4}$$

假设已经测试得到了 N_f 个频率点 $\omega_k (k=1,\cdots,N_f)$ 处的频响函数,则

$$E_{pq} = \sum_{k=1}^{N_f} e_{pq}(\omega_k) e_{pq}^*(\omega_k) \tag{7-8-5}$$

考虑 N_i 个输入、N_o 个输出的全部频响函数,则总方差为

$$E = \sum_{p=1}^{N_o} \sum_{q=1}^{N_i} E_{pq} \tag{7-8-6}$$

用下式可以估计 $\lambda_r, \Psi_{pr}, L_{rq}, LR_{pq}, UR_{pq}$ 共 N_u 个待定参数(以 r_k 表示),使得总方差最小。

$$\begin{cases} \dfrac{\partial E}{\partial r_1} = 0 \\ \quad\vdots \\ \dfrac{\partial E}{\partial r_{Nu}} = 0 \end{cases} \tag{7-8-7}$$

由于方程是关于待定参数的非线性方程,所以需要用迭代法围绕待定参数初始值模型,作为线性问题(一阶泰勒级数展开)求解。当初始值设置不好时,迭代法存在收敛速度慢、可能发散的缺陷。如果系统极点 λ_r 和模态参与因子 $\mathbf{L}_r$ 已知时,式(7-8-2)是关于 $\mathbf{LR}, \boldsymbol{\Psi}_r, \mathbf{UR}$ 的线性方程,可以利用线性最小二乘法进行求解。具体求解可以参阅前述的 7.4 节或相关文献(Peeters 等,2004;许志杰,2013)。

7.9　多参考点最小二乘复频域法(PolyMax)

多参考点最小二乘复频域法(Poly reference Least-squares Complex Frequency-domain,简称 Poly-LSCF),也叫 PolyMax 法,属于多自由度识别法,是最小二乘复频域法(LSCF)的多输入形式,是一种对极点和模态参与因子进行整体估计的多自由度方法。PolyMax 法是基于频响函数的矩阵分式模型,利用最小二乘原理得到正则缩减方程,然后进行模态参数识别的方法。该方法集成了多参考点法和 LSCF 的优点,可以得到非常清晰的稳定图,适用于模态密集或噪声影响严重的模态识别。

7.9.1　频响函数的右矩阵分式模型

对具有 n 个自由度的黏性阻尼系统,由 3.8 节及 7.5 节相关内容可知,系统的传递函数矩阵可以表示为

$$\mathbf{H}(s) = [\mathbf{Z}(s)]^{-1} = \frac{\mathrm{adj}[\mathbf{Z}(s)]}{|\mathbf{Z}(s)|} = \frac{\mathrm{adj}[\mathbf{Z}(s)]}{D(s)} \tag{7-9-1}$$

式中，$\mathbf{Z}(s)$ 为阻抗矩阵，$\mathbf{Z}(s)=\mathbf{M}s^2+\mathbf{C}s+\mathbf{K}$。$D(s)$ 为 $\mathbf{Z}(s)$ 的行列式，是一个阶数为 $2n$ 的多项式；分子 $\mathrm{adj}\big[\mathbf{Z}(s)\big]$ 表示 $\mathbf{Z}(s)$ 的 $n\times n$ 维伴随矩阵。

实际振动测试中，假设有 N_i 个输入、N_o 个输出，则传递函数矩阵模型为

$$\mathbf{H}(s)=\frac{\mathbf{N}(s)}{D(s)} \tag{7-9-2}$$

式中，$\mathbf{H}(s)$ 和 $\mathbf{N}(s)$ 为 $N_o\times N_i$ 维矩阵。

传递函数的矩阵分式可以分成左矩阵分式模型和右矩阵分式模型两种形式。

左矩阵分式模型：

$$\mathbf{H}(s)=\mathbf{A}_L(s)\mathbf{B}_L(s) \tag{7-9-3}$$

式中，$\mathbf{A}_L(s)$ 是 $N_o\times N_o$ 维矩阵，$\mathbf{B}_L(s)$ 是 $N_o\times N_i$ 维矩阵。

右矩阵分式模型：

$$\mathbf{H}(s)=\mathbf{B}_R(s)\big[\mathbf{A}_R(s)\big]^{-1} \tag{7-9-4}$$

式中，$\mathbf{A}_R(s)$ 是 $N_i\times N_i$ 维矩阵，$\mathbf{B}_R(s)$ 是 $N_o\times N_i$ 维矩阵。

PolyMax 法以频响函数的右矩阵分式模型为基础。为方便起见，忽略下标，则频响函数的右矩阵分式模型可以表示为

$$\mathbf{H}(\omega)=\mathbf{B}(\omega)\big[\mathbf{A}(\omega)\big]^{-1} \tag{7-9-5}$$

第 l 行频响函数为

$$\boldsymbol{H}_l(\omega)=\boldsymbol{B}_l(\omega)\big[\mathbf{A}(\omega)\big]^{-1},\ l=1,2,\cdots N_o \tag{7-9-6}$$

式中，

$$\boldsymbol{B}_l(\omega)=\sum_{m=0}^{N_m}\boldsymbol{b}_{lm}\Omega_m(\omega) \tag{7-9-7}$$

$$\mathbf{A}(\omega)=\sum_{m=0}^{N_m}\mathbf{a}_m\Omega_m(\omega) \tag{7-9-8}$$

上式中，$\Omega_m(\omega_k)=(\mathrm{e}^{-\mathrm{i}\omega_k\Delta t})^m$ 为频率基函数，m 为频率基函数的阶次，Δt 为采样间隔。$\boldsymbol{b}_{lm}$ 为 $1\times N_i$ 维分子系数行向量，$\mathbf{a}_m$ 为 $N_i\times N_i$ 维分母系数矩阵。写成矩阵形式如下：

$$\mathbf{x}=\begin{Bmatrix}\boldsymbol{\beta}_0\\ \boldsymbol{\beta}_1\\ \vdots\\ \boldsymbol{\beta}_{N_o}\\ \mathbf{a}\end{Bmatrix},\boldsymbol{\beta}_l=\begin{Bmatrix}\boldsymbol{b}_{l0}\\ \boldsymbol{b}_{l1}\\ \vdots\\ \boldsymbol{b}_{lN_m}\end{Bmatrix},\mathbf{a}=\begin{Bmatrix}\mathbf{a}_0\\ \mathbf{a}_1\\ \vdots\\ \mathbf{a}_{N_m}\end{Bmatrix} \tag{7-9-9}$$

式中，$\mathbf{x}$ 的维数是 $(N_m+1)(N_i+N_o)\times N_i$，$\boldsymbol{\beta}_l$ 维数是 $(N_m+1)\times N_i$，$\mathbf{a}$ 维数是 $(N_m+1)N_i\times N_i$。

7.9.2　基于最小二乘原理的系数拟合

假设已经测试得到了 N_f 个频率点 $\omega_k(k=1,\cdots,N_f)$ 处的频响函数 $\hat{\mathbf{H}}(\omega_k)$，构造加权误差函数：

$$\boldsymbol{e}_{lk}=\boldsymbol{B}_l(\omega_k)-\hat{\boldsymbol{H}}_l(\omega_k)\mathbf{A}(\omega_k) \tag{7-9-10}$$

对于 N_f 个频率拟合点，则有

$$\mathbf{e}_l = \left\{ \begin{array}{c} \boldsymbol{e}_{l1} \\ \boldsymbol{e}_{l2} \\ \vdots \\ \boldsymbol{e}_{lN_f} \end{array} \right\} = \left\{ \begin{array}{c} \displaystyle\sum_{m=0}^{N_m} \left[\boldsymbol{b}_{lm} - \widehat{H}_l(\omega_1) \mathbf{a}_m \right] \Omega_m(\omega_1) \\ \displaystyle\sum_{m=0}^{N_m} \left[\boldsymbol{b}_{lm} - \widehat{H}_l(\omega_2) \mathbf{a}_m \right] \Omega_m(\omega_2) \\ \vdots \\ \displaystyle\sum_{m=0}^{N_m} \left[\boldsymbol{b}_{lm} - \widehat{H}_l(\omega_{N_f}) \mathbf{a}_m \right] \Omega_m(\omega_{N_f}) \end{array} \right\} = \mathbf{X}_l \boldsymbol{\beta}_l + \mathbf{Y}_l \boldsymbol{\alpha} \qquad (7\text{-}9\text{-}11)$$

上式中，$\mathbf{e}_l$ 为 $N_f \times N_i$ 维矩阵，$\mathbf{X}_l$ 是 $N_f \times (N_m+1)$ 维矩阵，$\mathbf{Y}_l$ 是 $N_f \times (N_m+1)N_i$ 维矩阵，其表达式为

$$\mathbf{X}_l = \begin{bmatrix} \Omega_0(\omega_1) & \Omega_1(\omega_1) & \cdots & \Omega_{N_m}(\omega_1) \\ \Omega_0(\omega_2) & \Omega_1(\omega_2) & \cdots & \Omega_{N_m}(\omega_2) \\ \vdots & \vdots & \ddots & \vdots \\ \Omega_0(\omega_{N_f}) & \Omega_1(\omega_{N_f}) & \cdots & \Omega_{N_m}(\omega_{N_f}) \end{bmatrix}$$

$$\mathbf{Y}_l = \begin{bmatrix} \Omega_0(\omega_1)\widehat{H}_l(\omega_1) & \Omega_1(\omega_1)\widehat{H}_l(\omega_1) & \cdots & \Omega_{Nm}(\omega_1)\widehat{H}_l(\omega_1) \\ \Omega_0(\omega_2)\widehat{H}_l(\omega_2) & \Omega_1(\omega_2)\widehat{H}_l(\omega_2) & \cdots & \Omega_{Nm}(\omega_2)\widehat{H}_l(\omega_2) \\ \vdots & \vdots & \ddots & \vdots \\ \Omega_0(\omega_{N_f})\widehat{H}_l(\omega_{N_f}) & \Omega_1(\omega_{N_f})\widehat{H}_l(\omega_{N_f}) & \cdots & \Omega_{Nm}(\omega_{N_f})\widehat{H}_l(\omega_{N_f}) \end{bmatrix}$$

根据复数最小二乘原理，构造目标函数

$$E = \sum_{l=1}^{No} \mathbf{e}_l^H \mathbf{e}_l = \sum_{l=1}^{No} (\mathbf{X}_l \boldsymbol{\beta}_l + \mathbf{Y}_l \boldsymbol{\alpha})^H (\mathbf{X}_l \boldsymbol{\beta}_l + \mathbf{Y}_l \boldsymbol{\alpha}) \qquad (7\text{-}9\text{-}12)$$

令 $\dfrac{\partial E}{\partial \boldsymbol{\alpha}} = 0$，$\dfrac{\partial E}{\partial \boldsymbol{\beta}_l} = 0$，于是可以得到

$$\begin{cases} \dfrac{\partial E}{\partial \boldsymbol{\beta}_l} = (\mathbf{X}_l^H \mathbf{Y}_l + \mathbf{X}_l^T \mathbf{Y}_l^*) \boldsymbol{\alpha} + (\mathbf{X}_l^H \mathbf{X}_l + \mathbf{X}_l^T \mathbf{X}_l^*) \boldsymbol{\beta}_l = 0 \\ \dfrac{\partial E}{\partial \boldsymbol{\alpha}} = \displaystyle\sum_{l=1}^{No} (\mathbf{Y}_l^H \mathbf{Y}_l + \mathbf{Y}_l^T \mathbf{Y}_l^*) \boldsymbol{\alpha} + (\mathbf{Y}_l^H \mathbf{X}_l + \mathbf{Y}_l^T \mathbf{X}_l^*) \boldsymbol{\beta}_l = 0 \end{cases} \qquad (7\text{-}9\text{-}13)$$

引入 $\mathbf{P}_l = \mathrm{Re}(\mathbf{X}_l^H \mathbf{X}_l)$，$\mathbf{Q}_l = \mathrm{Re}(\mathbf{X}_l^H \mathbf{Y}_l)$，$\mathbf{R}_l = \mathrm{Re}(\mathbf{Y}_l^H \mathbf{Y}_l)$，则上式可以化简为

$$\begin{cases} 2(\mathbf{Q}_l \boldsymbol{\alpha} + \mathbf{P}_l \boldsymbol{\beta}_l) = 0 \\ 2\displaystyle\sum_{l=1}^{No} (\mathbf{R}_l \boldsymbol{\alpha} + \mathbf{Q}_l^H \boldsymbol{\beta}_l) = 0 \end{cases} \qquad (7\text{-}9\text{-}14)$$

于是可以得到 $\boldsymbol{\beta}_l = -\mathbf{P}_l^{-1} \mathbf{Q}_l \boldsymbol{\alpha}$，代入（7-9-14）第二式中，得到

$$\sum_{l=1}^{No} (\mathbf{R}_l - \mathbf{Q}_l^H \mathbf{P}_l^{-1} \mathbf{Q}_l) \boldsymbol{\alpha} = 0 \qquad (7\text{-}9\text{-}15)$$

令 $\mathbf{D} = 2\displaystyle\sum_{l=1}^{No} (\mathbf{R}_l - \mathbf{Q}_l^H \mathbf{P}_l^{-1} \mathbf{Q}_l)$，矩阵的维数是 $(N_m+1)N_i \times (N_m+1)N_i$。则得到缩

减方程为

$$\mathbf{D}\boldsymbol{\alpha}=0 \qquad\qquad (7\text{-}9\text{-}16)$$

为了得到非零解,需要对该方程的待求参数施加约束。如设定系数矩阵 $\boldsymbol{\alpha}$ 的最后的一个 $N_i \times N_i$ 维的矩阵块为单位矩阵,在这种情况下,缩减方程变为

$$\begin{bmatrix} \mathbf{D}' & \widetilde{\mathbf{D}} \\ \widetilde{\mathbf{D}}^T & \mathbf{I} \end{bmatrix} \begin{Bmatrix} \boldsymbol{\alpha}' \\ \mathbf{I} \end{Bmatrix}=0 \qquad\qquad (7\text{-}9\text{-}17)$$

式中 $\mathbf{D}'$ 是矩阵 $\mathbf{D}$ 的前 $N_m \times N_i$ 行、前 $N_m \times N_i$ 列。于是可以得到 $\boldsymbol{\alpha}'=-(\mathbf{D}')^{-1}\widetilde{\mathbf{D}}$,则

$$\boldsymbol{\alpha}=\begin{Bmatrix} \boldsymbol{\alpha}' \\ \mathbf{I} \end{Bmatrix}=\begin{Bmatrix} -(\mathbf{D}')^{-1}\widetilde{\mathbf{D}} \\ \mathbf{I} \end{Bmatrix} \qquad\qquad (7\text{-}9\text{-}18)$$

$\boldsymbol{\alpha}$ 求解完毕后,可以通过 $\boldsymbol{\beta}_l=-\mathbf{P}_l^{-1}\mathbf{Q}_l\boldsymbol{\alpha}(l=1,2,\cdots N_o)$ 得到 $\boldsymbol{\beta}$。

7.9.3　模态参数识别

确定了分母系数矩阵 $\boldsymbol{\alpha}$ 后,系统的极点和模态参与因子满足

$$\sum_{m=0}^{N_m} \mathbf{L}_m \mathbf{a}_m \Omega_m(\lambda) = 0 \qquad\qquad (7\text{-}9\text{-}19)$$

将之写成矩阵形式,得到一个酉矩阵。通过求解该酉矩阵的特征值问题,就可以得到特征值和特征向量。

$$\mathbf{A}_c\mathbf{V}=\mathbf{V}\boldsymbol{\Lambda} \qquad\qquad (7\text{-}9\text{-}20)$$

其中

$$\mathbf{A}_c=\begin{bmatrix} \mathbf{0} & \mathbf{I} & \cdots & \mathbf{0} & \mathbf{0} \\ \mathbf{0} & \mathbf{0} & \cdots & \mathbf{0} & \mathbf{0} \\ \vdots & \vdots & \ddots & \vdots & \vdots \\ \mathbf{0} & \mathbf{0} & \cdots & \mathbf{0} & \mathbf{I} \\ -\mathbf{a}_0^T & -\mathbf{a}_1^T & \cdots & -\mathbf{a}_{N_m-2}^T & -\mathbf{a}_{N_m-1}^T \end{bmatrix}$$

上式中,$\mathbf{I}$ 为 $N_i \times N_i$ 单位矩阵,$\mathbf{V}$ 和 $\boldsymbol{\Lambda}$ 是 $N_m N_i \times N_m N_i$ 维复数矩阵。矩阵 $\mathbf{V}$ 的最后 N_i 行是模态参与因子,对角阵 $\boldsymbol{\Lambda}$ 的对角元素由不稳定的数学极点和稳定的数学极点组成,$\Delta_r = e^{-\lambda_r \Delta t}(r=1,\cdots,N_m N_i)$。系统的频率 ω_r 和阻尼比 ζ_r 可以利用下式求得。

$$\lambda_r=-\sigma_r+\mathrm{i}\omega_{dr}=-\zeta_r\omega_r+\mathrm{i}\sqrt{1-\zeta_r^2}\,\omega_r$$

$$\lambda_r^*=-\sigma_r-\mathrm{i}\omega_{dr}=-\zeta_r\omega_r-\mathrm{i}\sqrt{1-\zeta_r^2}\,\omega_r$$

为了确定结构真实的固有频率和阻尼比,需要利用稳定图来进行检测。通过逐步变化多项式的阶次 N_m,分别计算对应的频率和阻尼比,然后以识别的频率为横坐标,以多项式的阶次为纵坐标,即可得到稳定图,如图 7-9-1 和 7-9-2 所示。经验表明,最大阶次一般取 50 比较理想。

当系统的极点和模态参与因子求出后,可以利用最小二乘频域法求模态振型。对一个多输入多输出(MIMO)系统,其频响函数的部分分式模型(即极点-留数模型)为

$$\mathbf{H}(\omega) = \sum_{r=1}^{n}\left[\frac{\mathbf{R}_r}{\mathrm{i}\omega - \lambda_r} + \frac{\mathbf{R}_r^*}{\mathrm{i}\omega - \lambda_r^*}\right] \tag{7-9-21}$$

式中，$\mathbf{R}_r \in \mathbb{C}^{N_o \times N_i}$ 是第 r 阶留数矩阵，可以写成

$$\mathbf{R}_r = \mathbf{\Psi}_r \mathbf{L}_r^T \tag{7-9-22}$$

上式中，$\mathbf{\Psi}_r \in \mathbb{C}^{N_o \times 1}$ 为第 r 阶振型向量，$\mathbf{L}_r \in \mathbb{C}^{N_o \times 1}$ 为第 r 阶模态参与因子列向量。

当拟合某频段范围的频响函数时，考虑到带宽外模态的影响，式(7-9-21)近似表示为包含剩余项的形式，即

$$\mathbf{H}(\omega) = -\frac{\mathbf{LR}}{\omega^2} + \sum_{r=1}^{N_r}\left[\frac{\mathbf{R}_r}{\mathrm{i}\omega - \lambda_r} + \frac{\mathbf{R}_r^*}{\mathrm{i}\omega - \lambda_r^*}\right] + \mathbf{UR} \tag{7-9-23}$$

式中，$-\dfrac{\mathbf{LR}}{\omega^2}$ 为低频段影响项，$\mathbf{UR}$ 为高频段影响项，N_r 为待识别频段内的模态数目。

假设已经测试得到了 N_f 个频率点 $\omega_k (k=1,\cdots,N_f)$ 处的频响函数 $\hat{\mathbf{H}}(\omega_k)$，在 λ_r，$\mathbf{L}_r$ 已知的情况下，式(7-9-23)是关于 $\mathbf{LR}$，$\mathbf{\Psi}_r$，$\mathbf{UR}$ 的线性方程，可以利用最小二乘法进行求解。具体求解可以参阅前述的 7.4 节或相关文献(Peeters 等，2004；许志杰，2013)。

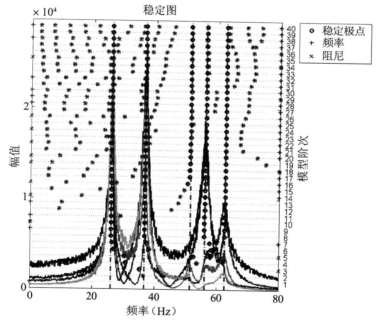

图 7-9-1　PolyMax 法稳定图(含不稳定极点)

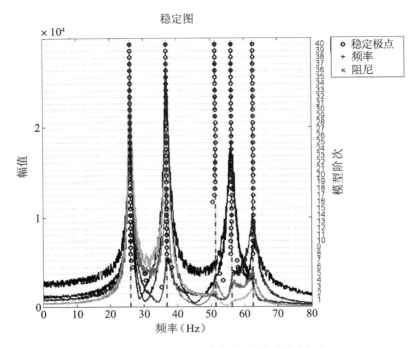

图 7-9-2　PolyMax 法稳定图（去除不稳定极点）

7.10 ╱ 基于功率谱的频域识别方法

上面各小节讲述的频域识别方法都是利用频响函数的各种表达形式进行模态参数识别，由于频响函数的获取同时需要激励和响应信号，给某些输入激励不易测量情况下的模态识别带来困难。对海洋平台、高层建筑等大型结构，其环境荷载激励力是很难精确测量的，因此从系统识别角度，发展基于输入未知时的结构模态参数识别方法更具有实用意义。

由结构振动相关知识可知，结构的响应功率谱、激励功率谱与频响函数之间具有如下的关系：

$$\mathbf{S}_{xx}(\omega)=\mathbf{H}(\omega)\mathbf{S}_{ff}(\omega)\mathbf{H}^{*T}(\omega) \qquad (7\text{-}10\text{-}1)$$

$$\mathbf{S}_{xx}(\omega)=|\mathbf{H}(\omega)|^2\mathbf{S}_{ff}(\omega) \qquad (7\text{-}10\text{-}2)$$

对一个 n 自由度的结构系统，如果在 m 个自由度上作用激励力，则 $\mathbf{S}_{xx}(\omega)$ 是 $n\times n$ 维矩阵，$\mathbf{S}_{ff}(\omega)$ 是 $m\times m$ 维矩阵，$\mathbf{H}(\omega)$ 是 $n\times m$ 维矩阵，$\mathbf{H}^{*T}(\omega)$ 表示 $\mathbf{H}(\omega)$ 的共轭转置。

上式中，如果响应是位移，$\mathbf{H}(\omega)$ 就是位移频响函数，其表达式为

$$H_{pq}(\omega)=\sum_{r=1}^{n}\frac{\phi_{pr}\phi_{qr}}{k_r-\omega^2 m_r+\mathrm{i}\omega c_r}=\sum_{r=1}^{n}\frac{1}{m_r}\frac{\phi_{pr}\phi_{qr}}{\omega_r^2-\omega^2+\mathrm{i}2\omega\omega_r\zeta_r}$$

如果响应是加速度，$\mathbf{H}(\omega)$ 就是加速度频响函数 H_a，其表达式为

$$H_a^{pq}(\omega)=\sum_{r=1}^{n}\frac{-\omega^2\phi_{pr}\phi_{qr}}{k_r-\omega^2 m_r+\mathrm{i}\omega c_r}=\sum_{r=1}^{n}\frac{1}{m_r}\frac{-\omega^2\phi_{pr}\phi_{qr}}{\omega_r^2-\omega^2+\mathrm{i}2\omega\omega_r\zeta_r}$$

1. 固有频率的确定

当无法测量激振力信息且输入的激励是比较平坦的频谱时,可以近似认为输入是有限带宽的白噪声,其功率谱是一个常数 C,此时

$$\mathbf{S}_{xx}(\omega) = |\mathbf{H}(\omega)|^2 \mathbf{S}_{ff}(\omega) = C|\mathbf{H}(\omega)|^2 \tag{7-10-3}$$

或其某个元素为

$$S_{xx}^{pq}(\omega) = |H_{pq}(\omega)|^2 C \tag{7-10-4}$$

此时自功率谱峰值与频响函数的峰值是对应的,可以认为响应自功率谱峰值对应的频率就是系统的固有频率。

2. 模态振型的识别

由于实际振动测试中加速度测量最常见,因此以加速度响应为例进行说明。由随机振动理论可知,结构的加速度响应功率谱、激励功率谱与频响函数之间具有如下的关系:

$$\mathbf{S}_{aa}(\omega) = \mathbf{H}_a(\omega)\mathbf{S}_{ff}(\omega)\mathbf{H}_a^{*T}(\omega) \tag{7-10-5}$$

$\mathbf{S}_{aa}(\omega)$ 中第 p 行、第 q 列元素 $S_{aa}^{pq}(\omega)$ 就是第 p 自由度和第 q 自由度加速度响应的互谱密度函数,即

$$S_{aa}^{pq}(\omega) = \sum_{l=1}^{n}\sum_{k=1}^{n} H_a^{pl}(\omega) S_{ff}^{lk}(\omega) H_a^{*kq}(\omega) \tag{7-10-6}$$

当 $p=q$ 时,即为自谱,对应着 $\mathbf{S}_{aa}(\omega)$ 的对角元素,即

$$S_{aa}^{pp}(\omega) = \sum_{l=1}^{n}\sum_{k=1}^{n} H_a^{pl}(\omega) S_{ff}^{lk}(\omega) H_a^{*kp}(\omega) \tag{7-10-7}$$

在模态相对比较稀疏的情形下,在第 r 阶模态频率 ω_r 附近可以认为频响函数主要由第 r 个模态的频响函数决定,即

$$H_a^{pq}(\omega) = \frac{-\omega^2 \phi_{pr}\phi_{qr}}{k_r - \omega^2 m_r + \mathrm{i}\omega c_r} \tag{7-10-8}$$

在峰值处,当 $\omega = \omega_r$,则存在

$$H_a^{pq}(\omega_r) \approx -\frac{\omega_r \phi_{pr}\phi_{qr}}{\mathrm{i}c_r} \tag{7-10-9a}$$

$$H_a^{*pq}(\omega_r) \approx \frac{\omega_r \phi_{pr}\phi_{qr}}{\mathrm{i}c_r} \tag{7-10-9b}$$

利用式(7-10-6)和式(7-10-7)可以得到响应互谱比值为

$$\frac{S_{aa}^{pq}(\omega_r)}{S_{aa}^{pp}(\omega_r)} = \frac{\displaystyle\sum_{l=1}^{n}\sum_{k=1}^{n} \frac{\omega_r \phi_{pr}\phi_{lr}}{c_r} S_{ff}^{lk}(\omega_r) \frac{\omega_r \phi_{kr}\phi_{qr}}{c_r}}{\displaystyle\sum_{l=1}^{n}\sum_{k=1}^{n} \frac{\omega_r \phi_{pr}\phi_{lr}}{c_r} S_{ff}^{lk}(\omega_r) \frac{\omega_r \phi_{kr}\phi_{pr}}{c_r}}$$

$$= \frac{\phi_{pr}\phi_{qr}\displaystyle\sum_{l=1}^{n}\sum_{k=1}^{n} \frac{\omega_r \phi_{lr}}{c_r} S_{ff}^{lk}(\omega_r) \frac{\omega_r \phi_{kr}}{c_r}}{\phi_{pr}\phi_{pr}\displaystyle\sum_{l=1}^{n}\sum_{k=1}^{n} \frac{\omega_r \phi_{lr}}{c_r} S_{ff}^{lk}(\omega_r) \frac{\omega_r \phi_{kr}}{c_r}} = \frac{\phi_{qr}}{\phi_{pr}} \tag{7-10-10}$$

由上式可见,第 r 阶模态的 q, p 自由度的振型相对比值等于 q, p 自由度响应间的互谱和 p 自由度响应自谱的比值。当参考点 p 确定以后,以 p 点的振幅为1,其他各点的相对振型值可以依次确定,从而可以实现模态振型的识别。

在利用上述方法进行模态识别时,需要注意以下五点。

(1) 选定合适的参考点,参考点的位置不应选在感兴趣模态的节点上。

(2) 求所有测点和参考点的响应之间的互谱,做出互谱的幅频图和相频图。

(3) 对所有的谱峰进行模态频率识别,剔除虚假模态频率。主要原则是模态频率对应的相频曲线的值应该在 0°或者±180°附近。

(4) 在模态频率位置,不同测点(自由度)互谱幅值的比值构成模态振型。

(5) 振型各分量的符号由该测点和参考点的相位差确定,相位差在 0°附近的为正号,相位差在±180°附近的为负号。

思考题

1. 什么是曲线拟合?为什么要进行曲线拟合?最常用的曲线拟合法是什么?

2. 最小二乘法与广义逆矩阵是何关系?与相关函数矩阵或协方差矩阵是何关系?

3. 什么是单模态识别法和多模态识别法?各适于什么样的振动系统?

4. 单模态识别方法有哪几种常用方法?

5. 多模态识别法的基本思路是什么?常用哪几种方法?

6. 对多自由度实模态系统,用哪种频响特性做参数识别较好?试从拟合频段以外影响的角度解释。

7. 写出非线性加权最小二乘法的一般过程。加权的意义何在?

8. 比较直接偏导数法与非线性加权最小二乘法。

9. Levy 法与直接偏导数法、非线性加权最小二乘法的数学模型有何不同?对非线性项如何处理?

10. 正交多项式拟合法与 Levy 法有何区别?

第八章
时域模态参数识别方法

8.1 / 概　述

　　模态参数识别方法主要分为时域识别法和频域识别法。尽管频域识别法具有抑制量测噪声的优点,但由于该类方法需要激振信号,从而需要复杂的激振设备,因此不适用于大型土木工程结构的模态参数识别。

　　时域识别法自 20 世纪 70 年代随着电子计算机的发展而迅速发展,它直接利用系统响应的时间历程来进行模态参数识别,克服了频域识别法的一些缺陷,特别是对海洋平台、高层建筑等大型复杂结构受到风、浪、地震脉动等环境荷载的作用,激励信号无法测量的情况,直接利用时域振动响应进行模态参数识别意义重大。如前所述,系统识别的基本原理是根据系统的输出和输入求得频率响应函数(频域)或脉冲响应函数(时域),从而实现对系统的识别。结构的振动响应(输出)可由安置在结构各部位的传感器记录得到,然而,在实际应用中,海洋平台、高层建筑和桥梁等大型结构物受到风、浪及交通工具等环境荷载,往往无法获得结构的激励(输入)信息,而且,对大型工程结构,由于现场实验条件、结构的复杂性等因素,要实现人工激励难度也很大。这种情况下一般只能在工作作态下测量其振动响应,仅仅利用振动响应数据进行模态参数识别。

　　用环境荷载激励引起的振动信号对结构系统进行识别具有许多优点,如无须贵重的激励设备,不影响结构的正常使用,方便省时,只需测量振动响应数据等,因此基于输出的时域模态参数识别成为土木工程、海洋工程、航天工程领域十分热门的研究主题。同时,由于仅仅知道环境振动响应信号而真正的激励信息是不知道的,这也给模态参数识别带来一定的挑战,如环境振动响应一般振动幅值都很小,随机性很强,噪声影响比较严重,数据量也很大,其识别振型是无法质量归一化的。目前的研究热点在于如何有效消除或降低量测噪声的影响,提高模态参数的识别精度和识别的准确性。

目前基于输出的时域模态参数识别方法主要有两类。第一类方法需要先从随机振动响应信号中提取系统的自由衰减信号或脉冲响应信号，然后再进行模态参数识别。该类方法主要有基于随机减量技术（RDT）的 ITD 法（Ibrahim，S. R. 和 Mikuluik EC，1976；Ibrahim，S. R.，1977；Ibrahim，S. R.，和 Mikuluik EC，1977）、利用自然激励技术（NExT）的特征系统实现算法（ERA）（Juang，J. N. 和 Pappa，R. S.，1985；Juang，J. N. 和 Pappa，R. S.，1986；Juang，J. N. 等，1988）以及复指数法等。第二类为直接利用结构系统的随机振动响应而进行模态参数识别，典型的识别方法包括时间序列模型法（如自回归滑动平均法—ARMA）（Ljung，L.，1987；Yule G. U.，1927；Pandit S. M. 和 Wu S. M.，1983）和随机子空间法（SSI）（Van Overschee P. 和 B. DE MOOR，1996）等。另外还可以利用小波变换、HHT 技术等进行模态参数识别。

8.2 ╱ 随机减量技术

随机减量技术最先由 Cole 作为一种工程分析手段提出（Cole HA.，1971），仅通过系统的响应来分析系统的特征，它已广泛应用于估计系统的特征频率、阻尼比和结构振型（Cole HA.，1971；Ku C J 等，2007）。1977 年，Ibrahim 将其扩展到多通道信号，并成功应用于结构模态参数识别中。

随机减量技术的基本思想是建立在线性系统的叠加原理基础上的，通过对测量的随机响应信号的分析，通过采样点序列的统计平均，以去掉响应中的随机成分，构造出表征结构自由振动的响应信号，即表征结构特性的一个自由衰减信号。

8.2.1 单自由度系统的随机减量技术

假设结构系统的随机响应信号为 $x(t)$，如图 8-2-1（a）所示。选取某一值 x_s 作为起始采样幅值。假设过 x_s 的直线与随机响应曲线的交点对应的时刻为 $t_i(i=1,2,\cdots,m)$，以 t_i 为起点的每段样本的长度相同，记为 $x(t_i+\tau)$。从随机响应曲线中取出这 m 个样本，如图 8-2-1（b）所示，将所有 m 个时移后的样本函数求和后再进行平均，从而得到一个新的时间历程函数 $RD(\tau)$，如图 8-2-1（c）所示。

$$RD(\tau)=\frac{1}{m}\sum_{i=1}^{m}x(t_i+\tau) \tag{8-2-1}$$

上式中，$RD(\tau)$ 称为随机减量函数。可以证明，当 m 足够大时，$RD(\tau)$ 近似为该系统以初始幅值 x_s 为初位移的自由衰减信号。

该技术的基本原理如下所述。对一个单自由度系统，其位移响应可以表示为

$$x(t)=x_0 D(t)+\dot{x}_0 V(t)+\int_0^t h(t-\tau)f(\tau)\mathrm{d}\tau \tag{8-2-2}$$

式中，$D(t)$ 为初始位移等于 1、初始速度等于 0 时的自由振动响应，$V(t)$ 为初始位移等于 0、初始速度等于 1 时的自由振动响应，$h(t)$ 为系统的单位脉冲响应函数。x_0、$\dot{x}_0$ 为系统的初位移和初速度。由该公式可以看出，系统的响应由初始位移响应、初始速度响

应和激励信号引起的强迫振动响应三部分组成。

假设 $f(t)$ 是均值为零的平稳随机过程,如果系统是线性的,则其响应 $x(t)$ 也是一个均值为零的平稳随机过程。所以可将 t_i 时刻开始的时移函数 $x(t_i+\tau)$ 看作是下述三部分响应的线性叠加

（1）由 t_i 时刻的初始位移引起的自由振动响应;

（2）由 t_i 时刻的初始速度引起的自由振动响应;

（3）由 t_i 时刻开始的随机激励 $f(t)$ 引起的强迫振动响应。

于是

$$x(t-t_i)=x(t_i)D(t-t_i)+\dot{x}(t_i)V(t-t_i)+\int_0^t h(t-\tau)f(\tau)\mathrm{d}\tau \qquad (8\text{-}2\text{-}3)$$

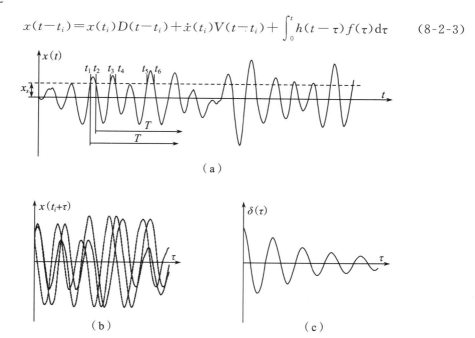

图 8-2-1　随机减量法

从图 8-2-1 可以看出,每段样本以 t_i 为起点取相同的长度,起点的初始值都是 x_s,而起点的斜率 $\dot{x}(t_i)$ 正负交替出现,结合公式(8-2-3)可以分析得到:

（1）由于不同时刻 t_i 均对应相同的初始位移 x_s,因此上式等号右端第一项平均的结果将得到初始位移为 x_s 的自由衰减响应;

（2）不同时刻 t_i 对应的初始速度 $\dot{x}(t_i)$ 不完全相同,但由于在同一波峰两侧的两个交点处的斜率必为一正一负,其绝对值大致相等,因此该项叠加的结果相互抵消;

（3）假设 $f(t)$ 是均值为零的平稳随机过程,如果系统是线性的,多次平均的结果会造成其随机响应为零。

由此可以解释将 $RD(\tau)$ 作为初位移为 x_s 的自由衰减响应的合理性。

x_s 的选取对形成自由衰减响应非常重要,一般选定为 $x_s=1.5\sigma_x$。平均次数 m 的选取与阻尼的识别精度有关,一般不少于 500。随机减量函数的长度在两固有频率形

成拍周期的 $50\% \sim 125\%$ 之间较好(Chang，S.C.，1975)。

8.2.2 多自由度系统的随机减量技术

对 n 自由度线性系统，其运动方程为

$$\mathbf{M}\ddot{x}(t) + \mathbf{C}\dot{x}(t) + \mathbf{K}x(t) = \boldsymbol{f}(t) \tag{8-2-4}$$

式中，$f(t)$ 为均值为零的随机激励。引入算子符号

$$L_{ij} = m_{ij}\frac{\mathrm{d}^2}{\mathrm{d}t^2} + c_{ij}\frac{\mathrm{d}}{\mathrm{d}t} + k_{ij} \tag{8-2-5}$$

则式(8-2-4)可以表示为

$$\begin{bmatrix} L_{11} & L_{12} & \cdots & L_{1n} \\ L_{21} & L_{22} & \cdots & L_{2n} \\ \cdots & \cdots & \cdots & \cdots \\ L_{n1} & L_{n2} & \cdots & L_{nn} \end{bmatrix} \begin{Bmatrix} x_1(t) \\ x_2(t) \\ \vdots \\ x_n(t) \end{Bmatrix} = \begin{Bmatrix} f_1(t) \\ f_2(t) \\ \vdots \\ f_n(t) \end{Bmatrix} \tag{8-2-6}$$

时移后响应函数同样满足上述方程。对 m 个时移样本进行平均，从而得到

$$\begin{bmatrix} L_{11} & L_{12} & \cdots & L_{1n} \\ L_{21} & L_{22} & \cdots & L_{2n} \\ \cdots & \cdots & \cdots & \cdots \\ L_{n1} & L_{n2} & \cdots & L_{nn} \end{bmatrix} \begin{Bmatrix} \dfrac{1}{m}\sum\limits_{i=1}^{m} x_1(t_i+\tau) \\ \dfrac{1}{m}\sum\limits_{i=1}^{m} x_2(t_i+\tau) \\ \vdots \\ \dfrac{1}{m}\sum\limits_{i=1}^{m} x_n(t_i+\tau) \end{Bmatrix} = \begin{Bmatrix} \dfrac{1}{m}\sum\limits_{i=1}^{m} f_1(t_i+\tau) \\ \dfrac{1}{m}\sum\limits_{i=1}^{m} f_2(t_i+\tau) \\ \vdots \\ \dfrac{1}{m}\sum\limits_{i=1}^{m} f_n(t_i+\tau) \end{Bmatrix} \tag{8-2-7}$$

如果激励是均值为零的平稳随机过程，则多次样本的叠加后为零。引入以下函数：

自 RD 函数 $\delta_{jj}(\tau) = \dfrac{1}{m}\sum\limits_{k=1}^{m} x_j(t_k+\tau)\,\big|_{x_j(t_k)=x_s}$ $\tag{8-2-8}$

互 RD 函数 $\delta_{ij}(\tau) = \dfrac{1}{m}\sum\limits_{k=1}^{m} x_i(t_k+\tau)\,\big|_{x_j(t_k)=x_s}$ $\tag{8-2-9}$

则

$$\begin{bmatrix} L_{11} & L_{12} & \cdots & L_{1n} \\ L_{21} & L_{22} & \cdots & L_{2n} \\ \cdots & \cdots & \cdots & \cdots \\ L_{n1} & L_{n2} & \cdots & L_{nn} \end{bmatrix} \begin{Bmatrix} \delta_1(\tau) \\ \delta_2(\tau) \\ \vdots \\ \delta_n(\tau) \end{Bmatrix} = \{\mathbf{0}\} \tag{8-2-10}$$

或者写为

$$\mathbf{M}\ddot{\boldsymbol{\delta}}(\tau) + \mathbf{C}\dot{\boldsymbol{\delta}}(\tau) + \mathbf{K}\boldsymbol{\delta}(\tau) = \{\mathbf{0}\} \tag{8-2-11}$$

上式即为多自由系统的自由振动微分方程，$\delta_i(\tau)$ 即为系统的自由衰减响应。

由上式对于各样本点的起点的取值规定可知，若取 $\delta_j(\tau)$ 的初始条件为

$$\delta_j(0) = x_s，\dot{\delta}(0) = 0$$

即对其中第 j 个测点的初始条件进行限制，而其余测点并未受到任何约束。因而其他测点所得到的随机减量函数，就表示这一初始条件下的自由响应，也就是相当于在第 j 点产生初始位移后整个系统的自由振动响应。

图 8-2-2 为针对两个测点随机响应进行随机减量处理的示例，其中选取第 1 测点进行限制，即 $x_1(t_k)=x_s$。

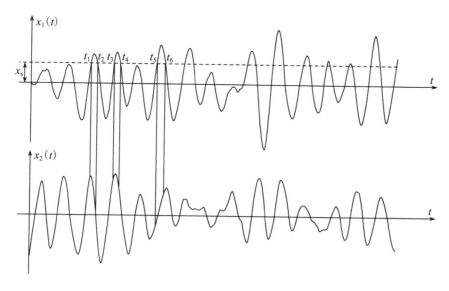

图 8-2-2　多自由度系统的随机减量法

可以证明，若随机信号为均值为零的高斯分布，其自 RD 函数正比于该过程的自相关函数（Vandiver J. K. 等，1982），互 RD 函数正比于互相关函数（Brincker R. 等，1990）。

8.3 ╱ 自然激励技术

自然激励技术（James，G. H. 等，1992；James，G. H. 等，1993；James，G. H. 等，1996）（Natural Excitation Technique—NExT）是利用自然环境荷载作用对结构进行振动测试，然后对振动响应进行变换得到自由振动响应的一种方法。Lauffer 等人（J. P. Lauffer. 等，1985）最先建议用环境荷载作用对风力涡轮机进行模态测试，其后，该方法得到了进一步的发展，并被用于 Eole 涡轮机（T. G. Carrie 等，1988）和 Sandia 涡轮机（J. P. Lauffer. 等，1988）的模态测试。如今，该方法在陆上各类结构物上也得到了应用，比如 Beck（Beck，J. L. 等，1988）等人用 NExT 识别加利福尼亚理工学院的 Robert A Millikan 图书馆的模态参数，用六个加速度传感器得到了两个侧向振动频率和一个扭转频率。Farrar 和 James（1997）则用 NExT 来确定新墨西哥州横跨 Rio Grande 的 I-40 公路桥的频率和振型。

对于一个 n 自由度线性系统，其运动方程为

$$\mathbf{M}\ddot{x}(t) + \mathbf{C}\dot{x}(t) + \mathbf{K}x(t) = f(t) \tag{8-3-1}$$

式中，$\mathbf{M}$、$\mathbf{C}$、$\mathbf{K}$ 为 $n \times n$ 维质量矩阵、阻尼矩阵和刚度矩阵。$x(t)$、$\dot{x}(t)$、$\ddot{x}(t)$ 分别为 n 维位移列向量、n 维速度列向量及 n 维加速度列向量。$f(t)$ 为激振力列向量。

根据振型叠加法，引入模态坐标系 $x(t) = \mathbf{\Phi}q(t)$ 并左乘 $\mathbf{\Phi}^T$，得到

$$\mathbf{\Phi}^T\mathbf{M}\mathbf{\Phi}\ddot{q}(t) + \mathbf{\Phi}^T\mathbf{C}\mathbf{\Phi}\dot{q}(t) + \mathbf{\Phi}^T\mathbf{K}\mathbf{\Phi}q(t) = \mathbf{\Phi}^T f(t) \tag{8-3-2}$$

根据振型正交化条件，上述方程可分解为 n 个单自由度系统，即

$$\ddot{q}_r(t) + 2\zeta_r\omega_r\dot{q}_r(t) + \omega_r^2 q_r(t) = \frac{1}{m_r}\boldsymbol{\phi}_r^T f(t) \tag{8-3-3}$$

上式中，m_r 为第 r 阶模态质量，ω_r 为第 r 阶模态频率，ζ_r 为第 r 阶模态阻尼比。通过 Duhamel 积分可以得到其强迫振动解为

$$q_r(t) = \int_{-\infty}^{t} \boldsymbol{\phi}_r^T f(\tau) g_r(t-\tau)\mathrm{d}\tau \tag{8-3-4}$$

式中，$g_r(t) = \frac{1}{m_r\omega_{dr}}\mathrm{e}^{-\zeta_r\omega_r t}\sin(\omega_{dr}t)$；$\omega_{dr} = \sqrt{1-\zeta_r^2}\,\omega_r$ 为结构的第 r 阶阻尼模态频率。

于是方程(8-3-1)的解为

$$x(t) = \mathbf{\Phi}q(t) = \sum_{r=1}^{n} \boldsymbol{\phi}_r \int_{-\infty}^{t} \boldsymbol{\phi}_r^T f(\tau) g_r(t-\tau)\mathrm{d}\tau \tag{8-3-5}$$

对第 k 个输入力分量 $f_k(t)$，系统在自由度 i 处的输出响应为

$$x_{ik}(t) = \sum_{r=1}^{n} \phi_{ri}\phi_{rk} \int_{-\infty}^{t} f_k(\tau) g_r(t-\tau)\mathrm{d}\tau \tag{8-3-6}$$

式中，ϕ_{ri} 表示第 r 阶振型的第 i 个分量。当公式(8-3-6)中输入力为单位脉冲力时，可以得到系统的单位脉冲响应为

$$h_{ik}(t) = \sum_{r=1}^{n} \frac{\phi_{ri}\phi_{rk}}{m_r\omega_{dr}}\mathrm{e}^{-\zeta_r\omega_r t}\sin(\omega_{dr}t) \tag{8-3-7}$$

下面计算振动响应 $x_{ik}(t)$ 和 $x_{jk}(t)$ 的互相关函数

$$R_{ijk}(\tau) = \boldsymbol{E}[x_{ik}(t+\tau)x_{jk}(t)] \tag{8-3-8}$$

式中，$\boldsymbol{E}[*]$ 表示数学期望，$R(\tau)$ 表示相关函数。将式(8-3-6)代入方程(8-3-8)，得到

$$R_{ijk}(\tau) = \sum_{r=1}^{n}\sum_{s=1}^{n} \phi_{ri}\phi_{rk}\phi_{sj}\phi_{sk} \int_{-\infty}^{t}\int_{-\infty}^{t+\tau} g_r(t+\tau-\sigma)g_s(t-\varepsilon)\boldsymbol{E}[f_k(\sigma)f_k(\varepsilon)]\mathrm{d}\sigma\mathrm{d}\varepsilon$$

$$\tag{8-3-9}$$

假设 $f(t)$ 为白噪声过程，则

$$\boldsymbol{E}[f_k(\sigma)f_k(\varepsilon)] = \alpha_k\delta(\varepsilon-\sigma) \tag{8-3-10}$$

上式中，α_k 是常数，$\delta(\varepsilon-\sigma)$ 为 Dirac Delta 函数。将式(8-3-10)代入式(8-3-9)，并对内层积分进行运算，得到

$$R_{ijk}(\tau) = \sum_{r=1}^{n}\sum_{s=1}^{n} \alpha_k\phi_{ri}\phi_{rk}\phi_{sj}\phi_{sk} \int_{-\infty}^{t} g_r(t+\tau-\sigma)g_s(t-\sigma)\mathrm{d}\sigma \tag{8-3-11}$$

在式(8-3-11)中引入新变量 $\lambda = t - \sigma$，则上式可以进一步简化为

$$R_{ijk}(\tau) = \sum_{r=1}^{n} \sum_{s=1}^{n} \alpha_k \phi_{ri} \phi_{rk} \phi_{sj} \phi_{sk} \int_0^\infty g_r(\lambda + \tau) g_s(\lambda) \mathrm{d}\lambda \tag{8-3-12}$$

考虑到 $g(t)$ 的定义，可以得到 $g(\lambda + \tau)$ 的表达式

$$g_r(\lambda + \tau) = \mathrm{e}^{-\zeta_r \omega_r \tau} \cos(\omega_{dr}\tau) \frac{\mathrm{e}^{-\zeta_r \omega_r \lambda} \sin(\omega_{dr}\lambda)}{m_r \omega_{dr}}$$

$$+ \mathrm{e}^{-\zeta_r \omega_r \tau} \sin(\omega_{dr}\tau) \frac{\mathrm{e}^{-\zeta_r \omega_r \lambda} \cos(\omega_{dr}\lambda)}{m_r \omega_{dr}} \tag{8-3-13}$$

将 $g(t)$ 和 $g(\lambda + \tau)$ 的表达式代入公式(8-3-12)中，整理得到

$$R_{ijk}(\tau) = \sum_{r=1}^{n} G'_{ijk} \mathrm{e}^{-\zeta_r \omega_r \tau} \cos(\omega_{dr}\tau) + H'_{ijk} \mathrm{e}^{-\zeta_r \omega_r \tau} \sin(\omega_{dr}\tau) \tag{8-3-14}$$

式中，G'_{ijk}，H'_{ijk} 是模态参数的函数，与变量 τ 无关，其表达式如下

$$\begin{Bmatrix} G'_{ijk} \\ H'_{ijk} \end{Bmatrix} = \sum_{s=1}^{n} \frac{\alpha_k \phi_{ri} \phi_{rk} \phi_{sj} \phi_{sk}}{m_r \omega_{dr}\, m_s \omega_{ds}} \int_0^\infty \mathrm{e}^{(-\zeta_r \omega_r \lambda - \zeta_s \omega_s \lambda)} \sin(\omega_{dr}\lambda) \begin{Bmatrix} \sin(\omega_{dr}\lambda) \\ \cos(\omega_{dr}\lambda) \end{Bmatrix} \mathrm{d}\lambda \tag{8-3-15}$$

仔细观察公式(8-3-14)，不难发现互相关函数的确是一系列正余弦函数的叠加，与原系统的脉冲响应函数(式 8-3-7)有相同的特征。因此，互相关函数可以当作脉冲响应函数来进行时域模态参数识别。

对公式(8-3-15)的 λ 进行积分，可以做进一步简化

$$G_{ijk}^r = \sum_{s=1}^{n} \frac{\alpha_k \phi_{ri} \phi_{rk} \phi_{sj} \phi_{sk}}{m_r \omega_{dr} m_s} \left[\frac{I_{rs}}{J_{rs}^2 + I_{rs}^2} \right] \tag{8-3-16}$$

$$H_{ijk}^r = \sum_{s=1}^{n} \frac{\alpha_k \phi_{ri} \phi_{rk} \phi_{sj} \phi_{sk}}{m_r \omega_{dr} m_s} \left[\frac{J_{rs}}{J_{rs}^2 + I_{rs}^2} \right] \tag{8-3-17}$$

式中，$I_{rs} = 2\omega_{dr}(\zeta_r \omega_r + \zeta_s \omega_s)$，$J_{rs} = (\omega_{ds}^2 - \omega_{dr}^2) + (\zeta_r \omega_r + \zeta_s \omega_s)^2$。

为了说明这种定义方法的优点，引入变量 γ_{rs} 使得下式成立

$$\tan(\gamma_{rs}) = I_{rs} / J_{rs}^2 \tag{8-3-18}$$

在公式(8-3-16)和(8-3-17)中利用上述关系，得到

$$G_{ijk}^r = \frac{\phi_{ri}}{m_r \omega_{dr}} \sum_{s=1}^{n} \beta_{jk}^{rs} (J_{rs}^2 + I_{rs}^2)^{-1/2} \sin(\gamma_{rs}) \tag{8-3-19}$$

$$H_{ijk}^r = \frac{\phi_{ri}}{m_r \omega_{dr}} \sum_{s=1}^{n} \beta_{jk}^{rs} (J_{rs}^2 + I_{rs}^2)^{-1/2} \cos(\gamma_{rs}) \tag{8-3-20}$$

式中，$\beta_{jk}^{rs} = \dfrac{\alpha_k \phi_{rk} \phi_{sj} \phi_{sk}}{m_s}$。把公式(8-3-19)和(8-3-20)代入公式(8-3-14)中，并对所有的 m 个输入力分量求和，则互相关函数变为

$$R_{ij}(\tau) = \sum_{r=1}^{n} \frac{\phi_{ri}}{m_r \omega_{dr}} \sum_{s=1}^{n} \sum_{k=1}^{m} \beta_{jk}^{rs} (J_{rs}^2 + I_{rs}^2)^{-1/2} \mathrm{e}^{-\zeta_r \omega_r \tau} \sin(\omega_{dr}\tau + \gamma_{rs}) \tag{8-3-21}$$

在上述公式中，内层对 s、k 的求和主要是常数与正弦函数(其相位是变化的，但频率固定)的乘积。则公式(8-3-21)可以重新写成一个新相位角的单一正弦函数和新常

数乘子 A_{rj} 乘积的形式,即

$$R_{ij}(\tau) = \sum_{r=1}^{n} \frac{\phi_{ri} A_{rj}}{m_r \omega_{dr}} e^{-\zeta_r \omega_r \tau} \sin(\omega_{dr} \tau + \theta_s) \qquad (8\text{-}3\text{-}22)$$

由此可见,互相关函数为一系列衰减正弦函数的叠加,就如同原系统的脉冲响应函数一般。这就可以使用时域模态参数识别方法来进行模态参数辨识。

下面证明响应的互相关函数满足自由振动方程。假设输入力为平稳随机过程,则结构的响应-位移、速度、加速度也是平稳随机过程,在方程(8-3-1)前乘一参考响应 $x_i(s)$(可以从结构响应中选定),并对各项取数学期望,得到

$$\mathbf{M}R_{\ddot{x}x_i}(t,s) + \mathbf{C}R_{\dot{x}x_i}(t,s) + \mathbf{K}R_{xx_i}(t,s) = R_{fx_i}(t,s) \qquad (8\text{-}3\text{-}23)$$

假设结构的响应与随机输入力过程是不相关的,则

$$\mathbf{M}R_{\ddot{x}x_i}(t,s) + \mathbf{C}R_{\dot{x}x_i}(t,s) + \mathbf{K}R_{xx_i}(t,s) = \mathbf{0} \qquad (8\text{-}3\text{-}24)$$

对弱平稳随机过程 $A(t)$、$B(t)$,可以证明(Soong,T. T. 和 Grigoriu,M.,1993)

$$R_{A^{(n)}B}(\tau) = R_{AB}^{(n)}(\tau) \qquad (8\text{-}3\text{-}25)$$

式中,$A^{(n)}$ 表示随机过程 $A(t)$ 对时间 t 的 n 阶导数,$R_{AB}^{(n)}(\tau)$ 表示相关函数 $R_{AB}(\tau)$ 对 τ 的 n 阶导数。对公式(3.5.24)进行(3.5.25)运算,并假设随机过程 $x(t)$、$\dot{x}(t)$、$\ddot{x}(t)$ 是弱平稳的,则

$$\mathbf{M}\ddot{R}_{xx_i}(\tau) + \mathbf{C}\dot{R}_{xx_i}(\tau) + \mathbf{K}R_{xx_i}(\tau) = \mathbf{0} \qquad (8\text{-}3\text{-}26)$$

由此可见,相关函数矩阵是动力学方程的一个齐次解。由于互相关函数与互谱密度函数是傅立叶变换对,所以可以通过对互谱密度函数求傅立叶逆变换来得到互相关函数。

8.4 ／ ITD 识别

ITD 法由 S. R. Ibrahim 于 1973 年首先提出,是 Ibrahim Time Domain(ITD)方法的简称。Ibrahim 最初提出该方法时需要同时测量位移、速度和加速度响应,这在实际测试中是非常困难的。1977 年,Ibrahim 又提出了改进的 ITD 法,仅利用位移、速度和加速度中的一种即可完成模态参数识别,通常称为 ITD 法。

ITD 法的基本思想是:通过同时测量的各测点自由响应,通过三次不同延时采样,构建自由响应采样数据的增广矩阵,根据自由响应的数学模型建立特征矩阵方程,求得特征值和特征向量,从而求得系统的模态参数。ITD 法属于整体识别法。

8.4.1 模态识别基本原理

对一个 n 自由度的线性系统,其自由响应运动微分方程为

$$\mathbf{M}\ddot{x}(t) + \mathbf{C}\dot{x}(t) + \mathbf{K}x(t) = 0 \qquad (8\text{-}4\text{-}1)$$

式中,$\mathbf{M}$、$\mathbf{C}$、$\mathbf{K}$ 为 $n \times n$ 维质量矩阵、阻尼矩阵和刚度矩阵。$x(t)$、$\dot{x}(t)$、$\ddot{x}(t)$ 分别为 n 维位移列向量、n 维速度列向量及 n 维加速度列向量。

由复模态理论可知,方程(8-4-1)具有 n 对共轭复特征值 λ_i 及相应的特征向量 $\mathbf{\Psi}_i$。

假设系统的自由振动位移向量为 $\boldsymbol{x}(t)$，根据式（3-6-43），则自由振动的位移向量可以表示为

$$\boldsymbol{x}(t)=\sum_{r=1}^{n}\left[\boldsymbol{\Psi}_r q_r(0)\,\mathrm{e}^{\lambda_r t}+\boldsymbol{\Psi}_r^* q_r^*(0)\mathrm{e}^{\lambda_r^* t}\right] \tag{8-4-2}$$

或者简写为

$$\boldsymbol{x}(t)=\sum_{r=1}^{2n}\boldsymbol{p}_r\mathrm{e}^{\lambda_r t} \tag{8-4-3}$$

上式中，当 $r=1,2,\cdots,n$ 时，$\boldsymbol{p}_r=\boldsymbol{\Psi}_r q_r(0)$，$\lambda_r=-\sigma_r+\mathrm{j}\omega_{dr}$；当 $r=n+1,n+2,\cdots,2n$ 时，$\boldsymbol{p}_r,\lambda_r$ 为其共轭。$q_r(0)$ 为初始位移 $\boldsymbol{x}(0)$ 在 $\boldsymbol{\Psi}_r$ 上的坐标。

假设已经获得 m 个测点的自由振动离散时间响应历程 $\boldsymbol{x}(t_k)$，$k=1,2,\cdots,s$，采样间隔为 Δt，满足采样定理。

1. 正常采样向量

对于 $2n$ 个不同的时刻，自由振动位移向量 $\boldsymbol{x}(t)$ 为

$$\begin{bmatrix} x_1(t_1) & x_1(t_2) & \cdots & x_1(t_{2n}) \\ x_2(t_1) & x_2(t_2) & \cdots & x_2(t_{2n}) \\ \cdots & \cdots & \cdots & \cdots \\ x_m(t_1) & x_m(t_2) & \cdots & x_m(t_{2n}) \end{bmatrix}=\{\boldsymbol{p}_1 \quad \boldsymbol{p}_2 \quad \cdots \quad \boldsymbol{p}_{2n}\}\begin{bmatrix} \mathrm{e}^{\lambda_1 t_1} & \mathrm{e}^{\lambda_1 t_2} & \cdots & \mathrm{e}^{\lambda_1 t_{2n}} \\ \mathrm{e}^{\lambda_2 t_1} & \mathrm{e}^{\lambda_2 t_2} & \cdots & \mathrm{e}^{\lambda_2 t_{2n}} \\ \cdots & \cdots & \cdots & \cdots \\ \mathrm{e}^{\lambda_{2n} t_1} & \mathrm{e}^{\lambda_{2n} t_2} & \cdots & \mathrm{e}^{\lambda_{2n} t_{2n}} \end{bmatrix} \tag{8-4-4}$$

或者写为

$$\{\boldsymbol{x}(t_1) \quad \boldsymbol{x}(t_2) \quad \cdots \quad \boldsymbol{x}(t_{2n})\}=\{\boldsymbol{p}_1 \quad \boldsymbol{p}_2 \quad \cdots \quad \boldsymbol{p}_{2n}\}\begin{bmatrix} \mathrm{e}^{\lambda_1 t_1} & \mathrm{e}^{\lambda_1 t_2} & \cdots & \mathrm{e}^{\lambda_1 t_{2n}} \\ \mathrm{e}^{\lambda_2 t_1} & \mathrm{e}^{\lambda_2 t_2} & \cdots & \mathrm{e}^{\lambda_2 t_{2n}} \\ \cdots & \cdots & \cdots & \cdots \\ \mathrm{e}^{\lambda_{2n} t_1} & \mathrm{e}^{\lambda_{2n} t_2} & \cdots & \mathrm{e}^{\lambda_{2n} t_{2n}} \end{bmatrix} \tag{8-4-5}$$

写成矩阵形式为

$$\mathbf{X}=\mathbf{P}\boldsymbol{\Lambda} \tag{8-4-6}$$

式中，$\mathbf{X}$ 为 $m\times 2n$ 维的正常采样数据组成的正常采样数据矩阵；$\mathbf{P}$ 为 $m\times 2n$ 维模态矩阵；$\boldsymbol{\Lambda}$ 为 $2n\times 2n$ 维复特征值指数矩阵，表达式为

$$\boldsymbol{\Lambda}=\begin{bmatrix} \mathrm{e}^{\lambda_1 t_1} & \mathrm{e}^{\lambda_1 t_2} & \cdots & \mathrm{e}^{\lambda_1 t_{2n}} \\ \mathrm{e}^{\lambda_2 t_1} & \mathrm{e}^{\lambda_2 t_2} & \cdots & \mathrm{e}^{\lambda_2 t_{2n}} \\ \cdots & \cdots & \cdots & \cdots \\ \mathrm{e}^{\lambda_{2n} t_1} & \mathrm{e}^{\lambda_{2n} t_2} & \cdots & \mathrm{e}^{\lambda_{2n} t_{2n}} \end{bmatrix}$$

2. 延时 $\Delta\tau$ 采样向量

以相同采样时间间隔 Δt 对自由响应 $\boldsymbol{x}(t)$ 进行延时 $\Delta\tau$ 采样，得到 $\boldsymbol{y}(t_k)=\boldsymbol{x}(t_k+\Delta\tau)$，延时 $\Delta\tau$ 为采样时间间隔 Δt 的整数倍。由延时采样数据组成的自由响应数据矩阵为

$$\begin{bmatrix} y_1(t_1) & y_1(t_2) & \cdots & y_1(t_{2n}) \\ y_2(t_1) & y_2(t_2) & \cdots & y_2(t_{2n}) \\ \cdots & \cdots & \cdots & \cdots \\ y_m(t_1) & y_m(t_2) & \cdots & y_m(t_{2n}) \end{bmatrix}$$

$$= \{ \boldsymbol{p}_1 \quad \boldsymbol{p}_2 \quad \cdots \quad \boldsymbol{p}_{2n} \} \begin{bmatrix} e^{\lambda_1(t_1+\Delta\tau)} & e^{\lambda_1(t_2+\Delta\tau)} & \cdots & e^{\lambda_1(t_{2n}+\Delta\tau)} \\ e^{\lambda_2(t_1+\Delta\tau)} & e^{\lambda_2(t_2+\Delta\tau)} & \cdots & e^{\lambda_2(t_{2n}+\Delta\tau)} \\ \cdots & \cdots & \cdots & \cdots \\ e^{\lambda_{2n}(t_1+\Delta\tau)} & e^{\lambda_{2n}(t_2+\Delta\tau)} & \cdots & e^{\lambda_{2n}(t_{2n}+\Delta\tau)} \end{bmatrix} \tag{8-4-7}$$

写成矩阵形式为

$$\mathbf{Y} = \mathbf{Q}\boldsymbol{\Lambda} \tag{8-4-8}$$

由于

$$\begin{bmatrix} e^{\lambda_1(t_1+\Delta\tau)} & e^{\lambda_1(t_2+\Delta\tau)} & \cdots & e^{\lambda_1(t_{2n}+\Delta\tau)} \\ e^{\lambda_2(t_1+\Delta\tau)} & e^{\lambda_2(t_2+\Delta\tau)} & \cdots & e^{\lambda_2(t_{2n}+\Delta\tau)} \\ \cdots & \cdots & \cdots & \cdots \\ e^{\lambda_{2n}(t_1+\Delta\tau)} & e^{\lambda_{2n}(t_2+\Delta\tau)} & \cdots & e^{\lambda_{2n}(t_{2n}+\Delta\tau)} \end{bmatrix} = \begin{bmatrix} e^{\lambda_1\Delta\tau} & & & \\ & e^{\lambda_2\Delta\tau} & & \\ & & \cdots & \\ & & & e^{\lambda_{2n}\Delta\tau} \end{bmatrix} \boldsymbol{\Lambda} \tag{8-4-9}$$

令

$$\boldsymbol{\Delta} = \begin{bmatrix} e^{\lambda_1\Delta\tau} & & & \\ & e^{\lambda_2\Delta\tau} & & \\ & & \cdots & \\ & & & e^{\lambda_{2n}\Delta\tau} \end{bmatrix} \tag{8-4-10}$$

则

$$\mathbf{Q} = \mathbf{P}\boldsymbol{\Delta} \tag{8-4-11}$$

3. 延时 $2\Delta\tau$ 采样向量

以相同采样时间间隔 Δt 对自由响应 $\boldsymbol{x}(t)$ 进行延时 $2\Delta\tau$ 采样,得到 $\boldsymbol{z}(t_k)=\boldsymbol{y}(t_k+\Delta\tau)=\boldsymbol{x}(t_k+2\Delta\tau)$。由延时 $2\Delta\tau$ 采样数据组成的自由响应数据矩阵为

$$\begin{bmatrix} z_1(t_1) & z_1(t_2) & \cdots & z_1(t_{2n}) \\ z_2(t_1) & z_2(t_2) & \cdots & z_2(t_{2n}) \\ \cdots & \cdots & \cdots & \cdots \\ z_m(t_1) & z_m(t_2) & \cdots & z_m(t_{2n}) \end{bmatrix} =$$

$$\{ \boldsymbol{p}_1 \quad \boldsymbol{p}_2 \quad \cdots \quad \boldsymbol{p}_{2n} \} \begin{bmatrix} e^{\lambda_1(t_1+2\Delta\tau)} & e^{\lambda_1(t_2+2\Delta\tau)} & \cdots & e^{\lambda_1(t_{2n}+2\Delta\tau)} \\ e^{\lambda_2(t_1+2\Delta\tau)} & e^{\lambda_2(t_2+2\Delta\tau)} & \cdots & e^{\lambda_2(t_{2n}+2\Delta\tau)} \\ \cdots & \cdots & \cdots & \cdots \\ e^{\lambda_{2n}(t_1+2\Delta\tau)} & e^{\lambda_{2n}(t_2+2\Delta\tau)} & \cdots & e^{\lambda_{2n}(t_{2n}+2\Delta\tau)} \end{bmatrix} \tag{8-4-12}$$

写成矩阵形式为

$$\mathbf{Z} = \mathbf{R}\boldsymbol{\Lambda} \tag{8-4-13}$$

式中，

$$\mathbf{R} = \mathbf{Q}\boldsymbol{\Lambda} \tag{8-4-14}$$

4. 构造增广矩阵

将式(8-4-6)和(8-4-8)合并，得到

$$\begin{bmatrix} \mathbf{X} \\ \mathbf{Y} \end{bmatrix} = \begin{bmatrix} \mathbf{P} \\ \mathbf{Q} \end{bmatrix}\boldsymbol{\Lambda} \tag{8-4-15}$$

或写为

$$\mathbf{D}_{xy} = \boldsymbol{\Psi}_{xy}\boldsymbol{\Lambda} \tag{8-4-16}$$

式中，$\mathbf{D}_{xy}$，$\boldsymbol{\Psi}_{xy}$ 为 $2m \times 2n$ 维矩阵。同理，将式(8-4-8)和(8-4-13)合并，得到

$$\begin{bmatrix} \mathbf{Y} \\ \mathbf{Z} \end{bmatrix} = \begin{bmatrix} \mathbf{Q} \\ \mathbf{R} \end{bmatrix}\boldsymbol{\Lambda} \tag{8-4-17}$$

或写为

$$\mathbf{D}_{yz} = \boldsymbol{\Psi}_{yz}\boldsymbol{\Lambda} \tag{8-4-18}$$

式中，$\mathbf{D}_{yz}$，$\boldsymbol{\Psi}_{yz}$ 为 $2m \times 2n$ 维矩阵。

如果测点数目与系统的自由度相等，即 $m = n$，则矩阵 $\mathbf{D}_{xy}$，$\boldsymbol{\Psi}_{xy}$，$\mathbf{D}_{yz}$，$\boldsymbol{\Psi}_{yz}$ 的逆都存在，利用式(8-4-16)和(8-4-18)消去 $\boldsymbol{\Lambda}$，得到

$$\boldsymbol{\Psi}_{yz} = \mathbf{D}_{yz}\mathbf{D}_{xy}^{-1}\boldsymbol{\Psi}_{xy} \tag{8-4-19}$$

由于 $\boldsymbol{\Psi}_{yz} = \boldsymbol{\Psi}_{xy}\boldsymbol{\Lambda}$，则

$$\boldsymbol{\Psi}_{xy}\boldsymbol{\Lambda} = \mathbf{D}_{yz}\mathbf{D}_{xy}^{-1}\boldsymbol{\Psi}_{xy} \tag{8-4-20}$$

令 $\mathbf{D} = \mathbf{D}_{yz}\mathbf{D}_{xy}^{-1}$，则上式变为

$$\boldsymbol{\Psi}_{xy}\boldsymbol{\Lambda} = \mathbf{D}\boldsymbol{\Psi}_{xy} \tag{8-4-21}$$

或者

$$(\mathbf{D} - \Delta_i \mathbf{I})\boldsymbol{\phi}_{xyi} = \mathbf{0} \tag{8-4-22}$$

该式即为矩阵 $\mathbf{D}$ 的标准特征值问题。其中特征根 Δ_i 为特征根矩阵 $\boldsymbol{\Lambda}$ 的第 i 个对角元素值，特征向量 $\boldsymbol{\phi}_{xyi}$ 为矩阵 $\boldsymbol{\Psi}_{xy}$ 的第 i 列。

5. 模态参数识别

求解式(8-4-22)即可得到特征值 Δ_i 和特征向量 $\boldsymbol{\phi}_{xyi}$，从而可以进一步估算模态参数。

（1）复模态向量。

矩阵 $\boldsymbol{\Psi}_{xy}$ 的第 i 列元素，即特征向量 $\boldsymbol{\phi}_{xyi}$ 为

$$\boldsymbol{\phi}_{xyi} = \begin{Bmatrix} \boldsymbol{p}_i \\ \boldsymbol{q}_i \end{Bmatrix}, i = 1, 2, \cdots, 2n \tag{8-4-23}$$

对 $i = 1, 2, \cdots, n$，取 $\boldsymbol{\phi}_{xyi}$ 的前 n 个元素组成的列向量即为复模态向量 $\boldsymbol{p}_i$。

（2）模态频率和阻尼比。

由式（8-4-10）可知，特征值矩阵的第 i 个对角元素为

$$\Delta_i = e^{\lambda_i \Delta \tau} \qquad (8-4-24)$$

其中前 n 个元素和后个 n 元素共轭。由于 $\lambda_i = -\sigma_i + j\omega_{di} = -\zeta_i \omega_i + j\sqrt{1-\zeta_i^2}\omega_i$，代入上式可求得 Δ_i 的实部和虚部为

$$\mathrm{Re}\Delta_i = e^{-\sigma_i \Delta \tau}\cos(\omega_{di}\Delta \tau) \qquad (8-4-25a)$$

$$\mathrm{Im}\Delta_i = e^{-\sigma_i \Delta \tau}\sin(\omega_{di}\Delta \tau) \qquad (8-4-25b)$$

于是可求得 ω_{di} 和 σ_i 分别为

$$\omega_{di} = \frac{1}{\Delta \tau}\left(\tan^{-1}\frac{\mathrm{Im}\Delta_i}{\mathrm{Re}\Delta_i} + k\pi\right) \qquad (8-4-26)$$

$$\sigma_i = -\frac{1}{2\Delta \tau}\ln\left([\mathrm{Re}\Delta_i]^2 + [\mathrm{Im}\Delta_i]^2\right) \qquad (8-4-27)$$

则系统的模态频率和模态阻尼比分别为

$$\omega_i = \sqrt{\omega_{di}^2 + \sigma_i^2} \qquad (8-4-28)$$

$$\zeta_i = \sigma_i / \omega_i \qquad (8-4-29)$$

8.4.2 模态识别中的几个问题

1. 采样频率

由式（8-4-26）可以看出，由于 $\tan^{-1}$ 函数是一个多值函数，因此阻尼模态频率 ω_{di} 不是唯一确定的，它取决于 k 的取值。当 k 值确定后，有阻尼模态频率的取值范围是

$$\frac{k\pi}{\Delta \tau} < \omega_{di} < \frac{(k+1)\pi}{\Delta \tau} \qquad (8-4-30)$$

设要求解的模态频率的最大值和最小值分别为 $\omega_{d,\max}$ 和 $\omega_{d,\min}$，并设感兴趣的频率范围的上限和下限分别为 $f_{\max}$ 和 $f_{\min}$，则存在以下关系

$$\omega_{d,\max} < 2\pi f_{\max}, \omega_{d,\min} > 2\pi f_{\min} \qquad (8-4-31)$$

设采样频率 $f_s = \dfrac{1}{\Delta \tau}$，联立式（8-4-30）和（8-4-31）得

$$\frac{2f_{\max}}{k+1} < f_s < \frac{2f_{\min}}{k} \qquad (8-4-32a)$$

或

$$\frac{f_{\max}}{f_{\min}} < \frac{k+1}{k} \qquad (8-4-32b)$$

式中，$k = 0, 1, 2, \cdots$ 由式（8-4-32a）可知，当 $f_{\min} = 0$ 时，一定存在 $k = 0$，这时要求满足采样频率：

$$f_s > 2f_{\max} \qquad (8-4-33)$$

可以看出，这里给出的采样频率与频域分析中的采样定理一致。但是，当频率下限不为零时，需要根据式（8-4-32）确定采样频率 f_s。当 $f_{\max}$ 很大使得 $f_s > 2f_{\max}$ 有困难，可

以按照频率进行分段处理。根据式(8-4-32),若要 k 有非零解,$\dfrac{f_{\max}}{f_{\min}}$ 不能大于 2。

2. 虚拟测点技术

前述的 ITD 方法要求测点数 m 与自由度数 n 相等。然而在实际测量中,系统自由度数 n 通常远大于测点数 m,此时,我们可以通过延时采样补充虚拟测点,构造阶次较高的增广矩阵,从而识别出更多的模态参数,然后区分真实模态和虚假模态。

以相同采样时间间隔 Δt 对自由响应 $\boldsymbol{x}(t)$ 进行延时 $\Delta\tau'$ 采样,可以得到 $\boldsymbol{x}'(t_k)=\boldsymbol{x}(t_k+\Delta\tau')$,延时 $\Delta\tau'$ 为采样时间间隔 Δt 的整数倍,且 $\Delta\tau'\neq\Delta\tau$,从而保证 $\mathbf{D}_{xy}$ 各行互不相关。则虚拟测点自由响应的矩阵形式

$$\mathbf{X}'=\begin{bmatrix} x_1'(t_1) & x_1'(t_2) & \cdots & x_1'(t_{2n}) \\ x_2'(t_1) & x_2'(t_2) & \cdots & x_2'(t_{2n}) \\ \cdots & \cdots & \cdots & \cdots \\ x_m'(t_1) & x_m'(t_2) & \cdots & x_1'(t_{2n}) \end{bmatrix} \tag{8-4-34}$$

若 $n<2m$,则将虚拟测点自由响应 $\mathbf{X}'$ 的 $n-m$ 行并入式(8-4-4)的自由响应 $\mathbf{X}$ 中,使 $\mathbf{X}$ 变为 $n\times 2n$ 阶矩阵。对 $\mathbf{X}'$ 进行同样的延时 $\Delta\tau$ 和 $2\Delta\tau$ 采样,再将得到的自由响应数据矩阵 $\mathbf{Y}'$ 和 $\mathbf{Z}'$ 中相应的行并入 $\mathbf{Y}$ 和 $\mathbf{Z}$,使 $\mathbf{Y}$ 和 $\mathbf{Z}$ 均变为 $n\times 2n$ 阶矩阵,于是增广矩阵 $\mathbf{D}_{xy}$ 和 $\mathbf{D}_{yz}$ 均为 $2n\times 2n$ 阶满秩矩阵。

若 $n>2m$,则补充虚拟测点后仍不能使新的 $\mathbf{X}$、$\mathbf{Y}$、$\mathbf{Z}$ 变为 $n\times 2n$ 阶矩阵,继续采用延时 $\Delta\tau''$ 采样补充虚拟测点,延时 $\Delta\tau''$ 为采样时间间隔 Δt 的整数倍,且 $\Delta\tau''\neq\Delta\tau$,$\Delta\tau''\neq\Delta\tau'$,直到补充的虚拟测点使新的 $\mathbf{X}$、$\mathbf{Y}$、$\mathbf{Z}$ 变为 $n\times 2n$ 阶矩阵,于是增广矩阵 $\mathbf{D}_{xy}$ 和 $\mathbf{D}_{yz}$ 均为 $2n\times 2n$ 阶满秩矩阵。

3. 采样点数量

前述分析中,为了使增广矩阵 $\mathbf{D}_{xy}$ 和 $\mathbf{D}_{yz}$ 可化为 $2n\times 2n$ 阶满秩矩阵,假设采样点数 s 为系统自由度数 n 的两倍,即 $s=2n$。从而由式 $\mathbf{D}=\mathbf{D}_{yz}\mathbf{D}_{xy}^{-1}$ 可以直接得到特征矩阵 $\mathbf{D}$,进而通过求解特征方程(8-4-22)得到特征值和特征向量。

上述方法采用特定的采样点数量,即 $2n$,而不是使用尽可能多的数据来减少识别误差,使得识别精度较低。因此,可采用增加采样点数量的方法以增加测量数据,再用最小二乘法估计出特征矩阵 $\mathbf{D}$,以此为基础求解特征值和特征向量,从而提高识别精度。

增加采样点数量 s,使得 $s>2n$,则 $\mathbf{X}$、$\mathbf{Y}$、$\mathbf{Z}$ 均为 $n\times s$ 阶矩阵,增广矩阵 $\mathbf{D}_{xy}$ 和 $\mathbf{D}_{yz}$ 为 $2n\times s$ 阶矩阵。由于 $\mathbf{D}_{xy}$ 不再是可逆矩阵,因此式 $\mathbf{D}=\mathbf{D}_{yz}\mathbf{D}_{xy}^{-1}$ 的关系已不成立,但可表述为

$$\mathbf{D}_{yz}=\mathbf{D}\mathbf{D}_{xy} \tag{8-4-35}$$

式中,$\mathbf{D}$ 仍为 $2n\times 2n$ 阶方阵,并设增广矩阵 $\mathbf{D}_{xy}$ 和 $\mathbf{D}_{yz}$ 为 $2n\times s$ 阶行满秩矩阵。

$\mathbf{D}_{xy}$ 的广义逆可表示为

$$\mathbf{D}_{xy}^{\perp} = \mathbf{D}_{xy}^{T}(\mathbf{D}_{xy}\mathbf{D}_{xy}^{T})^{-1} \tag{8-4-36}$$

根据式(8-4-35)并结合式(8-4-36),可以得到特征矩阵的最小二乘估计:

$$\hat{\mathbf{D}} = \mathbf{D}_{yz}\mathbf{D}_{xy}^{\perp} = \mathbf{D}_{yz}\mathbf{D}_{xy}^{T}(\mathbf{D}_{xy}\mathbf{D}_{xy}^{T})^{-1} \tag{8-4-37}$$

将上式代入特征方程(8-4-22),得到特征值和特征向量,进而估算出模态参数。

此外,Ibrahim 还提出了双最小二乘估计的 ITD 法(Ibrahim,S. R.,1986)。将式(8-4-35)写成

$$\mathbf{D}_{xy} = \mathbf{D}^{-1}\mathbf{D}_{yz} \tag{8-4-38}$$

按照同样的步骤,可以得到特征矩阵的另一种形式的最小二乘估计:

$$\hat{\mathbf{D}} = \mathbf{D}_{yz}\mathbf{D}_{yz}^{T}(\mathbf{D}_{xy}\mathbf{D}_{yz}^{T})^{-1} \tag{8-4-39}$$

对式(8-4-37)和式(8-4-39)取平均作为特征矩阵 $\mathbf{D}$ 的最终估计值。此方法可以提高阻尼的识别精度。

4. 噪声模态剔除

前面分析中,均假设系统自由度数或系统模态数为 n,识别模态数也为 n,但实际上噪声模态会混杂在系统模态中。为了不丢失真实模态,需要将识别模态数增加为 N,使得 $N > n$,通常可取 $N = (3 \sim 7)n$,并增加虚拟测点数,使 $\mathbf{X}$、$\mathbf{Y}$、$\mathbf{Z}$ 均为 $N \times n$ 阶矩阵。为了采用最小二乘估计提高识别精度,令采样点数 $s > 2N$,识别过程与前述相同。

通过增加虚拟测点识别的模态数一般会高于结构的真实模态数,这是因为识别模态中包含了噪声模态。如果已经识别出 N 阶模态,可以通过模态置信因子(MCF)来进行系统真实模态和噪声虚假模态的区分(曹树谦等,2014)。

(1) 模态置信因子。

根据式(8-4-23)不难看出,特征向量 $\boldsymbol{\phi}_{xyi}$ 的前 N 个元素组成的列阵 $\boldsymbol{p}_i$ 与后 N 个元素组成的列阵 $\boldsymbol{q}_i$ 之间存在以下关系:

$$\boldsymbol{q}_i = \boldsymbol{p}_i \Delta_i = \boldsymbol{p}_i \mathrm{e}^{\lambda_i \Delta \tau} \tag{8-4-40}$$

其中每个元素的关系为

$$q_{ki} = p_{ki}\mathrm{e}^{\lambda_i \Delta \tau} \quad (k=1,2,\cdots,N) \tag{8-4-41}$$

定义第 i 阶模态在第 k 个测点的模态置信因子为

$$(\mathrm{MCF})_{ki} = \left| \frac{p_{ki}\mathrm{e}^{\lambda_i \Delta \tau}}{q_{ki}} \right| \quad (k=1,2,\cdots,N) \tag{8-4-42}$$

对于系统真实模态,$(\mathrm{MCF})_{ki} \approx 1$;对于噪声虚假模态,$(\mathrm{MCF})_{ki} \ll 1$ 或 $(\mathrm{MCF})_{ki} \gg 1$。如果 $(\mathrm{MCF})_{ki} > 1$,可以用 $\dfrac{1}{(\mathrm{MCF})_{ki}}$ 来作为判据。有时在计算 MCF 时也可以不要绝对值,此时的 $(\mathrm{MCF})_{ki}$ 为复数。如果是真实模态,则其幅值为 1,相位为 0。

在实际应用中,一般需要综合判断某阶模态是否为真实模态。特征值应该是共轭复数;阻尼比一般小于 0.1;MCF 的幅值应该接近 1,其相位角低于 10°。

(2) 模态形状相关系数。

对式(8-4-36)两边分别左乘 $\boldsymbol{p}_i$ 的共轭转置 $\boldsymbol{p}_i^{H}$ 和 $\boldsymbol{q}_i$ 的共轭转置 $\boldsymbol{q}_i^{H}$,得

$$p_i^H q_i = p_i^H p_i \mathrm{e}^{\lambda_i \Delta \tau}$$

$$q_i^H q_i = q_i^H p_i \mathrm{e}^{\lambda_i \Delta \tau}$$

联立两式并消去 $\mathrm{e}^{\lambda_i \Delta \tau}$，得

$$p_i^H q_i q_i^H p_i = p_i^H p_i q_i^H q_i$$

或写成

$$|p_i^H q_i|^2 = \|p_i\|^2 \|q_i\|^2$$

式中，$\|\cdot\|$ 表示 2 范数。定义该阶模态的模态形状相关系数

$$(\mathrm{MSCC})_i = \frac{|p_i^H q_i|}{\|p_i\| \cdot \|q_i\|} \tag{8-4-43}$$

对于系统真实模态，$(\mathrm{MSCC})_i \approx 1$；对噪声虚假模态，$(\mathrm{MSCC})_i \ll 1$。

此外，为了更好地区分系统真实模态和噪声虚假模态，可用 $(\mathrm{MCF})_{ki}^{\gamma}$ 和 $(\mathrm{MSCC})_{ki}^{\gamma}$ 代替 $(\mathrm{MCF})_{ki}$ 和 $(\mathrm{MSCC})_i$，$\gamma > 1$，如取 $\gamma = 3$。

8.5 ／ 特征系统实现算法

特征系统实现法（Eigensystem Realization Algorithm—ERA）以 MIMO 得到的脉冲响应函数为基本模型，通过构造广义汉克尔（Hankel）矩阵，利用奇异值分解技术，得到系统的最小实现，进而得到最小阶数的系统矩阵，以此为基础，可以识别出系统的模态参数。由于使用了现代控制理论中的最小实现原理，计算量大大减少。该方法理论推导严密、技术先进、计算量小，是目前比较先进、完善的可识别 MIMO 系统参数的方法之一。

8.5.1 连续状态空间模型

对一个 n 自由度的线性系统，其运动可用二阶微分方程表示：

$$\mathbf{M}\ddot{z}(t) + \mathbf{C}\dot{z}(t) + \mathbf{K}z(t) = f(t) = \mathbf{B}_f u(t) \tag{8-5-1}$$

式中，$\mathbf{M}$、$\mathbf{C}$、$\mathbf{K}$ 为 $n \times n$ 维质量矩阵，阻尼矩阵和刚度矩阵。$z(t)$、$\dot{z}(t)$、$\ddot{z}(t)$ 分别为 n 维位移列向量、n 维速度列向量及 n 维加速度列向量。$\mathbf{B}_f$ 为 $n \times r$ 阶输入分配矩阵。$u(t)$ 为 r 维的输入向量。

定义状态向量

$$x(t) = \begin{cases} z(t) \\ \dot{z}(t) \end{cases} \tag{8-5-2}$$

式中，$x(t) \in \mathbb{R}^{2n \times 1}$ 为状态向量。引入辅助方程 $\mathbf{M}\dot{z}(t) = \mathbf{M}\dot{z}(t)$，则振动方程（8-5-1）可以用状态向量表示为

$$\dot{x}(t) = \mathbf{A}_c x(t) + \mathbf{B}_c u(t) \tag{8-5-3}$$

式（8-5-3）为连续系统的状态方程。$\mathbf{A}_c \in \mathbb{R}^{2n \times 2n}$ 为系统状态矩阵，$\mathbf{B}_c \in \mathbb{R}^{2n \times r}$ 为控制矩阵。其中：

$$\mathbf{A}_c = \begin{bmatrix} \mathbf{0} & \mathbf{I} \\ -\mathbf{M}^{-1}\mathbf{K} & -\mathbf{M}^{-1}\mathbf{C} \end{bmatrix}, \mathbf{B}_c = \begin{bmatrix} \mathbf{0} \\ \mathbf{M}^{-1}\mathbf{B}_f \end{bmatrix} \tag{8-5-4}$$

在实际的振动测试中,对一个 n 自由度的系统,假设测量点有 m 个,由于传感器可以量测位移、速度或者加速度信号,则输出方程(观测方程)可以写成

$$\mathbf{y}(t) = \mathbf{H}_d \mathbf{z}(t) + \mathbf{H}_v \dot{\mathbf{z}}(t) + \mathbf{H}_a \ddot{\mathbf{z}}(t) \tag{8-5-5}$$

上式中,$\mathbf{y}(t) \in \mathbb{R}^{m \times 1}$ 是系统的量测输出;$\mathbf{H}_d, \mathbf{H}_v, \mathbf{H}_a \in \mathbb{R}^{m \times n}$ 分别为位移、速度、和加速度输出位置矩阵。这些矩阵仅仅包含了 0 和 1 两种数字,是用于选择不同的观测自由度以便确定哪些输出包含在 $\mathbf{y}(t)$ 中。

从方程(8-5-1)求解 $\ddot{\mathbf{z}}(t)$,得到

$$\ddot{\mathbf{z}}(t) = \mathbf{M}^{-1}[\mathbf{B}_f \mathbf{u}(t) - \mathbf{C}\dot{\mathbf{z}}(t) - \mathbf{K}\mathbf{z}(t)] \tag{8-5-6}$$

将其代入方程(8-5-5),得到

$$\mathbf{y}(t) = \mathbf{H}_a \mathbf{M}^{-1}[\mathbf{B}_f \mathbf{u}(t) - \mathbf{C}\dot{\mathbf{z}}(t) - \mathbf{K}\mathbf{z}(t)] + \mathbf{H}_d \mathbf{z}(t) + \mathbf{H}_v \dot{\mathbf{z}}(t) \tag{8-5-7}$$

引入状态向量(8-5-2)并整理,从而得到观测方程(输出方程)为

$$\mathbf{y}(t) = \mathbf{C}_c \mathbf{x}(t) + \mathbf{D}_c \mathbf{u}(t) \tag{8-5-8}$$

式(8-5-8)为系统的输出方程。$\mathbf{y}(t) \in \mathbb{R}^{m \times 1}$ 为输出向量(观测向量),$\mathbf{C}_c \in \mathbb{R}^{m \times 2n}$ 为输出矩阵,$\mathbf{D}_c \in \mathbb{R}^{m \times r}$ 为连接外力到观测输出的直接传递矩阵。其定义分别如下:

$$\mathbf{C}_c = [\mathbf{H}_d - \mathbf{H}_a \mathbf{M}^{-1}\mathbf{K} \quad \mathbf{H}_v - \mathbf{H}_a \mathbf{M}^{-1}\mathbf{C}], \mathbf{D}_c = \mathbf{H}_a \mathbf{M}^{-1}\mathbf{B}_f \tag{8-5-9}$$

例如当只测量位移响应时,此时 $\mathbf{H}_v = \mathbf{H}_a = [\mathbf{0}]$,方程(8-5-9)可以简化为 $\mathbf{C}_c = [\mathbf{H}_d \quad \mathbf{0}]$,$\mathbf{D}_c = [\mathbf{0}]$。

把状态方程(8-5-3)和观测方程(8-5-8)联合在一起,就得到了连续时间系统的状态空间模型

$$\begin{cases} \dot{\mathbf{x}}(t) = \mathbf{A}_c \mathbf{x}(t) + \mathbf{B}_c \mathbf{u}(t) \\ \mathbf{y}(t) = \mathbf{C}_c \mathbf{x}(t) + \mathbf{D}_c \mathbf{u}(t) \end{cases} \tag{8-5-10}$$

状态空间模型的阶次 $N = 2n$ 定义为状态向量的维数。引入矩阵 $\mathbf{T}$,对状态向量 $\mathbf{x}(t)$ 进行坐标变换

$$\mathbf{x}(t) = \mathbf{T}\mathbf{x}'(t) \tag{8-5-11}$$

式中,$\mathbf{T} \in \mathbb{R}^{2n \times 2n}$ 是一个非奇异方阵,式(8-5-11)称为相似变换。把该坐标变换代入方程(8-5-10)得到

$$\begin{cases} \dot{\mathbf{x}}'(t) = \mathbf{T}^{-1}\mathbf{A}_c \mathbf{T}\mathbf{x}'(t) + \mathbf{T}^{-1}\mathbf{B}_c \mathbf{u}(t) \\ \mathbf{y}(t) = \mathbf{C}_c \mathbf{T}\mathbf{x}'(t) + \mathbf{D}_c \mathbf{u}(t) \end{cases} \tag{8-5-12}$$

可以证明,转换后的矩阵 $(\mathbf{T}^{-1}\mathbf{A}_c\mathbf{T}, \mathbf{T}^{-1}\mathbf{B}_c, \mathbf{C}_c\mathbf{T}, \mathbf{D}_c)$ 描述的是相同的输入输出关系,然而与状态向量 $\mathbf{x}(t)$ 不同的是,新的状态向量 $\mathbf{x}'(t)$ 不再具有位移和速度的物理意义。

8.5.2 离散状态空间模型

实际振动测试中获得的是振动响应的一系列离散值,即在模态识别时,连续系统模型应当首先变换成离散时间模型。

方程(8-5-3)为一阶常微方程组,假设在 $t=0$ 时的初始条件为 $\boldsymbol{x}_0$,则方程的解为

$$\boldsymbol{x}(t)=\mathrm{e}^{\mathbf{A}_c t}\boldsymbol{x}_0+\int_0^t \mathrm{e}^{\mathbf{A}_c(t-\tau)}\mathbf{B}_c \boldsymbol{u}(\tau)\mathrm{d}\tau \tag{8-5-13}$$

假设以 Δt 进行等间隔采样,则 $k\Delta t$ 和 $(k+1)\Delta t$ 时刻的值分别为

$$\boldsymbol{x}(k\Delta t)=\mathrm{e}^{\mathbf{A}_c k\Delta t}\boldsymbol{x}_0+\int_0^{k\Delta t}\mathrm{e}^{\mathbf{A}_c(k\Delta t-\tau)}\mathbf{B}_c \boldsymbol{u}(\tau)\mathrm{d}\tau \tag{8-5-14}$$

$$\boldsymbol{x}\big[(k+1)\Delta t\big]=\mathrm{e}^{\mathbf{A}_c(k+1)\Delta t}\boldsymbol{x}_0+\int_0^{(k+1)\Delta t}\mathrm{e}^{\mathbf{A}_c(k\Delta t+\Delta t-\tau)}\mathbf{B}_c \boldsymbol{u}(\tau)\mathrm{d}\tau \tag{8-5-15}$$

式(8-5-15)减去式(8-5-14)$\times \mathrm{e}^{\mathbf{A}_c \cdot \Delta t}$ 可得

$$\boldsymbol{x}\big[(k+1)\Delta t\big]=\mathrm{e}^{\mathbf{A}_c \Delta t}\boldsymbol{x}(k\Delta t)+\int_{k\Delta t}^{k\Delta t+\Delta t}\mathrm{e}^{\mathbf{A}_c(k\Delta t+\Delta t-\tau)}\mathbf{B}_c \boldsymbol{u}(\tau)\mathrm{d}\tau=\mathrm{e}^{\mathbf{A}_c \Delta t}\boldsymbol{x}(k\Delta t)+\int_0^{\Delta t}\mathrm{e}^{\mathbf{A}_c \sigma}\mathbf{B}_c \boldsymbol{u}(\sigma)\mathrm{d}\sigma \tag{8-5-16}$$

对连续时间系统进行采样离散,需要对随时间变化的量做一些假设。例如采用零阶保持器(ZOH),假设采样值在一个采样间隔 Δt 内保持不变。在此假设条件下,方程(8-5-16)可以写为

$$\boldsymbol{x}\big[(k+1)\Delta t\big]=\mathrm{e}^{\mathbf{A}_c \Delta t}\boldsymbol{x}(k\Delta t)+\int_0^{\Delta t}\mathrm{e}^{\mathbf{A}_c \sigma}\mathrm{d}\sigma \mathbf{B}_c \boldsymbol{u}(k\Delta t) \tag{8-5-17}$$

记

$$\mathbf{A}=\mathrm{e}^{\mathbf{A}_c \Delta t} \tag{8-5-18a}$$

$$\mathbf{B}=\Big[\int_0^{\Delta t}\mathrm{e}^{\mathbf{A}_c \sigma}\mathrm{d}\sigma\Big]\mathbf{B}_c=(\mathbf{A}-\mathbf{I})\,\mathbf{A}_c^{-1}\mathbf{B}_c \tag{8-5-18}$$

则方程(8-5-17)变为

$$\boldsymbol{x}\big[(k+1)\Delta t\big]=\mathbf{A}\boldsymbol{x}(k\Delta t)+\mathbf{B}\boldsymbol{u}(k\Delta t) \tag{8-5-19}$$

而输出方程可以写为

$$\boldsymbol{y}(k\Delta t)=\mathbf{C}\boldsymbol{x}(k\Delta t)+\mathbf{B}\boldsymbol{u}(k\Delta t) \tag{8-5-20}$$

即离散时间状态空间模型可表示为

$$\begin{cases}\boldsymbol{x}(k+1)=\mathbf{A}\boldsymbol{x}(k)+\mathbf{B}\boldsymbol{u}(k)\\ \boldsymbol{y}(k)=\mathbf{C}\boldsymbol{x}(k)+\mathbf{D}\boldsymbol{u}(k)\end{cases} \tag{8-5-21}$$

式中,$\boldsymbol{x}(k)$ 为离散时间状态向量;$\boldsymbol{u}(k)$,$\boldsymbol{y}(k)$ 分别为采样输入和输出;$\mathbf{A}$ 为离散时间系统矩阵;$\mathbf{B}$ 为离散时间输入矩阵;$\mathbf{C}$ 为离散时间输出矩阵 $\mathbf{C}=\mathbf{C}_c$;$\mathbf{D}$ 为直接传递项 $\mathbf{D}=\mathbf{D}_c$。

假设输入在采样间隔内是线性的,此时称为一阶保持(First Order Holder)。在此种情况下,连续时间和离散时间模型系统矩阵之间的关系会更加复杂。此时矩阵 $\mathbf{D}$ 和 $\mathbf{D}_c$ 也不再相同,同时离散状态向量也不再是采样的位移—速度向量了。

称 $[\mathbf{A},\mathbf{B},\mathbf{C},\mathbf{D}]$ 为离散时间系统的一个实现。一个系统可以有无穷多个实现。可以证明,对任意一个非奇异方阵 $\mathbf{T}$,$(\mathbf{T}^{-1}\mathbf{A}\mathbf{T},\mathbf{T}^{-1}\mathbf{B},\mathbf{C}\mathbf{T},\mathbf{D})$ 都是系统的实现,其中阶次最小的实现称为最小实现。最小实现理论是指已知观测向量 $\boldsymbol{y}(k)$,构造常值矩阵 $[\mathbf{A},\mathbf{B},\mathbf{C},\mathbf{D}]$,使得 $[\mathbf{A},\mathbf{B},\mathbf{C},\mathbf{D}]$ 的阶次最小。

8.5.3 脉冲响应函数

离散时间脉冲定义:在 $k=0$ 时刻输入具有单位值,而在所有其他时刻均为零的时间序列。脉冲响应就是当系统在 r 个激振位置作用脉冲时系统的输出响应,从而形成 $m\times r$ 维的脉冲响应矩阵。在零初始条件下 $x_0=0$,可以很容易地从式(8-5-21)中得到系统的脉冲响应矩阵 $\mathbf{h}_k\in\mathbb{R}^{m\times r}$:

$$
\begin{cases}
h_0=\mathbf{D} \\
h_1=\mathbf{CB} \\
h_2=\mathbf{CAB} \\
\quad\vdots \\
h_k=\mathbf{CA}^{k-1}\mathbf{B}
\end{cases}
\tag{8-5-22}
$$

脉冲响应函数矩阵和状态空间矩阵之间的关系非常重要,许多基于实现的系统辨识方法都是基于系统的这种性质。

由式(8-5-22)可以看出,矩阵 $\mathbf{D}$ 可以由初始时刻的脉冲响应矩阵直接确定,因此特征系统实现(ERA)法就是由 $\mathbf{h}_k$ 构造系统的最小实现$[\mathbf{A},\mathbf{B},\mathbf{C}]$。

8.5.4 特征系统实现

特征系统实现算法是从构造 Hankel 矩阵开始的。假设已经得到了系统的脉冲响应矩阵 $\mathbf{h}_k$,则构造广义 Hankel 矩阵:

$$
\mathbf{H}(k)=\begin{bmatrix}
\boldsymbol{h}_{k+1} & \boldsymbol{h}_{k+2} & \cdots & \boldsymbol{h}_{k+\beta} \\
\boldsymbol{h}_{k+2} & \boldsymbol{h}_{k+3} & \cdots & \boldsymbol{h}_{k+\beta+1} \\
\vdots & \vdots & \ddots & \vdots \\
\boldsymbol{h}_{k+\alpha} & \boldsymbol{h}_{k+\alpha+1} & \cdots & \boldsymbol{h}_{k+\alpha+\beta+1}
\end{bmatrix}
\tag{8-5-23}
$$

上式中,由于 $\boldsymbol{h}_k$ 是 $m\times r$ 维矩阵,因此 $\mathbf{H}(k)$ 是 $\alpha m\times\beta r$ 维矩阵。理论上,只要 $\alpha\geqslant n,\beta\geqslant n$($n$ 为系统的自由度),$\mathbf{H}(k)$ 的阶数是不变的,且正好等于系统的阶次。但实际上,由于噪声等因素的存在,$\mathbf{H}(k)$ 必然有秩亏损,只有当 α,β 增大到一定程度后,Hankel 矩阵的秩才趋于不变。通过选择合适的 α,β,使得 $\mathbf{H}(k)$ 的秩不再变化,而且其阶数最小。

将公式(8-5-22)代入上式,得到

$$
\mathbf{H}(k)=\begin{bmatrix}
\mathbf{CA}^{k}\mathbf{B} & \mathbf{CA}^{k+1}\mathbf{B} & \cdots & \mathbf{CA}^{k+\beta-1}\mathbf{B} \\
\mathbf{CA}^{k+1}\mathbf{B} & \mathbf{CA}^{k+2}\mathbf{B} & \cdots & \mathbf{CA}^{k+\beta}\mathbf{B} \\
\vdots & \vdots & \ddots & \vdots \\
\mathbf{CA}^{k+\alpha-1}\mathbf{B} & \mathbf{CA}^{k+\alpha}\mathbf{B} & \cdots & \mathbf{CA}^{k+\alpha+\beta-1}\mathbf{B}
\end{bmatrix}=\mathbf{P}_\alpha\mathbf{A}^k\mathbf{Q}_\beta
\tag{8-5-24}
$$

上式中,$\mathbf{P}_\alpha,\mathbf{Q}_\beta$ 分别为系统的可观性和可控性矩阵,其定义为

$$
\mathbf{P}_\alpha=\begin{bmatrix}
\mathbf{C} \\
\mathbf{CA} \\
\vdots \\
\mathbf{CA}^{\alpha-1}
\end{bmatrix},\mathbf{P}_\alpha\in\mathbb{R}^{\alpha m\times 2n}
\tag{8-5-25}
$$

$$\mathbf{Q}_\beta = \begin{bmatrix} \mathbf{B} & \mathbf{AB} & \cdots & \mathbf{A}^{\beta-1}\mathbf{B} \end{bmatrix}, \mathbf{Q}_\beta \in \mathbb{R}^{2n \times \beta r} \tag{8-5-26}$$

令 $k=0$，于是

$$\mathbf{H}(0) = \mathbf{P}_\alpha \mathbf{Q}_\beta \tag{8-5-27}$$

对 $\mathbf{H}(0)$ 进行奇异值分解

$$\mathbf{H}(0) = \bar{\mathbf{U}} \bar{\boldsymbol{\Sigma}} \bar{\mathbf{V}} \tag{8-5-28}$$

式中，$\bar{\mathbf{U}}$ 为 $\alpha m \times \alpha m$ 维矩阵，$\bar{\mathbf{V}}$ 为 $\beta r \times \beta r$ 维矩阵，而且 $\bar{\mathbf{U}}$ 和 $\bar{\mathbf{V}}$ 均为列正交矩阵，即满足下述条件

$$\bar{\mathbf{U}}^T \bar{\mathbf{U}} = \bar{\mathbf{U}} \bar{\mathbf{U}}^T = \mathbf{I} \tag{8-5-29}$$

$$\bar{\mathbf{V}}^T \bar{\mathbf{V}} = \bar{\mathbf{V}} \bar{\mathbf{V}}^T = \mathbf{I} \tag{8-5-30}$$

上式中，"$\mathbf{I}$"为单位阵。$\bar{\boldsymbol{\Sigma}}$ 为 $\alpha m \times \beta r$ 维奇异值矩阵，即

$$\bar{\boldsymbol{\Sigma}} = \begin{bmatrix} \boldsymbol{\Sigma} & \mathbf{0} \\ \mathbf{0} & \mathbf{0} \end{bmatrix} \tag{8-5-31}$$

其中，

$$\boldsymbol{\Sigma} = \begin{bmatrix} \sigma_1 & & & \\ & \sigma_2 & & \\ & & \ddots & \\ & & & \sigma_{2n} \end{bmatrix} = \mathrm{diag}\begin{pmatrix} \sigma_1 & \sigma_2 & \cdots & \sigma_{2n} \end{pmatrix} \tag{8-5-32}$$

σ_i^2 为 $\mathbf{H}^T(0)\mathbf{H}(0)$ 的非零特征值，σ_i 为 $\mathbf{H}(0)$ 按照降序排列的奇异值，即

$$\sigma_1 \geqslant \sigma_2 \geqslant \cdots \geqslant \sigma_{2n} \geqslant 0 \tag{8-5-33}$$

令 $\mathbf{U}$、$\mathbf{V}$ 分别为 $\bar{\mathbf{U}}$、$\bar{\mathbf{V}}$ 的前 $2n$ 列组成的矩阵，则

$$\mathbf{H}(0) = \begin{bmatrix} \mathbf{U} & * \end{bmatrix} \begin{bmatrix} \boldsymbol{\Sigma} & \mathbf{0} \\ \mathbf{0} & \mathbf{0} \end{bmatrix} \begin{bmatrix} \mathbf{V} & * \end{bmatrix}^T = \mathbf{U}\boldsymbol{\Sigma}\mathbf{V}^T \tag{8-5-34}$$

$\mathbf{U}$、$\mathbf{V}$ 满足

$$\mathbf{U}^T \mathbf{U} = \mathbf{U}\mathbf{U}^T = \mathbf{I} \tag{8-5-35}$$

$$\mathbf{V}^T \mathbf{V} = \mathbf{V}\mathbf{V}^T = \mathbf{I} \tag{8-5-36}$$

引入 $\beta r \times \alpha m$ 阶矩阵 $\mathbf{H}^\perp$，使得

$$\mathbf{Q}_\beta \mathbf{H}^\perp \mathbf{P}_\alpha = \mathbf{I} \tag{8-5-37}$$

则下述关系成立

$$\mathbf{H}(0)\mathbf{H}^\perp \mathbf{H}(0) = (\mathbf{P}_\alpha \mathbf{Q}_\beta)\mathbf{H}^\perp (\mathbf{P}_\alpha \mathbf{Q}_\beta) = \mathbf{P}_\alpha (\mathbf{Q}_\beta \mathbf{H}^\perp \mathbf{P}_\alpha)\mathbf{Q}_\beta = \mathbf{P}_\alpha \mathbf{Q}_\beta = \mathbf{H}(0) \tag{8-5-38}$$

由此可见，$\mathbf{H}^\perp$ 为 $\mathbf{H}(0)$ 的广义逆。考虑到公式(8-5-35)和(8-5-36)，则

$$\mathbf{H}^\perp = \mathbf{V}\boldsymbol{\Sigma}^{-1}\mathbf{U}^T \tag{8-5-39}$$

引入下面两个矩阵

$$\mathbf{E}_m^T = \begin{bmatrix} \mathbf{I}_m & \mathbf{0}_m & \cdots & \mathbf{0}_m \end{bmatrix}, \mathbf{E}_m^T \in \mathbb{R}^{m \times \alpha m} \tag{8-5-40}$$

$$\mathbf{E}_r^T = \begin{bmatrix} \mathbf{I}_r & \mathbf{0}_r & \cdots & \mathbf{0}_r \end{bmatrix}, \mathbf{E}_r^T \in \mathbb{R}^{r \times \beta r} \tag{8-5-41}$$

式中，$\mathbf{I}_m$，$\mathbf{0}_m$ 分别表示 m 阶单位阵和零矩阵；$\mathbf{I}_r$，$\mathbf{0}_r$ 分别表示 r 阶单位阵和零矩阵。由式(8-5-23)，得到

$$\boldsymbol{h}_{k+1} = \mathbf{E}_m^T \mathbf{H}(k) \mathbf{E}_r \tag{8-5-42}$$

代入式(8-5-24)，则

$$\boldsymbol{h}_{k+1} = \mathbf{E}_m^T \mathbf{P}_\alpha \mathbf{A}^k \mathbf{Q}_\beta \mathbf{E}_r \tag{8-5-43}$$

引入式(8-5-37)，上式可表示为

$$\begin{aligned}
\boldsymbol{h}_{k+1} &= \mathbf{E}_m^T \mathbf{P}_\alpha (\mathbf{Q}_\beta \mathbf{H}^\perp \mathbf{P}_\alpha) \mathbf{A}^k (\mathbf{Q}_\beta \mathbf{H}^\perp \mathbf{P}_\alpha) \mathbf{Q}_\beta \mathbf{E}_r \\
&= \mathbf{E}_m^T (\mathbf{P}_\alpha \mathbf{Q}_\beta) \mathbf{H}^\perp \mathbf{P}_\alpha \mathbf{A}^k \mathbf{Q}_\beta \mathbf{H}^\perp (\mathbf{P}_\alpha \mathbf{Q}_\beta) \mathbf{E}_r \\
&= \mathbf{E}_m^T \mathbf{H}(0) \mathbf{H}^\perp \mathbf{P}_\alpha \mathbf{A}^k \mathbf{Q}_\beta \mathbf{H}^\perp \mathbf{H}(0) \mathbf{E}_r
\end{aligned} \tag{8-5-44}$$

考虑公式(8-5-37)，下式成立：

$$\begin{aligned}
\mathbf{H}^\perp \mathbf{P}_\alpha \mathbf{A}^k \mathbf{Q}_\beta &= \mathbf{H}^\perp \mathbf{P}_\alpha \mathbf{A} \mathbf{Q}_\beta \mathbf{H}^\perp \mathbf{P}_\alpha \mathbf{A} \mathbf{Q}_\beta \cdots \mathbf{H}^\perp \mathbf{P}_\alpha \mathbf{A} \mathbf{Q}_\beta \\
&= (\mathbf{H}^\perp \mathbf{P}_\alpha \mathbf{A} \mathbf{Q}_\beta)^k = (\mathbf{H}^\perp \mathbf{H}(1))^k
\end{aligned} \tag{8-5-45}$$

代入式(8-5-39)，得到

$$\begin{aligned}
\mathbf{H}^\perp \mathbf{P}_\alpha \mathbf{A}^k \mathbf{Q}_\beta &= \left[\mathbf{V}\boldsymbol{\Sigma}^{-1}\mathbf{U}^T\mathbf{H}(1)\right]^k \\
&= \mathbf{V}\left[\boldsymbol{\Sigma}^{-1}\mathbf{U}^T\mathbf{H}(1)\mathbf{V}\right]^{k-1}\boldsymbol{\Sigma}^{-1}\mathbf{U}^T\mathbf{H}(1)
\end{aligned} \tag{8-5-46}$$

于是公式(8-5-44)可表示为

$$\begin{aligned}
\boldsymbol{h}_{k+1} &= \mathbf{E}_m^T \mathbf{H}(0) \mathbf{V}\left[\boldsymbol{\Sigma}^{-1}\mathbf{U}^T\mathbf{H}(1)\mathbf{V}\right]^{k-1}\boldsymbol{\Sigma}^{-1}\mathbf{U}^T\mathbf{H}(1)(\mathbf{V}\boldsymbol{\Sigma}^{-1}\mathbf{U}^T)\mathbf{H}(0)\mathbf{E}_r \\
&= \mathbf{E}_m^T \mathbf{H}(0) \mathbf{V}\left[\boldsymbol{\Sigma}^{-1}\mathbf{U}^T\mathbf{H}(1)\mathbf{V}\right]^k\boldsymbol{\Sigma}^{-1}\mathbf{U}^T\mathbf{H}(0)\mathbf{E}_r
\end{aligned} \tag{8-5-47}$$

将 $H(0)$ 的表达式(8-5-34)代入上式，并考虑到式(8-5-35)和(8-5-36)，得到

$$\begin{aligned}
\boldsymbol{h}_{k+1} &= \mathbf{E}_m^T \mathbf{U}\boldsymbol{\Sigma}\mathbf{V}^T \mathbf{V}\left[\boldsymbol{\Sigma}^{-1}\mathbf{U}^T\mathbf{H}(1)\mathbf{V}\right]^k\boldsymbol{\Sigma}^{-1}\mathbf{U}^T\mathbf{U}\boldsymbol{\Sigma}\mathbf{V}^T\mathbf{E}_r \\
&= \mathbf{E}_m^T \mathbf{U}\boldsymbol{\Sigma}\left[\boldsymbol{\Sigma}^{-1}\mathbf{U}^T\mathbf{H}(1)\mathbf{V}\right]^k\mathbf{V}^T\mathbf{E}_r \\
&= \mathbf{E}_m^T \mathbf{U}\boldsymbol{\Sigma}^{1/2}\left[\boldsymbol{\Sigma}^{-1/2}\mathbf{U}^T\mathbf{H}(1)\mathbf{V}\boldsymbol{\Sigma}^{-1/2}\right]^k\boldsymbol{\Sigma}^{1/2}\mathbf{V}^T\mathbf{E}_r
\end{aligned} \tag{8-5-48}$$

该式即为特征系统实现算法(ERA)的基本公式。同公式(8-5-22)相比较，不难得到系统的最小实现为

$$\widehat{\mathbf{A}} = \boldsymbol{\Sigma}^{-1/2}\mathbf{U}^T\mathbf{H}(1)\mathbf{V}\boldsymbol{\Sigma}^{-1/2} \tag{8-5-49a}$$

$$\widehat{\mathbf{B}} = \boldsymbol{\Sigma}^{1/2}\mathbf{V}^T\mathbf{E}_r \tag{8-5-49b}$$

$$\widehat{\mathbf{C}} = \mathbf{E}_m^T\mathbf{U}\boldsymbol{\Sigma}^{1/2} \tag{8-5-49c}$$

其中，"$\widehat{}$"表示估计值，以区别于系统的真实值。只要量测数据的噪声足够小，那么矩阵 $\widehat{\mathbf{A}}$ 的阶数就是系统的阶数。

需要说明的是，在所有秩为 $2n$ 的矩阵组成的子空间中，$\mathbf{U}\boldsymbol{\Sigma}\mathbf{V}^T$ 是 $\mathbf{H}(0)$ 的最佳逼近。从信号处理角度来看，用 $\mathbf{U}\boldsymbol{\Sigma}\mathbf{V}^T$ 代替 $\mathbf{H}(0)$，相当于对数据进行了一次维纳滤波，被滤掉的是对应零奇异值的、与输入输出无关的随机噪声。

8.5.5　模态参数识别

在得到离散时间系统的系统矩阵$[\mathbf{A}, \mathbf{B}, \mathbf{C}]$后，可以直接计算其模态参数，然后再转换成连续时间系统的模态参数；另一种方法是先把离散系统的系统矩阵$[\mathbf{A}, \mathbf{B}, \mathbf{C}]$通过

公式(8-5-18)变换成连续时间系统的系统矩阵$[\mathbf{A}_c,\mathbf{B}_c,\mathbf{C}_c]$,再计算系统的模态参数。

设矩阵$\mathbf{A}_c$的特征向量矩阵为$\widetilde{\boldsymbol{\Psi}}$,特征值矩阵为$\boldsymbol{\Lambda}_m$,则特征值问题可以描述为

$$\mathbf{A}_c\widetilde{\boldsymbol{\Psi}}=\boldsymbol{\Lambda}_m\widetilde{\boldsymbol{\Psi}} \tag{8-5-50}$$

$\boldsymbol{\Lambda}_m$和$\widetilde{\boldsymbol{\Psi}}$的结构形式分别如下:

$$\boldsymbol{\Lambda}_m=\begin{bmatrix}\boldsymbol{\Lambda} & \mathbf{0}\\ \mathbf{0} & \boldsymbol{\Lambda}^*\end{bmatrix},\boldsymbol{\Lambda}=\mathrm{diag}(\lambda_1 \quad \lambda_2 \quad \cdots \quad \lambda_n) \tag{8-5-51}$$

$$\widetilde{\boldsymbol{\Psi}}=\begin{bmatrix}\boldsymbol{\Psi} & \boldsymbol{\Psi}^*\\ \boldsymbol{\Psi}\boldsymbol{\Lambda} & \boldsymbol{\Psi}^*\boldsymbol{\Lambda}^*\end{bmatrix} \tag{8-5-52}$$

上式中,"$*$"表示复数共轭。

假设$\lambda_i=-\zeta_i\omega_i+\mathrm{j}\sqrt{1-\zeta_i^2}\omega_i$,则系统的频率和阻尼比为

模态频率:

$$\omega_i=\sqrt{[\mathrm{Re}(\lambda_i)]^2+[\mathrm{Im}(\lambda_i)]^2},i=1,2,\cdots,n \tag{8-5-53}$$

模态阻尼比:

$$\zeta_i=-\mathrm{Re}(\lambda_i)/\omega_i,i=1,2,\cdots,n \tag{8-5-54}$$

振型矩阵:

系统的位移振型矩阵为$\boldsymbol{\Psi}$,而传感器处的振型矩阵为

$$\boldsymbol{\Phi}=\mathbf{C}\,\widetilde{\boldsymbol{\Psi}} \tag{8-5-55}$$

模态参与矩阵为

$$\mathbf{B}'=\widetilde{\boldsymbol{\Psi}}^{-1}\mathbf{B} \tag{8-5-56}$$

8.5.6　模型定阶与噪声模态的剔除

由于量测噪声、结构非线性以及计算机截断等因素的影响,Hankel 矩阵$\mathbf{H}(k)$在满秩时并不等于测试系统的真实阶数,因此在对$\mathbf{H}(0)$进行奇异值分解时会存在模型定阶问题。合理确定模型的阶次并进行噪声模态的剔除一直是时域模态识别法的研究热点。一般来说,当测试信息无噪声或噪声较小时,按照奇异值从大到小排列,奇异值会在模型的阶次处发生突然的降低,然后在某一很小的值附近缓慢变化,则可删除突降后面的奇异值,突变处即对应模型的阶次。如果奇异值突变不明显,无法直观定阶,可以利用奇异值的相对变化率来确定模型的阶次,变化率最大的地方即对应着模型的阶次(王树青等,2012),引入该指标的优势在于排除了人为选择的干扰,更适合于自动地确定模型的阶次从而用于在线模态参数识别。也可以通过变化不同的阶次,画出稳定图来进行模态识别(辛俊峰等,2013)。

当选择的模型阶次高于实际阶次时,识别的结果中会产生虚假模态(噪声模态),可以采用模态相位共线性 MPC、模态幅值相干系数 EMAC 和一致模态指标 CMI 来区分系统的真实模态和虚假模态(Juang 和 Pappa,1985;Pappa 和 Elliott,1993)。

1. 模态相位共线性(Mode Phase Collinearity—MPC)

对小阻尼系统,模态相位共线性(MPC)表示模态空间的一致性,用来计算模态振型系数的实、虚部之间的函数线性关系。对经典标准模态,振动系统上各点的相位或是相同的,或者相差 180 度。

设 $\boldsymbol{\phi}'_i, \boldsymbol{\phi}''_i$ 分别表示第 i 阶特征向量的实部和虚部,其方差和协方差分别为

$$S_{xx} = \boldsymbol{\phi}'^T_i \boldsymbol{\phi}'_i, \quad S_{yy} = \boldsymbol{\phi}''^T_i \boldsymbol{\phi}''_i, \quad S_{xy} = \boldsymbol{\phi}'^T_i \boldsymbol{\phi}''_i \tag{8-5-57}$$

令

$$e = (S_{xx} - S_{yy})/2S_{xy} \tag{8-5-58}$$

方差—协方差矩阵的特征根为

$$\lambda_{1,2} = (S_{xx} + S_{yy})/2 \pm S_{xy}\sqrt{e^2 + 1} \tag{8-5-59}$$

则对应第 i 阶模态的模态相位共线性定义为

$$\text{MPC}_i = \left(\frac{\lambda_1 - \lambda_2}{\lambda_1 + \lambda_2}\right)^2 \tag{8-5-60}$$

MPC_i 在 $0\sim1$ 之间变化,等于 0 时表示相位完全无关,等于 1 时表示为单相(monophase)模态。

2. 扩展模态幅值相干系数(Extended Modal Amplitude Coherence—EMAC)

Juang 和 Pappa(1985)最先定义了模态幅值相干系数(MAC)来区分系统模态和噪声模态,但在某些情况下,**MAC** 值对所有的模态都会很大(可高达 100%)。为了避免这种缺陷,Pappa 和 Elliott(1993)引入了扩展模态幅值相干系数(EMAC)来进行噪声模态与真实模态的区分。

EMAC 表示识别模态随时间变化的一致性。令 $(\phi_{ij})_0$ 表示 $t=0$ 时第 i 阶振型在自由度 j 处的值,$(\phi_{ij})_{T_0}$ 表示 $t=T_0$ 时刻相应的值,s_i 表示识别的第 i 阶模态特征值,则 $(\phi_{ij})_{T_0}$ 预测值为

$$(\hat{\phi}_{ij})_{T_0} = (\phi_{ij})_0 e^{s_i T_0} \tag{8-5-61}$$

通过比较 $(\phi_{ij})_{T_0}$ 和 $(\hat{\phi}_{ij})_{T_0}$ 可以量化这种时间一致性。引入幅值比值

$$R_{ij} = \begin{cases} |(\phi_{ij})_{T_0}|/|(\hat{\phi}_{ij})_{T_0}| & \text{当}|(\phi_{ij})_{T_0}| \leqslant |(\hat{\phi}_{ij})_{T_0}| \\ |(\hat{\phi}_{ij})_{T_0}|/|(\phi_{ij})_{T_0}| & \text{当}|(\hat{\phi}_{ij})_{T_0}| > |(\phi_{ij})_{T_0}| \end{cases} \tag{8-5-62}$$

同理引入相位比值为 $P_{ij} = \arg[(\phi_{ij})_{T_0}/(\hat{\phi}_{ij})_{T_0}]$,$-\pi \leqslant P_{ij} \leqslant \pi$,并定义权函数

$$W_{ij} = \begin{cases} 1.0 - |P_{ij}|/(\pi/4) & \text{当}|P_{ij}| \leqslant (\pi/4) \\ 0.0 & \text{其他} \end{cases} \tag{8-5-63}$$

则第 i 阶模态在 j 自由度的输出 EMAC 定义为

$$\text{EMAC}^o_{ij} = R_{ij} \cdot W_{ij} \tag{8-5-64}$$

类似地,对第 i 阶模态和第 k 种初始条件,可以利用识别的模态参与系数定义输入 EMAC^I_{ik}。则对应 $j-k$ 输入输出对的 EMAC 定义为

$$\mathrm{EMAC}_{ijk} = \mathrm{EMAC}_{ij}^{o} \cdot \mathrm{EMAC}_{ik}^{l} \tag{8-5-65}$$

则第 i 阶模态对应的 EMAC 为

$$\mathrm{EMAC}_i = \frac{\left(\displaystyle\sum_{j=1}^{m} \mathrm{EMAC}_{ij}^{o} \mid \phi_{ij} \mid^2 \right) \left(\displaystyle\sum_{k=1}^{r} \mathrm{EMAC}_{ik}^{l} \mid \phi_{ik} \mid^2 \right)}{\displaystyle\sum_{j=1}^{m} \mid \phi_{ij} \mid^2 \sum_{k=1}^{r} \mid \phi_{ik} \mid^2} \tag{8-5-66}$$

上式中，m 和 r 分别为输出和输入的个数；ϕ_{ij} 和 ϕ_{ik} 分别为振型和模态参数系数。

3. 一致模态指标（Consistent Mode Indicator—CMI）

由于 EMAC 表示识别结果的时间信息，而 MPC 表示识别结果的空间信息，于是引入一致模态指标 CMI，表示同时保持空间和时间信息的一致性。其定义为

$$\mathrm{CMI}_i = \mathrm{EMAC}_i \times \mathrm{MPC}_i \tag{8-5-67}$$

8.5.7　算例分析

对如图 8-5-1 所示的三自由度系统，已知质量 $m_1 = m_2 = m_3 = 1$ kg，刚度 $k_1 = k_2 = k_3 = 20$ N/m 和阻尼 $c_1 = c_2 = c_3 = 0.2$ N·s/m，则不难得到该系统的质量矩阵 $\mathbf{M}$、刚度矩阵 $\mathbf{K}$ 和阻尼矩阵 $\mathbf{C}$。

由 3.6 节例题可知，该系统的前三阶模态频率分别为 $f_1 = 0.316\ 8$ Hz，$f_2 = 0.887\ 6$ Hz，$f_3 = 1.282\ 6$ Hz；前三阶模态阻尼分别为 $\zeta_1 = 0.009\ 95$，$\zeta_2 = 0.027\ 88$，$\zeta_1 = 0.040\ 29$；前三阶模态振型分别为

$$\boldsymbol{\phi}_1 = \begin{Bmatrix} 1.000\ 0 \\ 1.801\ 9 \\ 2.247\ 0 \end{Bmatrix}, \boldsymbol{\phi}_2 = \begin{Bmatrix} 1.000\ 0 \\ 0.445\ 0 \\ -0.801\ 9 \end{Bmatrix}, \boldsymbol{\phi}_1 = \begin{Bmatrix} -1.000\ 0 \\ 1.247\ 0 \\ -0.555\ 0 \end{Bmatrix}$$

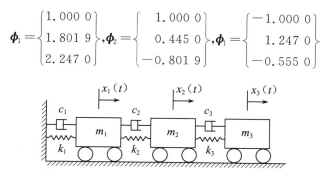

图 8-5-1　三自由度弹簧－质量－阻尼系统

假设在质量块 m_2 上作用单位脉冲激励，则三个自由度的单位脉冲响应函数如图 8-5-2 所示。

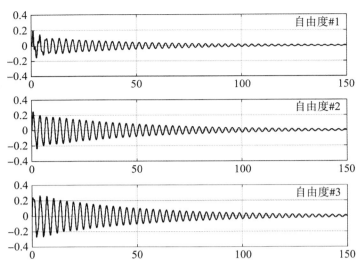

图 8-5-2　系统的单位脉冲响应

利用该单位脉冲响应进行 ERA 模态参数识别,假设采样间隔 $\Delta t = 0.01$ s,模态参数识别结果如表 8-5-1 所列。可以看出,在已知系统的单位脉冲响应的条件下,采用 ERA 法可以准确地识别系统的真实模态参数。

表 8-5-1　基于单位脉冲响应的识别结果

阶次	模态频率(Hz)		模态阻尼比		MPC	EMAC	CMI
	真实值	识别值	真实值	识别值			
1	0.316 8	0.316 8	0.009 95	0.009 95	1	1	1
2	0.887 6	0.887 6	0.027 88	0.027 88	1	1	1
3	1.282 6	1.282 6	0.040 29	0.040 29	1	1	1

假设在质量块 m_2 上作用白噪声激励,计算三个自由度的位移响应如图 8-5-3 所示。然后基于 8.3 节的自然激励技术(NExT)获取单位脉冲响应,选取第 1 个自由度响应为基准,得到的单位脉冲响应如图 8-5-4 所示。然后基于此脉冲响应进行 ERA 模态参数识别,结果如表 8-5-2 所列。可以看出,识别的三阶频率与真实的系统频率一致性非常好,阻尼比识别结果稍差。另外 MPC 等指标都非常接近于 1,说明的模态识别的可靠性。

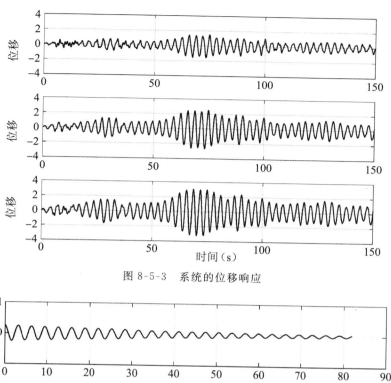

图 8-5-3　系统的位移响应

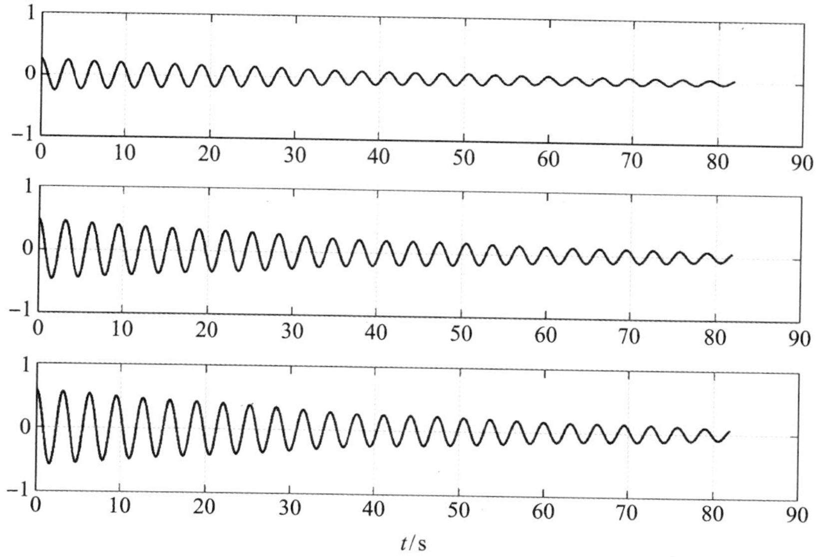

图 8-5-4　基于 NExT 的单位脉冲响应

表 8-5-2　基于位移响应的识别结果

阶次	模态频率（Hz）		模态阻尼比		MPC	EMAC	CMI
	真实值	识别值	真实值	识别值			
1	0.316 8	0.318 6	0.009 95	0.008 64	1.000 00	0.999 99	0.999 99
2	0.887 6	0.878 1	0.0278 8	0.0348 3	0.999 99	0.959 89	0.959 88
3	1.282 6	1.280 8	0.040 29	0.037 62	0.999 93	0.996 51	0.996 44

8.6 / 复指数法

复指数法(Complex Exponential method-CE)是 20 世纪 70 年代发展起来的一种时域模态参数识别方法,由于该方法引入了 Prony 多项式,所以又称 Prony 法。由于该方法每次只可以对单个脉冲响应函数进行识别,因此属于单输入单输出(SISO)方法。Brown 等人(1979)在此基础上提出了最小二乘复指数法(LSCE)。LSCE 可以同时对多个响应进行识别,是一种 SIMO 识别方法,但在对 MIMO 响应时就要进行重复识别。于是 Vold 等人(1982)于 1982 年提出多参考点复指数法(Polyreference Complex Exponential method-PRCE),适用于多点激励的情况。多点激励的优点主要有:① 如果单点激励位于某阶模态的节点处时,该阶模态激励效果非常差,多点激励可以有效地防止上述现象的出现;② 多点激励可以有效地分离出重合极点或密集模态,对大型复杂结构的识别效果良好。读者可以参见 Deblauwe 和 Allemang(1985)以及 Maia 和 Silva(1997)等人的论文。

8.6.1 复指数法

一个 N 自由度的动力系统可以用一个二阶线性微分方程表示:

$$\mathbf{M}\ddot{x}(t) + \mathbf{C}\dot{x}(t) + \mathbf{K}x(t) = f(t) \tag{8-6-1}$$

式中 $\mathbf{M}$,$\mathbf{C}$ 和 $\mathbf{K}$ 分别是 $N \times N$ 维的质量、阻尼和刚度矩阵;x,$\dot{x}$ 和 $\ddot{x}$ 分别是 $N \times 1$ 维的位移、速度和加速度列向量。系统的频响函数可以表示为

$$H_{jk}(\omega) = \sum_{r=1}^{N} \left(\frac{{}_rA_{jk}}{\omega_r\zeta_r + i(\omega - \omega_r\sqrt{1-\zeta_r^2})} + \frac{{}_rA_{jk}^*}{\omega_r\zeta_r + i(\omega + \omega_r\sqrt{1-\zeta_r^2})} \right) \tag{8-6-2}$$

式中,ω_r 和 ζ_r 代表系统的第 r 阶模态频率和阻尼比,${}_rA$ 代表相应模态的留数,"$*$"代表复共轭。方程(8-6-2)也可以写成

$$H_{jk}(\omega) = \sum_{r=1}^{2N} \frac{{}_rA_{jk}}{\omega_r\zeta_r + i(\omega - \omega_r')} \tag{8-6-3}$$

上式中,$\omega_r' = \omega_r\sqrt{1-\zeta_r^2}$,$\omega_{r+N}' = -\omega_r'$,${}_{r+N}A_{jk} = {}_rA_{jk}^*$。对方程(8-6-3)进行傅立叶逆变换,得到相应的脉冲响应函数(IRF):

$$h_{jk}(t) = \sum_{r=1}^{2N} rA_{jk}\, e^{s_r t} \tag{8-6-4a}$$

或者简单表达为

$$h(t) = \sum_{r=1}^{2N} A_r'\, e^{s_r t} \tag{8-6-4b}$$

式中,$s_r = -\omega_r\zeta_r + i\omega_r'$。

如果已经获得脉冲响应函数一系列等间隔采样离散值 $h(k\Delta t)$,$k = 0, 1, 2, \cdots$,其中,Δt 是时间间隔。于是可以得到:

$$
\begin{cases}
h_0 = h(0) = \sum_{r=1}^{2N} A_r' \\
h_1 = h(\Delta t) = \sum_{r=1}^{2N} A_r' e^{s_r(\Delta t)} \\
\vdots \quad\quad \vdots \quad\quad\quad \vdots \\
h_L = h(L\Delta t) = \sum_{r=1}^{2N} A_r' e^{s_r(L\Delta t)}
\end{cases}
\tag{8-6-5}
$$

或者写为

$$
\begin{cases}
h_0 = \sum_{r=1}^{2N} A_r' \\
h_1 = \sum_{r=1}^{2N} A_r' V_r \\
\vdots \quad\quad \vdots \\
h_L = \sum_{r=1}^{2N} A_r' V_r^L
\end{cases}
\tag{8-6-6}
$$

式中,$V_r = e^{s_r \Delta t}$。

现在变为如何求解 A_r' 和 V_r 的问题。求解方法是 Prony 于 1795 年提出的,被命名为 Prony 方法。其求解思路是将 V_r 看作是如下的 Prony 多项式的根。

$$
\sum_{r=0}^{2N} \beta_r V^r = \prod_{r=1}^{N} (V - V_r)(V - V_r^*) = 0
\tag{8-6-7a}
$$

或

$$
\beta_0 + \beta_1 V_r + \beta_2 V_r^2 + \cdots + \beta_{2N} V_r^{2N} = 0
\tag{8-6-7b}
$$

上式中,$L = 2N$;$\beta_r(r = 0, 1, 2, \cdots, 2N)$ 为自回归系数。

为了计算常数项 β_r 以估算 V_r,在公式 (8-6-6) 的两边分别乘以 β_0 到 β_L,然后将结果进行相加,得到下式:

$$
\sum_{j=0}^{L} \beta_j h_j = \sum_{j=0}^{L} \left(\beta_j \sum_{r=1}^{2N} A_r V_r^j \right) = \sum_{r=1}^{2N} A_r \sum_{j=0}^{L} \beta_j V_r^j
\tag{8-6-8}
$$

前面已经假定 V_r 是 (8-6-7) 的根,因此对于每一个 V_r 必有

$$
\sum_{j=0}^{L} \beta_j h_j = 0
\tag{8-6-9}
$$

由式 (8-6-9) 可以计算出实数项 β_j,由此便可得到多项式 (8-6-7) 的根值 V_r。为计算 β_j,令 $L = 2N$,因此会存在 $2N$ 组数据点 h_j,组成 $2N$ 个方程,同时令 $\beta_{2N} = 1$。于是结果为

$$
\sum_{j=0}^{2N-1} \beta_j h_j = -h_{2N}
\tag{8-6-10}
$$

依次将 h_j 的采样点后移 $k\Delta t$,可以得到类似的系列公式

$$\sum_{j=0}^{2N-1} \beta_j h_{j+k} = -h_{2N+k}, k=0,1,2,\cdots 2N-1 \tag{8-6-11}$$

写成矩阵形式：

$$\begin{bmatrix} h_0 & h_1 & h_2 & \cdots & h_{2N-1} \\ h_1 & h_2 & h_3 & \cdots & h_{2N} \\ \vdots & \vdots & \vdots & \cdots & \vdots \\ h_{2N-1} & h_{2N} & h_{2N+1} & \cdots & h_{4N-2} \end{bmatrix} \begin{Bmatrix} \beta_0 \\ \beta_1 \\ \vdots \\ \beta_{2N-1} \end{Bmatrix} = - \begin{Bmatrix} h_{2N} \\ h_{2N+1} \\ \vdots \\ h_{4N-1} \end{Bmatrix} \tag{8-6-12}$$

或缩写为

$$[\mathbf{h}]_{(2N\times 2N)} \{\boldsymbol{\beta}\}_{(2N\times 1)} = -\{\boldsymbol{h}'\}_{(2N\times 1)} \tag{8-6-13}$$

由于$[\mathbf{h}]_{(2N\times 2N)}$是一个$2N\times 2N$维的方阵，所以可以直接求逆从而计算得到$\{\boldsymbol{\beta}\}_{(2N\times 1)}$

$$\{\boldsymbol{\beta}\}_{(2N\times 1)} = -[\mathbf{h}]^{-1}_{(2N\times 2N)} \{\boldsymbol{h}'\}_{(2N\times 1)} \tag{8-6-14}$$

一旦求得了常数项β_j，代入公式(8-6-6)就可以计算根值V_r。根据$V_r = e^{s_r \Delta t}$和$s_r = -\omega_r \zeta_r + i\omega_r'$，可以求解$s_r$，并进而求得模态频率和阻尼比，即

$$\omega_r = |s_r|, r=1,2,\cdots,N \tag{8-6-15}$$

$$\zeta_r = -\mathrm{Re}(s_r)/\omega_r, r=1,2,\cdots,N \tag{8-6-16}$$

由V_r我们可以利用公式(8-6-6)计算留数，从而得到模态幅值和相位角。将公式(8-6-6)写为如下所示，可以方便地计算留数A_r'。

$$\begin{bmatrix} 1 & 1 & \cdots & 1 \\ V_1 & V_2 & \cdots & V_{2N} \\ V_1^2 & V_2^2 & \cdots & V_{2N}^2 \\ \vdots & \vdots & \cdots & \vdots \\ V_1^{2N-1} & V_2^{2N-1} & \cdots & V_{2N}^{2N-1} \end{bmatrix} \begin{Bmatrix} A_1' \\ A_2' \\ A_3' \\ \vdots \\ A_{2N}' \end{Bmatrix} = \begin{Bmatrix} h_0 \\ h_1 \\ h_2 \\ \vdots \\ h_{2N-1} \end{Bmatrix} \tag{8-6-17}$$

$$[\mathbf{V}]_{(2N\times 2N)} \{\boldsymbol{A}'\}_{(2N\times 1)} = \{\widehat{\boldsymbol{h}}\}_{(2N\times 1)} \tag{8-6-18}$$

$$\{\boldsymbol{A}'\}_{(2N\times 1)} = [\mathbf{V}]^{-1}_{(2N\times 2N)} \{\widehat{\boldsymbol{h}}\}_{(2N\times 1)} \tag{8-6-19}$$

需要注意的是，以上求解过程只求得了对应h_{jk}的留数。若令k不变，对所有的测量点j变化即可求出所有的留数，得到留数矩阵后，即可求取模态振型，过程如下。

公式(8-6-19)中，$\boldsymbol{A}'$前N个元素组成的阵列即N阶复模态对应第j测点的值，记为$\boldsymbol{\Phi}_j$。对每个测量点的脉冲响应都识别后，即可估算出n组模态参数，包括$\boldsymbol{\Phi}_j(j=1,2,\cdots,n)$，组成模态矩阵如下：

$$\boldsymbol{\Phi} = \begin{Bmatrix} \boldsymbol{\Phi}_1^T \\ \boldsymbol{\Phi}_2^T \\ \boldsymbol{\Phi}_3^T \\ \vdots \\ \boldsymbol{\Phi}_n^T \end{Bmatrix} = \begin{bmatrix} \phi_{11} & \phi_{12} & \cdots & \phi_{1N} \\ \phi_{21} & \phi_{22} & \cdots & \phi_{2N} \\ \phi_{31} & \phi_{32} & \cdots & \phi_{3N} \\ \vdots & \vdots & \cdots & \vdots \\ \phi_{n1} & \phi_{n2} & \cdots & \phi_{nN} \end{bmatrix} \tag{8-6-20}$$

$\boldsymbol{\Phi}$ 中的每一列即为复模态矢量列阵。

复指数法是一种应用于多自由度体系的间接方法,由于该方法一次只分析一个脉冲响应函数,因此可归类于 SISO 方法。它不需要对模态参数进行初始评估,唯一不确定的是模型的阶次。通常会指定一个过大的模型阶次,然后再对识别出的真实模态和虚假模态进行区分。另外,复指数法的一个缺点就是对噪声的敏感性。

8.6.2 最小二乘复指数法

在实际使用中,存在测量噪声的干扰,为了有效地消除测量噪声的干扰,采样量应当大于 $2N$,并且使用最小二乘法进行求解。

假设拟合的模态阶数为 N,$h(t)$ 的采样量为 $m+2N$,且有 $m>2N$,则公式(8-6-13)变为

$$[\mathbf{h}]_{(m\times 2N)}\{\boldsymbol{\beta}\}_{(2N\times 1)}=-\{\boldsymbol{h}'\}_{(m\times 1)} \tag{8-6-21}$$

根据求伪逆公式,上式可化为

$$[\mathbf{h}]_{(m\times 2N)}^{T}[\mathbf{h}]_{(m\times 2N)}\{\boldsymbol{\beta}\}_{(2N\times 1)}=-[\mathbf{h}]_{(m\times 2N)}^{T}\{\boldsymbol{h}'\}_{(m\times 1)} \tag{8-6-22}$$

将上式进行展开,可以得到

$$\sum_{p=0}^{m-1}\begin{bmatrix} h_p h_p & h_p h_{p+1} & \cdots & h_p h_{p+2N-1} \\ h_{p+1}h_p & h_{p+1}h_{p+1} & \cdots & h_{p+1}h_{p+2N-1} \\ \vdots & \vdots & & \vdots \\ h_{p+2N-1}h_p & \cdots & \cdots & h_{p+2N-1}h_{p+2N-1} \end{bmatrix}\begin{Bmatrix} \beta_0 \\ \beta_1 \\ \vdots \\ \beta_{2N-1} \end{Bmatrix}=-\sum_{p=0}^{m-1}\begin{Bmatrix} h_p h_{p+2N} \\ h_{p+1}h_{p+2N} \\ \vdots \\ h_{p+2N-1}h_{p+2N} \end{Bmatrix} \tag{8-6-23}$$

可以发现,公式中 $\sum_{p=1}^{m}h_{p+L}h_{p+k}=R_{L,k}$ 为自相关数。且当 m 很大时,自相关数 $R_{L,k}$ 的值约等于自相关函数值 $R_{hh}(L-k)$。同时,由于自相关函数为偶函数,于是有 $R_{hh}(L-k)=R_{hh}(k-L)$,则上述方程可以化为

$$\begin{bmatrix} R_{hh}(0) & R_{hh}(1) & R_{hh}(2) & \cdots & R_{hh}(2N-1) \\ R_{hh}(1) & R_{hh}(0) & R_{hh}(1) & \cdots & R_{hh}(2N-2) \\ R_{hh}(2) & R_{hh}(1) & R_{hh}(0) & \cdots & R_{hh}(2N-3) \\ \vdots & \vdots & \vdots & & \vdots \\ R_{hh}(2N-1) & R_{hh}(2N-2) & R_{hh}(2N-3) & \cdots & R_{hh}(0) \end{bmatrix}\begin{Bmatrix} \beta_0 \\ \beta_1 \\ \beta_2 \\ \vdots \\ \beta_{2N-1} \end{Bmatrix}=-\begin{bmatrix} R_{hh}(2N) \\ R_{hh}(2N-1) \\ R_{hh}(2N-2) \\ \vdots \\ R_{hh}(1) \end{bmatrix} \tag{8-6-24}$$

上式称为 Yule-Walker 方程。方程可以缩写为

$$[\mathbf{R}]_{(2N\times 2N)}\{\boldsymbol{\beta}\}_{(2N\times 1)}=-\{\mathbf{R}'\}_{(2N\times 1)} \tag{8-6-25}$$

由于公式中的 $[\mathbf{R}]$ 为对称矩阵。因而可以解得:

$$\{\boldsymbol{\beta}\}=-[\mathbf{R}]^{-1}\{\mathbf{R}'\} \tag{8-6-26}$$

当求得 $\{\boldsymbol{\beta}\}$ 之后,可以将其代入公式(8-6-7)求得 V_r,并且由于

$$V_r=\mathrm{e}^{s_r\Delta t} \tag{8-6-27}$$

这样,根据上述公式就可以求得 s_r,然后进一步求得模态频率和阻尼比,即

$$\omega_r=|s_r|,r=1,2,\cdots,N \tag{8-6-28}$$

$$\zeta_r = -\operatorname{Re}(s_r)/\omega_r, r=1,2,\cdots,N \tag{8-6-29}$$

需要说明的是,前述的复指数法一次只能分析一个脉冲响应函数,为了能够处理单点激励下的多个测点的脉冲响应函数,Brown 等(1979)提出了最小二乘复指数法(LSCE)。利用最小二乘复指数法,可以同时对多个测点的脉冲响应进行处理,获得一致的模态参数(模态频率和阻尼比),从而克服了复指数法对不同脉冲响应函数识别出不一致的模态参数的缺点。

假设已经获得了 p 个测点的脉冲响应函数,可以构造

$$\begin{bmatrix} [\mathbf{h}]_1 \\ [\mathbf{h}]_2 \\ \vdots \\ [\mathbf{h}]_p \end{bmatrix} \{\boldsymbol{\beta}\} = \begin{Bmatrix} \{\mathbf{h}'\}_1 \\ \{\mathbf{h}'\}_2 \\ \vdots \\ \{\mathbf{h}'\}_p \end{Bmatrix} \tag{8-6-30}$$

或者写为

$$[\mathbf{h}_G]_{(2Np \times 2N)} \{\boldsymbol{\beta}\}_{(2N \times 1)} = \{\mathbf{h}'_G\}_{(2Np \times 1)} \tag{8-6-31}$$

通过伪逆方法求得最小二乘解:

$$\{\boldsymbol{\beta}\} = ([\mathbf{h_G}]^T[\mathbf{h_G}])^{-1}[\mathbf{h_G}]^T\{\mathbf{h'_G}\} \tag{8-6-32}$$

实际上,对 8-6-1 节中的复指数法,当 $L>2N$ 时,公式(8-6-12)和(8-6-17)中的行数大于列数,此时也可以采用最小二乘法来求解从而可得到模态常数和相位角。同复指数法一样,此方法也存在模型定阶的问题。Brown 等(1979)指出,公式(8-6-31)中矩阵 $[\mathbf{h_G}]$ 的秩,可以表征模型的阶次。

8.6.3 多参考点复指数法

Vold 等人于 1982 年提出了多参考点复指数法,它是最小二乘复指数法在 MIMO 方法方面的发展,也就是说,它适用于多个激励点多个响应点的脉冲响应函数。相较于最小二乘复指数法,它克服了 SIMO 方法中有时出现的一些问题,如由于单点激励位置靠近结构的某个节点而导致结构的某阶模态无法被激励出来的现象。多参考点复指数法的推导过程可参阅文献(Deblauwe and Allemang,1985)。

由 k 点激励得到的 j 点单位脉冲响应为

$$h_{jk}(t) = \sum_{r=1}^{2N} {}_r A_{jk}\, e^{s_r t} \tag{8-6-33}$$

考虑 q 个激励参考点,公式可表示如下:

$$\begin{cases} h_{j1}(t) = \sum\limits_{r=1}^{2N} {}_r A_{j1}\, e^{s_r t} \\[2mm] h_{j2}(t) = \sum\limits_{r=1}^{2N} {}_r A_{j2}\, e^{s_r t} \\[2mm] \vdots \\[2mm] h_{jq}(t) = \sum\limits_{r=1}^{2N} {}_r A_{jq}\, e^{s_r t} \end{cases} \tag{8-6-34}$$

对于每一阶模态 r，留数 $_rA_{jk}$ 通过比例因子 Q_r 与系统特征向量元素 Ψ_{jr} 和 Ψ_{kr} 有如下关系：

$$_rA_{jk} = Q_r\Psi_{jr}\Psi_{kr} \tag{8-6-35}$$

对第一个留数为

$$_rA_{j1} = Q_r\Psi_{jr}\Psi_{1r} \tag{8-6-36}$$

则第 k 个留数为

$$_rA_{jk} = _rW_{k1r}A_{j1} \tag{8-6-37}$$

式中，

$$_rW_{k1} = \frac{\Psi_{kr}}{\Psi_{1r}} \tag{8-6-38}$$

于是公式(8-6-34)可以表示为

$$\begin{cases} h_{j1}(t) = \sum\limits_{r=1}^{2N} {_rA_{j1}} \mathrm{e}^{s_r t} \\ h_{j2}(t) = \sum\limits_{r=1}^{2N} {_rW_{21r}A_{j1}} \mathrm{e}^{s_r t} \\ \vdots \\ h_{jq}(t) = \sum\limits_{r=1}^{2N} {_rW_{q1r}A_{j1}} \mathrm{e}^{s_r t} \end{cases} \tag{8-6-39}$$

写成矩阵形式为

$$\begin{Bmatrix} h_{j1}(t) \\ h_{j2}(t) \\ \vdots \\ h_{jq}(t) \end{Bmatrix}_{(q \times 1)} = \begin{bmatrix} 1 & 1 & \cdots & 1 \\ {_1W_{21}} & {_2W_{21}} & \cdots & {_{2N}W_{21}} \\ \vdots & \vdots & \cdots & \vdots \\ {_1W_{q1}} & {_2W_{q1}} & \cdots & {_{2N}W_{q1}} \end{bmatrix}_{(q \times 2N)} \begin{bmatrix} \mathrm{e}^{s_1 t} & 0 & \cdots & 0 \\ 0 & \mathrm{e}^{s_2 t} & \cdots & 0 \\ \vdots & \vdots & \ddots & \vdots \\ 0 & 0 & \cdots & \mathrm{e}^{s_{2N} t} \end{bmatrix}_{(2N \times 2N)} \begin{Bmatrix} {_1A_{j1}} \\ {_2A_{j1}} \\ \vdots \\ {_{2N}A_{j1}} \end{Bmatrix}_{(2N \times 1)} \tag{8-6-40}$$

或者表达为

$$\{\boldsymbol{h}_j(t)\} = [\mathbf{W}] \begin{bmatrix} \mathrm{e}^{s_1 t} & 0 & \cdots & 0 \\ 0 & \mathrm{e}^{s_2 t} & \cdots & 0 \\ \vdots & \vdots & \ddots & \vdots \\ 0 & 0 & \cdots & \mathrm{e}^{s_{2N} t} \end{bmatrix} \{\boldsymbol{A}_{j1}\} \tag{8-6-41}$$

式中，$[\mathbf{W}]$ 为模态参与矩阵。考虑 $L+1$ 个时刻，则上式可以写为

$$\begin{cases} \{\boldsymbol{h}_j(0)\} = [\mathbf{W}]\{\boldsymbol{A}_{j1}\} \\ \{\boldsymbol{h}_j(\Delta t)\} = [\mathbf{W}][\mathbf{V}]\{\boldsymbol{A}_{j1}\} \\ \vdots \quad\quad \vdots \\ \{\boldsymbol{h}_j(L\Delta t)\} = [\mathbf{W}][\mathbf{V}]^L\{\boldsymbol{A}_{j1}\} \end{cases} \tag{8-6-42}$$

式中，

$$[\mathbf{V}]=\begin{bmatrix} e^{s_1\Delta t} & 0 & \cdots & 0 \\ 0 & e^{s_2\Delta t} & \cdots & 0 \\ \vdots & \vdots & \ddots & \vdots \\ 0 & 0 & \cdots & e^{s_{2N}\Delta t} \end{bmatrix} \tag{8-6-43}$$

像复指数法中 Prony 多项式一样，如公式（8-6-7）所示，$2N$ 个特征值即为如下矩阵多项式的解。

$$[\boldsymbol{\beta}_0][\mathbf{W}]+[\boldsymbol{\beta}_1][\mathbf{W}][\mathbf{V}]+[\boldsymbol{\beta}_2][\mathbf{W}][\mathbf{V}]^2+\cdots+[\boldsymbol{\beta}_L][\mathbf{W}][\mathbf{V}]^L=[\mathbf{0}] \tag{8-6-44}$$

式中，$[\boldsymbol{\beta}_0]\cdots[\boldsymbol{\beta}_L]$ 是 q 阶实数方阵。当矩阵多项式的特征值数目等于多项式的阶数乘以矩阵系数的维数，即满足 $2N = Lq$ 时方程才可以求解至少 $2N$ 个特征值。如果 $Lq > 2N$，将产生虚假模态。

对公式（8-6-42）两边分别乘以 $[\boldsymbol{\beta}_0]\cdots[\boldsymbol{\beta}_L]$，得到

$$\begin{cases} [\boldsymbol{\beta}_0]\{\boldsymbol{h}_j(0)\}=[\boldsymbol{\beta}_0][\mathbf{W}]\{\boldsymbol{A}_{j1}\} \\ [\boldsymbol{\beta}_1]\{\boldsymbol{h}_j(\Delta t)\}=[\boldsymbol{\beta}_1][\mathbf{W}][\mathbf{V}]\{\boldsymbol{A}_{j1}\} \\ [\boldsymbol{\beta}_2]\{\boldsymbol{h}_j(\Delta t)\}=[\boldsymbol{\beta}_2][\mathbf{W}][\mathbf{V}]^2\{\boldsymbol{A}_{j1}\} \\ \vdots \qquad\qquad \vdots \\ [\boldsymbol{\beta}_L]\{\boldsymbol{h}_j(L\Delta t)\}=[\boldsymbol{\beta}_L][\mathbf{W}][\mathbf{V}]^L\{\boldsymbol{A}_{j1}\} \end{cases} \tag{8-6-45}$$

方程两边对应相加：

$$\sum_{k=0}^{L}[\boldsymbol{\beta}_k]\{\boldsymbol{h}_j(k\Delta t)\}=\sum_{k=0}^{L}[\boldsymbol{\beta}_k][\mathbf{W}][\mathbf{V}]^k\{\boldsymbol{A}_{j1}\} \tag{8-6-46}$$

由公式（8-6-44）知，公式（8-6-46）的右边为 0，因此

$$\sum_{k=0}^{L}[\boldsymbol{\beta}_k]\{\boldsymbol{h}_j(k\Delta t)\}=0 \tag{8-6-47}$$

假定 $[\boldsymbol{\beta}_L]$ 为单位矩阵 $[\mathbf{I}]$，得到

$$\sum_{k=0}^{L-1}[\boldsymbol{\beta}_k]\{\boldsymbol{h}_j(k\Delta t)\}=-\{\boldsymbol{h}_j(L\Delta t)\} \tag{8-6-48}$$

如果可以同时考虑 N_t 组脉冲响应离散点数据（每一组都是 L 个点，且 $N_t>L$），则

$$[\boldsymbol{\beta}_0],[\boldsymbol{\beta}_1],\cdots,[\boldsymbol{\beta}_{L-1}]\begin{bmatrix} \{\boldsymbol{h}_j(0)\} & \{\boldsymbol{h}_j(\Delta t)\} & \cdots & \{\boldsymbol{h}_j((N_t-1)\Delta t)\} \\ \{\boldsymbol{h}_j(\Delta t)\} & \{\boldsymbol{h}_j(2\Delta t)\} & \cdots & \{\boldsymbol{h}_j(N_t\Delta t)\} \\ \vdots & \vdots & \cdots & \vdots \\ \{\boldsymbol{h}_j((L-1)\Delta t)\} & \{\boldsymbol{h}_j(L\Delta t)\} & \cdots & \{\boldsymbol{h}_j((L+N_t-2)\Delta t)\} \end{bmatrix}$$
$$=-[\{\boldsymbol{h}_j(L\Delta t)\},\{\boldsymbol{h}_j((L+1)\Delta t)\},\cdots\{\boldsymbol{h}_j((L+N_t-1)\Delta t)\}] \tag{8-6-49}$$

或者表达为

$$[\mathbf{B}_T]_{(q\times Lq)}[\mathbf{h}_j]_{(Lq\times N_t)}=[\mathbf{h}_j']_{(q\times N_t)} \tag{8-6-50}$$

如果共有 p 个响应点，则存在

$$[\mathbf{B}_T]_{(q \times Lq)}[[\mathbf{h}_1],[\mathbf{h}_2],\cdots,[\mathbf{h}_p]]_{(Lq \times pN_t)} = [[\mathbf{h}_1'],[\mathbf{h}_2'],\cdots,[\mathbf{h}_p']]_{(q \times N_t p)}$$

$$(8\text{-}6\text{-}51)$$

或者表达为

$$[\mathbf{B}_T][\mathbf{h}_T] = [\mathbf{h}_T']$$

$$(8\text{-}6\text{-}52)$$

求解得到

$$[\mathbf{B}_T]_{(q \times Lq)} = ([\mathbf{h}_T'][\mathbf{h}_T]^T)_{(q \times Lq)}([\mathbf{h}_T][\mathbf{h}_T]^T)_{(Lq \times Lq)}^{-1}$$

$$(8\text{-}6\text{-}53)$$

必须注意到，公式(8-6-51)中必须有 $N_t p > Lq$，才能使公式(8-6-53)的结果矩阵为满秩。知道了系数矩阵$[\mathbf{B}]$，我们可以回到公式(8-6-44)，计算出特征值$[\mathbf{V}]$。由此重新将公式(8-6-44)写为

$$\sum_{k=0}^{L}[\boldsymbol{\beta}_k][\mathbf{W}][\mathbf{V}]^k = [\mathbf{0}]$$

$$(8\text{-}6\text{-}54)$$

公式两边分别右乘 $2N \times 1$ 维的单位向量，此单位向量除了在与要计算的特征值相对应的位置处为 1 外，其他值全为 0，如下所示：

$$\begin{cases} \sum_{k=0}^{L}[\boldsymbol{\beta}_k][\mathbf{W}][\mathbf{V}]^k \begin{Bmatrix} 1 \\ 0 \\ \vdots \\ 0 \end{Bmatrix} = \sum_{k=0}^{L}[\boldsymbol{\beta}_k](\mathrm{e}^{s_1 \Delta t})^k[\mathbf{W}_1] = \{0\} \\ \sum_{k=0}^{L}[\boldsymbol{\beta}_k][\mathbf{W}][\mathbf{V}]^k \begin{Bmatrix} 0 \\ 1 \\ \vdots \\ 0 \end{Bmatrix} = \sum_{k=0}^{L}[\boldsymbol{\beta}_k](\mathrm{e}^{s_2 \Delta t})^k[\mathbf{W}_2] = \{0\} \\ \quad\quad\quad \vdots \quad\quad\quad\quad\quad\quad\quad \vdots \quad\quad\quad\quad \vdots \\ \sum_{k=0}^{L}[\boldsymbol{\beta}_k][\mathbf{W}][\mathbf{V}]^k \begin{Bmatrix} 0 \\ 0 \\ \vdots \\ 1 \end{Bmatrix} = \sum_{k=0}^{L}[\boldsymbol{\beta}_k](\mathrm{e}^{s_{2N} \Delta t})^k[\mathbf{W}_{2N}] = \{0\} \end{cases}$$

$$(8\text{-}6\text{-}55)$$

式中，$[\mathbf{W}_1],\cdots,[\mathbf{W}_{2N}]$为模态参与矩阵的列。

对于每一个特征值，考虑到 $V_r = \mathrm{e}^{s_r \Delta t}$，则上式简写为

$$\left[\sum_{k=0}^{L}[\boldsymbol{\beta}_k]V_r^k\right]\{\boldsymbol{W}_r\} = \{0\}, r = 1,\cdots,2N$$

$$(8\text{-}6\text{-}56)$$

展开上述公式，并且考虑$[\boldsymbol{\beta}_L] = [\mathbf{I}]$，得到如下公式：

$$[[\boldsymbol{\beta}_0] + [\boldsymbol{\beta}_1]V_r + [\boldsymbol{\beta}_2]V_r^2 + \cdots + [\boldsymbol{\beta}_{L-1}]V_r^{L-1}]\{\boldsymbol{W}_r\} = -V_r^L\{\boldsymbol{W}_r\}$$

$$(8\text{-}6\text{-}57)$$

定义

$$\begin{cases} \{z_0\} = \{W_r\} \\ \{z_1\} = V_r\{W_r\} = V_r\{z_0\} \\ \{z_2\} = V_r^2\{W_r\} = V_r\{z_1\} \\ \quad\vdots \qquad\qquad\vdots \qquad\qquad\vdots \\ \{z_{L-1}\} = V_r^{L-1}\{W_r\} = V_r\{z_{L-2}\} \\ \{z_L\} = V_r^L\{W_r\} = V_r\{z_{L-1}\} \end{cases} \qquad (8\text{-}6\text{-}58)$$

则

$$[\boldsymbol{\beta}_0]\{z_0\} + [\boldsymbol{\beta}_1]\{z_1\} + \cdots + [\boldsymbol{\beta}_{L-1}]\{z_{L-1}\} = -V_r\{z_{L-1}\} \qquad (8\text{-}6\text{-}59)$$

或者写为

$$\begin{bmatrix} -[\boldsymbol{\beta}_{L-1}] & -[\boldsymbol{\beta}_{L-2}] & \cdots & -[\boldsymbol{\beta}_1] & -[\boldsymbol{\beta}_0] \\ [\mathbf{I}] & [\mathbf{0}] & \cdots & [\mathbf{0}] & [\mathbf{0}] \\ \vdots & \vdots & \cdots & \vdots & \vdots \\ [\mathbf{0}] & [\mathbf{0}] & \cdots & [\mathbf{I}] & [\mathbf{0}] \end{bmatrix}_{(Lq \times Lq)} \begin{Bmatrix} \{z_{L-1}\} \\ \{z_{L-2}\} \\ \vdots \\ \{z_0\} \end{Bmatrix}_{(Lq \times 1)} = V_r \begin{Bmatrix} \{z_{L-1}\} \\ \{z_{L-2}\} \\ \vdots \\ \{z_0\} \end{Bmatrix}_{(Lq \times 1)}$$

$$(8\text{-}6\text{-}60)$$

公式(8-6-60)被看作是(8-6-57)特征值问题的伴随矩阵公式。它代表了$\{[\mathbf{A}] - \lambda[\mathbf{I}]\}\{\mathbf{X}\} = \{\mathbf{0}\}$的标准特征值问题的形式。知道了$Lq$个特征值$V_r$,就可以计算出结构的模态频率和阻尼比。

对于每一个特征值V_r,我们也可以计算出公式(8-6-60)的Lq个特征向量。相对应的$\{z_0\}$的值为公式(8-6-57)中的$\{W_r\}$的值。由此可以得到模态参与矩阵$[\mathbf{W}]$,并且可以计算留数。

由公式(8-6-42)可得

$$\{h_j(k\Delta t)\} = [\mathbf{W}][\mathbf{V}]^k\{\mathbf{A}_{j1}\} \qquad k = 0, 1, \cdots, L \qquad (8\text{-}6\text{-}61)$$

在 CE 或者 LSCE 法中,每一个留数向量都是基于一个输入点计算得到的,而现在对于每一个时间间隔上,都是由多个输入点得到的。变换公式(8-6-61)中 k 值,可以得到:

$$\begin{Bmatrix} \{h_j(0)\} \\ \{h_j(\Delta t)\} \\ \vdots \\ \{h_j(L\Delta t)\} \end{Bmatrix} = \begin{bmatrix} [\mathbf{W}][\mathbf{V}]^0 \\ [\mathbf{W}][\mathbf{V}]^1 \\ \vdots \\ [\mathbf{W}][\mathbf{V}]^L \end{bmatrix} \{\mathbf{A}_{j1}\} \qquad (8\text{-}6\text{-}62)$$

或者写为

$$\{h_j\}_{(L+1)q \times 1} = [\mathbf{W_V}]_{(L+1)q \times 2N}\{\mathbf{A}_{j1}\}_{(2N \times 1)} \qquad (8\text{-}6\text{-}63)$$

于是得到

$$\{\mathbf{A}_{j1}\} = ([\mathbf{W_V}]^H[\mathbf{W_V}])^{-1}[\mathbf{W_V}]^H\{\mathbf{H}_j\}$$

$$(8\text{-}6\text{-}64)$$

式中,上角标 H 代表 Hermitian 转置。对于每一个响应位置 $j=1,\cdots,p$,此项要进行重复计算。知道了所有的 $\{A_{j1}\}$ 后利用公式(8-6-37)可以计算得到留数。

8.7 / 随机子空间法

随机子空间识别法(Stochastic Subspace Indentification—SSI)是直接利用随机振动响应来进行模态参数识别的方法。该方法由 Van Overschee 和 De Moor(1991)提出,迅速成为国内模态分析方面的研究热点,在工程振动分析领域得到了较好的应用(Van Overschee 和 De Moor,1996)。

随机子空间法以线性离散状态空间方程为基本模型,将输入项和噪声项合并,利用白噪声的统计特性得到 kalman 滤波状态序列,估算系统矩阵从而进行模态参数识别。该方法又可以分为数据驱动随机子空间法和协方差驱动随机子空间法。

8.7.1 随机状态空间模型

在 8.5 节中,已经得到了离散时间状态空间模型,该模型的输入都是确定性过程。然而,在工程实际中,常常含有系统噪声和量测噪声,为了准确描述实际量测数据,必须在确定性模型中引入随机部分(噪声),于是可以得到随机-确定性状态空间联合模型,对离散时间系统,其状态空间模型可表示为

$$\begin{cases} x(k+1) = \mathbf{A}x(k) + \mathbf{B}u(k) + w(k) \\ y(k) = \mathbf{C}x(k) + \mathbf{D}u(k) + v(k) \end{cases} \tag{8-7-1}$$

式中,$w(k)$ 是由于环境干扰、建模误差而引起的过程噪声,$w(k) \in \mathbb{R}^{2n \times 1}$;$v(k)$ 是由于传感器不精确或环境对传感器的影响而引起的测量噪声,$v(k) \in \mathbb{R}^{m \times 1}$。实际很难知道 $w(k)$、$v(k)$ 的特性,因此一般假设 $w(k)$、$v(k)$ 为具有零均值的白噪声过程,即

$$E[w(k)] = 0, E[v(k)] = 0 \tag{8-7-2}$$

且其协方差矩阵为

$$E\left[\begin{pmatrix} w_p \\ v_p \end{pmatrix} \begin{pmatrix} w_q^T & v_q^T \end{pmatrix} \right] = \begin{pmatrix} \mathbf{Q} & \mathbf{S} \\ \mathbf{S}^T & \mathbf{R} \end{pmatrix} \delta_{pq} \tag{8-7-3}$$

式中,E 代表数学期望,δ_{pq} 为 Kronecker delta 函数。噪声序列 $w(k)$、$v(k)$ 是相互独立的序列过程。

对基于环境荷载激励的振动系统,一方面仅能测得输出响应,另一方面,实际上不可能把输入项 $u(k)$ 同噪声项 $w(k)$、$v(k)$ 区分开,于是将 $u(k)$ 与 $w(k)$、$v(k)$ 混合在一起,则随机输入情况下的离散系统随机状态空间模型为

$$\begin{cases} x(k+1) = \mathbf{A}x(k) + w(k) \\ y(k) = \mathbf{C}x(k) + v(k) \end{cases} \tag{8-7-4}$$

关于随机系统模型,除了上述假设条件外,还假设随机过程是零均值平稳过程,即满足

$$E[\boldsymbol{x}(k)\boldsymbol{x}^T(k)]=\boldsymbol{\Theta},E[\boldsymbol{x}(k)]=\boldsymbol{0} \tag{8-7-5}$$

式中,状态向量的方差 $\boldsymbol{\Theta}$ 是一个常数,与时间无关,并且同噪声项 $\boldsymbol{w}(k),\boldsymbol{v}(k)$ 也是独立的,即

$$E[\boldsymbol{x}(k)\boldsymbol{w}^T(k)]=\boldsymbol{0},E[\boldsymbol{x}(k)\boldsymbol{v}^T(k)]=\boldsymbol{0} \tag{8-7-6}$$

定义输出响应的协方差矩阵 $\boldsymbol{\Lambda}_i \in \mathbb{R}^{m \times m}$ 和一步状态向量—输出响应协方差矩阵 $\mathbf{G} \in \mathbb{R}^{n \times m}$

$$\boldsymbol{\Lambda}_i=E[\boldsymbol{y}(k+i)\boldsymbol{y}^T(k)] \tag{8-7-7}$$

$$\mathbf{G}=E[\boldsymbol{x}(k+1)\boldsymbol{y}^T(k)] \tag{8-7-8}$$

根据平稳过程的特性,不难得出下述公式

$$\boldsymbol{\Theta}=\mathbf{A}\boldsymbol{\Theta}\mathbf{A}^T+\mathbf{Q} \tag{8-7-9}$$

$$\boldsymbol{\Lambda}_0=\mathbf{C}\boldsymbol{\Theta}\mathbf{C}^T+\mathbf{R} \tag{8-7-10}$$

$$\mathbf{G}=\mathbf{A}\boldsymbol{\Theta}\mathbf{C}^T+\mathbf{S} \tag{8-7-11}$$

$$\boldsymbol{\Lambda}_i=\mathbf{C}\mathbf{A}^{i-1}\mathbf{G} \tag{8-7-12}$$

8.7.2 数据驱动随机子空间法

数据驱动随机子空间识别方法的核心是把"将来"输出的行空间投影到"过去"输出的行空间上,投影的结果是保留了"过去"的全部信息,并用此预测"未来"。它直接作用于时域数据,而不必将时域数据转换为相关函数或谱,避免了计算协方差矩阵。它采用了比较有效的数学处理方法如矩阵的 QR 分解(用于数据减缩)和奇异值分解(用于剔除噪声)以及最小二乘技术等来识别离散后的系统状态空间矩阵。一旦识别得到了结构系统的状态空间模型,便可用特征值分解直接确定结构的模态参数。

1. 构建 Hankel 矩阵

假设已经测试得到了 m 个测点的随机振动响应数据序列 $\boldsymbol{y}_k \in \mathbb{R}^{m \times 1}$, $k=0,\cdots\cdots,s$,构建维数为 $2i \times j$ 的分块 Hankel 矩阵 $\mathbf{H}$,其中 $j=s-2i+1$。

$$\mathbf{H}=\frac{1}{\sqrt{j}}\begin{bmatrix} \boldsymbol{y}_0 & \boldsymbol{y}_1 & \cdots & \boldsymbol{y}_{i-1} \\ \boldsymbol{y}_1 & \boldsymbol{y}_2 & \cdots & \boldsymbol{y}_i \\ \cdots & \cdots & \cdots & \cdots \\ \boldsymbol{y}_{i-1} & \boldsymbol{y}_i & \cdots & \boldsymbol{y}_{i+j-2} \\ \hdashline \boldsymbol{y}_i & \boldsymbol{y}_{i+1} & \cdots & \boldsymbol{y}_{i+j-1} \\ \boldsymbol{y}_{i+1} & \boldsymbol{y}_{i+2} & \cdots & \boldsymbol{y}_{i+j} \\ \cdots & \cdots & \cdots & \cdots \\ \boldsymbol{y}_{2i-1} & \boldsymbol{y}_{2i} & \cdots & \boldsymbol{y}_{2i+j-2} \end{bmatrix}=\left(\frac{\mathbf{Y}_{0|i-1}}{\mathbf{Y}_{i|2i-1}}\right)=\left(\frac{\mathbf{Y}_p}{\mathbf{Y}_f}\right) \tag{8-7-13}$$

根据行数划分的不同,$\mathbf{H}$ 被分为两部分,前 i 行表示为 $\mathbf{Y}_p$,后 i 行表示为 $\mathbf{Y}_f$,其中下标 p 和 f 分别表示过去和将来,$\mathbf{Y}_p$ 和 $\mathbf{Y}_f$ 都是 $mi \times j$ 维矩阵。

2. 投影

如前所述,随机子空间方法的核心是把"将来"输出的行空间投影到"过去"输出的行空间上,投影矩阵定义为(Overschee and Moor,1999):

$$\mathbf{\Pi}_i \equiv \mathbf{Y}_f / \mathbf{Y}_p = \mathbf{Y}_f \mathbf{Y}_p^T (\mathbf{Y}_p \mathbf{Y}_p^T)^\dagger \mathbf{Y}_p , j \rightarrow \infty \qquad (8\text{-}7\text{-}14)$$

式中,"$\dagger$"表示矩阵的伪逆(pseudo inverse)。值得注意的是,一般不直接使用公式(8-7-14)直接计算投影矩阵,而是通过使用 QR 分解算法来计算投影。对 Hankel 矩阵 $\mathbf{H}$ 进行 QR 分解,

$$\mathbf{H} = \begin{pmatrix} \mathbf{Y}_p \\ \mathbf{Y}_f \end{pmatrix} = \mathbf{R}\mathbf{Q}^T = \begin{bmatrix} \mathbf{R}_{11} & \mathbf{0} \\ \mathbf{R}_{21} & \mathbf{R}_{22} \end{bmatrix} \begin{pmatrix} \mathbf{Q}_1^T \\ \mathbf{Q}_2^T \end{pmatrix} \qquad (8\text{-}7\text{-}15)$$

式中,$\mathbf{Q} \in \mathbb{R}^{j \times j}$ 是正交矩阵,即 $\mathbf{Q}\mathbf{Q}^T = \mathbf{Q}^T\mathbf{Q} = \mathbf{I}$,$\mathbf{Q}_1^T \in \mathbb{R}^{mi \times j}$,$\mathbf{Q}_2^T \in \mathbb{R}^{mi \times j}$;$\mathbf{R} \in \mathbb{R}^{2mi \times j}$ 是下三角矩阵,$\mathbf{R}_{11} \in \mathbb{R}^{mi \times mi}$,$\mathbf{R}_{21} \in \mathbb{R}^{mi \times mi}$,$\mathbf{R}_{22} \in \mathbb{R}^{mi \times mi}$。则

$$\mathbf{Y}_p = (\mathbf{R}_{11} \quad \mathbf{0}) \begin{pmatrix} \mathbf{Q}_1^T \\ \mathbf{Q}_2^T \end{pmatrix} \qquad (8\text{-}7\text{-}16)$$

$$\mathbf{Y}_f = (\mathbf{R}_{21} \quad \mathbf{R}_{22}) \begin{pmatrix} \mathbf{Q}_1^T \\ \mathbf{Q}_2^T \end{pmatrix} \qquad (8\text{-}7\text{-}17)$$

代入(8-7-14),于是得到投影矩阵为

$$\mathbf{\Pi}_i \equiv \mathbf{Y}_f / \mathbf{Y}_p = \mathbf{Y}_f \mathbf{Y}_p^T (\mathbf{Y}_p \mathbf{Y}_p^T)^\dagger \mathbf{Y}_p = \mathbf{R}_{21} \mathbf{Q}_1^T \qquad (8\text{-}7\text{-}18)$$

可以看出,通过对 Hankel 矩阵 QR 分解,可以将数据从 $2mi \times j$ 缩减到 $mi \times j$。大大减少了数据量,加快了程序的运行。

3. 奇异值分解

经公式(8-7-18)计算后得到投影 $\mathbf{\Pi}_i$,继而对其进行奇异值分解,最终确定模态阶数 $2n$ 后得到:

$$\mathbf{\Pi}_i = (\mathbf{U}_1 \quad \mathbf{U}_2) \begin{pmatrix} \mathbf{S}_1 & \mathbf{0} \\ \mathbf{0} & \mathbf{S}_2 = \mathbf{0} \end{pmatrix} \begin{pmatrix} \mathbf{V}_1^T \\ \mathbf{V}_2^T \end{pmatrix} \qquad (8\text{-}7\text{-}19)$$

式中,$\mathbf{U}_1 \in \mathbb{R}^{mi \times 2n}$,$\mathbf{S}_1 \in \mathbb{R}^{2n \times 2n}$,$\mathbf{V}_1 \in \mathbb{R}^{j \times 2n}$,公式(8-7-19)可以如下表示,

$$\mathbf{\Pi}_i = \mathbf{U}_1 \mathbf{S}_1 \mathbf{V}_1^T \qquad (8\text{-}7\text{-}20)$$

如果系统是可观与可控的,非零奇异值的个数,即矩阵 $\mathbf{S}_1$ 的秩就是投影矩阵的秩。因此,只要找到非零奇异值的个数就可以确定系统的阶次 $2n$。

4. 卡尔曼滤波状态序列

在已知输出序列 $y(k)$、系统矩阵和噪声协方差矩阵时,可以利用卡尔曼滤波来估计 $k+1$ 时刻的状态向量,得到其最优估计值 $\hat{x}(k+1)$。假定已知初始状态 $\hat{x}(0) = 0$、初始状态协方差矩阵 $E[\hat{x}(0)\hat{x}^T(0)] = \mathbf{0}$、输出序列 $y(k)$,则非稳态卡尔曼滤波状态序列估计值可以表示为

$$\begin{cases} \hat{x}(k+1) = \mathbf{A}\,\hat{x}(k) + \mathbf{K}_k (y(k) - \mathbf{C}\,\hat{x}(k)) \\ \mathbf{K}_k = (\mathbf{G} - \mathbf{A}\,\mathbf{\Theta}_k\,\mathbf{C}^T)(\mathbf{\Lambda}_0 - \mathbf{C}\,\mathbf{\Theta}_k\,\mathbf{C}^T)^{-1} \\ \mathbf{\Theta}_{k+1} = \mathbf{A}\,\mathbf{\Theta}_k\,\mathbf{A}^T + (\mathbf{G} - \mathbf{A}\,\mathbf{\Theta}_k\,\mathbf{C}^T)(\mathbf{\Lambda}_0 - \mathbf{C}\,\mathbf{\Theta}_k\,\mathbf{C}^T)^{-1}(\mathbf{G} - \mathbf{A}\,\mathbf{\Theta}_k\,\mathbf{C}^T)^T \end{cases} \qquad (8\text{-}7\text{-}21)$$

上式分别为系统、卡尔曼滤波增益矩阵和状态协方差矩阵。状态向量的最优估计值组成卡尔曼滤波状态序列 $\hat{\boldsymbol{X}}_k \in \mathbb{R}^{2n\times j}$

$$\hat{\boldsymbol{X}}_k = \{\hat{\boldsymbol{x}}(k) \quad \hat{\boldsymbol{x}}(k+1) \quad \cdots \quad \hat{\boldsymbol{x}}(k+j-1)\} \tag{8-7-22}$$

5. 求取系统矩阵 **A** 和 **C**

随机子空间识别法的一个重要性质就是投影矩阵 $\boldsymbol{\Pi}_i$ 可以分解为可观性矩阵 $\boldsymbol{\Gamma}_i$ 和卡尔曼滤波序列 $\hat{\boldsymbol{X}}_i$ 的乘积（Peeters 和 De Roeck，2001），即

$$\boldsymbol{\Pi}_i = \boldsymbol{\Gamma}_i \hat{\boldsymbol{X}}_i \tag{8-7-23}$$

其中可观性矩阵 $\boldsymbol{\Gamma}_i$ 的定义为

$$\boldsymbol{\Gamma}_i = \left\{ \begin{array}{c} \mathbf{C} \\ \mathbf{CA} \\ \mathbf{C\,A}^2 \\ \cdots \\ \mathbf{C\,A}^{i-1} \end{array} \right\} \in \mathbb{R}^{mi\times 2n} \tag{8-7-24}$$

比较式（8-7-23）和（8-7-20），可以认为

$$\boldsymbol{\Gamma}_i = \mathbf{U}_1 \mathbf{S}_1^{1/2} \tag{8-7-25}$$

$$\hat{\boldsymbol{X}}_i = (\boldsymbol{\Gamma}_i)^\dagger \boldsymbol{\Pi}_i \tag{8-7-26}$$

另外，重新划分 Hankel 矩阵 **H** 如下所示：

$$\mathbf{H} = \frac{1}{\sqrt{j}} \begin{bmatrix} \boldsymbol{y}_0 & \boldsymbol{y}_1 & \cdots & \boldsymbol{y}_{j-1} \\ \boldsymbol{y}_1 & \boldsymbol{y}_2 & \cdots & \boldsymbol{y}_j \\ \cdots & \cdots & \cdots & \cdots \\ \boldsymbol{y}_{i-1} & \boldsymbol{y}_i & \cdots & \boldsymbol{y}_{i+j-2} \\ \boldsymbol{y}_i & \boldsymbol{y}_{i+1} & \cdots & \boldsymbol{y}_{i+j-1} \\ \hdashline \boldsymbol{y}_{i+1} & \boldsymbol{y}_{i+2} & \cdots & \boldsymbol{y}_{i+j} \\ \cdots & \cdots & \cdots & \cdots \\ \boldsymbol{y}_{2i-1} & \boldsymbol{y}_{2i} & \cdots & \boldsymbol{y}_{2i+j-2} \end{bmatrix} = \left(\frac{\mathbf{Y}_{0|i}}{\mathbf{Y}_{i+1|2i-1}}\right) = \left(\frac{\mathbf{Y}_p^+}{\mathbf{Y}_f}\right) \tag{8-7-27}$$

与式（8-7-23）类似，可得

$$\boldsymbol{\Pi}_{i-1} = \frac{\mathbf{Y}_f^-}{\mathbf{Y}_p^+} = \boldsymbol{\Gamma}_{i-1}\hat{\mathbf{X}}_{i+1} \tag{8-7-28}$$

$$\hat{\mathbf{X}}_{i+1} = \boldsymbol{\Gamma}_{i-1}^+ \boldsymbol{\Pi}_{i-1} \tag{8-7-29}$$

代入系统状态方程，可得

$$\begin{cases} \hat{\mathbf{X}}_{i+1} = \mathbf{A}\,\hat{\mathbf{X}}_i + \boldsymbol{w}_i \\ \mathbf{Y}_i = \mathbf{C}\,\hat{\mathbf{X}}_i + \boldsymbol{v}_i \end{cases} \tag{8-7-30}$$

由于噪声与系统的状态不相关，所以用最小二乘法来计算系统矩阵 **A** 和 **C**：

$$\begin{cases} \mathbf{A} = \hat{\mathbf{X}}_{i+1}\hat{\mathbf{X}}_i^+ \\ \mathbf{C} = \mathbf{Y}_i\hat{\mathbf{X}}_i^+ \end{cases} \tag{8-7-31}$$

6. 模态参数估算

（1）对系统的状态矩阵 **A** 进行特征值分解：

$$\mathbf{A} = \mathbf{\Psi}\mathbf{\Lambda}\mathbf{\Psi}^{-1} \tag{8-7-32}$$

式中，$\mathbf{\Lambda} = \mathrm{diag}(\lambda_i) \in \mathbb{C}^{2n \times 2n}$。$\lambda_i$ 为离散时间系统的特征值，$\mathbf{\Psi} \in \mathbb{C}^{2n \times 2n}$ 为系统的特征向量矩阵。

（2）计算结构模态频率 ω_i 及模态阻尼比 ζ_i：

根据离散时间系统与连续时间系统的特征值的关系：

$$\lambda_i^c = \frac{\ln\lambda_i}{\Delta t} \tag{8-7-33}$$

及特征值 $\lambda_i^c, \lambda_i^{c*}$ 与系统固有振动频率 ω_i 及模态阻尼比 ζ_i 的关系：

$$\lambda_i^c, \lambda_i^{c*} = -\zeta_i\omega_i \pm \mathrm{j}\sqrt{1-\zeta_i^2}\,\omega_i \tag{8-7-34}$$

可计算得系统固有振动频率 ω_i 及模态阻尼比 ζ_i。

（3）计算结构模态振型 **Φ**：

$$\mathbf{\Phi} = \mathbf{C}\mathbf{\Psi} \tag{8-7-35}$$

可以看出，数据驱动随机子空间识别法（SSI-data）的基本计算流程包括① 构建 Hankel 矩阵；② 利用 QR 分解计算投影矩阵；③ 对投影矩阵进行奇异值分解；④ 利用奇异值分解和卡尔曼滤波状态序列求系统矩阵；⑤ 利用特征值分解计算模态参数。

8.7.3 协方差驱动随机子空间法

协方差驱动随机子空间识别方法（SSI-Cov）首先要计算输出协方差序列组成的块 Toeplitz 矩阵，对 Toeplitz 矩阵进行奇异值分解（SVD），以得到可观性矩阵和可控性矩阵，再利用可观性矩阵和可控性矩阵得到系统矩阵，从而识别系统的模态参数。

协方差驱动随机子空间识别方法的计算分析过程如下。

1. 构建 Hankel 矩阵

如式（8-7-13）所示，利用 $y_k = y(k)$ 构建分块的 Hankel 矩阵：

$$\mathbf{H} = \frac{1}{\sqrt{j}} \begin{bmatrix} \mathbf{y}_0 & \mathbf{y}_1 & \cdots & \mathbf{y}_{j-1} \\ \mathbf{y}_1 & \mathbf{y}_2 & \cdots & \mathbf{y}_j \\ \cdots & \cdots & \cdots & \cdots \\ \mathbf{y}_{i-1} & \mathbf{y}_i & \cdots & \mathbf{y}_{i+j-2} \\ \mathbf{y}_i & \mathbf{y}_{i+1} & \cdots & \mathbf{y}_{i+j-1} \\ \mathbf{y}_{i+1} & \mathbf{y}_{i+2} & \cdots & \mathbf{y}_{i+j} \\ \cdots & \cdots & \cdots & \cdots \\ \mathbf{y}_{2i-1} & \mathbf{y}_{2i} & \cdots & \mathbf{y}_{2i+j-2} \end{bmatrix} = \begin{pmatrix} \mathbf{Y}_{0|i-1} \\ \mathbf{Y}_{i|2i-1} \end{pmatrix} = \begin{pmatrix} \mathbf{Y}_p \\ \mathbf{Y}_f \end{pmatrix}$$

2. 估算输出响应序列的协方差矩阵

输出响应的协方差定义如式(8-7-7)所示。假定系统的输出是各态历经的随机过程,则协方差矩阵 $\boldsymbol{\Lambda}_i$ 可用下式估算:

$$\boldsymbol{\Lambda}_i = \lim_{j \to \infty} \frac{1}{j} \sum_{k=0}^{j-1} \boldsymbol{y}(k+i)\boldsymbol{y}^T(k) \tag{8-7-36}$$

构造输出协方差矩阵如下:

$$\mathbf{T}_{1|i} = \mathbf{Y}_f \mathbf{Y}_p^T = \begin{bmatrix} \boldsymbol{\Lambda}_i & \boldsymbol{\Lambda}_{i-1} & \cdots & \boldsymbol{\Lambda}_1 \\ \boldsymbol{\Lambda}_{i+1} & \boldsymbol{\Lambda}_i & \cdots & \boldsymbol{\Lambda}_2 \\ \vdots & \vdots & \ddots & \vdots \\ \boldsymbol{\Lambda}_{2i-1} & \boldsymbol{\Lambda}_{2i-2} & \cdots & \boldsymbol{\Lambda}_i \end{bmatrix} \tag{8-7-37}$$

3. 分块 Toeplitz 矩阵分解

将公式(8-7-12)代入上式(8-7-37)中,可以得到

$$\mathbf{T}_{1|i} = \mathbf{Y}_f \mathbf{Y}_p^T = \begin{bmatrix} \mathbf{C}\mathbf{A}^{i-1}\mathbf{G} & \mathbf{C}\mathbf{A}^{i-2}\mathbf{G} & \cdots & \mathbf{C}\mathbf{G} \\ \mathbf{C}\mathbf{A}^i\mathbf{G} & \mathbf{C}\mathbf{A}^{i-1}\mathbf{G} & \cdots & \mathbf{C}\mathbf{A}\mathbf{G} \\ \vdots & \vdots & \ddots & \vdots \\ \mathbf{C}\mathbf{A}^{2i-2}\mathbf{G} & \mathbf{C}\mathbf{A}^{2i-3}\mathbf{G} & \cdots & \mathbf{C}\mathbf{A}^{i-1}\mathbf{G} \end{bmatrix} \tag{8-7-38}$$

或

$$\mathbf{T}_{1|i} = \begin{Bmatrix} \mathbf{C} \\ \mathbf{C}\mathbf{A} \\ \mathbf{C}\mathbf{A}^2 \\ \cdots \\ \mathbf{C}\mathbf{A}^{i-1} \end{Bmatrix} \begin{bmatrix} \mathbf{A}^{i-1}\mathbf{G} & \cdots & \mathbf{A}\mathbf{G} & \mathbf{G} \end{bmatrix} = \boldsymbol{\Gamma}_i \mathbf{O}_i \tag{8-7-39}$$

上式中,$\boldsymbol{\Gamma}_i \in \mathbb{R}^{mi \times 2n}$ 是可观性矩阵,$\mathbf{O}_i \in \mathbb{R}^{2n \times mi}$ 是可控反转矩阵。

4. 奇异值分解识别系统矩阵

对 Toeplitz 矩阵 $\mathbf{T}_{1|i}$ 进行奇异值分解:

$$\mathbf{T}_{1|i} = \mathbf{U}\mathbf{S}\mathbf{V}^T = \begin{pmatrix} \mathbf{U}_1 & \mathbf{U}_2 \end{pmatrix} \begin{pmatrix} \mathbf{S}_1 & \mathbf{0} \\ \mathbf{0} & \mathbf{S}_2=\mathbf{0} \end{pmatrix} \begin{pmatrix} \mathbf{V}_1^T \\ \mathbf{V}_2^T \end{pmatrix} = \mathbf{U}_1 \mathbf{S}_1 \mathbf{V}_1^T \tag{8-7-40}$$

式中,$\mathbf{U}$,$\mathbf{V}$ 都是正交矩阵,$\mathbf{S}$ 是奇异值矩阵,为对角阵,对角线上的奇异值按照降序排列。

对比式(8-7-39)和(8-7-40),可以得到

$$\boldsymbol{\Gamma}_i = \mathbf{U}_1 \mathbf{S}_1^{1/2} \mathbf{T}_s \tag{8-7-41}$$

$$\mathbf{O}_i = \mathbf{T}_s \mathbf{S}_1^{1/2} \mathbf{V}_1^T \tag{8-7-42}$$

式中,$\mathbf{T}_s$ 是一个非奇异变换矩阵,可以看成是对原来模型的一种相似变换,不管如何取,得到的模型都是等价的。如果取 $\mathbf{T}_s = \mathbf{I}$,则

$$\boldsymbol{\Gamma}_i = \mathbf{U}_1 \mathbf{S}_1^{1/2} \tag{8-7-43}$$

$$O_i = S_1^{1/2} V_1^T \qquad (8\text{-}7\text{-}44)$$

可以看出,可观性矩阵 Γ_i 的前 m 列即为

$$C = \Gamma_i(1:m,:) \qquad (8\text{-}7\text{-}45)$$

根据的 $T_{1|i}$ 定义,同样可以得到 $T_{2|i+1}$,则不难得到

$$T_{2|i+1} = \begin{Bmatrix} CA \\ CA^2 \\ CA^3 \\ \cdots \\ CA^i \end{Bmatrix} \begin{bmatrix} A^{i-1}G & \cdots & AG & G \end{bmatrix} = \Gamma_i A O_i \qquad (8\text{-}7\text{-}46)$$

$T_{1|i}, T_{2|i+1}$ 结构相同,只是其包含的协方差时延 Λ_i 从 2 到 $i+1$。从式(8-7-46)可以得到

$$A = \Gamma_i^+ T_{2|i+1} O_i^+ = S_1^{1/2} U_1 T_{2|i+1} V_1 S_1^{1/2} \qquad (8\text{-}7\text{-}47)$$

5. 模态参数识别

一旦得到了系统矩阵 A 和 C 后,模态参数可以利用式(8-7-32)~(8-7-35)进行识别,此处不再赘述。

可以看出,协方差驱动随机子空间法识别模态参数的过程是构建 Hankel 矩阵,计算输出响应序列的协方差矩阵,然后利用奇异值分解(SVD)得到系统矩阵,即可识别模态参数;SSI-CoV 采用了求输出数据的 Toeplitz 矩阵的方式,而 SSI-data 则使用了投影过程。

8.7.4　算例分析

建立一个五自由度的质量-弹簧-阻尼系统的数值模型(辛峻峰 等,2013),如图 8-7-1 所示。每个单元的质量、刚度和阻尼系数分别取 $m_n = 50$ kg,$k_n = 2.9 \times 10^7$ N/m,$c_n = 1\,000$ N.s/m。通过特征值分析,得到 5 阶模态频率的理论值分别为 34.499、100.704、158.750、203.935、232.598 Hz;5 阶模态阻尼比的理论值分别为 0.003 7、0.010 9、0.017 2、0.022 1、0.025 2。

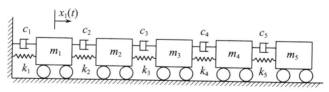

图 8-7-1　自由度弹簧-质量-阻尼系统

在第一个质量块 m_1 上施加均值为 0、标准差为 1 的高斯白噪声,计算振动响应,假设采样频率为 500 Hz,从第一个质量块采集 1 024 个点的响应数据,如图 8-7-2 所示。

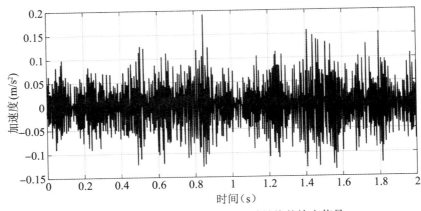

图 8-7-2　白噪声激励下第一个质量块的输出信号

采用 1 024 个点的振动响应数据，构建了 Hankel 矩阵 ($i=100$, $j=825$)，进行随机子空间模态参数识别研究。图 8-7-3 为分别使用基于 QR 分解的数据驱动随机子空间法与协方差驱动随机子空间法得到的稳定图。

稳定图显示了模态阶数在 0~30 的模态识别结果，同时图中也画出了振动信号的傅氏谱。对于同一模态，如果前后两次识别结果同一模态的模态频率误差小于 1%，同时模态阻尼识别结果的误差小于 5%，即

$$\frac{|f^{(n)}-f^{(n+1)}|}{f^{(n)}}<1\%,\frac{|\zeta^{(n)}-\zeta^{(n+1)}|}{\zeta^{(n)}}<5\%$$

则此次识别的结果标识为稳定，否则为不稳定。

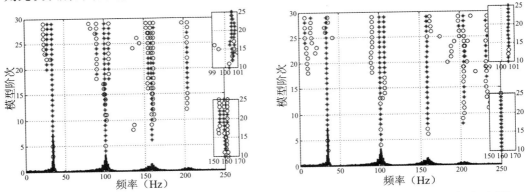

图 8-7-3　协方差驱动随机子空间方法（左图）与基于 QR 分解的数据驱动随机子空间方法（右图）
的稳定图（＊代表稳定，○代表不稳定）

从图中可以看出，二者基本上都能识别出前四阶模态。与基于 QR 分解的数据驱动随机子空间法相比，协方差驱动随机子空间法在 100 Hz 左右和 150 Hz 左右形成了比较稳定的、相互接近的虚假模态。同时基于 QR 分解的数据驱动随机子空间法可以识别出比较弱的第 5 个模态（在 230 Hz 左右）。

为了验证 QR 分解算法对数据驱动随机子空间法的识别结果，对其进行对比分析，

结果如图 8-7-4 所示。可以看出,是否使用 QR 分解对数据驱动随机子空间法的识别结果影响较大。没有采用 QR 分解的数据驱动随机子空间法仅仅识别出了第三个模态(区间 150 左右),而基于 QR 分解的数据驱动随机子空间法识别出了所有的 5 个模态。

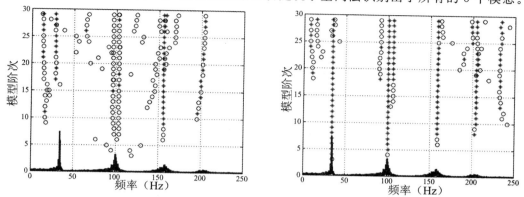

图 8-7-4　未使用 QR 分解的数据驱动随机子空间方法(左)与基于 QR 分解的数据驱动随机子空间方法的稳定图(右)(* 代表稳定,○代表不稳定)

对振动响应数据施加高斯白噪声,模拟实际振动测试中的量测噪声影响。并采用 100 次蒙特卡洛模拟来进行识别方法的鲁棒性分析。模态频率和阻尼比识别结果分别如表 8-7-1 和 8-7-2 所示。从中可出,数据驱动随机子空间法的估计结果更接近真实值,同一模态的变异系数更小。

表 8-7-1　频率估计值的均值和变异系数(定阶为 20)

模态	真实值	均值		变异系数	
		协方差驱动	数据驱动	协方差驱动	数据驱动
1	34.499 0	34.540 0	34.470 0	0.004 075	0.001 489
2	100.704	101.230	100.640	0.011 249	0.002 977
3	158.750	150.040	158.800	0.212 340	0.003 304
4	203.935	—	204.730	—	0.006 680

表 8-7-2　阻尼估计值的均值和变异系数(定阶为 20)

模态	真实值	均值		变异系数	
		协方差驱动	数据驱动	协方差驱动	数据驱动
1	0.003 737	0.004 884	0.003 691	0.717 250	0.576 780
2	0.010 909	0.009 400	0.008 548	0.476 560	0.171 890
3	0.017 197	0.014 506	0.014 522	0.790 870	0.167 910
4	0.022 092	—	0.014 911	—	0.334 890

8.8 / 时间序列模型法

时间序列分析法是对有序的随机数据进行分析、研究和处理的一种方法（Ljung 和 Soderstrom，1983；Young，1984；Ljung，1987）。所谓时间序列（动态数据），就是一组按照时间次序排列的随机数据和随机变量。数据的这种顺序反映了数据内部的相互联系或规律性，蕴涵了产生这些数据的系统的有关特性，分析、研究这些有序随机数据就可以了解它包含的信息，掌握它内在的规律，进而得到系统的动态特性。

1927 年，G. U. Yule(1927)提出了时间序列的 AR 模型，用于时间序列的预测。其后，G. Walker(1931)也提出应用 AR 模型用于时间序列的预测。1970 年，Box 和 Jenkins 发表了专著 *Time Series Analysis*：*Forecasting and Control*，将时间序列分析法及其应用做了系统深入的论述。1983 年，Pandit 和 Wu(Pandit 和 Wu，1983)将时间序列法成功用于机械制造业，对时间序列法的数学方法赋予了清晰的物理概念，讨论并阐明了时序模型方程与振动微分方程之间的关系。模态参数识别中的时序法使用的数学模型主要有自回归（AR）模型、滑动平均（MA）模型、自回归滑动平均（ARMA）模型、带外生变量的自回归滑动平均（ARMAX）模型等。

8.8.1 自回归滑动平均模型（ARMA）

设 $y(t)$ 为系统某自由度的平稳、零均值随机振动时间历程（如位移、速度、加速度等），$u(t)$ 为系统的随机输入（如白噪声激励），则系统的离散输入—输出序列可以用一组差分方程表示为

$$y(t)+a_1 y(t-\Delta t)+\cdots+a_m y(t-m\Delta t)=b_0 u(t)+b_1 u(t-\Delta t)+\cdots+b_n u(t-n\Delta t)$$

$$(8\text{-}8\text{-}1a)$$

或者写为

$$y(k)+a_1 y(k-1)+\cdots+a_m y(k-m)=b_0 u(k)+b_1 u(k-1)+\cdots+b_n u(k-n)$$

$$(8\text{-}8\text{-}1b)$$

或者写为

$$y_k+a_1 y_{k-1}+\cdots+a_m y_{k-m}=b_0 u_k+b_1 u_{k-1}+\cdots+b_n u_{k-n} \qquad (8\text{-}8\text{-}1c)$$

或者写为

$$y_k+\sum_{i=1}^{m}a_i y_{k-i}=b_0 u_k+\sum_{i=1}^{n}b_i u_{k-i} \qquad (8\text{-}8\text{-}1d)$$

式中，Δt 为采样间隔，$y_k=y(k\Delta t)$ 为输出 $y(t)$ 的离散值，$u_k=u(k\Delta t)$ 为输入 $u(t)$ 的离散值，a_i 和 b_i 为待定系数。公式(8-8-1)表明，t 时刻（即当前时刻 k）的输出 y_k 与 t 时刻以前的一段时间 $(k-1)\Delta t \sim (k-m)\Delta t$ 内的输出有关，而与 $(k-m)\Delta t$ 以前的输出是无关的。此外 y_k 还与 t 时刻以前的一段时间 $(k-m)\Delta t$ 内的输入有关。即公式(8-8-1)反映了当前响应与当前激励及以往响应和激励的关系，可以用过去的激励与响应值来分析现在和预测未来的响应。

公式(8-8-1)也常写为

$$y_k - \sum_{i=1}^{m} a_i y_{k-i} = b_0 u_k - \sum_{i=1}^{n} b_i u_{k-i} \tag{8-8-2a}$$

或

$$y_k = \sum_{i=1}^{m} a_i y_{k-i} + b_0 u_k - \sum_{i=1}^{n} b_i u_{k-i} \tag{8-8-2a}$$

注意到公式(8-8-2)和(8-8-1)都表达了输入输出之间的关系,唯一区别在于系数 $a_i(i=1,\cdots,m)$ 和 $b_i(i=1,\cdots,n)$ 差了一个负号。

引入时间延迟算子 q^{-1},定义

$$q^{-i} u_k = u_{k-i} \tag{8-8-3}$$

则可以把式(8-8-2)写成

$$A(q) y_k = B(q) u_k \tag{8-8-4}$$

该式即为系统的自回归滑动平均模型,记作 ARMA(m,n)。其中 $A(q)$ 和 $B(q)$ 为延迟算子的多项式

$$A(q) = 1 - a_1 q^{-1} - \cdots - a_m q^{-m} \tag{8-8-5a}$$
$$B(q) = b_0 - b_1 q^{-1} - \cdots - b_n q^{-n} \tag{8-8-5b}$$

上式中,m 称为自回归阶次,n 称为滑动平均阶次,且 $m \geqslant n$。a_i 称为自回归系数,b_i 称为滑动平均系数。

如果 $b_i = 0, i = 0,1,2,\cdots,n$,则 ARMA$(m,n)$ 模型变为 AR 模型,即

$$y_k = \sum_{i=1}^{m} a_i y_{k-i} \tag{8-8-6a}$$

或者

$$A(q) y_k = 0 \tag{8-8-6b}$$

如果 $a_i = 0, i = 1,2,\cdots,m$,则 ARM$(m,n)$ 模型变为 MA 模型,即

$$y_k = b_0 u_k - \sum_{i=1}^{n} b_i u_{k-i} \tag{8-8-7a}$$

或者

$$y_k = B(q) u_k \tag{8-8-7b}$$

可见,AR 模型和 MA 模型均为 ARMA 模型的特例。

将公式(8-8-4)写成下面形式

$$y_k = \frac{B(q)}{A(q)} u_k \tag{8-8-8}$$

上式中,$\frac{B(q)}{A(q)}$ 即为系统的脉冲响应函数,其拉普拉斯变换即为系统的传递函数。传递函数的分母包含着系统的固有频率和阻尼信息,而传递函数的分子则与系统的振型有关。由此可见,可以将 ARMA(m,n) 模型视为系统的动力学方程。事实上,由下节可

知,从系统的振动微分方程 $\mathbf{M}\ddot{x}(t) + \mathbf{C}\dot{x}(t) + \mathbf{K}x(t) = f(t)$ 出发,采用 Z 变换,同样可以得到与上式相同形式的 ARMA(m,n) 模型。

时间序列法优点主要包括在进行参数识别时,没有能量泄漏,因此分辨率高;方法成熟,有现成的软件确定时间序列模型的系数,例如 MATLAB 系统辨识工具箱中就包含了很多可用的算法。缺点为时间序列模型的形式、阶次与参数都必须正确地选择,否则会导致错误的识别结果。时间序列模型是唯一不包含状态向量的模型,时间序列模型的种类很多,如 AR 模型、ARX 模型、ARMA 模型、ARMAX 模型、BJ 模型等等(Ljung,1987)。

8.8.2　ARMA 模型与振动微分方程的关系

8.8.2.1　单自由度系统

对质量 m、刚度 k、阻尼为 c 的单自由度系统,其方程可以表示为

$$m\ddot{x}(t) + c\dot{x}(t) + kx(t) = f(t) \tag{8-8-9}$$

对离散时间 $t = k\Delta t$ 的采样值,定义 $x_k = x(k\Delta t)$,$f_k = f(k\Delta t)$,采用一阶差分格式,则

$$\dot{x}(t) = \frac{x_k - x_{k-1}}{\Delta t} \tag{8-8-10}$$

$$\ddot{x}(t) = \frac{x_k - 2x_{k-1} + x_{k-2}}{\Delta t^2} \tag{8-8-11}$$

代入(8-8-9)中,可得

$$x_k - \sum_{i=1}^{2} a_i x_{k-i} = b_0 f_k \tag{8-8-12}$$

式中,

$$a_1 = \frac{2m + c\Delta t}{m + c\Delta t + k\Delta t^2} \tag{8-8-13a}$$

$$a_2 = \frac{m}{m + c\Delta t + k\Delta t^2} \tag{8-8-13b}$$

$$b_0 = \frac{\Delta t^2}{m + c\Delta t + k\Delta t^2} \tag{8-8-13c}$$

可以看出,单自由度系统对应着 ARMA$(2,0)$ 模型。当 Δt 一定时,自回归系数和滑动平均系数是确定的,可通过式(8-8-13)求 m,c,k。

8.8.2.2　多自由度系统

对一个 n 自由度的线性系统,其运动微分方程为:

$$\mathbf{M}\ddot{x}(t) + \mathbf{C}\dot{x}(t) + \mathbf{K}x(t) = f(t) \tag{8-8-14}$$

式中,$\mathbf{M},\mathbf{C},\mathbf{K}$ 为 $n \times n$ 的质量矩阵、阻尼矩阵和刚度矩阵,$x(t)$ 为 $n \times 1$ 维位移向量,$f(t)$ 为 $n \times 1$ 维激振力矢量。

对上式进行拉普拉斯变换,得到

$$(\mathbf{M}s^2 + \mathbf{C}s + \mathbf{K})\mathbf{X}(s) = \mathbf{F}(s) \tag{8-8-15}$$

令

$$\mathbf{Z}(s) = \mathbf{M}s^2 + \mathbf{C}s + \mathbf{K} \tag{8-8-16}$$

则

$$\mathbf{Z}(s)\mathbf{X}(s) = \mathbf{F}(s) \tag{8-8-17}$$

传递函数矩阵 $\mathbf{H}(s)$ 为阻抗矩阵 $\mathbf{Z}(s)$ 的逆矩阵，即

$$\mathbf{H}(s) = \mathbf{Z}(s)^{-1} = \frac{\mathrm{adj}\{\mathbf{Z}(s)\}}{|\mathbf{Z}(s)|} \tag{8-8-18}$$

上式中，$\mathrm{adj}\{\mathbf{Z}(s)\}$ 表示 $\mathbf{Z}(s)$ 的伴随矩阵，$|\mathbf{Z}(s)|$ 为 $\mathbf{Z}(s)$ 的行列式。对一个 n 自由度的线性系统，它们的元素都是 $m_{ij}s^2 + c_{ij}s + k_{ij}$。因此其展开式的最高次幂项分别为 s^{2n-2} 和 s^{2n}。

传递函数矩阵的元素也可以表示为两个多项式的比值，即

$$H_{ij}(s) = \frac{b_0 + b_1 s + \cdots + b_{2n-2}s^{2n-2}}{a_0 + a_1 s + \cdots + a_{2n}s^{2n}} \tag{8-8-19}$$

对上式进行部分因式分解，得到

$$H_{ij}(s) = \sum_{r=1}^{n} \left(\frac{{}_rA_{ij}}{s - s_r} + \frac{{}_rA_{ij}^*}{s - s_r^*} \right) \tag{8-8-20}$$

对上式进行拉普拉斯逆变换，可以得到其单位脉冲响应函数：

$$h_{ij}(t) = \sum_{r=1}^{n} ({}_rA_{ij}\,\mathrm{e}^{s_r t} + {}_rA_{ij}^*\,\mathrm{e}^{s_r^* t}) \tag{8-8-21}$$

对单位脉冲响应进行等间隔采样，可以得到离散形式的脉冲响应表达式：

$$h_{ij}(k) = \sum_{r=1}^{n} ({}_rA_{ij}\,\mathrm{e}^{s_r k\Delta t} + {}_rA_{ij}^*\,\mathrm{e}^{s_r^* k\Delta t}) \tag{8-8-22}$$

定义 $z_r = \mathrm{e}^{s_r \Delta t}$，则

$$h_{ij}(k) = \sum_{r=1}^{n} ({}_rA_{ij}z_r^k + {}_rA_{ij}^*z_r^{*k}) \tag{8-8-23}$$

对上式进行 Z 变换，可得

$$H_{ij}(z) = \sum_{r=1}^{n} \left(\frac{{}_rA_{ij}}{1 - z_r z^{-1}} + \frac{{}_rA_{ij}^*}{1 - z_r^* z^{-1}} \right) \tag{8-8-24}$$

将式(8-8-24)进行通分，合并后得到 $H_{ij}(z)$ 的有理分式表达式，即

$$H_{ij}(z) = \frac{b_0 + b_1 z^{-1} + b_2 z^{-2} + \cdots + b_{2n-2}z^{-2n+2}}{1 + a_1 z^{-1} + a_2 z^{-2} + \cdots + a_{2n}z^{-2n}} \tag{8-8-25}$$

可简写为

$$H_{ij}(z) = \frac{X(z)}{F(z)} \tag{8-8-26}$$

即有

$$(1 + a_1 z^{-1} + a_2 z^{-2} + \cdots + a_{2n}z^{-2n})X(z) = (b_0 + b_1 z^{-1} + b_2 z^{-2} + \cdots + b_{2n-2}z^{-2n+2})F(z)$$

$$\tag{8-8-27}$$

对上式再进行 Z 逆变换,使其转化到时域内,便得

$$x_k + a_1 x_{k-1} + a_2 x_{k-2} + \cdots + a_{2n} x_{k-2n} = f_k + b_1 f_{k-1} + b_2 f_{k-2} + \cdots + b_{2n-2} f_{k-2n+2}$$
$$(8\text{-}8\text{-}28)$$

上式即为离散的差分模型。如果把符号并入系数中,并令 $p=2n$,$q=2n-2$ 则得到

$$x_k - a_1 x_{k-1} - a_2 x_{k-2} - \cdots - a_p x_{k-p} = f_k - b_1 f_{k-1} - b_2 f_{k-2} - \cdots - b_q f_{k-q} \qquad (8\text{-}8\text{-}29)$$

上式即为 ARMA(p,q) 模型。注意,此处的 q 为 MA 模型的阶次,与上下文中延迟算子不要混淆。

8.8.3 模态参数识别

根据 ARMA 模型的动力学性质,由式(8-8-8)可以看出,模型的 $B(q)/A(q)$ 即为系统的传递函数。其分母 $A(q)$ 中包含系统的特征频率以及阻尼比,分子 $B(q)$ 则反映系统的振型。因此系统模态参数的识别问题,首先需要对 ARMA 模型的系数进行估计辨识,其次是确定模型的特征根并进而识别系统的模态参数。

1. 估算 ARMA 模型的系数

假设已经得到了单点激励下某测点的响应序列 x_k 和激振力序列 f_k,则可建立如下公式:

$$x_k = \sum_{i=1}^{2n} a_i x_{k-i} + b_0 f_k - \sum_{i=1}^{2n-2} b_i f_{k-i} \qquad (8\text{-}8\text{-}30)$$

当 $k=2n+1,\cdots,s$ 变化时,可以得到一组如式(8-8-30)所示的时间序列模型,写成矩阵形式可以表示为

$$\boldsymbol{x} = \mathbf{Q}\boldsymbol{\theta} \qquad (8\text{-}8\text{-}31)$$

式中,待定系数 $\boldsymbol{\theta}$ 为 $4n-1$ 维列向量,$\boldsymbol{x}$ 为 s 维列向量,$\mathbf{Q}$ 为 $s\times(4n-1)$ 维矩阵。

$$\boldsymbol{\theta} = \begin{bmatrix} a_1 & a_2 & \cdots & a_{2n} & b_0 & b_1 & \cdots & b_{2n-2} \end{bmatrix}^T \qquad (8\text{-}8\text{-}32)$$

$$\boldsymbol{x} = \begin{bmatrix} x_{2n+1} & x_{2n+2} & \cdots & x_{2n+s} \end{bmatrix}^T \qquad (8\text{-}8\text{-}33)$$

$$\mathbf{Q} = \begin{bmatrix} x_{2n} & x_{2n-1} & \cdots & x_1 & f_{2n+1} & -f_{2n} & \cdots & -f_2 \\ x_{2n+1} & x_{2n} & \cdots & x_2 & f_{2n+2} & -f_{2n+1} & \cdots & -f_3 \\ \vdots & \vdots & \vdots & \vdots & \vdots & \vdots & \vdots & \vdots \\ x_{2n+s-1} & x_{2n+s-2} & \cdots & x_s & f_{2n+s} & -f_{2n+s-1} & \cdots & -f_{s+1} \end{bmatrix} \qquad (8\text{-}8\text{-}34)$$

当 $s>4n-1$ 时,可以采用最小二乘法求解方程(8-8-31),得到

$$\boldsymbol{\theta} = (\mathbf{Q}^T\mathbf{Q})^{-1}\mathbf{Q}\boldsymbol{x} \qquad (8\text{-}8\text{-}35)$$

2. 模态参数识别

由公式(8-8-25)~(8-8-27)并考虑到系数的正负号问题,可以得到 z 变换形式的传递函数为

$$H_{ij}(z) = \frac{B(z)}{A(z)} = \frac{b_0 - b_1 z^{-1} - b_2 z^{-2} - \cdots - b_{2n-2} z^{-2n+2}}{1 - a_1 z^{-1} - a_2 z^{-2} - \cdots - a_{2n} z^{-2n}} = \frac{b_0 - \sum\limits_{i=1}^{2n-2} b_i z^{-i}}{1 - \sum\limits_{i=1}^{2n} a_i z^{-i}} \qquad (8\text{-}8\text{-}36)$$

令分母等于零,于是得到 ARMA 模型的特征方程为

$$A(z) = 1 - \sum_{i=1}^{2n} a_i z^{-i} = 0 \tag{8-8-37}$$

求解可以到 $2n$ 个共轭复根 z_r。由 $z_r = e^{s_r \Delta t}$ 可以得到该测点处系统的极点 s_r,并进而可以求得模态频率和阻尼比分别为

$$s_r, s_r^* = -\zeta_r \omega_r \pm j \omega_r \sqrt{1-\zeta_r^2}$$

$$\omega_r = \sqrt{[\mathrm{Re}(s_r)]^2 + [\mathrm{Im}(s_r)]^2}$$

$$\zeta_r = -\mathrm{Re}(s_r)/\omega_r$$

复模态矢量可以由测点处系统的各阶模态的留数求得,即

$$R_{efr} = \left. \frac{B(z)}{A'(z)} \right|_{z=z_r} \tag{8-8-38}$$

上式中,$A'(z) = \dfrac{\mathrm{d}A(z)}{\mathrm{d}z}$。

对所有的测点重复进行上述识别过程,从而可以得到 R_{efr},$e=1,2,\cdots,m$;$r=1,2,\cdots,n$,组成留数矩阵为

$$\mathbf{R} = \begin{bmatrix} R_{1f1} & R_{1f2} & \cdots & R_{1fn} \\ R_{2f1} & R_{2f2} & \cdots & R_{2fn} \\ \vdots & \vdots & \ddots & \vdots \\ R_{mf1} & R_{mf2} & \cdots & R_{mfn} \end{bmatrix} \tag{8-8-39}$$

矩阵 $\mathbf{R}$ 中的各列即为系统的各阶模态的复模态矢量。

思考题

1. 时域法的响应模型与频域法有何不同? 两种方法有何优缺点?

2. 常用哪几种时域识别法? 每种方法用何种响应模型(何种响应信号)?

3. 几种时域识别法中,哪些为整体识别法,哪些为局部识别法?

4. 模态识别中该注意哪些问题?

5. ITD 法的基本思想是什么?

6. 使用 ITD 法求出特征值后,由无量纲算法估算模态参数有何好处?

7. 在 ITD 法中,当测点不足时如何处理? 如何提高识别精度? 噪声模态如何判断? 有哪几种方法?

8. 如何区分真实模态和虚假模态?

9. 最小二乘复指数法中,为什么要构造 Prony 多项式?

10. ARMA 模型与振动微分方程有何关系? 传递函数与 ARMA 模型有何关系?

9

第九章
模态分析的应用

9.1 / 概　述

结构振动测试、分析与模态识别是通过各种传感器测量的结构振动信号来分析、识别结构的模态参数,主要包括频率、振型和阻尼比等信息。利用这些模态参数,并结合各种结构分析理论或数值模型,我们可以对已有结构系统进行识别分析、损伤诊断、优化设计和性能评价等。比如可以利用结构不同阶段的振动测试数据来识别模态参数的变化,并进而判断结构在此期间是否有损伤或故障发生。再比如可以利用实测得到的结构真实模态参数来修正有限元模型,得到反映实际结构真实动力特性的数值模型,从而可以利用此修正模型来进行振动响应预报或结构振动控制。

总结起来,振动测试和模态分析技术的应用可以归结为下述几个方面。

(1) 结构动态特性评价:振动模态是结构系统固有的、整体的特性。通过模态分析搞清楚了结构系统的模态参数,就可以对该结构系统进行动态特性评估。对一般结构而言,一般要求其主要模态频率要远离其工作频率,或工作频率不落在其某阶频率的一定范围内。对结构振动贡献较大的振型,应该使其不影响结构的正常工作。

(2) 振动预报及减振:荷载-结构-响应是振动系统的三个部分,通过模态分析搞清楚结构系统的各阶模态参数或在某一易受影响的频率范围内的各阶主要模态的特性,同时考虑结构系统所受的外载荷或内部振源激励作用,就可以对结构系统进行振动响应预报,从而评价结构振动是否超标。另外,从结构减振角度来说,与降低荷载(一般来说是非常困难的)相比,通过修改结构以改变结构的特性从而避免振动噪声问题更容易一些。

(3) 结构损伤诊断及健康监测:可以利用结构不同阶段的振动测试数据来识别模态参数的变化,并进而判断结构在此期间是否有损伤或故障发生,这就是损伤检测;如果有损伤发生,需要判断损伤的几何位置(损伤定位)和评估损伤的严重程度(损伤程度评估),最终来评判损伤对整个结构的影响程度并进行结构的剩余寿命预测,为结构的修复加固提供科学依据。基于模态识别和损伤诊断技术,利用测量的振动信号对处于运行中的结构系统安全状态进行在线监测,就是结构健康监测(SHM)。通过结构健康监测可以提前预报故障,从而防止重大安全事故的发生。

(4)结构动态设计:对满足工作性能要求的产品进行图纸设计,或对需要改进的结构根据预定的动态特性设计要求进行结构修改,直至满足结构各项设计指标,最终得到一个具有良好静态特性和动态特性的结构设计方案,以达到控制结构振动水平的目的。按照动态设计的指标,结构动态设计可以分为结构振动特性设计和结构振动响应设计,前者是指在结构满足静强度等要求的同时,使得结构的某阶或某几阶固有频率或振型满足设计要求。而后者则要求设计的结构在满足静强度、固有特性要求的同时,还要满足结构振动响应的要求。结构动态特性设计包括结构系统的动力学模型、优化数学模型及求解方法等方面的内容,具体又涉及结构的灵敏度分析、结构动力修改、结构模型修正等结构动力学的正问题和逆问题等方面。

(5)结构模型修正:目前工程结构分析中广泛采用的计算模型就是有限元模型。该模型一般是建立在理想的结构物理参数和边界条件之上的。结构的有限元分析结果与试验测试之间往往存在差距,为了建立能够反映结构真实状态的分析模型,需要利用从实际结构获得的振动特性信息对有限元模型进行修正,使修正后的有限元模型的动态特性与实测结果一致,此即结构模型修正。利用此修正后的模型,我们可以进行振动响应预报、振动控制、损伤诊断和强度评估等。

(6)其他方面:包括结构系统载荷识别、噪声的预报与控制等。

9.2／模态检验与模型匹配性

9.2.1　模型相关技术

相关方法是比较理论模态和试验模态一致性的方法。通过对共振频率、模态振型的相关性分析,可以得出解析模型和实测模型的一致性。比较的方法有共振频率差、模态振型的视觉比较、模态置信准则(MAC)、同位模态置信准则(COMAC)、频响置信准则(FRAC)、正交性检验等。

1. 模态置信准则(Modal Assurance Criterion,MAC)

模态置信准则也被称为模态置信度,是用来表示两个模态振型之间的相似程度的量。MAC定义如下(Allemang and Brown,1982)

$$\mathbf{MAC}_{ij} = \frac{|\boldsymbol{\phi}_i^{aT}\boldsymbol{\phi}_j^x|^2}{(\boldsymbol{\phi}_i^{aT}\boldsymbol{\phi}_i^a)(\boldsymbol{\phi}_j^{xT}\boldsymbol{\phi}_j^x)} \tag{9-2-1}$$

式中,$\mathbf{MAC}_{ij}$表示有限元模型/理论模型第i阶模态$\boldsymbol{\phi}_i^a$与试验模型第j阶模态$\boldsymbol{\phi}_j^x$之间的相关性。$\mathbf{MAC}_{ij}$总是介于0和1之间。MAC等于1表示相关性极好,可以认为对应的是同一阶模态;MAC等于0表示两个模态不相关。当把$\mathbf{MAC}_{ij}$排列在一个矩阵中时,如果相关性好的话,其对角线元素都比较大(如大于0.8),而非对角元素则都比较小。

2. 坐标模态置信准则(Co-Ordinate Modal Assurance Criterion,COMAC)

坐标模态置信准是利用每一个自由度来考察整个理论/解析振型和实验振型的相关关系。第 k 自由度的 **COMAC**$_k$ 定义如下(Lievevn 和 Ewins,1988):

$$COMAC_k = \frac{\sum\limits_{j=1}^{N_m} \mid \boldsymbol{\phi}_{kj}^a \boldsymbol{\phi}_{kj}^x \mid}{\sum\limits_{j=1}^{N_m} (\boldsymbol{\phi}_{kj}^a)^2 \sum\limits_{j=1}^{N_m} (\boldsymbol{\phi}_{kj}^x)^2} \qquad (9\text{-}2\text{-}2)$$

坐标模态置信准则可以看作是在 **MAC** 基础上发展起来的,**MAC** 考察结构自由度的相关性,而 **COMAC** 的相关性是与模态有关的。上式中,N_m 为模态振型数。需要注意的是,而 **COMAC** 的计算对振型的比例换算比较敏感,要求对解析模型和实验模型的振型用一致的方法进行换算。

3. 振型正交性检验

利用振型对质量矩阵和刚度矩阵的正交性,可以定义

$$\mathbf{COM} = \boldsymbol{\Phi}^{aT} \mathbf{M} \boldsymbol{\Phi}^x \qquad (9\text{-}2\text{-}3a)$$

$$\mathbf{COK} = \boldsymbol{\Phi}^{aT} \mathbf{K} \boldsymbol{\Phi}^x \qquad (9\text{-}2\text{-}3b)$$

在相关性很好的情况下,矩阵的非对角元素远小于对角元素。如果振型矩阵按照比例换算处理后,正交矩阵的对角元素等于 1,则非对角元素应当小于 0.1。

9.2.2 模型匹配技术

有限元分析方法是目前进行结构分析时最常用的方法,通常而言,有限元模型网格单元划分的越细密,节点数量越多,获得的结果就越精确。然而对于实验测试系统来说,传感器测点与有限元节点是难以一一对应的。其原因有:① 由于传感器数量的限制,有限元模型的自由度数量往往远多于实验模型的实际测点数;② 许多有限元节点处于结构的内部,实验中无法对其进行测量,而且相对于平动自由度来说,转动自由度难以测量。正是这些原因,造成了有限元模型与实验测试模型之间的自由度不匹配问题。因此进行模型修正、损伤诊断之前,需要将有限元模型与实验测试模型进行自由度匹配。

目前自由度匹配通常有两种方法:一种是模型缩聚法(Model Reduction Method),即将有限元模型的自由度进行等效缩减,使之与实验测试模型自由度一一对应,缩聚后模型的保留自由度信息里包含被缩聚自由度的信息。模型缩聚可以有效降低计算规模,提高计算效率;另一种方法是模态扩展方法(Mode Expansion Method),即:通过插值技术对实验测试得到的模态振型进行扩阶,使其自由度数等于有限元模型自由度数。目前的大部分理论研究和实际应用集中在前者,算法上也比较成熟。而模态扩展法尽管会增加一定的计算量,但在对实验模态插值的过程中,可以在一定程度上对实验模态数据进行降噪和平滑,有助于提高实验数据的精确性。因此,两种方法各有利弊。

1. **静态缩聚/扩阶法（Guyan 法）**

由 Guyan（1965）提出的静力缩聚方法是应用最普遍的一种模型缩聚方法。该方法无须迭代过程，非常简单有效。

将无阻尼自由振动方程中质量矩阵 $\mathbf{M}$、刚度矩阵 $\mathbf{K}$ 和位移向量 $\boldsymbol{x}$ 均分解为与主自由度（m）和从自由度（s）相对应的形式：

$$\begin{bmatrix} \mathbf{M}_{mm} & \mathbf{M}_{ms} \\ \mathbf{M}_{sm} & \mathbf{M}_{ss} \end{bmatrix} \begin{bmatrix} \ddot{\boldsymbol{x}}_m \\ \ddot{\boldsymbol{x}}_s \end{bmatrix} + \begin{bmatrix} \mathbf{K}_{mm} & \mathbf{K}_{ms} \\ \mathbf{K}_{sm} & \mathbf{K}_{ss} \end{bmatrix} \begin{bmatrix} \boldsymbol{x}_m \\ \boldsymbol{x}_s \end{bmatrix} = \begin{bmatrix} 0 \\ 0 \end{bmatrix} \tag{9-2-4}$$

忽略惯性项，则

$$\mathbf{K}_{sm} \boldsymbol{x}_m + \mathbf{K}_{ss} \boldsymbol{x}_s = 0 \tag{9-2-5}$$

$$\begin{bmatrix} \boldsymbol{x}_m \\ \boldsymbol{x}_s \end{bmatrix} = \mathbf{T}_G \boldsymbol{x}_m \tag{9-2-6}$$

式中，$\mathbf{T}_G$ 为 **Guyan** 缩聚方法的传递矩阵，定义为

$$\mathbf{T}_G = \begin{bmatrix} \mathbf{I} \\ -\mathbf{K}_{ss}^{-1} \mathbf{K}_{sm} \end{bmatrix} \tag{9-2-7}$$

缩聚后的质量矩阵和刚度矩阵分别为

$$\mathbf{K}_r^G = \mathbf{T}_G^T \mathbf{K} \mathbf{T}_G \tag{9-2-8a}$$

$$\mathbf{M}_r^G = \mathbf{T}_G^T \mathbf{M} \mathbf{T}_G \tag{9-2-8b}$$

式中，$\mathbf{K}_r^G$ 和 $\mathbf{M}_r^G$ 表示由静力缩聚方法得到的缩聚后的刚度矩阵和质量矩阵。

根据式（9-2-6）可知，如果实测得到了空间不完备振型向量 $\boldsymbol{\Phi}_m$，则可以通过转换矩阵得到扩阶后的空间完备振型向量，

$$\begin{bmatrix} \boldsymbol{\Phi}_m \\ \boldsymbol{\Phi}_s \end{bmatrix} = \mathbf{T}_G \boldsymbol{\Phi}_m \tag{9-2-9}$$

Guyan 法的精度严重依赖主自由度（测试自由度）的选择，当主自由度选择不合理时，缩阶/扩阶效果较差。由于该方法忽略了惯性，对于高阶模态会引入一定的误差。

2. **动态缩聚/扩阶方法**

由于静力缩聚忽略了惯性项，因此在高阶频率上有一定的误差。为了修正高阶频率的误差，Paz（1984）对静力缩聚方法进行了改进，引入了惯性项。对式（9-2-5）进行改进，使其包含对目标频率段中心频率 ω_0 的惯性项，可以得到

$$\begin{bmatrix} \boldsymbol{x}_m \\ \boldsymbol{x}_s \end{bmatrix} = \mathbf{T}_D \boldsymbol{x}_m \tag{9-2-10}$$

式中，$\mathbf{T}_D$ 为动态缩聚方法的传递矩阵，定义为

$$\mathbf{T}_D = \begin{bmatrix} \mathbf{I} \\ -(\mathbf{K}_{ss}^{-1} - \omega_0^2 \mathbf{M}_{ss})^{-1} (\mathbf{K}_{sm} - \omega_0^2 \mathbf{M}_{sm}) \end{bmatrix} \tag{9-2-11}$$

相应的，缩聚后的质量矩阵和刚度矩阵为

$$\mathbf{K}_r^D = \mathbf{T}_D^T \mathbf{K} \mathbf{T}_D \tag{9-2-12a}$$

$$\mathbf{M}_r^D = \mathbf{T}_D^T \mathbf{M} \mathbf{T}_D \tag{9-2-12b}$$

式中，$\mathbf{K}_r^D$ 和 $\mathbf{M}_r^D$ 表示由动力缩聚方法得到的缩聚刚度矩阵和质量矩阵。注意到当 $\omega_0^2 = 0$ 时，这种方法与静力缩聚方法是相同的。

同样，可以通过转换矩阵得到扩阶后的空间完备振型向量：

$$\begin{bmatrix} \boldsymbol{\Phi}_m \\ \boldsymbol{\Phi}_s \end{bmatrix} = \mathbf{T}_D \boldsymbol{\Phi}_m \qquad (9\text{-}2\text{-}13)$$

3. 改进的压缩方法（IRS）

O'Callahan(1989)提出了改进的缩聚系统（Improved reduced system，IRS）方法。考虑结构质量的影响，通过加入假设的静荷载作为惯性项，在由静力缩聚方法得到的转换矩阵中加入了一个修正项。改进的缩聚系统方法的转换矩阵 $\mathbf{T}_I$ 为

$$\mathbf{T}_I = \mathbf{T}_G + \mathbf{S}\mathbf{M}\mathbf{T}_G(\mathbf{M}_r^G)^{-1}\mathbf{K}_r^G \qquad (9\text{-}2\text{-}14)$$

上式中，$\mathbf{T}_G$ 为静态缩聚法的传递矩阵，$\mathbf{M}_r^G$、$\mathbf{K}_r^G$ 分别为由静力缩聚方法获得的缩聚质量矩阵与刚度矩阵。矩阵 $\mathbf{S}$ 定义如下：

$$\mathbf{S} = \begin{bmatrix} \mathbf{0} & \mathbf{0} \\ \mathbf{0} & \mathbf{K}_{ss}^{-1} \end{bmatrix} \qquad (9\text{-}2\text{-}15)$$

IRS 方法缩聚后的刚度矩阵 $\mathbf{K}_r^I$ 和质量矩阵 $\mathbf{M}_r^I$ 为

$$\mathbf{K}_r^I = \mathbf{T}_I^T \mathbf{K} \mathbf{T}_I \qquad (9\text{-}2\text{-}16a)$$

$$\mathbf{M}_r^I = \mathbf{T}_I^T \mathbf{M} \mathbf{T}_I \qquad (9\text{-}2\text{-}16b)$$

同样，可以通过转换矩阵得到扩阶后的空间完备振型向量：

$$\begin{bmatrix} \boldsymbol{\Phi}_m \\ \boldsymbol{\Phi}_s \end{bmatrix} = \mathbf{T}_I \boldsymbol{\Phi}_m \qquad (9\text{-}2\text{-}17)$$

4. 系统等效缩聚技术（SEREP）

O'Callahan 等(1989)提出了一个新的模型缩减的方法—系统等效缩阶扩展（System Equivalent Reduction Expansion Process，SEREP）方法。该方法通过特征向量来构造主自由度和从自由度之间的转换矩阵，是一种精确的缩聚方法，可以保持与高阶系统中对应的模态特性一致。但是就计算方面来说，SEREP 方法并不是很简便。因为它要求对高阶系统的全部特征向量来进行分块。

SEREP 方法中，根据主自由度和从自由度将振型向量写为分块矩阵的形式为

$$\boldsymbol{\Phi} = \begin{bmatrix} \boldsymbol{\Phi}_m \\ \boldsymbol{\Phi}_s \end{bmatrix} \qquad (9\text{-}2\text{-}18)$$

转换矩阵 $\mathbf{T}_S$ 定义为

$$\begin{bmatrix} \boldsymbol{\Phi}_m \\ \boldsymbol{\Phi}_s \end{bmatrix} = \mathbf{T}_S \boldsymbol{\Phi}_m \qquad (9\text{-}2\text{-}19)$$

当主自由度的数量多于实测振型阶数时，转换矩阵 $\mathbf{T}_S$ 可采用 $\boldsymbol{\Phi}_m$ 的伪逆来计算，即

$$\mathbf{T}_S = \begin{bmatrix} \boldsymbol{\Phi}_m \\ \boldsymbol{\Phi}_s \end{bmatrix} (\boldsymbol{\Phi}_m^T \boldsymbol{\Phi}_m)^{-1} \boldsymbol{\Phi}_m^T \qquad (9\text{-}2\text{-}20)$$

故用 SEREP 方法得到的缩聚后的刚度矩阵 $\mathbf{K}_r^S$ 和质量矩阵 $\mathbf{M}_r^S$ 可表示为

$$\mathbf{K}_r^S = \mathbf{T}_S^T \mathbf{K} \mathbf{T}_S \tag{9-2-21a}$$

$$\mathbf{M}_r^S = \mathbf{T}_S^T \mathbf{M} \mathbf{T}_S \tag{9-2-21b}$$

同样,由式(9-2-19)可以得到扩阶后的空间完备振型向量。

5. 最优拟合插值扩阶方法

前述模型缩聚/振型扩阶方法中,除了 SEREP 方法,传递矩阵都和有限元模型有关,即通过有限元模型来扩展实测模型,当有限元模型与实测模型之间存在较大误差时,该过程会引起扩阶后振型的二次误差。张德文和魏阜旋(1999)提出了一种基于最优拟合法的插值扩阶方法,该方法不直接需要有限元模型的质量矩阵 $\mathbf{M}$ 和刚度矩阵 $\mathbf{K}$,避免建模误差对扩阶造成二次误差,其扩展后的振型比较平滑。其基本思路如下:

假设通过实测得到了对应主自由度的振型向量为 $\boldsymbol{\Phi}_m^*$,则扩阶后的振型 $\boldsymbol{\Phi}^*$ 用有限元分析振型 $\boldsymbol{\Phi}$ 来表示:

$$\boldsymbol{\Phi}^* = \boldsymbol{\Phi} \mathbf{T}_0 \tag{9-2-22}$$

式中,$\mathbf{T}_0$ 为空间转换矩阵,其表达式为

$$\mathbf{T}_0 = \left[\boldsymbol{\Phi}_m^T (\mathbf{I} + \mathbf{W}) \boldsymbol{\Phi}_m \right]^{-1} \boldsymbol{\Phi}_m^T (\boldsymbol{\Phi}_m^* + \mathbf{W} \boldsymbol{\Phi}_m) \tag{9-2-23}$$

需要注意的是,上式中的 $\boldsymbol{\Phi}_m$ 为有限元模型对应测量自由度的振型向量。$\mathbf{I}$ 为单位矩阵。$\mathbf{W}$ 为加权对角阵,其对角元素为非负值。如果各自由度的测量精度相同,分析精度也相同,$\mathbf{W}$ 的对角元素可取相同值 w,通常可以取为 0,则

$$\mathbf{T}_0 = \frac{1}{1+w} \left[\boldsymbol{\Phi}_m^T \boldsymbol{\Phi}_m \right]^{-1} \boldsymbol{\Phi}_m^T (\boldsymbol{\Phi}_m^* + w \boldsymbol{\Phi}_m) \tag{9-2-24}$$

9.2.3 应用案例分析

如图 9-2-1 所示的五层剪切型框架结构(Hu 等,2006),x 方向的杆件长为 1 m,y 方向的杆件长为 3 m,z 方向杆件高为 1 m,杆件的截面积为 $A = 2.825 \times 10^{-3}$ m^2,截面惯性矩为 $I = 2.89 \times 10^{-6}$ m^4,杆件的弹性模量为 $E = 2.1 \times 10^{11}$ pa。

建立结构的有限元模型,进行模态分析。前五阶模态频率分别为 6.910 5 Hz,9.361 7 Hz,12.115 Hz,23.038 Hz,29.364 Hz。前五阶振型如图 9-2-2 所示。可以看出,第 1 阶振型是沿长轴(y 轴)的 1 阶弯曲振动,第 2 阶振型是沿短轴(x 轴)的 1 阶弯曲振动,第 3 阶振型为绕 z 轴的扭转振动,第 4 阶振型是沿长轴(y 轴)的 2 阶弯曲振动,第 5 阶振型是沿短轴(x 轴)的 2 阶弯曲振动。

取结构同一立柱上的五个节点(节点 5,9,13,17,21)的 y 向自由度为主自由度,利用 Guyan 静力缩阶和 SEREP 缩阶方法进行模型缩聚,得到的频率如表 9-2-1 所示。而当同时选择节点 5,9,13,17,21 的 x 和 y 向自由度为主自由度时的缩阶效果如表 9-2-2 所示。可以看出,自由度的选择对缩阶效果有影响。对图示的三维空间结构,如果仅选择 y 向自由度作为主自由度,对静力缩阶,实际上前五阶频率中仅能得到实际结构的前 2 阶模态,即 7.1 Hz 对应着实际结构的 y 向一阶弯曲模态 6.91 Hz,而 24.955 Hz 对应着 y 向的二阶弯曲模态;而 SEREP 方法缩聚得到的 5 阶模态与实际结构吻合更好。如果同时选择 x,y 向的自由度作为主自由度,SEREP 方法缩聚后的模型模态与缩聚前有限元模型几乎完全一致。

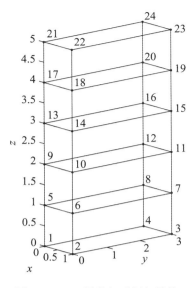

图 9-2-1　五层剪切型框架结构

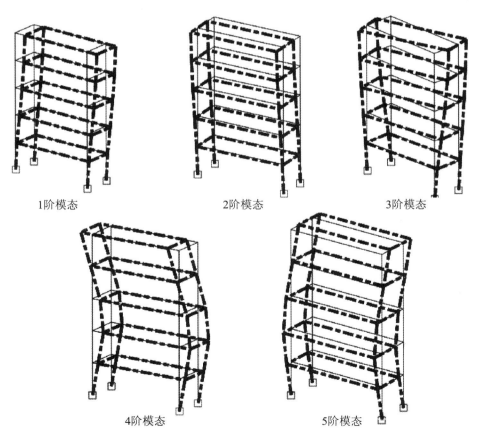

1阶模态　　　　　　2阶模态　　　　　　3阶模态

4阶模态　　　　　　5阶模态

图 9-2-2　前五阶振型

表 9-2-1　节点 $5,9,13,17,21$ 的 y 向自由度为主自由度时的缩阶效果

阶次	理论值	静力缩阶	SEREP 方法
1	6.910 5	7.100 2	7.039 8
2	9.361 7	24.955	9.518 5
3	12.115	50.065	11.924
4	23.038	81.007	23.086
5	29.364	113	29.36

表 9-2-2　节点 $5,9,13,17,21$ 的 x 和 y 向自由度为主自由度时的缩阶效果

阶次	理论值	静力缩阶	SEREP 方法
1	6.910 5	7.051 8	6.910 5
2	9.361 7	10.373	9.361 7
3	12.115	24.925	12.115
4	23.038	33.081	23.038
5	29.364	50.048	29.364

9.3 / 结构损伤诊断

基于振动的结构健康监测是利用结构损伤诊断技术,实时确定结构的整体健康状况的过程。该过程涉及结构空间振型响应信息的测量,从测量的振动数据中提取动力特征参数,然后利用这些动力特征参数确定结构是否有损伤发生、评估损伤的位置和损伤程度,并进而确定结构的安全健康状况。

在结构健康监测过程中,损伤诊断或者说损伤识别是非常关键的一步。目前结构损伤诊断一般分成四个阶段或层次(Rytter, A., 1993),第一层次为确定结构是否发生了损伤,即损伤识别(Damage Detection),第二层次是确定损伤的几何位置,即损伤定位(Damage Localization),第三层次是确定损伤的严重程度,即损伤程度评估或损伤定量(Damage Severity Estimation 或 Damage Quantification),第四层次是最终评判损伤对整个结构的影响程度并进行结构的剩余寿命预测。

目前,结构损伤诊断方法主要有以下几种(Doebling 等,1996;Sohn 等,2003;宗周红等,2003;李华军,杨和振,2004;李宏男等,2008)。① 模态参数直接比较法:利用模态参数如频率和振型的变化来进行损伤识别;② 模态导数法:利用振型的导数如曲率来进行损伤识别;③ 柔度矩阵法:利用量测的柔度(刚度)矩阵进行损伤识别;④ 模态应变能法:利用损伤前后单元的应变能的变化构造相应的损伤指标来进行损伤诊断;⑤ 基于模型修正的方法:利用模型修正技术,结构的损伤能够通过比较修正模型和原

始模型去诊断损伤位置。⑥ 其他方法：如频率响应函数法、小波分析法、神经网络法、遗传算法等也得到了一定的发展。

9.3.1　基于模态应变能的损伤定位方法

模态应变能法（Stubbs 等，1995；Kim 和 Stubbs，1995）的基本思想是将结构分为一系列的单元，分别计算结构损伤前后每个单元的应变能变化率，而部分模态振型在结构损伤附近发生局部突变，故模态应变能在结构中的分布将发生变化，所以可以通过比较每一单元模态应变能的变化来进行结构损伤诊断。与其他损伤诊断算法相比较，该方法的优点如下：不需要质量归一化的振型，仅仅利用结构损伤前后的低阶模态振型即可进行损伤定位，无须利用有限元模型修正。

对具有 N_e 个单元的线性结构体系，其第 i 阶模态应变能定义如下：

$$S_i = \boldsymbol{\phi}_i^T \mathbf{K} \boldsymbol{\phi}_i \tag{9-3-1}$$

式中，$\boldsymbol{\phi}_i$ 为完好结构系统的第 i 阶振型，$\mathbf{K}$ 为完好结构的总体刚度矩阵。则第 j 个单元对第 i 阶模态应变能的贡献为

$$S_{ij} = \boldsymbol{\phi}_i^T \mathbf{K}_j \boldsymbol{\phi}_i \tag{9-3-2}$$

式中，$\mathbf{K}_j$ 为结构系统中对应 j 单元的刚度矩阵。于是，第 j 单元的模态应变能对整个结构应变能的比值为

$$F_{ij} = S_{ij} / S_i \tag{9-3-3}$$

当结构的某个单元发生损伤时，结构单元的应变能将发生变化。同上类似，可以定义

$$F_{ij}^* = S_{ij}^* / S_i^* \tag{9-3-4}$$

式中，"*"表示损伤结构的对应参数，

$$S_{ij}^* = \boldsymbol{\phi}_i^{*T} \mathbf{K}_j^* \boldsymbol{\phi}_i^*, \quad S_i^* = \boldsymbol{\phi}_i^{*T} \mathbf{K}^* \boldsymbol{\phi}_i^* \tag{9-3-5}$$

对于给定的模态 i，F_{ij}^* 和 F_{ij} 有如下的特性：

$$\sum_{j=1}^{N_e} F_{ij} = \sum_{j=1}^{N_e} F_{ij}^* = 1 \text{，且 } F_{ij} \ll 1, F_{ij}^* \ll 1 \tag{9-3-6}$$

一般来说，当结构系统被离散化成足够小的单元时，对应第 i 阶模态、第 j 单元的应变能在损伤前后变化较小，即假设结构损伤不会影响结构各单元的应变能比率，则存在

$$F_{ij}^* \approx F_{ij} \tag{9-3-7}$$

或

$$1 = \frac{F_{ij}^* + 1}{F_{ij} + 1} = \frac{(S_{ij}^* + S_i^*) S_i}{(S_{ij} + S_i) S_i^*} \tag{9-3-8}$$

上式中，分子分母都加 1 是为了避免当 j 单元位于 i 阶模态的节点所造成的损伤误报（Kim 和 Stubbs，1995）。

定义

$$\mathbf{K}_j = E_j \mathbf{K}_{j0}, \quad \mathbf{K}_j^* = E_j^* \mathbf{K}_{j0} \tag{9-3-9}$$

式中，标量 E_j 和 E_j^* 代表未损伤和损伤结构第 j 单元的材料特性，如结构 j 单元的弹性模量。$\mathbf{K}_{j0}$ 仅涉及结构的几何量。因此可以用比值 E_j/E_j^* 来作为第 j 个单元的损伤定位指标。将相关公式带入式(9-3-8)，从而可以定义第 j 个单元关于第 i 阶模态的损伤指标

$$\beta_{ji} = E_j/E_j^* \approx \frac{(\boldsymbol{\phi}_i^{*T}\mathbf{K}_{j0}\boldsymbol{\phi}_i^* + \sum\limits_{l=1}^{N_e}\boldsymbol{\phi}_i^{*T}\mathbf{K}_{l0}\boldsymbol{\phi}_i^*)S_i}{(\boldsymbol{\phi}_i^T\mathbf{K}_{j0}\boldsymbol{\phi}_i + \sum\limits_{l=1}^{N_e}\boldsymbol{\phi}_i^T\mathbf{K}_{l0}\boldsymbol{\phi}_i)S_i^*} \qquad (9\text{-}3\text{-}10a)$$

如果同时存在 N_m 阶振型，则定义各单元的损伤指标如下：

$$\beta_j = \frac{\sum\limits_{i=1}^{N_m}(\boldsymbol{\phi}_i^{*T}\mathbf{K}_{j0}\boldsymbol{\phi}_i^* + \sum\limits_{l=1}^{N_e}\boldsymbol{\phi}_i^{*T}\mathbf{K}_{l0}\boldsymbol{\phi}_i^*)S_i}{\sum\limits_{i=1}^{N_m}(\boldsymbol{\phi}_i^T\mathbf{K}_{j0}\boldsymbol{\phi}_i + \sum\limits_{l=1}^{N_e}\boldsymbol{\phi}_i^T\mathbf{K}_{l0}\boldsymbol{\phi}_i)S_i^*} \qquad (9\text{-}3\text{-}10b)$$

假设各单元的损伤指标 β_j 符合正态分布，则标准化后的损伤定位指标为

$$Z_j = \frac{\beta_j - \bar{\beta}}{\sigma_\beta} \qquad (9\text{-}3\text{-}11)$$

$\bar{\beta}$ 和 σ_β 分别是损伤指标的均值和标准差。结构损伤程度的定义如下：

$$a_j = \frac{1}{\beta_j} - 1 \qquad (9\text{-}3\text{-}12)$$

如果结构单元没有损伤时，$a_j=0$；如果损伤存在时，$a_j<0$；如果 $a_j=-1$ 则表示此单元的刚度是完全丧失了。

对海洋平台或其他三维空间结构，主要构件是由立柱、水平撑杆及斜撑构件组成，这类结构的低阶模态以侧向弯曲模态为主。当考虑的模态仅仅是以水平方向的侧向振动为主时，对竖直方向的立柱构件的模态应变能将是以侧向弯曲模态应变能变化为主。而对处于水平撑杆构件的模态应变能将是以轴向拉压模态应变能变化为主。基于上述思想，可以将单元的模态应变能分解为拉压模态应变能和弯曲模态应变能，提出了模态应变能分解法用于三维空间的损伤定位(Yang 等，2003；Li 等，2006)。

定义轴向拉压模态应变能指标 β_j^a 和侧向弯曲模态应变能指标 β_j^t 分别为

$$\beta_j^a = \frac{\sum\limits_{i=1}^{N_m}(\boldsymbol{\phi}_i^{*T}\mathbf{K}_{j0}^a\boldsymbol{\phi}_i^* + \boldsymbol{\phi}_i^{*T}\mathbf{K}_0^a\boldsymbol{\phi}_i^*)\boldsymbol{\phi}_i^T\mathbf{K}_0^a\boldsymbol{\phi}_i}{\sum\limits_{i=1}^{N_m}(\boldsymbol{\phi}_i^T\mathbf{K}_{j0}^a\boldsymbol{\phi}_i + \boldsymbol{\phi}_i^T\mathbf{K}_0^a\boldsymbol{\phi}_i)\boldsymbol{\phi}_i^{*T}\mathbf{K}_0^a\boldsymbol{\phi}_i^*} \qquad (9\text{-}3\text{-}13)$$

$$\beta_j^t = \frac{\sum\limits_{i=1}^{N_m}(\boldsymbol{\phi}_i^{*T}\mathbf{K}_{j0}^t\boldsymbol{\phi}_i^* + \boldsymbol{\phi}_i^{*T}\mathbf{K}_0^t\boldsymbol{\phi}_i^*)\boldsymbol{\phi}_i^T\mathbf{K}_0^t\boldsymbol{\phi}_i}{\sum\limits_{i=1}^{N_m}(\boldsymbol{\phi}_i^T\mathbf{K}_{j0}^t\boldsymbol{\phi}_i + \boldsymbol{\phi}_i^T\mathbf{K}_0^t\boldsymbol{\phi}_i)\boldsymbol{\phi}_i^{*T}\mathbf{K}_0^t\boldsymbol{\phi}_i^*} \qquad (9\text{-}3\text{-}14)$$

式中，$\mathbf{K}_j^a = E_j\mathbf{K}_{j0}^a$，$\mathbf{K}_j^t = E_j\mathbf{K}_{j0}^t$，$\mathbf{K}_j^a$ 和 $\mathbf{K}_j^t$ 分别为仅包含轴向拉压信息和侧向弯曲信息的单元刚度矩阵，$\mathbf{K}_0^a$ 和 $\mathbf{K}_0^t$ 是由 $\mathbf{K}_{j0}^a$、$\mathbf{K}_{j0}^t$ 组成的整体刚度矩阵。

类似的,可以定义对应的拉压损伤定位指标 Z_j^a 和完全损伤定位指标 Z_j^t 分别为

$$Z_j^a = \frac{\beta_j^a - \overline{\beta^a}}{\sigma_\beta^a} \tag{9-3-15a}$$

$$Z_j^t = \frac{\beta_j^t - \overline{\beta^t}}{\sigma_\beta^t} \tag{9-3-15b}$$

对海洋平台等三维空间框架结构,如果水平撑或斜撑等构件发生损伤,则对应撑杆构件的拉压模态应变能定位指标将会变化最大,而与损伤单元相连的立柱构件的弯曲模态应变能指标值也将会发生变化;如果是垂直的立柱构件单元发生损伤,则对应的立柱构件的弯曲模态应变能指标值将会变化较大,而与立柱构件相连的撑杆的拉压模态应变能指标值也将会发生变化。根据这个原理可以有效地进行损伤定位,该方法得到了模型试验的验证(Li 和 Wang,2006)。

9.3.2 基于交叉模态应变能的损伤评估方法

上述基于模态应变能的方法要求有限元模型的模态与实测模态必须是一一对应,即具有模态匹配性要求。Hu 等人于 2006 年提出了交叉模态应变能法(CMSE)用于损伤评估(Hu 等,2006)。由于使用了交叉模态应变能,因此构成单元模态应变能的模态振型不再要求是同阶的和同模型的,这与传统意义上模态应变能的模态配对形式完全不同。模态交叉的优势在于:虽然实测模态是有限的,但基准模型的模态可通过有限元分析获得,可以得到更多阶数的解析模态。通过少量的实测模态和比较多的解析模态的交叉,从而可构造多于损伤位置的方程用于求解损伤问题。

最初,CMSE 方法只能用于损伤程度评估,后来 Li 等(Li,等,2007)和 Wang 等(Wang 等,2007)分别对该方法进行发展,使得 CMSE 可以同时进行损伤定位和损伤程度评估,Xu 和 Wang(2017)对二者进行了研究和讨论。本节仅对 CMSE 方法进行基本的介绍,有兴趣的读者可以查阅相关文献进行阅读。

对完好结构和损伤结构,存在如下关系:

$$\mathbf{K}\boldsymbol{\phi}_i = \lambda_i \mathbf{M}\boldsymbol{\phi}_i \tag{9-3-16a}$$

$$\mathbf{K}^* \boldsymbol{\phi}_j^* = \lambda_j^* \mathbf{M}^* \boldsymbol{\phi}_j^* \tag{9-3-16b}$$

对式(9-3-16a)左乘 $(\boldsymbol{\phi}_j^*)^T$ 和式(9-3-16b)左乘 $(\boldsymbol{\phi}_i)^T$,同时假定损伤不引起结构质量的变化,即 $\mathbf{M}^* = \mathbf{M}$,不难得出如下关系:

$$\lambda_j^* (\boldsymbol{\phi}_i)^T \mathbf{K}\boldsymbol{\phi}_j^* = \lambda_i (\boldsymbol{\phi}_i)^T \mathbf{K}^* \boldsymbol{\phi}_j^* \tag{9-3-17}$$

式中,λ_i 和 λ_j^* 分别为未损伤和损伤结构的第 i 阶和第 j 阶特征值。假定损伤结构的刚度矩阵表示成如下形式:

$$\mathbf{K}^* = \mathbf{K} + \sum_{n=1}^{N_d} \alpha_n \mathbf{K}_{l_n} \tag{9-3-18}$$

式中,N_d 是假定的损伤单元的个数,$\mathbf{K}_{l_n}$ 对应单元号为 l_n 单元的刚度矩阵。将式(9-3-18)代入式(9-3-17)可得:

$$\sum_{n=1}^{N_d} \alpha_n (\boldsymbol{\phi}_i)^T \mathbf{K}_{l_n} \boldsymbol{\phi}_j^* = \left(\frac{\lambda_j^*}{\lambda_i} - 1\right)(\boldsymbol{\phi}_i)^T \mathbf{K} \boldsymbol{\phi}_j^* \tag{9-3-19}$$

为了方便表述,用一个新的指标 m 来代替 ij。同时定义由基准模型第 i 阶模态 $\boldsymbol{\phi}_i$ 和损伤结构第 j 阶模态 $\boldsymbol{\phi}_j^*$ 组成的单元交叉模态应变能 $C_{m,n}$ 和系统的交叉模态应变能 C_m 分别为

$$C_m = (\boldsymbol{\phi}_i)^T \mathbf{K} \boldsymbol{\phi}_j^*, \quad C_{m,n} = (\boldsymbol{\phi}_i)^T \mathbf{K}_{l_n} \boldsymbol{\phi}_j^* \tag{9-3-20}$$

于是式(9-3-19)可变为

$$\sum_{n=1}^{N_d} \alpha_n C_{m,n} = b_m \tag{9-3-21}$$

式中,$b_m = \left(\frac{\lambda_j^*}{\lambda_i} - 1\right) C_m$。为了求解式(9-3-21),假设已经得到了有限元模型的 N_i 阶模态以及损伤结构的 N_j 阶模态,则存在 $N_q = N_i \times N_j$ 组模态组合可用来构造 N_q 个式(9-3-21)样式的 CMSE 方程,将其写为矩阵形式:

$$\mathbf{C}\boldsymbol{\alpha} = \boldsymbol{b} \tag{9-3-22}$$

式中,$\mathbf{C}$ 是一个 $N_q \times N_d$ 维的矩阵,$\boldsymbol{\alpha}$ 和 $\boldsymbol{b}$ 分别是维数 N_d 与 N_q 的列向量。如果 N_q 不小于 N_d,那么 $\boldsymbol{\alpha}$ 可以用最小二乘法求解:

$$\hat{\boldsymbol{\alpha}} = (\mathbf{C}^T \mathbf{C})^{-1} \mathbf{C}^T \boldsymbol{b} \tag{9-3-23}$$

在上述推导中,式(9-3-18)实际上是表示损伤的数目和损伤的位置是已知的,从而可以利用式(9-3-23)来评估损伤的程度。如果实际损伤的数目和损伤位置未知,则可以假定所有的单元都是可能的损伤对象,即下式成立:

$$\mathbf{K}^* = \mathbf{K} + \sum_{n=1}^{N_e} \alpha_n \mathbf{K}_n \tag{9-3-24}$$

推导过程完全一样,最终的求解结果 $\hat{\boldsymbol{\alpha}}$ 就可以同时表示损伤位置和损伤程度了。

9.3.3 海洋平台模型试验应用案例

对某钢质海洋平台模型进行了损伤诊断技术研究(王树青等,2006)。平台模型如图 9-3-1 所示,模型由四根立柱和水平、斜撑通过钢管焊接而成,顶层焊接在均质钢板上。模型结构和材料截面尺寸如下:层高 0.6 m,主桩腿为 $\phi 14 \times 2$ mm 的钢管,其他构件均为 $\phi 10 \times 2$ mm 的钢管,平台顶层为厚度为 20 mm 的钢板。

振动测试采用加速度传感器,每个节点安装两个单向传感器,分别测量 x 和 y 方向的加速度响应,四层共 32 个传感器。试验模型固定在振动试验台上,激振信号为 2~200 Hz、强度为 0.1 g 的随机信号。首先测试没有结构损伤时的振动响应,然后使结构某些构件产生损伤,再次进行振动响应测试。试验中,对在实验过程中要损伤的构件,设置图 9-3-2 所示的法兰接头的替换件,拆开两端法兰接头并取下替换件,模拟构件完全损伤;重新安装该接头后构件复原;安装杆件尺寸小的替换件,模拟构件部分损伤。整个试验中,数据采样频率为 500 Hz。

图 9-3-1 平台模型

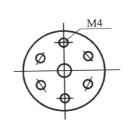
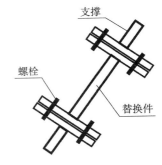
图 9-3-2 损伤替换件

利用特征系统实现算法(ERA)进行模态参数识别,可以得到不同工况下的前三阶模态参数。采用模态应变能法进行损伤定位。图 9-3-3 为平台二层的斜撑构件(对应有限元模型 38 号单元)发生损伤时的损伤定位指标,图 9-3-4 为二层斜撑构件(对应有限元模型 38 号单元)和三层斜撑 35(对应单元 35)同时损伤的识别情况,可以看出,基于模态应变能的方法可以准确地定位真实的损伤位置。

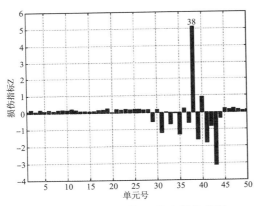

图 9-3-3 二层斜撑 38 发生损伤情况

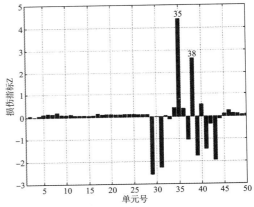
图 9-3-4 二层斜撑 38 和三层斜撑 35 断开情况

9.4 / 结构模型修正

有限元技术已经广泛用于各种工程结构的设计与分析。但由于分析过程中存在着众多的不确定性因素以及引入了多种假设,按照设计资料或实际结构建立的有限元模型,其分析结果常常不能完全真实地反映实际结构的动力特性。造成这一差异的主要因素包括 3 种。① 模型简化误差:有限元建模时略去次要因素,对模型进行了简化,如边界条件、连接条件在建模时的简化等;② 模型参数误差:由于环境的变化和生产制作等原因,导致在结构建模时物理参数(如密度、弹性模量、截面积等)、几何参数、阻尼参数等存在误差;③ 模型阶次误差:即有限元离散化所带来的误差。

鉴于上述差异的存在,需要利用从实际结构获得的振动特性信息对有限元模型进行修正,使修正后的有限元模型的模态参数/振动响应与实测结果尽可能一致,此即结构模型修正。目前基于模态参数的结构模型修正方法主要有最优矩阵修正、基于灵敏度的模态修正等(Friswell,M. I. 和 Mottershead ,J. E,1995;李辉和丁桦,2005)。

9.4.1　直接矩阵修正法

直接矩阵修正法(Direct Matrix Method)是最早发展起来的有限单元模型修正方法,该类方法通过直接修正结构的整体刚度矩阵和质量矩阵或其中的单个元素,使得理论计算结果和实测数据相吻合。Berman(1979)和 Baruch(1982)分别以修正质量矩阵 $\mathbf{M}$ 和刚度矩阵 $\mathbf{K}$ 加权范数最小为目标函数,把刚度矩阵 $\mathbf{K}$ 与质量矩阵 $\mathbf{M}$ 的对称性以及特征方程作为约束,结合振型的正交性,直接对系统的刚度矩阵 $\mathbf{K}$ 和质量矩阵 $\mathbf{M}$ 进行修正。

直接方法具有不需要迭代、结果不发散的优点;但缺点是不能够保证结构的物理连接(Connectivity)和质量矩阵及刚度矩阵的正定性,其修正参数可能没有任何物理意义。常见的直接修正方法有拉格朗日乘子法(Baruch,2012)、误差矩阵法(Ewins 等,1988)、矩阵混合法(Caesar,1987)等。下面将对 Baruch 提出的方法进行简要说明。

Baruch 方法假定质量矩阵是准确的,通过采用拉格朗日乘子计算修正模型与分析模型的刚度矩阵差的最小值来修正刚度矩阵,即

$$\varepsilon = \parallel \mathbf{M}^{-0.5}(\mathbf{K}^* - \mathbf{K})\mathbf{M}^{-0.5} \parallel \tag{9-4-1}$$

式中,$\mathbf{K}$ 和 $\mathbf{M}$ 分别表示分析模型的刚度矩阵和质量矩阵;$\mathbf{K}^*$ 表示修正模型的刚度矩阵。

修正后的刚度矩阵可以表示为

$$\mathbf{K}^* = \mathbf{K} + \Delta\mathbf{K} \tag{9-4-2}$$

引入约束条件:

$$\mathbf{K}^* \mathbf{\Phi}^* = \mathbf{M}\mathbf{\Phi}^* \mathbf{\Lambda}^* \tag{9-4-3a}$$

$$\mathbf{K}^* = \mathbf{K}^{*T} \tag{9-4-3b}$$

可以得到矩阵改变量

$$\Delta\mathbf{K} = -\mathbf{K}\mathbf{\Phi}^* (\mathbf{\Phi}^*)^T\mathbf{M} - \mathbf{M}\mathbf{\Phi}^* (\mathbf{\Phi}^*)^T\mathbf{K} +$$
$$\mathbf{M}\mathbf{\Phi}^* (\mathbf{\Phi}^*)^T\mathbf{K}\mathbf{\Phi}^* (\mathbf{\Phi}^*)^T\mathbf{M} + \mathbf{M}\mathbf{\Phi}^* \mathbf{\Lambda}^* (\mathbf{\Phi}^*)^T\mathbf{M} \tag{9-4-4}$$

Berman 和 Nagy(1983)采用类似的方法修正质量矩阵,可以得到

$$\Delta\mathbf{M} = \mathbf{M}\mathbf{\Phi}^* [(\mathbf{\Phi}^*)^T\mathbf{M}\mathbf{\Phi}^*]^{-1}[\mathbf{I} - (\mathbf{\Phi}^*)^T\mathbf{M}\mathbf{\Phi}^*][(\mathbf{\Phi}^*)^T\mathbf{M}\mathbf{\Phi}^*]^{-1}(\mathbf{\Phi}^*)^T\mathbf{M} \tag{9-4-5}$$

9.4.2　间接修正法

另一类模型修正方法为间接的物理参数修正法(Indirect physical property adjustment method)。该类方法通过修改结构中某个或某些结构单元的物理参数(如弹性模量、密度、截面积等),使得结构模型的理论预测结果同实测数据尽量一致,因此该类方

法也称为设计参数型修正法。该类方法一般需要迭代计算,故也称为迭代法。迭代法一般通过构造罚函数来逐步增强解析模型和实验模型的相关性。

间接的模型修正方法的优点是:修正参数具有一定的物理意义,例如修正某单元的弹性模量、密度或者截面积等;可选择的修正参数比较多;而且实验量测数据和理论模型数据都可以根据工程经验获得不同的权重。缺点是:由于目标函数往往是非线性的,必须线性化后迭代求解,因此结果有发散的可能。当待修正参数较多时,灵敏度计算复杂和迭代计算量大,而且修正结果往往会出现奇异性和多值性,这也是目前设计参数型模型修正方法难以用于大型复杂工程结构模型修正的根本原因。此外,该类方法一般需要完整的模态信息,即需要把量测模态自由度扩展到所有自由度,因此一般需要结合模型缩阶或振型扩阶来完成(Li 和 Ding,2010;Li 和 Hong,2011)。

基于灵敏度分析的方法是其中最具代表性的模型修正方法(Mottershead 和 Friswell,1993;范立础等,2000;Bakira 等,2007;Mottershead 等,2011)。下面简单介绍。

基于灵敏度的修正方法一般都通过考虑模态参数对结构设计参数的偏导数并采用泰勒展开来计算一阶灵敏度矩阵 $\mathbf{S}$,从而得到的求解方程具有如下结构形式:

$$\mathbf{S}\Delta \boldsymbol{p} = \Delta \boldsymbol{w} \tag{9-4-6}$$

式中,$\Delta \boldsymbol{p}$ 为结构修正参数组成的列向量;$\Delta \boldsymbol{w}$ 为分析模型与实测模型的模态信息差值组成的列向量;$\mathbf{S}(p_i)$ 为在当前设计状态下的灵敏度矩阵。求解矩阵方程得到当前迭代步下的向量 Δp_i,并利用 $p_{i+1} = p_i + \Delta p_i$ 来修正分析模型的质量矩阵和刚度矩阵。由修正后的质量矩阵和刚度矩阵计算得出一个新的特征解。然后重复这个过程直到获得目标模态特性。

9.4.3　交叉模型交叉模态方法

交叉模型交叉模态(CMCM)模型修正方法(Hu 等,2007)可以同时修正结构模型的刚度矩阵和质量矩阵。之所以称为交叉模型交叉模态方法,是因为该方法包含求解一组线性方程组,方程组的每个方程都根据两个不同模型(有限元模型和实测模型)的两个相同/不同的模态的乘积得到。传统的模型修正方法一般需要有限元模型与实测结构的模态振型同比例要求,比如要求实测模态振型是质量归一化的,这在实际中是难以实现的。也有一些方法需要实测模态与分析模态的匹配性要求,即在模型修正过程中,有限元模型只能采用与实测数据阶数相一致的模态振型。这就使得有限元模型的分析模态可用的只能是与实测结构模态同阶的有限阶模态,从而有限元模型的大量信息没有充分利用。

而交叉模型交叉模态模型修正方法不属于前面所提到的直接修正法和间接修正法,可以归类为直接的物理属性调整方法。它同时具有直接修正法和间接修正法两者的优点。交叉模型交叉模态模型修正方法具有以下优点:① 采用模态振型和模态频率信息来同时对质量矩阵和刚度矩阵进行修正,无须测量模态与有限元分析模型的模态一一对应,即不需要匹配性要求。② 仅需要实测数据的低阶模态信息,对振型没有同比例要求,没有质量归一化要求,增加了方法的实用性。本节仅介绍 CMCM 方法的基本原理,关于 CMCM 方法的各种处理可以参阅作者的相关文献。

假定结构有限元模型的质量以及刚度矩阵分别为 $\mathbf{M}$ 和 $\mathbf{K}$,则存在

$$\mathbf{K}\boldsymbol{\phi}_i = \omega_i^2 \mathbf{M}\boldsymbol{\phi}_i \tag{9-4-7}$$

式中,ω_i 为有限单元模型的第 i 阶固有频率,$\boldsymbol{\phi}_i$ 为有限单元模型的第 i 阶模态振型。对实际结构,存在

$$\mathbf{K}^* \boldsymbol{\phi}_j^* = \omega_j^{*2} \mathbf{M}^* \boldsymbol{\phi}_j^* \tag{9-4-8}$$

式中,ω_j^* 和 $\boldsymbol{\phi}_j^*$ 分别为实际结构测试得到的第 j 阶固有频率和模态振型。

将公式(9-4-7)两边同时左乘 $(\boldsymbol{\phi}_j^*)^T$,公式(9-4-8)两边同时左乘 $\boldsymbol{\phi}_i^T$,得到

$$(\boldsymbol{\phi}_j^*)^T \mathbf{K}\boldsymbol{\phi}_i = \omega_i^2 (\boldsymbol{\phi}_j^*)^T \mathbf{M}\boldsymbol{\phi}_i \tag{9-4-9}$$

$$\boldsymbol{\phi}_i^T \mathbf{K}\boldsymbol{\phi}_j^* = \omega_j^{*2} \boldsymbol{\phi}_i^T \mathbf{M}^* \boldsymbol{\phi}_j^* \tag{9-4-10}$$

由于 $\mathbf{M}$ 与 $\mathbf{K}$ 均为实对称矩阵,因而有

$$(\boldsymbol{\phi}_j^*)^T \mathbf{M}\boldsymbol{\phi}_i = \boldsymbol{\phi}_i^T \mathbf{M}\boldsymbol{\phi}_j^* \tag{9-4-11}$$

$$(\boldsymbol{\phi}_j^*)^T \mathbf{K}\boldsymbol{\phi}_i = \boldsymbol{\phi}_i^T \mathbf{K}\boldsymbol{\phi}_j^* \tag{9-4-12}$$

于是可得

$$\boldsymbol{\phi}_i^T \mathbf{K}\boldsymbol{\phi}_j^* = \omega_i^2 \boldsymbol{\phi}_i^T \mathbf{M}\boldsymbol{\phi}_j^* \tag{9-4-13}$$

将式(9-4-10)与式(9-4-13)相除,可得

$$\frac{\boldsymbol{\phi}_i^T \mathbf{K}^* \boldsymbol{\phi}_j^*}{\boldsymbol{\phi}_i^T \mathbf{K}\boldsymbol{\phi}_j^*} = \frac{(\omega_j^*)^2 \boldsymbol{\phi}_i^T \mathbf{M}^* \boldsymbol{\phi}_j^*}{\omega_i^2 \boldsymbol{\phi}_i^T \mathbf{M}\boldsymbol{\phi}_j^*} \tag{9-4-14}$$

假设实际结构的质量及刚度矩阵是有限单元模型的质量矩阵和刚度矩阵的修正,即

$$\mathbf{K}^* = \mathbf{K} + \sum_{n=1}^{N_e} \alpha_n \mathbf{K}_n \tag{9-4-15}$$

$$\mathbf{M}^* = \mathbf{M} + \sum_{n=1}^{N_e} \beta_n \mathbf{M}_n \tag{9-4-16}$$

式中,$\mathbf{K}_n$ 与 $\mathbf{M}_n$ 分别为待修正的单元刚度贡献矩阵与单元质量贡献矩阵,而 α_n 与 β_n 分别为对应的单元刚度贡献矩阵修正系数与单元质量贡献矩阵修正系数。

将 $\mathbf{K}^*$ 和 $\mathbf{M}^*$ 代入式(9-4-14),可得

$$1 + \sum_{n=1}^{N_e} \alpha_n C_{n,ij} = \frac{\omega_j^{*2}}{\omega_i^2} \left(1 + \sum_{n=1}^{N_e} \beta_n D_{n,ij}\right) \tag{9-4-17}$$

式中,$C_{n,ij} = \dfrac{\boldsymbol{\phi}_i^T \mathbf{K}_n \boldsymbol{\phi}_j^*}{\boldsymbol{\phi}_i^T \mathbf{K}\boldsymbol{\phi}_j^*}$,$D_{n,ij} = \dfrac{\boldsymbol{\phi}_i^T \mathbf{M}_n \boldsymbol{\phi}_j^*}{\boldsymbol{\phi}_i^T \mathbf{M}\boldsymbol{\phi}_j^*}$。用 m 代替 ij,令 $b_m = \dfrac{\omega_j^{*2}}{\omega_i^2}$,可以将上式写为

$$\sum_{n=1}^{N_e} \alpha_n C_{nm} - b_m \sum_{n=1}^{N_e} \beta_n D_{nm} = b_m - 1 \tag{9-4-18}$$

令 $b_m-1=f_m$，$E_{nm}=-b_m D_{nm}$ 可得

$$\sum_{n=1}^{N_e} \alpha_n C_{nm} + \sum_{n=1}^{N_e} \beta_n E_{nm} = f_m \qquad (9\text{-}4\text{-}19)$$

假设有限元模型采取 N_i 阶模态，实际结构测试得了 N_j 阶模态，则存在 $N_q=N_i\times N_j$ 组模态组合可用来构造 N_q 方程，写成矩阵形式，即为

$$\mathbf{C}\boldsymbol{\alpha}+\mathbf{E}\boldsymbol{\beta}=\boldsymbol{f} \qquad (9\text{-}4\text{-}20)$$

式中，$\mathbf{C}$ 与 $\mathbf{E}$ 为 $N_q\times N_e$ 维矩阵，$\boldsymbol{\alpha}$ 与 $\boldsymbol{\beta}$ 为 $N_e\times 1$ 维向量，$\boldsymbol{f}$ 为 $N_q\times 1$ 维向量。上式同样也可以写为

$$\mathbf{A}\boldsymbol{x}=\boldsymbol{f} \qquad (9\text{-}4\text{-}21)$$

式中，$\mathbf{A}=[\mathbf{C} \quad \mathbf{E}]$、$\boldsymbol{x}=\{\boldsymbol{\alpha}^T \quad \boldsymbol{\beta}^T\}^T$。

如果 $N_q>2N_e$，即方程数目大于未知数数目，则可以使用最小二乘法求解上述方程组，即

$$\hat{\boldsymbol{x}}=(\mathbf{A}^T\mathbf{A})^{-1}\mathbf{A}^T\boldsymbol{f} \qquad (9\text{-}4\text{-}22)$$

通过式(9-4-22)求得刚度修正系数 $\boldsymbol{\alpha}$ 和质量修正系数 $\boldsymbol{\beta}$ 后，代入式(9-4-15)和(9-4-16)中，即可得到修正模型的质量矩阵和刚度矩阵。

关于 CMCM，需要说明以下三点。

(1) 上述推导过程是 CMCM 方法的基本原理。在推导过程中假定实测振型是完备的，系统是无阻尼的，对于实测模态振型空间不完备情况、含阻尼的系统等情况，读者可以查阅著作(李华军等，2017)。

(2) CMCM 虽然是作为模型修正提出来的，但通过式(9-4-22)求得刚度修正系数 $\boldsymbol{\alpha}$ 和质量修正系数 $\boldsymbol{\beta}$ 后，也可以用于损伤诊断，即修正系数等于零的单元可认为是无损伤单元，而小于零的单元认为是有损伤的单元，相应的修正值即为刚度损伤程度或质量相对改变量(Li 等，2008)。

(3) 在 CMCM 方法推导过程中，假定分析模型的质量矩阵和刚度矩阵都是需要修正的。如果假定质量矩阵保持不变，则 CMCM 方法退化为 CMSE 方法，即可以认为 CMSE 方法是 CMCM 方法的一个特例。

9.4.4　应用案例分析

目标平台为 JZ20-2MUQ 生活平台，位于渤海辽东湾，水深 15.5 m，投产时间 1992 年 8 月，结构设计寿命为 20 年。JZ20-2MUQ 平台下部为四腿导管架，如图 9-4-1 所示。上部结构有底层甲板、下层甲板、主甲板、顶甲板。顶层甲板上设有一幢三层生活模块，生活模块上部为直升机停机坪。

为了获得该平台的振动特性，2012 年冬季对该平台进行了振动测试，通过冰激振动，获得目标平台的冰激振动响应数据(Yang 和 Wang，2020)。振动测试采用 Model 4803A-0002 型三向加速度传感器，测点布置如图 9-4-2 所示。测点布置在导管架平台带栏走道附近和底层甲板附近的四个主桩腿节点上，总计 8 个测点位置。振动信号采

集仪为德国 Imc 集成测控有限公司的 CRONOS PL16-DCB8 数据采集仪,信号采集频率为 200 Hz。

图 9-4-1　JZ20-2 MUQ 平台结构

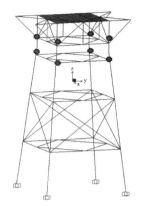

图 9-4-2　传感器布置方案

　　某测点三个方向典型的冰激振动加速度响应信号如图 9-4-3 所示,从图中可以看出,平台的冰激振动响应非常明显。

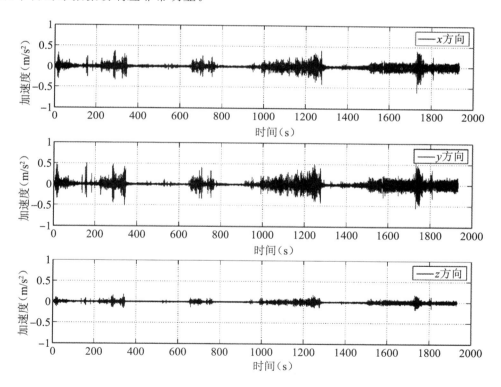

图 9-4-3　某测点的 x、y、z 向的实测加速度时间历程

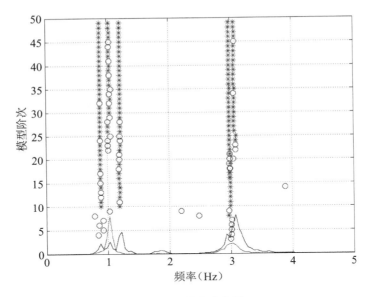

图 9-4-4　模态稳定图

从图 9-4-3 所示的实测冰激振动数据中可以看到,该段测试数据中有四次比较明显的冰激振动过程。分别对每段数据分析,进行模态识别,模态参数识别结果具有良好的一致性,稳定图如图 9-4-4 所示。最后识别的前五阶模态频率分别为 0.898 Hz,1.041 Hz,1.163 Hz,2.948 Hz 和 3.058 Hz。识别得到的前五阶振型(前三阶如图 9-4-5 所示),其中第 1 阶振型为 y 方向,并存在扭转;2 阶为 x 方向,存在扭转耦合;3 阶为扭转模态;4 阶为 x 方向二阶弯曲模态;5 阶为 y 方向二阶弯曲模态。

图 9-4-5　识别得到的前三阶振型

根据设计资料及实际结构,建立导管架的有限元简化模型,如图 9-4-6 所示,其中共有 58 个结点,111 个 pipe 单元。由于甲板负重及上部模块的质量对结构的动力特性影响非常大,因此对上部质量进行合理的简化是建模的关键。在静力分析时通常将上部质量作为集中质量附加于甲板的某些传力结点处,但这种方法在动力分析时会造成很大的误差,如改变了各阶模态的形态,有时甚至会导致某些局部模态的产生。

综合考虑以上原因,将上部模块与甲板融为一体,通过质量等效计算,用一厚度为 0.982 5 m 钢板来代替,该模型可有效地避免集中质量模型产生的一些局部模态,且不会太大的改变各低阶模态的形态。在建模中,采用 6 个壳单元来模拟,如图 9-4-6 所示。

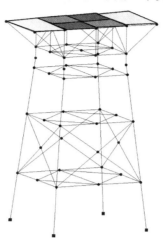

图 9-4-6　JZ20-2MUQ 导管架简化模型

通过特征值分析,得到该有限元模型的前 5 阶模态频率分别 0.878 Hz,0.915 Hz, 1.051 Hz,4.736 Hz 和 4.827 Hz;前五阶模态振型中,第 1 阶为 y 方向的 1 阶弯曲振动,第 2 阶为 x 方向 1 阶弯曲振动,第 3 阶为绕 z 轴的 1 阶扭转,第 4 阶为 x 方向 2 阶弯曲振动,第 5 阶为 y 方向 2 阶弯曲振动。

与表 9-4-1 所示实测结构模态参数识别结果对比发现,该有限元模型的低阶模态基本能够反映实际结构的形态,但频率和振型具体值尚有一定的误差,频率最大误差为 12.13%,MAC 值最小达 0.751 4,具体比较见表 9-4-1。

表 9-4-1　模型修正结果比较

阶数	实测频率/Hz	修正前模型			修正后模型		
		频率/Hz	误差 ε/%	MAC	频率/Hz	误差 ε/%	MAC
1	0.897 6	0.878	−2.18	0.922 9	0.934	4.28	0.928
2	1.041 3	0.915	−12.13	0.854 3	1.039	−0.22	0.922
3	1.163 1	1.051	−9.64	0.751 4	1.189	2.23	0.912

选择前三阶模态作为目标修正模态。对于选定目标修正模态,对其最灵敏且建模不确定性最大的参数为 shell 单元 112—117 的质量。因此考虑将该 6 个单元的质量矩阵作为修正对象,对初始有限元模型进行修正,来实现对前三阶模态的良好匹配。

采用交叉模型交叉模态(CMCM)方法,用前 3 阶分析模态和前 3 阶实测模态(扩阶振型)构建 9 个方程来求解 6 个质量修正系数,求解结果如图 9-4-7 所示,等效甲板质量均适当减小。修正结果如表 9-4-1 后三列所示,有限元模型的振动特性得到了一定程度的改善,前三阶频率得到了较好的修正。

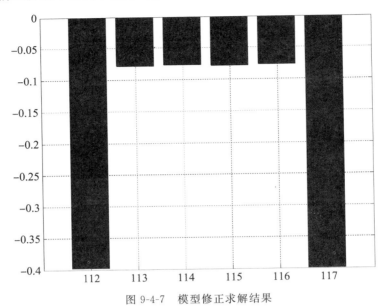

图 9-4-7　模型修正求解结果

9.5 ╱ 结构动态特性评价

　　振动模态是结构系统固有的、整体的特性。通过模态分析搞清楚了结构系统的模态参数,就可以对该结构系统进行动态特性评估,从而评价结构的动态特性是否满足要求。对一般结构而言,一般要求其主要模态频率远离其工作频率,或工作频率不落在结构某阶频率的一定范围内。对结构振动贡献较大的振型,应该使其不影响结构的正常工作等。有限元法(FEM)和实验模态分析(EMA)是结构动态设计、分析和评价的基本方法。

9.5.1　基于有限元分析的结构动态性能评价

　　根据结构的设计图纸等资料,可以建立结构的有限元模型。首先进行理论模态分析,即可得到结构系统的固有频率 ω_0 和固有振型 $\boldsymbol{\phi}$,检验这些结构动力特征参数是否符合该结构设计的基本原则。如固有频率是否远离激励频率。如果不满足,就需要通过修改结构设计(如通过特征灵敏度分析寻找拟修改质量阵 $\Delta\mathbf{M}$ 和刚度阵 $\Delta\mathbf{K}$),再次进行结构性能分析和评价,直到满足要求。

　　其次,根据理论计算或经验预估结构可能承受的外载荷,并由经验假设系统的阻尼,可以预报和分析有限元模型的振动响应情况,包括位移、速度、加速度、变形、应力等,从而检验结构的振动、噪声等是否满足有关的规范标准。如不满足,则通过响应灵敏度分析修改有限元模型,重新计算结构振动响应,直到满足要求。一般来说,结构系统需要同时评价或校核结构动力特性和结构响应是否满足要求。

　　基于有限元分析的结构动态性能评价是大型工程结构设计首先进行的任务。常见的大型工程结构,如海洋平台、大型桥梁、高层建筑等,设计的首要任务是使得结构的固有频率避开主要外载荷的激振频率,同时结构振动、噪声等满足结构的功能要求。以海洋工程中常见的海洋平台为例,其主要的周期性外荷载是波浪作用力。一般海域的波浪典型能量范围为 5~15 s,因此固定式导管架平台的基频一般设计为 0.5 Hz 以上,即周期小于 2 s,有效避开了波浪的主要能量范围。对深海浮式平台系统如 SPAR、SEMI 等,其六自由度运动的周期一般远大于波浪能量的上限,周期可达分钟级别。TLP 平台比较特殊,是一种半顺应半刚性结构系统,其纵摇、横摇和垂荡周期一般小于 4 s,而横荡、纵荡和艏摇周期则远大于波浪周期的上限。

　　图 9-5-1 为南海涠洲海区某平台的前三阶振型,对应的前 3 阶模态频率分别 1.135 8 Hz、1.296 0 Hz 和 1.586 8 Hz。该平台为 4 腿导管架结构,结构重 805.5 t;主桩 4× Φ48″,入泥 67 m,重量 710 t;群桩 4×Φ48″,入泥 67 m,重量 504 t;甲板面积 890 m²,分三层,各层标高分别为 20.84 m、25.84 m、30.64 m;甲板结构重量 486 t,甲板设备重量为 121.6 t。

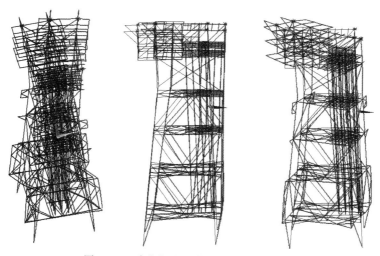

图 9-5-1　南海涠洲导管架平台前三阶振型

　　半潜式平台结构设计分析时,必须校核平台整体结构的固有模态,需对可能存在的低频高强度激励进行分析,避免可能的结构共振造成的全船噪声,实现对外界波浪载荷的波频、内部主要设备激励频率的错频设计。针对可能的 1 阶、2 阶共振频率,通常需要分别错开主要峰值频率 15% 和 20%。图 9-5-2 为某半潜式平台主体结构的前 4 阶振动模态,都属于整体振动模态,其对应的固有频率位于 0.71~2.12 Hz,这些振动模态与主要外界波浪荷载的波频以及主要的内部激励源的频率(如主机激励源 72 Hz 的主要基频和 10 Hz 的叶频)相差较大,可以有效避开平台整体发生共振的可能。

平台纵向一阶扭转振型(0.710 6 Hz)　　　　平台横向一阶弯曲振型(1.628 1 Hz)

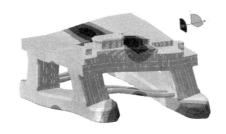

平台横摆振型(1.782 4 Hz)　　　　平台浮体水平一阶振型(2.122 5 Hz)

图 9-5-2　半潜式平台结构主体振动模态

9.5.2　基于实验模态分析的结构动态特性评价

很多实际处于工作或运行状态的工程结构,如海洋平台、大型桥梁等,在多年服役期间,由于桩土边界条件、环境温度、结构完整性等因素发生变化,其结构动力特性与设计值会产生较大的偏差。对于这种情况,常常进行实际振动测试而得到结构的实测模态参数如频率、振型和阻尼比,以防止出现不必要的危害。

位于渤海湾的某海洋平台为直立桩腿式导管架平台,如图 9-5-3 所示。1998 年建成投产不久后,该平台出现振动问题,在冬季风浪较大时,其剧烈的振动令平台工作人员感到不适和心理恐慌(Li 等,2002;黄维平等,2002;张衍涛等,2008)。为了全面了解该平台的振动特性和振动响应,分析平台剧烈振动的原因从而制定合理的工程治理方案,课题组于 2001 年 1 月份对该平台进行了现场振动测试。测点布置如图 9-5-4 所示,在平台 4 m,7.8 m 和 16.5 m 三个标高处设置 12 个测点,布设了 12 个单向传感器测量平台在风浪作用下的振动情况。需要说明的是,标高为 4 m 和 7.8 m 的两个测点是位于导管架上,而 16.5 m 的测点则位于桩上。

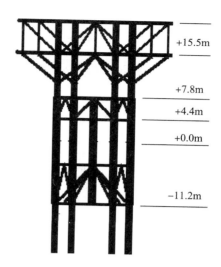

图 9-5-3　海洋平台

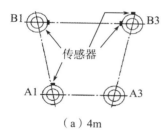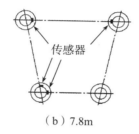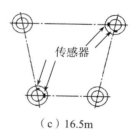

（a）4m　　　　　　　　　　（b）7.8m　　　　　　　　　　（c）16.5m

图 9-5-4　传感器布置示意图

　　振动测试期间有 10 个小时风速持续大于 17 m/s,瞬时最大风速达 22 m/s,测试期间的浪高为 2.5～3.5 m。测试分析得到最大振动加速度为 0.696 m/s²,最大振动位移为 34.4 mm。

　　图 9-5-5 为 B3 腿标高 16.5 m 处的典型振动测试信号及其频谱,可以看出,振动信号存在多个低频率振动。进一步对该信号进行 EMD 分解,得到其本征特征函数并进行频谱分析,发现振动信号中包含更多的低频分量(Wang 等,2012),如图 9-5-6 所示。

　　测试结果显示,生活平台的固有频率在振动过程中是变化的,不同时段测得的固有频率是不同的,典型的频率分析结果如表 9-5-1 所示。同时,在振动测试过程中,能够听到明显的振动撞击声,该期间典型的振动测试信号如图 9-5-7 所示(Wang 等,2007;文世鹏等,2005)。

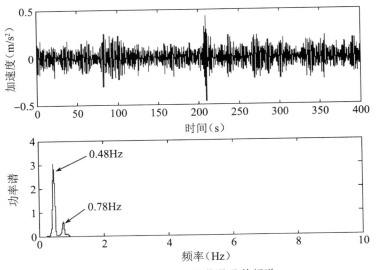

图 9-5-5　典型振动信号及其频谱

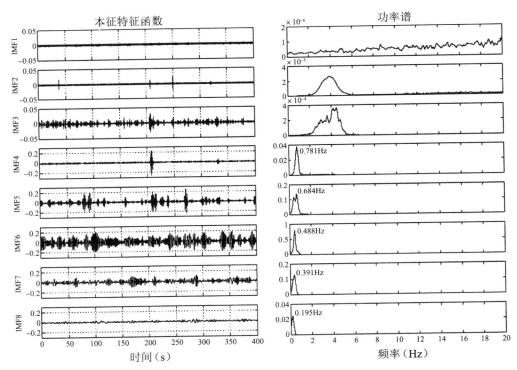

图 9-5-6　信号的 EMD 分解及其频谱

表 9-5-1 平台动力特性分析结果

频率/Hz	1	2	3	4	5
x 向频率	0.391	0.488	0.586	0.684	0.781
有限元结果	0.348	0.475	0.575	0.660	0.735

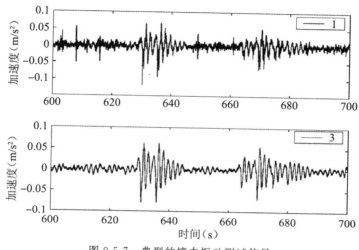

图 9-5-7 典型的撞击振动测试信号

按照平台的设计资料进行分析,通过荷载分析,可以确定波浪是引起平台振动的主要荷载因素。但是在振动测试的海况条件(风速:18~20 m/s;浪高:2.5~3.5 m)下,生活平台不可能发生如此剧烈的振动,此时最大加速度达 0.696 m/s²,最大位移达 34.4 mm。

由于实测期间平台结构振动的基频会发生变化,初步怀疑是结构完整性出现了问题。进一步的现场检测和有限元分析也证明了该结论。由于该平台是直立式桩腿导管架平台,其导管架是由临时打桩设施改造而来的。导管架腿直径 1.37 m,而桩的直径是 1.2 m,采用非灌浆桩腿技术。为使打入的桩位于导管架主导管的中间,同时限制桩的位移,在导管架是三层水平撑处及潮差段设有导向限位装置,导向限位装置与钢管桩周之间的间隙设计值有 18 mm。水下冲刷检测表明,导管架泥面处存在局部冲刷,最大冲刷深度达 1.9 m,这也可能是引起生活平台异常振动的原因之一。因为,导管架的主导管按照设计应在泥线下有 1.5 m 的埋深,当泥线处的冲刷超过 1.5 m 时,导管架就失去了地基土的约束。对于直立式非灌浆桩腿,导管架就只在连接点处由桩支撑,由于导管架与桩限位装置之间存在径向间距,因此,导管架就如同是连接点处悬挂在桩上的钟摆。在海浪的作用下,导管架与桩会产生相对运动,从而造成导管架的四个腿与桩之间存在不同的接触连接状态。也就是说,在平台的振动过程中,导管架和桩除连接点外,其他位置的接触就可能是不连续的,当接触点数比较少时,导管架对平台的侧向刚度贡献就小。导管架与桩之间的不同接触状态下的有限元分析结果如表 9-5-1 所示,该固有频率的变化也证实了导管架与桩之间的相对运动。

根据分析结论采取了桩腿灌浆治理方案(张衍涛等,2008)。2002 年冬季相似工况下再次振动测试表明,平台的基频由治理前的 0.39 Hz 提高了 0.87 Hz,最大振动加速度由治理前的 0.696 m/s^2 降为 0.121 m/s^2,平台结构的完整性和振动状况得到了极大改善,彻底消除过度振动引起的不安全因素。

9.6 / 传感器优化布置

9.6.1 引言

结构模态分析是利用振动测试信号获取模态参数的过程。进行振动测试时,一个非常关键的问题是在结构合适的位置布设传感器。实际工程结构一般复杂庞大,由于传感器数量和安装位置的限制,不可能在所有节点上都布置传感器。在实际工程应用中,过多的传感器数量也势必增加整个测试系统的成本。因此传感器的优化布置是非常重要的,最优的传感器配置方案是后续模态分析、模型修正以及损伤检测等一系列工作顺利进行的前提。

在实际工程测试中,综合考虑布置方案的经济性与适用性,工程检测人员总是希望在传感器数目有限的条件下,通过对传感器的合理布置以获取尽可能多的模态信息,从而达到结构模态参数识别精度的要求,这就是传感器优化布置问题。考虑到实际测试工程安装条件和经济性等因素,将有限数量的传感器布置在最合理/最优的位置上,传感器的布设应该满足某种条件下的目标,如最大限度地反映结构系统的信息、对结构的损伤变化有足够的敏感度等。

在数学上,传感器优化布置问题可以理解为:在结构的 n 个节点上布置 $s(s<n)$ 个传感器,使得 s 个传感器的位置组合是最优的,即结构模态参数识别精度或损伤识别精度达到最优。传感器优化布置可以分解为三个方面问题:一是传感器最适数目问题,即数目优化问题;二是给定传感器数目的条件下,传感器的最优布设位置问题,即位置优化问题;三是对于不同的优化方案孰优孰劣的评价问题。其一般流程是,先根据不同传感器优化布置方法确定传感器的最适数目和最优位置,再以选定的传感器优化布置准则为评判标准,判定各种方案的优劣,最终确定最优的传感器布置方案。

在进行传感器的优化配置时,首先要确定优化配置准则,建立优化的目标函数。其次,必须选用适当的优化计算方法。下面介绍几种常见的传感器优化布置方法。

9.6.2 有效独立法

早期诸多学者以 Fisher 信息阵的某种范数、行列式或迹的最大化为标准来选择最优的测点。1991 年,Kammer(1991)在前人的基础上提出了有效独立法。该方法以 Fisher 信息阵为目标优化矩阵,先将所有的可选测点按照各自对应模态分量对目标模态独立性的贡献进行排序,然后通过迭代的方式,逐次将贡献度最小的测点删除,直到剩下的测点数目达到预设数目为止。

当感兴趣的目标模态能够被全部激发时，s 个传感器的输出 u_s 与目标模态矩阵 $\boldsymbol{\Phi}_s$ 之间存在以下关系：

$$u_s = \boldsymbol{\Phi}_s q \tag{9-6-1}$$

式中，q 为模态坐标。通过对传感器进行采样，利用方程(9-6-1)，可以得到模态坐标 q 的估计值：

$$\hat{q} = [\boldsymbol{\Phi}_s^T \boldsymbol{\Phi}_s]^{-1} \boldsymbol{\Phi}_s^T u_s \tag{9-6-2}$$

当量测的振动响应包含噪声时，输出方程(9-6-1)改写为

$$u_s = \boldsymbol{\Phi}_s q + N \tag{9-6-3}$$

式中，向量 N 代表方差为 σ_0^2 的高斯白噪声。

为了表征变量之间的相关程度，先计算模态坐标估计值的协方差矩阵：

$$\mathbf{P} = E[(q - \hat{q})(q - \hat{q})^T] = [\boldsymbol{\Phi}_s^T (\sigma_0^2)^{-1} \boldsymbol{\Phi}_s]^{-1} \tag{9-6-4}$$

假设各传感器所测信号中的噪声互不相关，定义 Fisher 信息矩阵

$$\mathbf{Q} = \mathbf{P}^{-1} = \frac{1}{\sigma_0^2} \boldsymbol{\Phi}_s^T \boldsymbol{\Phi}_s = \frac{1}{\sigma_0^2} \mathbf{A}_0 \tag{9-6-5}$$

为了使协方差矩阵最小化，则需要使 $\mathbf{A}_0$ 的某种合适的范数最大化。

Kammer(1991)先求出 $\mathbf{A}_0$ 的特征值矩阵 $\boldsymbol{\Lambda}$ 和特征向量矩阵 $\boldsymbol{\Psi}$，然后令

$$\mathbf{G} = [\boldsymbol{\Phi}_s \boldsymbol{\Psi}] \otimes [\boldsymbol{\Phi}_s \boldsymbol{\Psi}] \tag{9-6-6}$$

符号 $\otimes$ 表示矩阵的元素逐项相乘。再令

$$\mathbf{F}_E = [\boldsymbol{\Phi}_s \boldsymbol{\Psi}] \otimes [\boldsymbol{\Phi}_s \boldsymbol{\Psi}] \boldsymbol{\Lambda}^{-1} \tag{9-6-7}$$

将 $\mathbf{F}_E$ 各行元素相加，即可得到有效独立向量：

$$E_D = \left[\sum_{j=1}^{k} F_{E1j}, \cdots, \sum_{j=1}^{k} F_{Esj} \right]^T \tag{9-6-8}$$

另外，有效独立向量也可通过直接求解目标模态矩阵投影矩阵的对角线元素得到

$$E_D = \text{diag}(\boldsymbol{\Phi}_s [\boldsymbol{\Phi}_s^T \boldsymbol{\Phi}_s]^{-1} \boldsymbol{\Phi}_s^T) \tag{9-6-9}$$

式中，diag($\cdot$)表示取对角元素。E_D 中的元素代表了相应的传感器位置对 $\boldsymbol{\Phi}_s$ 的线性独立性的贡献。

实际操作时，可先根据感兴趣的模态确定目标模态矩阵 $\boldsymbol{\Phi}_s$，再按照式(9-6-9)确定有效独立向量 E_D，每次删除 E_D 中的最小元素对应的传感器位置，并重新构造目标模态矩阵 $\boldsymbol{\Phi}_s$。重复以上步骤，直到传感器数目达到预设数目为止。

9.6.3　模态应变能法

基于模态应变能的损伤诊断方法是目前常用的一类基于模态信息的结构损伤检测方法。其基本思想是利用结构损伤前后每个单元的模态应变能的变化来判断损伤，而部分模态振型在结构损伤附近发生局部突变，故模态应变能在结构中的分布将发生变化，所以可以通过比较单元模态应变能的变化来进行结构损伤诊断。

在这种思想基础上发展起来的基于模态能的传感器优化布置方法如下。如 9.3 节

所示,结构系统的单元模态应变能和总体模态应变能分别为

$$MSE_{ji} = \boldsymbol{\phi}_i^T \mathbf{K}_j \boldsymbol{\phi}_i \qquad (9\text{-}6\text{-}10)$$

$$MSE_i = \boldsymbol{\phi}_i^T \mathbf{K} \boldsymbol{\phi}_i \qquad (9\text{-}6\text{-}11)$$

式中,$\mathbf{K}_j$ 为整体坐标系下第 j 单元的单元刚度矩阵,$\mathbf{K}$ 为结构的总体刚度矩阵。

由于 $\mathbf{K}\boldsymbol{\phi}_i = \omega_i^2 \mathbf{M}\boldsymbol{\phi}_i$,从而得出单元的模态应变能系数为

$$\beta_{ji} = \frac{\boldsymbol{\phi}_i^T \mathbf{K}_j \boldsymbol{\phi}_i}{\boldsymbol{\phi}_i^T \mathbf{K} \boldsymbol{\phi}_i} = \frac{\boldsymbol{\phi}_i^T \mathbf{K}_j \boldsymbol{\phi}_i}{\omega_i^2 \boldsymbol{\phi}_i^T \mathbf{M} \boldsymbol{\phi}_i} \qquad (9\text{-}6\text{-}12)$$

式中,β_{ji} 为单元 j 相应于第 i 阶模态的单元模态应变能系数,显然有

$$\sum_{j=1}^{N_e} \beta_{ji} = 1 \qquad (9\text{-}6\text{-}13)$$

当某一单元有较大的应变能时,说明此单元是该阶振型中的敏感单元,该阶振型和频率也会对此单元的变化比较敏感。因此,具有较大应变能的单元,其节点的振型分量相对于振幅来说也比较大,更易于准确测量动态信号,所以选择此点作为传感器布置点,振动测量的效果比较好。

实际计算中,求出具体杆件在某阶模态下的单元模态应变能后,需要将其转换到节点上,因为传感器最终要布置到节点上,节点的应变能系数的大小才对最终的传感器布置起决定作用。

单元模态应变能转化为节点应变能的方法如下:

$$\beta_i^n = \frac{1}{N_n} \sum_{j=1}^{N_n} \beta_{ji} \qquad (9\text{-}6\text{-}14)$$

式中,β_i^n 为第 i 阶振型下第 n 节点的节点应变能,N_n 为与节点 n 相关联的杆件单元数。

当考虑 N_m 阶振型时,可以定义 β^n 为

$$\beta^n = \frac{1}{N_m} \sum_{i=1}^{N_m} \beta_i^n \qquad (9\text{-}6\text{-}15)$$

可以认为当 β^n 的值大于其平均值时,该节点是考虑的 N_m 阶振型中的敏感节点。

9.6.4 启发式智能方法

传统的传感器优化布置方法对于形式简单的结构如梁、平面刚桁架等可以取得较好的优化效果,但对于形式复杂、节点众多的结构有时往往达不到优化的目标。随着计算机性能的大幅度提高,基于优化准则的启发式算法越来越受工程研究人员的青睐。此类算法通过某一优化准则构造优化目标函数,以寻求效率高效的人工智能算法如遗传算法、粒子群算法、模拟退火算法等作为优化算法进行优化。

基于启发式智能方法的传感器优化布置首先需要依据优化准则来建立优化目标函数。常用的优化准则有模态保证准则和模态矩阵奇异值比准则等。模态保证准则通常以 MAC 矩阵元素作为模态向量相关性的评价指标(Carne and Dohmann 1995)。而 MAC 矩阵非对角元素大小则描述的是不同阶振型向量的相关性程度,其定义如下:

$$A_{ij} = \frac{(\boldsymbol{\phi}_i^T \boldsymbol{\phi}_j)^2}{(\boldsymbol{\phi}_i^T \boldsymbol{\phi}_i)(\boldsymbol{\phi}_j^T \boldsymbol{\phi}_j)} \tag{9-6-16}$$

式中，$\boldsymbol{\phi}_i$ 和 $\boldsymbol{\phi}_j$ 分别为第 i 阶和第 j 阶模态振型向量，且 $i \neq j$，且 A_{ij} 取值范围为 $[0,1]$。A_{ij} 的值越接近于 0，则表示两阶振型向量的相关性越小，也就说明了两阶振型的冗余度越小，因此传感器布置策略越佳。通常以最小化 A_{ij} 的最大值构造目标函数，如下所示：

$$f = minimizing(\max(A_{ij})) \tag{9-6-17}$$

Friswell 和 Mottershead(1995)研究表明：模态矩阵的奇异值分解可以作为衡量传感器位置好坏的一个尺度。具体流程如下。

首先将模态矩阵进行奇异值分解：

$$\boldsymbol{\Phi}_s = \mathbf{U} \begin{bmatrix} \boldsymbol{\Sigma} & \mathbf{0} \\ \mathbf{0} & \mathbf{0} \end{bmatrix} \mathbf{V}^T \tag{9-6-18}$$

式中，$\boldsymbol{\Sigma} = diag(\sigma_1, \sigma_2, \cdots, \sigma_p)$，且各奇异值 σ_i 满足元素 $\sigma_1 \geqslant \sigma_2 \geqslant \cdots \geqslant \sigma_p$。则模态矩阵的最大奇异值比为：

$$SVR = \frac{\sigma_1}{\sigma_p} \tag{9-6-19}$$

式中，SVR 取值范围为 $[1, +\infty]$。SVR 越小，传感器位置越优。当 SVR 达到下限值 1 时，表示选择的传感器位置构成的结构模态矩阵完全规则正交。因此，可以以最小化 SVR 构造目标函数，如下所示：

$$f = minimizing(SVR) \tag{9-6-20}$$

建立目标函数后，传感器优化布置问题转化为优化问题。随着计算水平的发展，许多优化算法如遗传算法(李戈等，2000；黄维平等，2005)、粒子群算法(赵建华等，2015；戴乐诚等，2019)、模拟退火算法(高荣雄等，2014；黄笑犬等，2019)等被广泛应用到传感器优化布置研究中。选择合适的优化算法不仅能提高运算效率、减少计算成本，而且能够收敛到全局最优解，对传感器优化布置的实际工程应用具有重要的意义。

在众多的智能算法中，遗传算法发展较早且应用较为广泛，它最初由 Holland 于 1962 年提出，通过模拟生物遗传变异的进化机制寻找问题最优解。遗传算法是一种基于"适者生存"的高度并行、随机和自适应的优化算法，通过复制、交叉、变异将问题解编码表示的"染色体"群一代代不断进化，最终收敛到最适应的群体，从而求得问题的最优解。其优点是原理和操作简单、通用性强、不受限制条件的约束，且具有隐含并行性和全局解搜索能力，在组合优化问题中得到广泛应用。但也存在易早熟、计算时间长、进化后期收敛速度慢等不足(冯宪彬和丁蕊，2016)。

粒子群算法由 Kennedy 和 Eberhart 于 1995 年提出，通过模拟鸟群觅食行为而发展起来的一种基于群体协作的随机搜索算法。初始化为一群随机粒子，即问题的随机解，然后通过迭代找到最优解，在每一次迭代中，粒子通过跟踪两个"极值"来更新自己。第一个是粒子本身所找到的最优解，称为个体极值；另一个为整个种群找到的最优解，称为全局极值。由于粒子群算法具有收敛速度快、设计参数少、稳定性好等特点，已被广泛应用于函数优化、模式识别、神经网络设计等领域。但存在解决高维问题时算法易于早熟、陷于局部最优解等缺点（段晓东等,2007）。

模拟退火算法最早的思想是由 N. Metropolis 等人于 1953 年提出,是基于 Monte-Carlo 迭代求解策略的一种随机寻优算法。模拟退火算法从某一较高初温出发,伴随温度参数的不断下降,结合概率突跳特性在解空间中随机寻找目标函数的全局最优解,即在局部最优解能概率性地跳出并最终趋于全局最优。模拟退火算法是通过赋予搜索过程一种时变且最终趋于零的概率突跳性,从而可有效避免陷入局部极小并最终趋于全局最优的串行结构的优化算法。目前已在工程中得到了广泛应用,诸如生产调度、控制工程、机器学习、神经网络、信号处理等领域。缺点是收敛速度慢、执行时间长,受温度下降的速度影响大（史峰和王辉,2011）。

9.6.5 算例分析

本节采用上述几种传感器优化布置算法,包括有效独立法、模态应变能法以及启发式智能方法对如图 9-6-1 所示的导管架平台模型进行传感器优化布置研究,其中式(9-6-17)作为启发式智能方法的优化准则目标函数。

假设平台结构前三阶模态可量测,非约束节点 5-16 为可供选择的传感器测点,其中可在每个测点的 x、y、z 自由度上布置单向传感器,初步设定 4/6/8 三种传感器数目。表 9-6-1 列出了不同工况下上述几种传感器优化布置方案及其 MAC 矩阵的非对角元素的最大值。

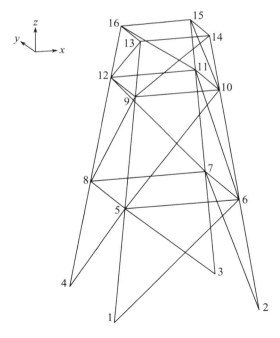

图 9-6-1　海洋平台模型

表 9-6-1　传感器优化布置方案

工况	优化方法	布置方案	$\max(A_{ij})$
一	有效独立法	$10\text{-}y$，$10\text{-}z$，$12\text{-}y$，$12\text{-}z$	0.477 2
	模态应变能法	$10\text{-}y$，$10\text{-}z$，$12\text{-}y$，$12\text{-}z$	0.477 2
	遗传算法	$10\text{-}z$，$11\text{-}x$，$11\text{-}z$，$12\text{-}z$	0.023 0
	粒子群算法	$10\text{-}x$，$12\text{-}x$，$13\text{-}y$，$15\text{-}y$	0.007 5
	模拟退火算法	$10\text{-}z$，$11\text{-}x$，$11\text{-}z$，$12\text{-}z$	0.023 0
二	有效独立法	$10\text{-}y$，$10\text{-}z$，$12\text{-}y$，$12\text{-}z$，$11\text{-}y$，$12\text{-}x$	0.316 8
	模态应变能法	$10\text{-}y$，$10\text{-}z$，$12\text{-}y$，$12\text{-}z$，$6\text{-}z$，$11\text{-}z$	0.418 9
	遗传算法	$10\text{-}z$，$11\text{-}x$，$11\text{-}z$，$12\text{-}z$，$6\text{-}y$，$8\text{-}y$	0.001 8
	粒子群算法	$14\text{-}y$，$16\text{-}y$，$8\text{-}x$，$9\text{-}z$，$13\text{-}x$，$16\text{-}x$	0.006 1
	模拟退火算法	$10\text{-}z$，$11\text{-}x$，$11\text{-}z$，$12\text{-}z$，$5\text{-}x$，$16\text{-}x$	0.003 7
三	有效独立法	$10\text{-}y$，$10\text{-}z$，$12\text{-}y$，$12\text{-}z$，$11\text{-}y$，$12\text{-}x$，$10\text{-}x$，$11\text{-}z$	0.202 2
	模态应变能法	$10\text{-}y$，$10\text{-}z$，$12\text{-}y$，$12\text{-}z$，$6\text{-}z$，$11\text{-}z$，$8\text{-}z$，$9\text{-}z$	0.412 5
	遗传算法	$10\text{-}z$，$11\text{-}x$，$11\text{-}z$，$12\text{-}z$，$6\text{-}y$，$8\text{-}y$，$14\text{-}x$，$15\text{-}x$	0.001 8
	粒子群算法	$10\text{-}x$，$12\text{-}x$，$14\text{-}y$，$16\text{-}y$，$7\text{-}z$，$8\text{-}z$，$13\text{-}z$，$15\text{-}z$	0.004 3
	模拟退火算法	$10\text{-}z$，$11\text{-}x$，$11\text{-}z$，$12\text{-}z$，$6\text{-}y$，$15\text{-}y$，$8\text{-}y$，$13\text{-}x$	0.001 8

　　总体而言,有效独立法和模态应变能法优化布置方案的 MAC 矩阵最大非对角元素较大,而启发式智能方法的 MAC 矩阵最大非对角元素接近于 0。对不同的传感器数量而言,模态矩阵非对角元素大小随着传感器数目的增多呈下降趋势,因此我们一般期望布置尽可能多的传感器,以获取足够的结构动力响应。考虑到经济性,可以按照非对角元素下降趋势进行初步的传感器数目初选。若随着传感器数量的增加,非对角元素下降趋势不显著,可选择尽可能少的传感器数目,例如,模态应变能法可以选择 4 个传感器进行测量;若随着传感器数量的增加,非对角元素呈先下降后不变的趋势,可选择下降趋势拐点处对应的传感器数目,例如,遗传算法可以选择 6 个传感器进行测量。

9.7 / 特征灵敏度分析

9.7.1 引言

灵敏度分析是研究与分析一个系统（或模型）的状态或输出变化对系统参数或周围条件变化的敏感程度的方法。通过灵敏度分析可以确定哪些参数对系统或模型有较大的影响。因此，灵敏度分析在多个行业都得到了应用。

结构动力特性的灵敏度指结构的动力特性参数（如特征值或频率、振型向量等）因结构参数（质量、刚度等）的改变而变化的程度，即结构动力特性对结构设计参数改变的敏感程度。设 $F(p_m)$ 表示关于参数 $p_m(m=1,2,\cdots,M)$ 的多元函数，则 $\dfrac{\partial^l F}{\partial p_m^l}$ 统称为 F 对 p_m 的 l 阶灵敏度。在模态分析中 F 可代表任何动态特性，p_m 一般代表着物理参数或者结构参数。当 F 为特征值或特征向量时，相应的灵敏度分别称为特征值灵敏度和特征向量灵敏度，统称为特征灵敏度。除了特征灵敏度外，还有传递函数灵敏度、频响函数灵敏度及动力响应灵敏度等。

结构特征灵敏度可以用来评价当设计师修改当前结构时，对结构动态特性的影响，比如哪些共振频率和/或模态振型的改变最明显。即能以直观的结果确定系统模态对哪些结构参数或哪些结构位置最敏感（变化率最大）。通过特征灵敏度分析，可以求出结构各部分质量、刚度、阻尼等参数的变化对结构特征值与特征向量的改变的敏感程度，以选择最有效的修改部位和修改参数。因此通过灵敏度分析可以选出对结构总体动力特性影响较大的参数，从而使得模型修正、动力修改更为有效。

结构灵敏度分析可应用于结构的有限元建模、损伤识别、模型修正、结构动力修改及优化设计等。基于灵敏度分析的结构损伤识别不仅能够确定损伤的位置，还能确定损伤的严重程度。基于灵敏度分析的模型修正方法可以避免选择修正参数时的盲目性，以获得更快的修正速度及更好的修正结果。灵敏度分析应用于结构优化时可以确定优化的方向，并预测结构动态特性的改变情况。

针对实模态系统和复模态系统，分别对应着实模态系统和复模态系统的特征值灵敏度。本处仅简要介绍实模态系统的特征灵敏度，关于复模态系统的特征灵敏度，读者可以参阅曹树谦等（2001）、傅志方和华宏星（2000）等著作。

9.7.2 特征值灵敏度分析

对无阻尼系统或比例阻尼系统，其特征值问题为

$$(\mathbf{K}-\lambda_i\mathbf{M})\boldsymbol{\phi}_i=0 \tag{9-7-1}$$

式中，λ_i 为第 i 阶特征值，$\boldsymbol{\phi}_i$ 为第 i 阶特征向量。上式两边同时对 p_m 求导数，可得

$$\left(\frac{\partial\mathbf{K}}{\partial p_m}-\frac{\partial\lambda_i}{\partial p_m}\mathbf{M}-\lambda_i\frac{\partial\mathbf{M}}{\partial p_m}\right)\boldsymbol{\phi}_i+(\mathbf{K}-\lambda_i\mathbf{M})\frac{\partial\boldsymbol{\phi}_i}{\partial p_m}=0 \tag{9-7-2}$$

对上式左乘质量归一化振型的转置 $\boldsymbol{\phi}_i^T$，可以得到

$$\boldsymbol{\phi}_i^T\left(\frac{\partial \mathbf{K}}{\partial p_m}-\frac{\partial \lambda_i}{\partial p_m}\mathbf{M}-\lambda_i\,\frac{\partial \mathbf{M}}{\partial p_m}\right)\boldsymbol{\phi}_i+\boldsymbol{\phi}_i^T(\mathbf{K}-\lambda_i\mathbf{M})\frac{\partial \boldsymbol{\phi}_i}{\partial p_m}=0 \qquad (9\text{-}7\text{-}3)$$

考虑到振型向量与质量矩阵具有正交性,即 $\boldsymbol{\phi}_i^T\mathbf{M}\boldsymbol{\phi}_i=1$。同时,由于 $\mathbf{K}-\lambda_i\mathbf{M}$ 为实对称矩阵,存在

$$\boldsymbol{\phi}_i^T(\mathbf{K}-\lambda_i\mathbf{M})^T=\boldsymbol{\phi}_i^T(\mathbf{K}-\lambda_i\mathbf{M})=0 \qquad (9\text{-}7\text{-}4)$$

则式(9-7-3)可以化简为

$$\boldsymbol{\phi}_i^T\left(\frac{\partial \mathbf{K}}{\partial p_m}-\lambda_i\,\frac{\partial \mathbf{M}}{\partial p_m}\right)\boldsymbol{\phi}_i-\frac{\partial \lambda_i}{\partial p_m}=0 \qquad (9\text{-}7\text{-}5)$$

结构特征值 λ_i 对于设计参数 p_m 的一阶灵敏度计算公式可以表示为

$$\frac{\partial \lambda_i}{\partial p_m}=\boldsymbol{\phi}_i^T\left(\frac{\partial \mathbf{K}}{\partial p_m}-\lambda_i\,\frac{\partial \mathbf{M}}{\partial p_M}\right)\boldsymbol{\phi}_i \qquad (9\text{-}7\text{-}6)$$

假设 m_{ef},k_{ef} 是质量矩阵和刚度矩阵的第 e 行、第 f 列元素,则不难得到 λ_i 对质量和刚度的灵敏度表达式分别为

$$\frac{\partial \lambda_i}{\partial m_{ef}}=-\lambda_i\phi_{ei}\phi_{fi} \qquad (9\text{-}7\text{-}8)$$

$$\frac{\partial \lambda_i}{\partial k_{ef}}=\phi_{ei}\phi_{fi} \qquad (9\text{-}7\text{-}9)$$

同时,根据特征值 λ_i 与频率 ω_i 的关系 $\lambda_i=\omega_i^2$,可得

$$\frac{\partial \omega_i}{\partial p_m}=\frac{1}{2\omega_i}\boldsymbol{\phi}_i^T\left(\frac{\partial \mathbf{K}}{\partial p_m}-\omega_i^2\,\frac{\partial \mathbf{M}}{\partial p_m}\right)\boldsymbol{\phi}_i \qquad (9\text{-}7\text{-}10)$$

$$\frac{\partial \omega_i}{\partial m_{ef}}=\begin{cases}-\omega_i\phi_{ei}\phi_{fi}, & e\neq f \\[2mm] -\dfrac{1}{2}\omega_i\phi_{ei}^2, & e=f\end{cases} \qquad (9\text{-}7\text{-}11)$$

$$\frac{\partial \omega_i}{\partial k_{ef}}=\begin{cases}\dfrac{\phi_{ei}\phi_{fi}}{\omega_i}, & e\neq f \\[3mm] \dfrac{\phi_{ei}^2}{2\omega_i}, & e=f\end{cases} \qquad (9\text{-}7\text{-}12)$$

由上述公式可以看出,特征值(或频率)的灵敏度与模态振型有关系,振型中变形较大的部位是敏感部位,改变该位置附近的结构参数将会产生较大的特征值改变量。另外可以看出,特征值对质量的灵敏度和特征值有关,因此当质量改变时,对特征值的影响程度是不同的,特征值 λ_i 越大,影响越大,也就是说质量的变化对高阶模态影响更大。而由式(9-7-9)可以看出,刚度的变化对各阶模态的影响是相同的。

9.7.3 特征向量灵敏度分析

以实模态系统为例来推导特征向量灵敏度表达式。根据 Fox 和 Kapoor(1988),每一阶模态振型对参数的灵敏度都可以表示为各阶模态振型的线性组合:

$$\frac{\partial \boldsymbol{\phi}_i}{\partial p_m}=\sum_{k=1}^{n}g_k\boldsymbol{\phi}_k \qquad (9\text{-}7\text{-}13)$$

将其代入公式(9-7-3)得

$$\left(\frac{\partial \mathbf{K}}{\partial p_m} - \frac{\partial \lambda_i}{\partial p_m} \mathbf{M} - \lambda_i \frac{\partial \mathbf{M}}{\partial p_m} \right) \boldsymbol{\phi}_i + (\mathbf{K} - \lambda_i \mathbf{M}) \sum_{k=1}^{n} g_k \boldsymbol{\phi}_k = \mathbf{0} \qquad (9\text{-}7\text{-}14)$$

将上式两端同时左乘归一化振型的转置 $\boldsymbol{\phi}_j^T$，可以得到

$$\boldsymbol{\phi}_j^T \left(\frac{\partial \mathbf{K}}{\partial p_m} - \frac{\partial \lambda_i}{\partial p_m} \mathbf{M} - \lambda_i \frac{\partial \mathbf{M}}{\partial p_m} \right) \boldsymbol{\phi}_i + \boldsymbol{\phi}_j^T (\mathbf{K} - \lambda_i \mathbf{M}) \sum_{k=1}^{n} g_k \boldsymbol{\phi}_k = \mathbf{0} \qquad (9\text{-}7\text{-}15)$$

式中，由于结构刚度、质量矩阵具有正交性，即

$$\begin{cases} \boldsymbol{\phi}_j^T \mathbf{K} \boldsymbol{\phi}_k = 0, \ k \neq j \\ \boldsymbol{\phi}_j^T \mathbf{K} \boldsymbol{\phi}_k = \lambda_j, \ k = j \end{cases}, \begin{cases} \boldsymbol{\phi}_j^T \mathbf{M} \boldsymbol{\phi}_k = 0, \ k \neq j \\ \boldsymbol{\phi}_j^T \mathbf{M} \boldsymbol{\phi}_k = 1, \ k = j \end{cases} \qquad (9\text{-}7\text{-}16)$$

代入公式(9-7-15)可得

$$\boldsymbol{\phi}_j^T \left(\frac{\partial \mathbf{K}}{\partial p_m} - \lambda_i \frac{\partial \mathbf{M}}{\partial p_m} \right) \boldsymbol{\phi}_i + (\lambda_i - \lambda_i) g_k = 0 \qquad (9\text{-}7\text{-}17)$$

即当 $i \neq j$ 且 $k = j$ 时，可以求解出：

$$g_k = -\frac{1}{\lambda_k - \lambda_i} \boldsymbol{\phi}_k^T \left(\frac{\partial \mathbf{K}}{\partial p_m} - \lambda_i \frac{\partial \mathbf{M}}{\partial p_m} \right) \boldsymbol{\phi}_i \qquad (9\text{-}7\text{-}18)$$

下面推导当 $i = j$ 且 $k = j$ 时的 g_k 表达式。

公式 $\boldsymbol{\phi}_i^T \mathbf{M} \boldsymbol{\phi}_i = 1$ 两边对 p_m 求导，得到

$$\frac{\partial \boldsymbol{\phi}_i^T}{\partial p_m} \mathbf{M} \boldsymbol{\phi}_i + \boldsymbol{\phi}_i^T \frac{\partial \mathbf{M}}{\partial p_m} \boldsymbol{\phi}_i + \boldsymbol{\phi}_i^T \mathbf{M} \frac{\partial \boldsymbol{\phi}_i}{\partial p_m} = 0 \qquad (9\text{-}7\text{-}19)$$

将公式(9-7-13)代入上式可得

$$\left(\sum_{k=1}^{n} g_k \boldsymbol{\phi}_k \right)^T \mathbf{M} \boldsymbol{\phi}_i + \boldsymbol{\phi}_i^T \frac{\partial \mathbf{M}}{\partial p_m} \boldsymbol{\phi}_i + \boldsymbol{\phi}_i^T \mathbf{M} \sum_{k=1}^{n} g_k \boldsymbol{\phi}_k = 0 \qquad (9\text{-}7\text{-}20)$$

由正交性可以得出

$$-\boldsymbol{\phi}_i^T \frac{\partial \mathbf{M}}{\partial p_m} \boldsymbol{\phi}_i = 2 g_k \qquad (9\text{-}7\text{-}21)$$

即当 $k = i$ 时，g_k 表达式如下：

$$g_k = -\frac{1}{2} \boldsymbol{\phi}_i^T \frac{\partial \mathbf{M}}{\partial p_m} \boldsymbol{\phi}_i \qquad (9\text{-}7\text{-}22)$$

综上所述，结构模态振型 $\boldsymbol{\phi}_i$ 关于设计参数 p_m 的灵敏度计算公式如下所示：

$$\frac{\partial \boldsymbol{\phi}_i}{\partial p_m} = \sum_{k=1}^{n} g_k \boldsymbol{\phi}_k$$

式中，

$$g_k = \begin{cases} -\dfrac{1}{\lambda_k - \lambda_i} \boldsymbol{\phi}_k^T \left(\dfrac{\partial \mathbf{K}}{\partial p_m} - \lambda_i \dfrac{\partial \mathbf{M}}{\partial p_m} \right) \boldsymbol{\phi}_i, \ k \neq i \\ -\dfrac{1}{2} \boldsymbol{\phi}_i^T \dfrac{\partial \mathbf{M}}{\partial p_m} \boldsymbol{\phi}_i, \ k = i \end{cases} \qquad (9\text{-}7\text{-}23)$$

相应的，特征向量对 m_{ef} 的灵敏度为

$$\frac{\partial \boldsymbol{\phi}_i}{\partial m_{ef}} = \sum_{k=1}^{n} \alpha_k \boldsymbol{\phi}_k \qquad (9\text{-}7\text{-}24)$$

式中，

$$\alpha_k = \begin{cases} \dfrac{\lambda_i}{\lambda_k - \lambda_i} \phi_{ef}\phi_{fi} , k \neq i \\ -\dfrac{1}{2}\phi_{ei}\phi_{fi} , k = i \end{cases} \tag{9-7-25}$$

特征向量对 k_{ef} 的灵敏度为

$$\frac{\partial \boldsymbol{\phi}_i}{\partial k_{ef}} = \sum_{k=1}^{n} \beta_k \boldsymbol{\phi}_i \tag{9-7-26}$$

式中，

$$\beta_k = \begin{cases} -\dfrac{1}{\lambda_k - \lambda_i} \phi_{ek}\phi_{fi} , k \neq i \\ 0 , k = i \end{cases} \tag{9-7-27}$$

同时，根据特征值 λ_i 与频率 ω_i 的关系 $\lambda_i = \omega_i^2$ ，可得

$k \neq i$ 时

$$\alpha_k = \begin{cases} \dfrac{\omega_i^2}{\omega_k^2 - \omega_i^2}(\phi_{ek}\phi_{fi} + \phi_{fk}\phi_{ei}) , e \neq f \\ \dfrac{\omega_i^2}{\omega_k^2 - \omega_i^2}\phi_{ek}\phi_{fi} , e = f \end{cases} \tag{9-7-28}$$

$$\beta_k = \begin{cases} -\dfrac{1}{\omega_k^2 - \omega_i^2}(\phi_{ek}\phi_{fi} + \phi_{fk}\phi_{ei}) , e \neq f \\ -\dfrac{1}{\omega_k^2 - \omega_i^2}\phi_{ek}\phi_{fi} , e = f \end{cases} \tag{9-7-29}$$

$k = i$ 时

$$\alpha_k = \begin{cases} -\phi_{ei}\phi_{fi} , e \neq f \\ -\dfrac{1}{2}\phi_{ei}^2 , e = f \end{cases} \tag{9-7-30}$$

$$\beta_k = 0 \tag{9-7-31}$$

从特征向量的灵敏度公式可以看出，随着模态阶次的增大，特征值 λ_i 也会变大，因此修改质量对高阶模态振型影响较大，而修改刚度对低阶模态振型影响大。同时也可看出，当修改振型较大部位对应的质量或刚度时，对该阶振型影响会较大。

值得说明的是，上述灵敏度公式是对应一阶特征灵敏度计算，当物理参数改变较大时，直接应用上述结论会导致较大误差。为了更有效地判断特征参数对物理参数的敏感性，可考虑二阶特征灵敏度（Lin 等，2020）。

9.7.4　动力特性对质量和刚度修正系数的灵敏度分析

前面两个小节得到的是动力特性对质量矩阵和刚度矩阵的某个元素的一阶灵敏度。在模型修正、损伤诊断中，经常会用到质量修正系数和刚度修正系数，即结构的质量矩阵和刚度矩阵可以表示为

$$\mathbf{K}^* = \mathbf{K} + \Delta\mathbf{K} = \mathbf{K} - \sum_{n=1}^{Ne} \alpha_n \mathbf{K}_n \tag{9-7-32}$$

$$\mathbf{M}^* = \mathbf{M} + \Delta\mathbf{M} = \mathbf{M} - \sum_{n=1}^{Ne} \beta_n \mathbf{M}_n \tag{9-7-33}$$

考虑到公式(9-7-6),不难得到

$$\frac{\partial \lambda_i}{\partial \alpha_n} = \boldsymbol{\phi}_i^T \mathbf{K}_n \boldsymbol{\phi}_i \tag{9-7-34}$$

$$\frac{\partial \lambda_i}{\partial \beta_n} = -\lambda_i \boldsymbol{\phi}_i^T \mathbf{M}_n \boldsymbol{\phi}_i \tag{9-7-35}$$

可以看出,$\boldsymbol{\phi}_i^T \mathbf{K}_n \boldsymbol{\phi}_i$ 为单元 n 的第 i 阶模态应变能,$\lambda_i \boldsymbol{\phi}_i^T \mathbf{M}_n \boldsymbol{\phi}_i$ 为单元 n 的第 i 阶模态动能,因此,可以通过对子结构的模态动能和模态应变能分析,实现结构动力特性对修正系数的灵敏度分析。

下面推导特征向量对质量和刚度修正系数的灵敏度。存在如下的特征方程:

$$\mathbf{K}\boldsymbol{\phi}_i = \lambda_i \mathbf{M}\boldsymbol{\phi}_i \tag{9-7-36}$$

$$(\mathbf{K} + \Delta\mathbf{K})(\boldsymbol{\phi}_i + \Delta\boldsymbol{\phi}_i) = (\lambda_i + \Delta\lambda_i)(\mathbf{M} + \Delta\mathbf{M})(\boldsymbol{\phi}_i + \Delta\boldsymbol{\phi}_i) \tag{9-7-37}$$

忽略二阶项,可得

$$(\mathbf{K} - \lambda_i \mathbf{M})\Delta\boldsymbol{\phi}_i = \Delta\lambda_i \mathbf{M}\boldsymbol{\phi}_i + \lambda_i \Delta\mathbf{M}\boldsymbol{\phi}_i - \Delta\mathbf{K}\boldsymbol{\phi}_i \tag{9-7-38}$$

根据 Fox 和 Kapoor(1968),可以将 $\Delta\boldsymbol{\phi}_i$ 表示为有限元振型的线性叠加:

$$\Delta\boldsymbol{\phi}_i = \sum_{k=1}^{n} d_{ik}\boldsymbol{\phi}_k \tag{9-7-39}$$

将式(9-7-39)代入式(9-7-38),并在等号两边同时左乘 $\boldsymbol{\phi}_r^T (r \neq i)$,得

$$\sum_{k=1}^{n} d_{ik}\boldsymbol{\phi}_r^T(\mathbf{K} - \lambda_i \mathbf{M})\boldsymbol{\phi}_k = \Delta\lambda_i \boldsymbol{\phi}_r^T \mathbf{M}\boldsymbol{\phi}_i + \lambda_i \boldsymbol{\phi}_r^T \Delta\mathbf{M}\boldsymbol{\phi}_i - \boldsymbol{\phi}_r^T \Delta\mathbf{K}\boldsymbol{\phi}_i \tag{9-7-40}$$

由振型正交性可知,当 $r \neq i$ 时,$\boldsymbol{\phi}_r^T \mathbf{M}\boldsymbol{\phi}_i = \mathbf{0}$;$\boldsymbol{\phi}_r^T \mathbf{K}\boldsymbol{\phi}_k = \mathbf{0}$,$\boldsymbol{\phi}_r^T \mathbf{M}\boldsymbol{\phi}_k = \mathbf{0}(r \neq k)$;$\boldsymbol{\phi}_r^T \mathbf{K}\boldsymbol{\phi}_k = \lambda_r$,$\boldsymbol{\phi}_r^T \mathbf{M}\boldsymbol{\phi}_k = \mathbf{1}(r = k)$。于是可以得到

$$d_{ir} = \frac{\lambda_i \boldsymbol{\phi}_r^T \Delta\mathbf{M}\boldsymbol{\phi}_i - \boldsymbol{\phi}_r^T \Delta\mathbf{K}\boldsymbol{\phi}_i}{\lambda_r - \lambda_i} \tag{9-7-41}$$

当 $r = i$ 时,由振型正交性知得

$$(\boldsymbol{\phi}_i + \Delta\boldsymbol{\phi}_i)^T(\mathbf{M} + \Delta\mathbf{M})(\boldsymbol{\phi}_i + \Delta\boldsymbol{\phi}_i) = 1 \tag{9-7-42}$$

将式(9-7-39)代入式(9-7-4)展开,并忽略二阶项,可得

$$d_{rr} = -\frac{1}{2}\boldsymbol{\phi}_r^T \Delta\mathbf{M}\boldsymbol{\phi}_r \tag{9-7-43}$$

于是,由一阶灵敏度定义可得

$$\frac{\partial \boldsymbol{\phi}_i}{\partial p_m} = \sum_{k=1}^{n} b_{ikm}\boldsymbol{\phi}_k \tag{9-7-44}$$

式中,

$$b_{ikm} = \begin{cases} -\dfrac{1}{\lambda_k - \lambda_i} \boldsymbol{\phi}_k^T \left(\dfrac{\partial \mathbf{K}}{\partial p_m} - \lambda_i \dfrac{\partial \mathbf{M}}{\partial p_m} \right) \boldsymbol{\phi}_i \, , k \neq i \\ -\dfrac{1}{2} \boldsymbol{\phi}_i^T \dfrac{\partial \Delta \mathbf{M}}{\partial p_m} \boldsymbol{\phi}_i \, , k = i \end{cases} \tag{9-7-45}$$

取参数 p_m 为式(9-7-32)和(9-7-33)中的修正系数 α_m 和 β_m,则

$$\frac{\partial \boldsymbol{\phi}_i}{\partial \alpha_m} = \sum_{k=1}^{n} b_{ikm}^{\alpha} \boldsymbol{\phi}_k \tag{9-7-46}$$

$$b_{ikm}^{\alpha} = \begin{cases} -\dfrac{1}{\lambda_k - \lambda_i} \boldsymbol{\phi}_k^T \mathbf{K}_m \boldsymbol{\phi}_i \, , k \neq i \\ 0 \, , k = i \end{cases} \tag{9-7-47}$$

$$\frac{\partial \boldsymbol{\phi}_i}{\partial \beta_m} = \sum_{k=1}^{n} b_{ikm}^{\beta} \boldsymbol{\phi}_k \tag{9-7-48}$$

$$b_{ikm}^{\beta} = \begin{cases} \dfrac{\lambda_i}{\lambda_k - \lambda_i} \boldsymbol{\phi}_k^T \mathbf{M}_m \boldsymbol{\phi}_i \, , k \neq i \\ -\dfrac{1}{2} \boldsymbol{\phi}_i^T \mathbf{M}_m \boldsymbol{\phi}_i \, , k = i \end{cases} \tag{9-7-49}$$

如上所述,特征值灵敏度的计算相对简单,但是特征向量灵敏度的计算相对复杂,因此涌现出许多改进特征向量灵敏度计算的研究成果。由于不需要测得全部模态数据、适合于实际应用,Nelson(1976)提出的特征向量计算方法得到了更加广泛的关注。Scutter 等(1989)对比了 4 种特征向量灵敏度计算方法,认为 Nelson 法在计算效率和结果准确性方面具有一定的优势,特别是针对多设计变量情况下。Jiang 等(2020)参考 Fox 和 Kapoor 对于特征向量灵敏度的计算方法,提出了一种基于模态能的灵敏度简化计算方法,用于模型修正参数的灵敏度分析及参数选择。除此之外,崔飞等(2003)、戴航和袁爱民(2011)对各种特征量灵敏度的计算进行了讨论。

9.7.5　算例分析

采用 9.7.4 节动力特性对质量和刚度修正参数的灵敏度,对一海洋平台结构进行灵敏度分析(Jiang 等,2020)。此平台为 48 节点 77 单元的四桩腿导管架平台,如图 9-7-1 所示,其中 1—72 单元为杆单元,73—77 单元为板单元,具体单元分类如下表 9-1-1 所示。

提取平台结构的前三阶模态(图 9-7-2),分析各阶模态及前三阶模态对于刚度修正参数和质量修正参数的灵敏度。

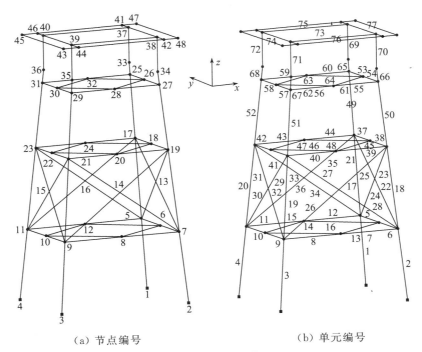

（a）节点编号　　　　　　　　　　（b）单元编号

图 9-7-1　海洋平台模型

表 9-7-1　海洋平台结构单元类型表

序号	单元编号	单元类型
1	$1-4,17-20,49-52,65-68,69-72$	桩柱
2	$5-12,37-44,53-60$	横撑
3	$13-16,45-48,61-64$	K 型斜撑
4	$21-36$	X 型斜撑

1st:10.896 3 Hz　　　　　　2nd:11.018 8 Hz　　　　　　3rd:14.392 3 Hz

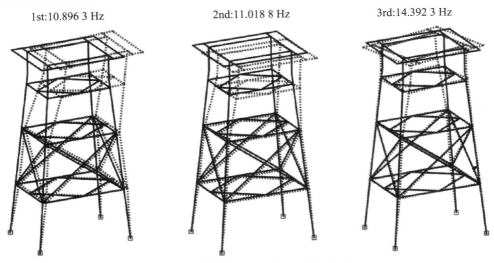

图 9-7-2　海洋平台模型模态频率和振型

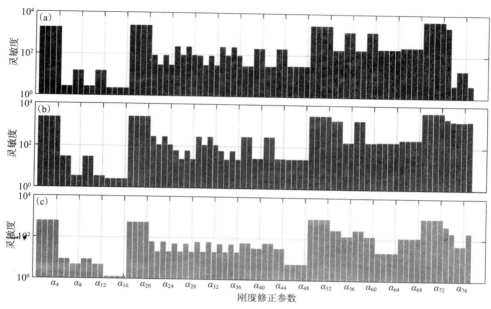

图 9-7-3　单阶模态对刚度修正参数的灵敏度：(a)第一阶；(b)第二阶；(c)第三阶

图 9-7-3 展示了前三阶模态对于刚度修正参数的灵敏度，单阶模态对于各刚度修正参数的灵敏度不尽相同，同时各阶模态灵敏度又有所差异。当模态阶数大于一阶时，可以通过计算前几阶模态灵敏度的均值来分析各修正参数的灵敏度。图 9-7-4 展示了前三阶模态对于刚度及质量修正参数的灵敏度大小及排序情况。

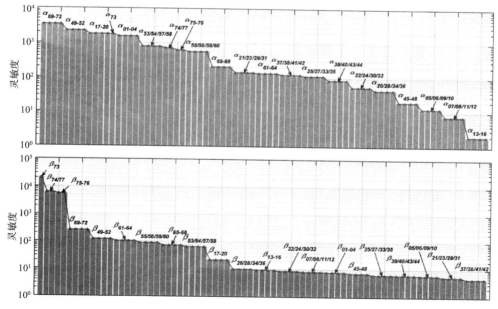

图 9-7-4　前三阶模态对修正参数的灵敏度

前三阶模态对刚度修正参数的灵敏度：对于不同类型单元而言，桩柱单元＞甲板单元＞X 型上斜撑单元＞横撑单元＞X 型下斜撑单元＞K 型斜撑单元，由于结构前两阶模态为 $x-$长边和 $y-$短边方向的平动弯曲模态，桩柱单元相比较其他单元会储存更多的模态应变能，因此其模态灵敏度最高。对于相同类型单元而言，由于结构顶端具有更大的模态曲率，因此位于顶端的单元的模态灵敏度要大于底端单元的灵敏度，例如 $\alpha_{53/54/57/58}＞\alpha_{37/38/41/42}＞\alpha_{05/06/09/10}$；而且 y 方向的单元模态灵敏度高于 x 方向的灵敏度，例如 $\alpha_{37/38/41/42}＞\alpha_{39/40/43/44}$，这是因为一阶振型（垂直 y 方向）幅值要比二阶振型（垂直 x 方向）大些。

前三阶模态对质量修正参数的灵敏度：对比其他单元，甲板单元含有更集中的质量分布，对结构整体质量矩阵贡献最大，因此甲板单元灵敏度明显高于其他单元灵敏度。除此之外，对于相同类型单元而言，x 方向的单元模态灵敏度高于 y 方向的灵敏度。

9.8 / 结构动力学优化设计

结构动力学是结构力学的一个分支，着重研究结构对于动载荷的响应（如位移、应力等时间历程），以便确定结构的承载能力和动力学特性，或为改善结构的性能提供依据。近年来，随着新结构、新材料的不断出现，减重是结构在设计和优化时考虑的主要问题，但是也降低了结构的刚度，使结构动力学问题更加突出。同时新结构与新材料的可设计性增强，使结构动力学分析转向结构动力学设计与优化。

结构在动载荷作用下的优化设计是优化领域中的一个重要的分支，简称为结构动力学优化。结构动力学优化设计，即对承受动载荷而动特性又至关重要的结构，以动态特性指标作为设计准则，对结构进行优化设计。它既可在常规静力设计的结构上运用优化技术，对结构的元件进行结构动力修改；也可从满足结构动态性能指标出发，综合考虑其他因素来确定结构的形状，乃至结构的拓扑（布局设计、开孔、增删元件）。动力学优化可分为三个层次，优化结构元件的参数称为参数优化或尺寸优化（Sizing Optimization），优化结构的形状称为形状优化（Shape Optimization），优化结构的拓扑结构称为拓扑优化（Topology Optimization）。其中，拓扑优化难度最大，但它是优化中最具有生命力的研究方向（顾松年等，2007）。

9.8.1 优化基本原理

结构动力学设计根据不同的设计指标，形成了多种结构动力学问题。动力学设计方法取决于设计指标，而且与设计方法密切相关。设计方法可采用修改结构参数，也可以采用附加子系统等。具体的设计指标如下。

（1）避免有害共振。要求对结构的振动频率进行控制，使之实现预期的固有频率，从而提出了固有频率设计要求。

（2）避免过度振动、降低振动水平。要求对结构的动力响应进行控制，从而提出了动力响应设计要求：如安装重要设备的位置需要振幅控制在一定量值以下；重要的结构部件应尽可能地减小它的动应力。

（3）动稳定性，要求保证在稳定边界内正常工作。如保证气动弹性稳定性等。

结构动力学设计的主要基础是结构动力学分析。目前工程上广泛采用有限元法，主要包括以下三个部分。

（1）建立结构的有限元模型。

结构有限元模型是结构动力学研究的对象。在动力学设计前，根据结构的构型建立一个初始模型，往往与结构静强度分析所使用的模型一致。而结构动力学设计是去修改这个有限元模型，以满足结构动力学设计的要求。

（2）结构的振动特性分析。

结构振动特性是反映结构动力学性能的主要内容。结构动力学设计的目标，往往是直接或间接地改变结构的振动特性。

（3）结构的动力响应分析。

为降低结构的振动水平和提高结构的动强度，需要对结构的位移响应、加速度响应、应变响应和应力响应进行分析。根据不同的外界激励，有效地分析计算由此引起的各类动力响应。一般的有限元分析系统均能具备解决上述三个问题的功能。

结构动力学设计的另一个重要内容是灵敏度分析。灵敏度是指结构的振动特性和动力响应因结构参数的变化而改变的程度。它决定修改哪些结构参数以实现结构动力学设计目标更有效，从而选择相应的设计方法。这些结构参数包括结构的刚度、惯性和阻尼参数，还包括附加子系统的组合参数。

结构动力学设计优化问题，可以归纳为数学规划问题，根据设计指标确定目标函数，例如，根据固有频率、固有振型、动力响应等要求建立目标函数。为了保证设计的可靠性、合理性和可实现性，设计问题还要受一些其他条件的限制，这就构成了所谓"约束条件"。例如，结构参数在一定范围内变化、结构的总质量不允许超重、满足静强度要求等。这样就构成了一个约束非线性规划问题。结构动力学设计是选择一组结构参数的组合方案，使其动力学性能最接近目标值，达到优化目的。

1．目标函数

结构动力学优化设计的目的是保证结构的振动特性和振动水平在合适的范围内，以得到一个具有良好动力学性能的结构系统。结构系统的振动特性，主要由固有频率、固有振型等模态参数表示。为了避免共振现象的发生，必须使结构系统的固有频率避开激振力的频带，特别是设计关心的频率（一般是结构的前几阶频率）。设结构系统的前 n 阶频率为 $\omega_i(i=1,2,\cdots,n)$，要求经动力学设计后对应频率的目标值是 $\omega_i^*(i=1,2,\cdots,n)$，按其偏差的加权平方和最小来构造如下目标函数：

$$M = \sum_{i=1}^{n} W_i(\omega_i - \omega_i^*)^2 \tag{9-8-1}$$

式中，W_i 是频率权系数。

结构系统的动态响应，可以用频率响应函数或脉冲响应函数来表示。频率域内结构系统第 p 自由度的动响应 $X_p(\omega)$ 采用模态叠加法进行计算，引入频率响应函数 $H_{pq}(\omega)$，可写为

$$X_p(\omega) = \sum_{q=1}^{n} H_{pq}(\omega) F_q(\omega) \tag{9-8-2}$$

式中，$F_q(\omega)$ 为第 q 自由度的系统激励。

为了使结构在一个给定的频带范围内动响应幅值小于目标值 $X_p^*(\omega)$，构造如下目标函数：

$$M = \int_{\omega^L}^{\omega^U} W(\omega) \parallel \boldsymbol{X}(\omega) - \boldsymbol{X}^*(\omega) \parallel^2 \mathrm{d}\omega \tag{9-8-3}$$

式中，$\boldsymbol{X}(\omega)$ 是由 $X_p(\omega)$ 组成的动响应列向量，$\boldsymbol{X}^*(\omega)$ 是对应的目标列向量，$W(\omega)$ 为响应权函数，ω^L、ω^U 分别为关心频带的下限和上限。

根据不同的动力学性能要求，可以构造不同的目标函数，从而设计出具有良好动力学性能的结构系统。

2. 约束条件

在结构动力学设计过程中，会受到各种外界条件的限制，从而构成了约束条件。约束条件可分为两类：一类是性能约束，一类是边界约束。

性能约束是结构必须具有的某些性能要求。例如，在结构动力学设计时，应保证其静强度要求，则应力满足如下公式：

$$\sigma_b - \sigma_{\max}(b) \leqslant 0 \tag{9-8-4}$$

式中，σ_b 为结构应力，$\sigma_{\max}$ 为结构的许用应力，b 为设计变量。

同时，还要保证目标函数所要求的动力学性能以外的动力学特性要求，包括动稳定性要求、模态要求等。例如，稳定性要求阻尼满足公式(9-8-5)：

$$\eta(b) \geqslant \eta_0 \tag{9-8-5}$$

式中，η 为结构阻尼，η_0 为结构的许用阻尼。

结构满足重量要求，要求结构在动力学设计过程中不超过质量的允许值：

$$\sum M_i(b) \leqslant M \tag{9-8-6}$$

式中，$M_i(b)$ 为结构第 i 个组件的质量，M 为结构优化的最大质量。

边界约束，即边界条件，通过赋予设计变量上、下限来表示，以防止在优化过程中出现不符合实际的量值，表示如下：

$$b_i^L \leqslant b_i \leqslant b_i^U \quad (i = 1, 2, \cdots, n) \tag{9-8-7}$$

式中，b_i 表示某个设计变量，如杆的外径或者壁厚；b_i^L、b_i^U 为设计变量变化范围的下限和上限。

3. 设计变量

结构系统一般用有限元模型来描述,具体参数包括模型的刚度、质量和阻尼等,这些参数均是通过性能参数和几何参数给出。在设计过程中,有些参数是不能修改的,有些参数是可以修改的;可修改的参数在设计过程中定义为设计变量。例如,在某结构的优化设计过程中,其材料是选定的,材料性能参数就是确定的;但其结构的厚度则是待确定的量,就成为设计变量。

设计变量的多少决定了非线性规划的设计自由度。在设计过程中,设计变量的个数越少越好。因此可以通过一些措施来减少设计变量的个数。例如,可以通过一些等式约束建立各个变量之间相互关系,从而减少独立变量的个数。还可以采用灵敏度分析的方法对设计变量进行取舍,这也是在设计过程中经常使用的一个方法。灵敏度是目标函数对设计变量的一阶偏导数,它表示了设计变量对目标函数影响的显著程度。一般会选择灵敏度大的设计变量参与优化设计。

4. 最优解

结构动力学的优化设计构成一个非线性规划问题,数学模型如下:

$$\min M(b)$$

$$s.t. \begin{cases} g_i(b)=0 (i=1,2,\cdots,m_e) \\ h_i(b)\leqslant 0 (i=m_e+1,m_e+2,\cdots,m) \end{cases} \tag{9-8-8}$$

式中,b 为优化设计变量,$M(b)$ 为目标函数,g_i、h_i 为约束条件。

满足上述条件的设计变量称为最优点,对应的目标函数值是最优值。

9.8.2 尺寸优化

尺寸优化属于参数优化,主要是通过对参数的调整使结构的性能达到最优。尺寸优化中的设计变量可以是结构单元的横截面积、惯性矩、板的厚度,或是复合材料的分层厚度和材料方向角度等。根据设计阶段的不同,可将尺寸优化分为两种类型。① 用于详细设计的尺寸优化。此种情况下,结构的形式已经确定,再对其规格尺寸和参数进行设计。在实际工程应用中,经常会采用离散变量进行优化。② 用于概念设计的自由尺寸优化,此种情况一般应用于确定不等厚薄板零件的厚度分布。

1. 优化模型

尺寸优化设计有三要素:设计变量 b、优化目标 M 及优化约束。以结构的重量为优化目标,建立目标函数如下:

$$M(b) = \sum_{i=1}^{n} \rho_i A_i L_i \tag{9-8-9}$$

式中,A_i 为第 i 号组件的横截面积;L_i 为第 i 号组件的长度;ρ_i 为第 i 号组件的质量密度;n 为结构组件的总数目。

一般来说,考虑某种工况作用下的应力约束,以及限制结构动特性的动力学约束(频率约束)。常用的约束函数如下:

变量约束为 $\qquad b_i^L \leqslant b_i \leqslant b_i^U, i=1,2,\cdots,k$ （9-8-10）

式中，b_i 为设计变量（包括截面尺寸变量）；b_i^L、b_i^U 分别是 b_i 的下限值和上限值。

应力约束为 $\qquad \sigma_{ic} \leqslant \sigma_i(x) \leqslant \sigma_{it}, i=1,2,\cdots,d$ （9-8-11）

式中，$\sigma_i(x)$ 表示第 i 组件的应力，σ_{ic} 表示组件许用压应力，σ_{it} 表示组件许用拉应力。

频率约束为 $\qquad \omega_i^L \leqslant \omega_i \leqslant \omega_i^U, i=1,2,\cdots,n$ （9-8-12）

式中，ω_i 表示系统的第 i 阶固有频率；ω_i^L、ω_i^U 分别是下限值和上限值。

2. 优化算法

经常用于尺寸优化的算法有零阶优化法和一阶优化方法。这两种方法主要是通过对目标函数逼近或对目标函数加罚函数的方法将约束的优化问题转化为非约束的优化问题。零阶算法是在一定次数的抽样基础上，拟合设计变量、状态变量和目标函数的响应函数，从而寻求最优解，因此，又可以称为子问题方法。函数曲线（或曲面）的形式可采用线性拟合、平方拟合或平方加交叉项拟合。一阶算法在优化过程中需要使用状态变量和目标函数对于设计变量的偏导数，因此被称为一阶方法。两种算法的主要区别在于：零阶算法不利用一阶导数信息，一阶算法利用一阶导数信息，因此，一阶算法迭代一次所需要的时间大于零阶算法（冯超，2019）。

3. 工程案例

本节以 NERL 5MW 海上风机的基础结构为工程案例进行尺寸优化（Vorpahl F 等，2011）。风机导管架基础结构模型如图 9-8-1 所示，主要由四条支撑桩腿、四层 X 型结构和一层泥线基础结构组成。导管架的上部和底部的尺寸大小分别为 8 m 和 12 m，导管架从底部到顶部为 61.65 m。连接导管架结构以及风机塔架的结构是一个 9.6 m×9.6 m×4 m 的刚性混凝土过渡段，质量为 660 t。混凝土过渡段上端连接的是一个 68 m 高的风机塔筒（为了节约图幅，只画出一部分）。导管架的弦杆外径为 1.2 m，管厚为 0.05 m；支杆外径为 0.8 m，管厚为 0.02 m。其中材料常数为：弹性模量 $E=210$ GPa，材料密度 $\rho=7\,850$ kg/m³，许用应力 $\sigma=165$ MPa，结构的一阶频率要求为 0.2 Hz $\leqslant \omega_1 \leqslant 0.36$ Hz。

本算例中的尺寸优化设计变量共有 4 个，它们分别是弦杆和支杆管外径 D_1、D_2，壁厚 T_1、T_2。导管架尺寸设计变量的约束参数如表 9-8-1 所示，以导管架结构的重量最小为优化目标，采用一阶优化算法，优化结果如表 9-8-1 所示。初始状态与优化状态性能指标对比如表 9-8-2 所列。

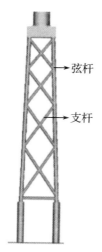

图 9-8-1 风机结构模型

表 9-8-1 初始设计值与优化设计值对比表

	实际设计变量数值（m）		设计变量上下限（m）	
代表	初始值	优化值	下限值	上限值
D_1	1.2	1.0	1.0	1.3
D_2	0.8	0.6	0.6	1.0
T_1	0.05	0.035	0.035	0.060
T_2	0.02	0.015	0.015	0.030

表 9-8-2 初始状态与优化状态的性能对比表

	目标函数（kg）	ω_1（Hz）
初始状态	$3\ 927 \times 10^3$	0.312
优化状态	$3\ 661 \times 10^3$	0.254
对比	-6.7%	-18%

9.8.3 形状优化

形状优化是针对有初步形状的结构再进行结构形状的细节优化。目的是通过改变某些形状参数（如结构开孔的形状、节点的位置等）来改变结构的力学性能以满足结构优化的要求。与尺寸优化相比，形状优化的难度较大，主要原因是由于形状优化过程中分析模型不断变化，必须重新生成优化模型来进行自适应分析。结构形状优化的主要特征是，待求的设计变量是所研究问题的控制方程的定义区域，是可动边界问题。本节以减轻结构重量为目标，考虑静力约束和动力约束条件，对结构进行形状优化。

1. 优化模型

形状优化，通过确定结构的最优形状来减小结构的重量，保证其满足静态和动态约

361

束条件,其数学模型可以表示如下:

$$\min f(K) = f(k_1, k_2 \cdots, k_n)$$

$$s.t \begin{cases} g_i(K) \leqslant 0, j = 1, \cdots, m \\ h_s(K) \leqslant 0, s = 1, 2, \cdots, m_h \\ \omega_i^L \leqslant \omega_i \leqslant \omega_i^U, i = 1, 2, \cdots, n \end{cases}$$ (9-8-13)

式中,$f(K)$ 是目标函数,如重量等;$K = (k_1, k_2 \cdots, k_n)$ 是形状优化设计变量,如结构的节点位置等;$g_j(K)$ 和 $h_s(K)$ 为约束条件;ω_i 为结构的固有频率,ω_i^L、ω_i^U 分别是固有频率的下限值和上限值。

2. 优化算法

对于形状优化用到的数学算法,可以采用准则法、数学规划法和现代优化算法。优化准则法主要思想:根据工程经验和力学概念建立一个优化准则,通过这个优化准则来迭代设计变量。20 世纪初,Michell(1904)提出了优化准则法的基本思想,但是一直发展缓慢,直到 70 年代 K-T 条件(Kuhn-Tucker Conditions)被引入到最优准则法当中,使得最优准则法具有了严谨的数学基础和通用性,而且原理简单直观,容易被工程设计人员所接受,使其在工程界得到了大幅度的应用。本节形状优化采用以 K-T 为条件的最优准则法。通过引入 K-T 条件构造拉格朗日函数,并不直接对目标函数进行优化,而是通过优化准则来更新设计变量和拉格朗日乘子的方法进行间接优化。

带约束的形状优化问题在最优点处必须满足 K-T 条件,即

$$\nabla G(X) \boldsymbol{\lambda} + \nabla f(X) = 0$$ (9-8-14)

式中,

$$\begin{cases} \nabla G(X) = [\nabla g_1(X), \cdots, \nabla g_m(X)] \\ \nabla g_i(X) = \left\{ \dfrac{\partial g_i(X)}{\partial x_1}, \cdots, \dfrac{\partial g_i(X)}{\partial x_N} \right\}^T \\ \nabla f(x) = \left\{ \dfrac{\partial f(X)}{\partial x_1}, \cdots, \dfrac{\partial f(X)}{\partial x_N} \right\}^T \\ \boldsymbol{\lambda} = \{\lambda_1, \cdots, \lambda_m\}^T, \lambda_i \geqslant 0 \end{cases}$$ (9-8-15)

式中,$\nabla f(X)$ 是目标函数的梯度,$\nabla g_i(X)$ 是临界约束函数梯度,$\boldsymbol{\lambda}$ 是拉格朗日乘子,m 为线性无关的临界约束数,N 为设计变量数。为求解满足上述条件的解,首先对现行设计域进行结构分析,并利用"约束厚度"概念选出相应的临界约束集合,该集合满足如下条件:

$$-\varepsilon \leqslant g_i(X) \leqslant \varepsilon$$ (9-8-16)

式中,ε 为预先选定的参数。

3. 工程案例

本节中采用风机支撑结构作为形状优化的工程案例。本算例中的形状优化变量共有 3 个,分别是弦杆和支杆管连接管节点的高度位置 K_1、K_2、K_3,如图 9-8-2 所示。形

状设计变量的约束参数如表 9-8-3 所示,以导管架结构的重量最小为优化目标,采用 K-T 准则法对该问题进行优化,具体优化结果如表 9-8-3 所示。初始状态与优化状态性能指标对比如表 9-8-4 所示。

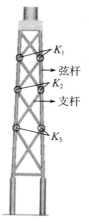

图 9-8-2　风机尺寸优化结构模型

表 9-8-3　初始设计值与优化设计值对比表

节点	初始值	优化值	下限值	上限值
K_1	104.378	104.22	98.042	110.262
K_2	91.078	90.846	83.629	98.042
K_3	75.386	74.743	66.627	83.629

表 9-8-4　初始状态与优化状态的性能对比表

	目标函数(kg)	ω_1(Hz)
初始状态	$3\,927 \times 10^3$	0.312
优化状态	$3\,902 \times 10^3$	0.325
对比	-0.6%	$+4.1\%$

9.8.4　拓扑优化

结构拓扑优化是通过将无效或低效的材料去掉,使结构逐渐趋于优化。该方法可结合大型有限元分析软件,通过程序迭代来实现。不仅可以解决各类结构的尺寸优化,还可同时实现形状和拓扑优化,无论应力、位移(刚度)优化,或振动频率、动态响应优化,都可遵循拓扑优化的原则和步骤进行。与尺寸和形状优化相比,拓扑优化的设计变量多(约等于单元个数),结构响应一般通过求解规模庞大的有限元模型得到,所以拓扑优化的求解更困难。因此,采用科学的方法建立数学模型,采用合理的算法对其进行求解是拓扑优化的关键。拓扑优化的方法很多,常用的方法有均匀化方法、变密度法、渐进结构法、水平集方法(郭中泽,2007)等。

1. 优化模型

本节利用拓扑优化中的变密度理论来介绍结构的动力学拓扑优化。变密度法主要是用假定的单元相对密度作为优化设计变量,通过差值函数把单元的弹性模量与相对密度联系起来,将拓扑优化问题转化为材料的最佳分布问题。当单元的相对密度为 0 时,表示该单元无材料,应当删除;当单元的相对密度为 1 时,表示该单元材料分布情况与优化迭代前相同,应当保留。其数学模型如下:

$$\min f(\boldsymbol{x}_e)$$

$$\text{s. t}\begin{cases} V < \varepsilon V_0 \\ h_k(x) = 0 (k = 1, 2, \cdots, l) \\ g_i(x) \leqslant 0 (j = 1, 2, \cdots, m) \\ \omega_i^L \leqslant \omega_i \leqslant \omega_i^U, (i = 1, 2, \cdots, n) \end{cases} \quad (9\text{-}8\text{-}17)$$

$$x_e = 0 \text{ 或 } 1, (e = 1, 2, 3, \cdots, n)$$

式中,$f(x)$ 是目标函数;ε 是体积分数;V_0 是结构优化前的体积;V 是结构优化后的体积;h_k、g_j 是约束条件;$\boldsymbol{x}_e$ 是单元相对密度。

2. 优化算法

拓扑优化实质是一个大规模的 0—1 离散变量优化问题,通过不断的优化迭代,不断的删除没有作用的单元,从而达到最佳的材料分布。变密度法的核心是将材料的密度和弹性模量联系起来的差值函数,常见的差值函数有两种:一种是适合于静力学问题的 SIMP(Solid Isotropic Micro structures with Penalization)差值函数,也称为固体各向同性微结构模型,另一种是适合于动力学问题的 RAMP(Rational Approximation of Material Properties)差值函数,也称为材料属性的合理近似模型。这两种差值函数保证了,单元的相对密度变量在迭代计算的过程中可以向 0 或 1 靠拢,从而避免出现"灰色区域"。这种方法模型简单,求解方便,程序容易实现。这两种模型都假设材料的弹性模型是各向同性的,泊松比为常量,且与密度无关,函数模型定义如下:

$$E = E_0 x_e^p (\text{SIMP}) \quad (9\text{-}8\text{-}18)$$

$$E = E^0 \frac{x_e}{1 + p(1 - x_e)} (\text{RAMP}) \quad (9\text{-}8\text{-}19)$$

式中,E 是单元假定的弹性模量;E_0 是材料实际的弹性模量;x_e 是单元相对密度,$0 < x_e < 1$;p 是惩罚因子,对 SIMP 方法 $p > 1$,对 RAMP 方法 $p > 0$。

拓扑优化属于 n 维非线性优化问题,响应又是设计变量的隐函数,方程求解难度较大。当前求解拓扑优化模型的方法主要有优化准则法、数学规划法和智能优化算法。本节采用的是数学规划法中的移动渐近线法(The Method of Moving Asymptotes, MMA)(Svanberg K,1987)。该方法通过引入移动的渐近线参数,将隐式的优化问题转化成一系列显式得更为简单的严格凸的近似子优化问题,然后通过对子优化问题的求解来获得新的设计变量。

3. 工程案例

本节优化案例仍然采用前述的风机结构模型将 4 个桩腿之间的区域均设计为拓扑优化的设计域,如图 9-8-3 所示。在满足应力以及最大位移的要求下,以一阶固有频率大于 0.2 Hz 为约束,体积最小为目标进行拓扑优化,拓扑优化结果如图 9-8-4 所示。

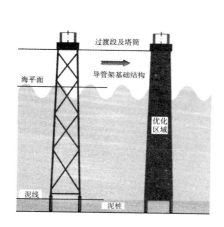

图 9-8-3　海上风机基础结构的拓扑
优化设计域

图 9-8-4　风机导管架基础
结构拓扑结果

图 9-8-5　拓扑优化重
构模型

由图 9-8-4 可以看出,拓扑优化改变了结构的材料分布,得到新的桁架构型。但是拓扑优化的结果仅仅给出了满足约束条件的传力路径,无法得到具体的尺寸等参数。因此,拓扑优化后的结果还需要进行模型的重构,根据原风机模型的尺寸对拓扑结构进行重构,如图 9-8-5 所示。将拓扑优化后的结果与原模型、尺寸优化以及形状优化进行对比,见表 9-8-5。

表 9-8-5　初始状态与三种优化状态的性能对比表

	原始结构	尺寸优化后	形状优化后	拓扑优化后
重量	$3\ 927 \times 10^3$ kg	$3\ 661 \times 10^3$ kg	$3\ 902 \times 10^3$ kg	$3\ 829 \times 10^3$ kg
一阶固有频率	0.312 Hz	0.254 Hz	0.325 Hz	0.311 Hz

由此可见,经过尺寸优化、形状优化和拓扑优化后,风机支撑结构的动力学性能都得到了很大提升。在对结构进行动力学优化设计时,一般会按照先拓扑优化,再形状优化,最后进行尺寸优化的顺序进行。首先进行拓扑优化,确定结构基本构型和传力路径,然后再进行形状和尺寸优化,确定具体的形状和详细的参数。因此,拓扑、形状和尺寸一体化的动力学优化设计也是优化领域发展的趋势。

思考题

1. 结构损伤诊断的层级有哪些? 结构损伤诊断的方法有哪些?

2. 工程结构设计与分析过程中会与实际情况产生差异,主要因素有哪些?

3. 直接矩阵修正法和间接修正法各有哪些优缺点。

4. 基于有限元分析和基于实验模态分析的结构动态特性评价的区别体现在哪些方面?

5. 传感器的优化布置可以分为哪些方面的问题,分别有哪些解决方法?

6. 灵敏度分析在研究系统状态时的意义?可以通过灵敏度分析得到哪些对模型具有较大影响的参数?

7. 特征值灵敏度和特征向量灵敏度计算过程的主要区别体现在哪些方面?

8. 结构动力学优化主要分为哪些层次,这些层次分别优化了哪些参量?

9. 拓扑优化的过程中需要对结构进行灵敏度分析,其意义在于哪些方面,灵敏度计算结果在优化过程中的作用体现在哪些方面?

10. 动响应约束和频率约束的拓扑优化方法有哪些异同点?

参考文献

[1] 白化同,郭继忠译.模态分析理论与试验[M].北京理工大学出版社,2001.

[2] 曹树谦,张文德,萧龙翔.振动结构模态分析:理论、实验与应用[M].天津大学出版社,2014.

[3] 陈隽,徐幼麟.经验模分解在信号趋势项提取中的应用[J].振动、测试与诊断,2005,(2):101-104.

[4] 陈新,陈新度,秦叶等.机械结构动态设计若干关键技术[J].中国机械工程,1997,8(5):104-108.

[5] 崔飞,杨党旗,高岩.用参数识别技术进行桥梁结构损伤识别[J].中国铁道科学,2003,24:37-40.

[6] 戴航,袁爱民.基于灵敏度分析的结构模型修正[M].北京:科学出版社,2011.

[7] 戴乐诚,俞阿龙,周星宇等.改进粒子群算法在桥梁结构损伤识别传感器优化布设中的应用[J].现代电子技术,2019,42(7):133-138,152.

[8] 段晓东,王存睿,刘向东.粒子群算法及其应用[M].沈阳:辽宁大学出版社,2007.

[9] 范立础,袁万城,张启伟.悬索桥结构基于敏感性分析的动力有限元模型修正[J].土木工程学报,2000,2:9-14.

[10] 冯超,夏英健,王亚辉,吴金妹.基于ANSYS分析的简支梁结构优化设计[J].煤矿机械,2019,40(6):175-177.

[11] 冯宪彬,丁蕊.改进型遗传算法及其应用[M].北京:冶金工业出版社,2016.

[12] 傅志方,华宏星.模态分析理论与应用[M].上海交通大学出版社,2000.

[13] 高品贤.趋势项对时域参数识别的影响及消除[J].振动、测试与诊断,1996,14(2):20-26.

[14] 高荣雄,高荣,王丽琼.基于MAC准则的模拟退火算法传感器优化布置研究[J].中国市政工程,2014(5):103-107,122.

[15] 顾松年,徐斌,荣见华,姜节胜.结构动力学设计优化方法的新进展[J].机械强度,2005,27(2):156-162.

[16] 郭中泽,张卫红,陈裕泽.结构拓扑优化设计综述[J].机械设计,2007,24(8):1-6.

[17] 何俊杰.倒频谱在振动测试中的应用[J].科技视界,2014,(11):94-94.

[18] 何琳,帅长庚.振动理论与工程应用[M].科学出版社,2017.

[19] 胡少伟,苗同臣.结构振动理论及其应用[M].中国建筑工业出版社,2005.

[20] 黄维平,刘娟,李华军.基于遗传算法的传感器优化配置[J].工程力学,2005(1):113-117.

[21] 黄维平,杨永春,蒋济同.直立式非灌浆桩腿导管架平台超常态振动研究[J].振动工程学报,2002(03):368-371.

[22] 黄笑犬,张谢东,邓雅思等.基于退火策略混沌遗传算法的桥梁传感器优化布置研究[J].武汉理工大学学报(交通科学与工程版),2019,43(4):784-790.

[23] 贾民平,张洪亭.测试技术[M].高等教育出版社,2009.

[24] 金咸定,夏立娟.船体振动学[M].上海交通大学出版社,2011.

[25] 李德葆,陆秋海.实验模态分析及其应用[M].北京科学出版社,2001.

[26] 李戈,秦权,董聪.用遗传算法选择悬索桥监测系统中传感器的最优布点[J].工程力学,2000(1):25-34.

[27] 李宏男,高东伟,伊廷华.土木工程结构健康监测系统的研究状况与进展[J].力学进展,2008,38(2):151-167.

[28] 李华军,刘福顺,王树青.海洋平台结构模态分析与损伤检测[M].科学出版社,2017.

[29] 李华军,杨和振.海洋平台结构参数识别和损伤诊断技术的研究进展[C],第十三届全国结构工程学术会议特邀报告,井冈山,2004.

[30] 李辉,丁桦.结构动力模型修正方法研究进展[J].力学进展,2005,35(2):170-180.

[31] 林循泓.振动模态参数识别及其应用[M].东南大学出版社,1994.

[32] 路宏年,周劲,杨述平.相关分析在测试中的应用[J].测试技术学报,1994,(2):23-27

[33] 沈颖.信号相关分析及其在工程测试中的应用[J].石油仪器,2002,16(6):39-42.

[34] 盛兆顺,尹琦玲.设备状态监测与故障诊断技术及应用[M].北京化学工业出版社,2003.

[35] 史峰,王辉.MATLAB智能算法30个案例分析[M].北京:北京航空航天大学出版社,2011.

[36] 宋志桓,罗兆辉.复模态理论及其与实模态理论的统一性[J].天津大学学报,1992,1:88-94.

[37] 谭冬梅,姚三,瞿伟廉.振动模态的参数识别综述[J].华中科技大学学报,2002,19(3):73-78.

[38] 王江萍.机械设备故障诊断技术及应用[M].西北工业大学出版社,2001.

[39] 王树青,林裕裕,孟元栋,高志强.一种基于奇异值分解技术的模型定阶方法[J].振动与冲击,2012,31(15):87-91.

［40］王树青,王长青,李华军.基于模态应变能的海洋平台损伤定位试验研究［J］.振动、测试与诊断,2006,26(4):282-287.

［41］王伟.振动力学与工程应用［M］.郑州大学出版社,2008.

［42］文世鹏,王津,黄维平.非灌浆导管架平台异常振动的测试分析及故障诊断［J］.海洋工程,2005,23(2):16-20.

［43］辛峻峰,王树青,刘福顺.数据驱动与协方差驱动随机子空间法差异化分析［J］.振动与冲击,2013,32(9):1-4,20.

［44］许志杰.有理拟合最小二乘复频域模态参数识别研究及软件实现［D］.中南大学,2013.

［45］杨福生.小波变换的工程分析与应用［M］.科学出版社,2001:42-48.

［46］杨位钦,顾岚.时间序列分析与动态数据建模［M］.北京工业学院出版社,1986.

［47］张德文,魏阜旋.模型修正与破损诊断［M］.北京:科学出版社,1999.

［48］张衍涛,冯春健,蒋习民.埕岛中心二号生活平台振动治理［C］.渤海湾油气勘探开发工程技术论文集,2008.

［49］赵建华,张陵,孙清.利用粒子群算法的传感器优化布置及结构损伤识别研究［J］.西安交通大学学报,2015,49(1):79-85.

［50］周传荣.结构动态设计［J］.振动测试与诊断,2001,21(1):1-8.

［51］诸德超,邢誉峰,程伟,李敏.工程振动基础［M］.北京航空航天大学出版社,2004.

［52］宗周红,任伟新,阮毅.土木工程结构损伤诊断研究进展［J］.土木工程学报,2003,36(5):105-110.

［53］Allemang R,Brown D. A Correlation Coefficient for Modal Vector Analysis, Proceedings of the 1st International Modal Analysis Conference［C］. Orlando, Florida,1982,110-116.

［54］Allemang. RJ,Brown. DL. A Unified Matrix Polynomial Approach to Modal Identification［J］. Journal of Sound and Vibration. 1998,211(3):301-322

［55］Bakira PG,Reynders E,Roeck GD. Sensitivity-based finite Element Model Updating using Constrained Optimization with a Trust Region Algorithm［J］. J Sound Vib 2007,305:211-25.

［56］Baruch M. Methods of Reference Basis for Identification of Linear Dynamic Structures［J］. AIAA Journal,2012,22(4):561-564.

［57］Baruch M. Optimal Correction of Mass Stiffness Matrix Using Measured Modes ［J］. AIAA Journal,1982,20(11):1623-1626.

［58］Baruch M. Optimization Procedure to Correct Stiffness and Flexibility Matrices Using Vibration Data［J］. AIAA Journal,2012,16(11):1208-1210.

［59］Beck JL,Vanik MW,Polidori DC and May BS. Structural Health Monitoring

Using Ambient Vibrations[C]. Proceedings of the Structural Engineers World Congress. Paper T118-3, San Francisco, July 19-23, 1998.

[60] Bendat JS & Piersol AG. Random Data: Analysis and Measurement Proce dures [J]. New York: John Wiley and Sons, 1996: 396-398.

[61] Berman A. Mass Matrix Correction Using an Incomplete Set of Measured Models[J]. AIAA Journal, 1979, 17(10): 1147-1148.

[62] Berman A, Nagy E J. Improvement of a Large Analytical Model Using Test Data[J]. AIAA Journal, 1983, 21(8): 1168-1173.

[63] Boashash B. Estimating and Interpreting the Instantaneous Frequency of a Signal-Part 1: Fundamentals[J]. Proceedings of the IEEE, 1992, 80(4): 520-537.

[64] Bogert BP, Healy MJR and Tukey JW. The Frequency Analysis of Time-series for Echoes[C]. Proc. Symp. Time Series Analysis. 1963.

[65] Box GEP and Jenkins G M. Time Series Analysis: Forecasting and Control[M]. Prentice-Hall Inc. 1970.

[66] Brincker R, Krenk S, Jensen JL. Estimation of Correlation, Functions by the Random Decrement Technique[C]. Proc. Shandinavisk Forum for Stokastisk Mekanik, Lund, Sweden, 1990.

[67] Brown DL, Allemang RJ, Zimmerman R and Mergeay M. Parameter Estimation Techniques for Modal Analysis[R]. SAE Technical paper series No. 790221, 1979, 88 (1), 828-846.

[68] Busturia J, Gimenez J. Multi-excitation Multi-response non-linear Least Squares Algorithm[C]. Proc. 10-th ISMA, Leuven, Belgium, 1985. 21

[69] Caesar B. Updating System Matrices Using Modal Test Data[C]. Proceedings of the 5th International Modal Analysis Conference. London, 1987: 453-459.

[70] Carne TG, Dohmann CR. A Modal Test Design Strategy for Model Correlation [C]. Proceedings of the 13th International Modal Analysis Conference, New York, 1995: 927-933.

[71] Carrie TG Lauffer JP, Gomez AJ and Benjannet H. Modal Testing an Immense Flexible Structure Using Natural and Artificial Excitation[J]. The International Journal of Analytical and Experimental Modal Analysis, The Society of Experimental Mechanics, October 1988, 117-122.

[72] Caughey TK and O'Kelly MMJ. Classical Normal Modes in Damped Linear Dynamical Systems[J]. Journal of Applied Mechanics, 1965, Vol. 32, 583-588.

[73] Chang SC. Study of Dynamic Characteristics of Aeroelastic Systems Utilizing Random Signatures[R]. NASA-CR-132563, Feb. 1975.

[74] Clough Ray W, Joseph Penzien. Dynamics of Structures [J]. Computers & Structures, Inc. 1995.

[75] Cohen L. Time-frequency Distribution-A Review[J]. Proceedings of the IEEE, 1989, 77(7): 941-981.

[76] Cole HA. Method and Apparatus for Measuring the Damping Characteristic of a Structure [P]. United State: Patent No. 3620069, 1971.

[77] Cyril M Harris, Allan G Piersol. HARRIS' Shock and Vibration Handbook [M]. McGraw-Hill, 2002.

[78] Daubechies I. Orthonormal Bases of Compactly Supported Wavelets[J]. Communication on Pure and Applied Mathematics, 1988, 41: 909-996.

[79] Deblauwe F, Allemang RJ. The Polyreference Time Domain Technique[C]. Proceedings of the 10th International Seminar on Modal Analysis. Katholieke Universiteit Leuven, Belgium, 1985, 39

[80] Doebling SW, Farrar CR. Damage Identification and Health Monitoring of Structural and Mechanical Systems From Changes in Their Vibration Characteristics: A Literature Review[R]. Los Alamos National Laboratory Report LA-13070-MS, 1996.

[81] Ewins D J, He J, Lieven N A J. A Review of the Error Matrix Method (EMM) for Structural Dynamic Model Comparison[J]. Proc. ESA, 1988.

[82] Farrar CR and James GH. III.. System Identification from Ambient Vibration Measurements on a Bridge[J]. Journal of Sound and Vibration, 1997, 205(1): 1-18.

[83] Fox RL and Kapoor MP. Rates of Change of Eigenvalues and Eigenvectors[J]. AIAA Journal, 1988, 6(12): 2426-2429.

[84] Friswell MI and Mottershead JE. Finite Element Model Updating In Structural Dynamics[M]. Kluwer Academic Publishers, 1995.

[85] Guyan R. Reduction of Stiness and Mass Matrices[J]. AIAA Journal, 1965, 3(2): 380.

[86] Hu S. L. James, LI Huajun, Wang Shuqing. Cross Model Cross Mode Method for Model Updating[J]. Mechanical System and Signal Processing, 2007, 21(4): 1690-1703.

[87] Hu SL James, Wang Shuqing, LI Huajun. Cross Modal Strain Energy Method for Estimating Damage Severity[J]. Journal of Engineering Mechanics, 2006, 132(4): 429-437.

[88] Huang NE, Shen Z, Long SR, Wu MC, Shih HH, Zheng Q, Yen NC, Tung

CC & Liu HH. The Empirical Mode Decomposition and the Hilbert Spectrum for Nonlinear and Non-stationary Time Series Analysis[J]. Proceedings of R. Soc. Lond. A 454, 1998: 903-995.

[89] Ibrahim SR. Double Least Squares Approach for Use in Structural Modal Identification[J]. AIAA Journal, 1986, 24(3): 499-503.

[90] Ibrahim SR. Random Decrement Technique for Model Identification of Structures[J]. Journal of Spacecraft and Rockets, 1977, 14(11), 696-700.

[91] Ibrahim SR, Mickulcik EC. A Method for the Direct Identification of Vibration Parameters from the Free Responses[J]. The Shock and Vibration Bull. , 1977, 47(4), 183-198.

[92] Ibrahim SR, Mikuluik EC. The Experimental Determination of Vibration Parameters from Time Response[J]. The Shock and Vibration Bull. 1976, 46(5).

[93] James GH, Carne TG, and Lauffer JP. The Natural Excitation Technique for Modal Parameter Extraction from Operating Wind Turbines[R]. Nasa Sti/recon Technical Report N, 1993, 93(4):260-277.

[94] James GH, Carne TG, Lauffer JP and Nord AR. Modal Testing Using Natural Excitation, Proc[C]. of the 10th International Modal Analysis Conf. , Sandiego, California, 1992.

[95] James GH, Carne TG, Mayes RL. Modal Parameter Extraction from Large Operating Structures using Ambient Excitation[C]. Proceedings of the 14th International Modal analysis Conference, Dearborn, Michigan, 1996.

[96] Jiang Yufeng, Li Yingchao, Wang Shuqing and Xu Mingqiang. A novel Multistage Approach for Structural Model Updating Based on Sensitivity Ranking[J]. Smart Structures and Systems,2020, 25(6):657-668.

[97] Juang JN and Pappa RS. Effects of Noise on Modal Parameters Identified by the Eigensystem Realization Algorithm[J]. Journal of Guidance, Control and Dynamics, 1986, 9(3): 294-303.

[98] Juang JN and Pappa RS. An Eigensystem Realization Algorithm for Modal Parameter Identification and Model Reduction[J]. Journal of Guidance, Control and Dynamics, 1985, 8(5): 20-627.

[99] Juang JN, Cooper JE and Wright JR. An Eigensystem Realization Algorithm Using Data Correlations (ERA/DC) for Modal Parameter Identification[J]. Control Theory and Advanced Technology, 1988, 4(1): 5-14.

[100] Kammer D C. Sensor Placement for On-Orbit Modal Identification and Correlation of Large Space Structures[J]. Journal of Guidance, Control, and Dynam-

ics. 1991, 14(2): 251-259.

[101] Kim JT and Stubbs N. Damage Detection in Offshore Jacket Structures from Limited Modal Information[J]. IJOPE, 1995, 5(1): 58-66.

[102] Ku CJ, Cermak JE, Chou LS. Random Decrement based Method for Modal parameter Identification of a Dynamic System Using Acceleration Responses[J]. Journal of Wind Engineering and Industrial Aerodynamics, 2007, 95 (6): 389-410.

[103] Lauffer JP, Carrie TG, and Gomez AJ. Modal Survey of the 34-m Test Bed Turbine[R]. Sandia National Laboratories Internal Memo to P. C. Klimas of Division 6225, June 7, 1988.

[104] Lauffer JP, Carrie TG, and Nerd AR. Mini-Modal Testing of Wind Turbines Using Novel Excitation[C]. Proceedings of the 3rd International Modal Analysis Conference, Orlando, FL, January 28-31, 1985.

[105] Lembregts F. Frequency Domain Identification Techniques for Experimental Multiple Input Modal Analysis[D]. Ph. D. Dissertation No. 8803, Dept. of Mechanical Engineering, K. U. Leuven, Belgium, 1988.

[106] Li H, Ding H. Reduction-based Model Updating Of A Scaled Offshore Platform Structure[J]. Journal of Engineering Mechanics-ASCE, 2010, 136(2): 131-142.

[107] Li H, Fang H, Hu S L J. Damage Localization and Severity Estimate for Three-dimensional Frame Structures[J]. Journal of Sound and Vibration, 2007, 301(3-5): 481-494.

[108] Li Huajun, Wang Junrong, Hu SL James. Using Incomplete Modal Data for Damage Detection in Offshore Jacket Structures[J]. Ocean Engineering, 2008 (35): 1793-1799.

[109] Li Huajun, Wang Shuqing. Modal Strain Energy Decomposition Method for Damage Detection of an Offshore Structure Using Modal Testing Information [C]. Third Sino-German Joint Symposium on Coastal and Ocean Engineering, Taiwan, 2006.

[110] Li Huajun, Wang Shuqing, Yang Yongchun, Wang Yan. Vibration Characteristics of an Offshore Platform and its Vibration Control[J]. China Ocean Engineering, 2002, 16(4): 463-482.

[111] Li Huajun, Yang Hezhen and Sau-Lon James Hu. Modal Strain Energy Decomposition Method for Damage Localization in 3D Frame Structures[J]. Journal of Engineering Mechanics, 2006, 132(9): 941-951.

[112] Li Weiming，Hong Jiazhen. New Iterative Method for Model Updating based on Model Reduction[J]. Mechanical Systems and Signal Processing，2011，25：180-192.

[113] Lieven N，Ewins D. Spatial Correlation of Mode Shapes，the Coordinate Modal Assurance Criterion[C]. Proceedings of the 6th International Modal Analysis Conference，Kissimmee，Florida，1988，690-695.

[114] Lin RM，Mottershead JE，Ng TY. A state-of-the-art Review on Theory and Engineering Applications of Eigenvalue and Eigenvector Derivatives[J]. Mechanical Systems and Signal Processing，2020，138：106536.

[115] Liu FT，Ting KM & Zhou ZH. Isolation-based Anomaly Detection[J]. ACM Transactions on Knowledge Discovery from Data（TKDD）2012，6（1）：1-39.

[116] Ljung L and Soderstrom T. Theory and Practice of Recursive Identification [M]. MIT Press，Cambridge，MA. 1983.

[117] Ljung L，System Identification：Theory for the User. Prentice-Hall[M]. Englewood Cliffs，New Jersey. 1987.

[118] Maia NMM and Silva JMM. Theoretical and Experimental Modal Analysis[R]. John Wiley & Sons，Inc. 1997

[119] Mallat S. A Theory for Multi Resolution Signal Decomposition：the Wavelet Representation[J]. IEEE Trans Pattern Recognition and Machine Intelligence，1989，11（7），674-693.

[120] Mallat S. An Efficient Image Representation for Multiscale Analysis[C]. In Proc. of Machine Vision Conference，Lake Taho，1987.

[121] Meyer Y. Orthonormal Wavelets[C]//Combes JM，Grossmann A. Wavelets Time-Frequency Methods and Phase Space[J]. 1989：21-38.

[122] Michell A G M. The Limits of Economy of Material in Frame Structure [J]. Philosophical Magazine，1904，8（6）：589-597.

[123] Mottershead JE，Friswell MI. Model Updating in Structural Dynamics：A Survey[J]. Journal of Sound and Vibration，1993，167（2）：347-375.

[124] Mottershead John E，Michael Link，Michael I. Friswell. The Sensitivity Method in Finite Element Model Updating：A tutorial[J]. Mechanical Systems and Signal Processing，2011，25：2275-2296.

[125] Nelson RB. Simplified Calculation of Eigenvector Derivatives[J]. AIAA Journal，1976，14：1201-1205.

[126] O'Callahan J C. A Procedure for an Improved Reduced System[C]. Proceedings of the 7th International Modal Analysis Conference. Las Vegas，1989：17-

21.

[127] O'Callaham J C, Avitable P, Riemer R. System Equivalent Reduction Expansion process[C]. Proceedings of the 7th International Model Analysis Conference. Las Vegas, 1989: 29-37.

[128] Pandit SM and Wu SM. Time Series and System Analysis with Applications [M], New York: Wiley, 1983.

[129] Pappa R S. and Elliott K B. Consistent-Mode Indicator for the Eigensystem Realization Algorithm[J]. Journal of Guidance Control and Dynamics, 1993, 16(5): 852-858.

[130] Paz M. Dynamic Condensation[J]. AIAA Journal, 1984, 22(5): 724-727.

[131] Peters B and De Roeck G. Stochastic System Identification for Operational Modal Analysis: A Review[J]. Journal of Dynamic Systems, measurement and control, 2001, 123(4): 659-667.

[132] Peters B, Van Der Auweraer H, Guillaume P, Leuridan J. The Polymax Frequency-Domain Method: A New Standard for Modal Parameter Estimation[J]. Shock and Vibration, 2004, 11:395-409.

[133] Prescott P. A Review of Some Robust Data Analysis And Multiple Outlier Detection Procedures[J]. Journal of Applied Stats, 1980, 7(2): 141-158.

[134] Richardson M and Formenti DL, Parameter Estimation from Frequency Response Function Measurement Using Rational Fraction Polynomials[C]. Proc. Of 1st IMAC, 1982.

[135] Rytter A. Vibration Based Inspection of Civil Engineering Structures[D]. Ph. D. Dissertation, Dept. of Building Technology and Structural Eng., Aalborg University, Denmark, 1993.

[136] Sohn H, Farrar C R, Hemez F M. A Review of Structural Health Monitoring Literature: 1996-2001[J]. Los Alamos National Laboratory Rep. No. LA-13976-MS, 2003.

[137] Soong TT and Grigoriu M. Random Vibration of Mechanical and Structural Systems[M]. Prentice Hall Publications, Englewood Cliffs, New Jersey, 1993, 93.

[138] Stubbs N, Kim J T and Farrar CR. Field Verification of a Nondestructive Damage Iocalization and Severity Estimation Algorithm[J]. Proc., IMAC, Society for Experimental Mechanics, Bethel, Conn., 1995, 2640: 210.

[139] Sutter TR, Camarda CJ, Walsh JL. Comparison of Several Methods for Calculating Vibration Mode Shape Derivatives [J]. AIAA Journal, 1989, 26:

1506-1511.

[140] Svanberg K. The Method of Moving Asymptotes: A New Method for Structural Optimization [J]. International Journal for Numerical Methods in Engineering, 1987, 24: 359-373.

[141] Van Overschee P and DE MOOR B. Subspace Identification for Iinear Systems: Theory-Implementation-Applications [M]. Dordrecht, Netherlands, Kluwer Academic Publishers, 1996.

[142] Van Overschee P. De Moor B. Subspace algorithms for the stochastic identification problem[C]. In: Proceedings of the 30th IEEE Conference on Decision and Control, Brighton, 1991, 1321-1326.

[143] Vandiver JK, Dunwoody AB, Campbell RB, Cook MFA, Mathe matical Basis for the Random Decrement Vibration Signature Analysis Technique[J]. Journal of mechanical design, 1982, 44: 207-313.

[144] Ville J. Theorie et Applications de la notion de Signal Analytique[J]. Cables et Transmissions, 1948, 2A: 61-74.

[145] Vold H and Rocklin G T. The Numerical Implementation of a Multi-Input Modal Estimation Method for Mini-Computers[C]. Proceedings of the 1st International Modal Analysis Conference (IMAC), 1982, 542-548.

[146] Vold H, Kundrat J, Rocklin GT and Russel R. A Multi-input Modal Estimation Algorithm for Mini-computers[R]. SAE Technical report series, No. 820194, 1982, 91 (1), 815-821.

[147] Vorpahl F, Popko W, Kaufer D. Description of a Basic Model of the Upwind Reference Jacket for Code Comparison in the OC4 Project under IEA Wind Annex 30 [R]. Technical report, Institute for Wind Energy and Energy System Technology IWES, Bremerhaven, 2011: 1-14.

[148] Walker G. On Periodicity in Series of Related Terms[J]. Proc. Roy. Soc., 1931, A131, 518-532.

[149] Wang Shuqing, LI Huajun, Bao Xingxian. Structural Condition Assessment and Engineering Treatment of an Offshore Platform with Excessive vibration [C]. Proceedings of The 17th (2007) International Offshore and Polar Engineering Conference, Lisbon, Portugal, July 1-July 7, 2007, Vol. 4, 3813-3817.

[150] Wang Shuqing, LI Huajun, Hu S L J. Cross Modal Strain Energy Method for Damage Localization and Severity Estimation[C]. 26th International Conference on Offshore Mechanics and Arctic Engineering, OMAE2007-29381, San

Diego，California，USA，2007.

[151] Wang Shuqing，LI Huajun. Modal Strain Energy for Damage Detection of Off-shore Jacket Structures from Partial Modal Information：Experimental Valida-tion[C]，ISOPE2006，San Francisco，California，2006：210-215.

[152] Wang Shuqing，Liu Jianlei and Li Yingchao. EMD-HHT Based Structural Per-formance Assessment of an Offshore Platform[C]. proceedings of The Twenty-second（2012）International Offshore and Polar Engineering Conference，Rhodes（Rodos），Greece，June 17-22，2012，Vol. 4，356-359.

[153] Xu M，Wang S. Cross Modal Strain Energy – Based Structural Damage Detec-tion in the Presence of Noise Effects[J]. Advances in Mechanical Engineering，2017，9(12)：1-14.

[154] Yang Hezhen，LI Huajun，Wang Shuqing. Damage localization of offshore platforms under ambient excitation[J]. China Ocean Engineering，2003，17(4)：495-504.

[155] Yang Wenlong，Wang Shuqing. Identify Modal Parameters of a Real Offshore Platform from the Response Excited by Natural Ice Loading[J]. China ocean engineering，2020，34(4)：558-570.

[156] Young，PC. Recursive Estimation and Time-Series Analysis[J]. Springer-Ver-lag，New York. 1984.

[157] Yule GU. On a Method of Investigating Periodicities in Disturbed Series，with Special Reference to Wolfer's Sunspot Numbers[J]. Philos. Trans. Roy. Soc.，1927，A226：267-298.